航天科技图书出版基金资助出版

小行星探测器轨道力学

姜 宇 李恒年 著

中国宇航出版社
·北 京·

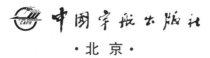

图书在版编目（CIP）数据

小行星探测器轨道力学 / 姜宇，李恒年著. --北京：中国宇航出版社，2017.1

ISBN 978-7-5159-1272-1

Ⅰ.①小…　Ⅱ.①姜…　②李…　Ⅲ.①外行星探测器—轨道力学　Ⅳ.①V476.4

中国版本图书馆 CIP 数据核字（2017）第 026188 号

责任编辑　舒承东　　封面设计　宇星文化

出版发行　中国宇航出版社

社　址　北京市阜成路 8 号　　邮　编　100830

（010）60286808　　（010）68768548

网　址　www.caphbook.com

经　销　新华书店

发行部　（010）60286888　　（010）68371900

（010）60286887　　（010）60286804（传真）

零售店　读者服务部

（010）68371105

承　印　北京画中画印刷有限公司

版　次　2017 年 1 月第 1 版　　2017 年 1 月第 1 次印刷

规　格　880×1230　　开　本　1/32

印　张　13　彩　插　0.25　　字　数　362 千字

书　号　ISBN 978-7-5159-1272-1

定　价　108.00 元

本书如有印装质量问题，可与发行部联系调换

航天科技图书出版基金简介

航天科技图书出版基金是由中国航天科技集团公司于2007年设立的，旨在鼓励航天科技人员著书立说，不断积累和传承航天科技知识，为航天事业提供知识储备和技术支持，繁荣航天科技图书出版工作，促进航天事业又好又快地发展。基金资助项目由航天科技图书出版基金评审委员会审定，由中国宇航出版社出版。

申请出版基金资助的项目包括航天基础理论著作，航天工程技术著作，航天科技工具书，航天型号管理经验与管理思想集萃，世界航天各学科前沿技术发展译著以及有代表性的科研生产、经营管理译著，向社会公众普及航天知识、宣传航天文化的优秀读物等。出版基金每年评审1～2次，资助20～30项。

欢迎广大作者积极申请航天科技图书出版基金。可以登录中国宇航出版社网站，点击“出版基金”专栏查询详情并下载基金申请表；也可以通过电话、信函索取申报指南和基金申请表。

网址：http：//www.caphbook.com

电话：（010）68767205，68768904

前言

小行星是一类特殊的日心轨道天体。日心轨道天体从大到小依次为大行星、矮行星、小行星和流星体。大行星、矮行星和小行星的区别是能否满足以下两个条件，即质量足够大从而能达到近球形的流体静力学平衡形状，以及能清除其轨道附近的其他天体。大行星是能满足这两个条件的日心轨道天体，矮行星则只能满足质量大到行星上物质之间的万有引力足以克服应力而达到近球形的流体静力学平衡外形，而不能清除其轨道附近的其他天体。小行星则两个条件都不能满足，既不能清除其轨道附近的其他天体，也不能达到流体静力学平衡，因此小行星一般都具有不规则的几何外形。比小行星更小的称为流星体，流星体由于质量不够大，导致其引力场中的运动质点所受的流星体引力无法克服日心引力，从而不能形成环绕流星体运行的轨道。

小行星的大小可以小至数十米，大至数百千米。一般认为小行星和矮行星的大小界限在 800 km 左右，但并不明确。小行星和流星体之间亦无明确的界限。英国皇家天文学会曾将小行星和流星体的界限定义为 50 m 大小的近地天体和 10 m 大小的非近地天体，100 μm以上至 10 m 以下的天体和 50 m 以下的近地天体定义为流星体。但小天体 2014 HL129 的直径只有约 7. 6 m，也被称为小行星。本书所研究的小行星，指的是质量不足以大到能清除其轨道附近的其他天体，也不足以大到能达到近球形的流体静力学平衡形状，但质量足够大以使得其引力场中运行的质点可以形成不逃逸的绕飞轨道。

作为太阳系形成的残余碎片，关于小行星和双小行星系统、三小行星系统的动力学问题的观测和科学研究对于探知太阳系的早期形成与演化机制、双小行星系统和三小行星系统的形成与演化机制、小行星被大行星的引力撕裂乃至流星雨、陨石、陨石坑等的形成都有重要的价值。此前的若干研究认为小行星撞击地球导致了恐龙的灭绝。另外，小行星撞击地球对于地球上物种的进化和食物链的演化也具有一定程度的影响。此外，关于小行星和双小行星系统、三小行星系统的研究也有助于帮助人们理解一般的恒星系统中不规则小天体的形成、演化与运动。从工程任务的角度来说，对于小行星和双小行星系统、三小行星系统中的动力学问题的研究也有助于帮助我们理解其中的运行机制，设计合适的环绕探测轨道乃至软着陆探测轨道。从而通过探测器对小行星进行近距离环绕探测、化学成分分析、采样返回等，还可以开展对小行星的矿藏开采和对潜在威胁小行星的防御。

由于小行星通常具有不规则的几何外形，探测器可能在小行星的参考半径以内运动，传统的球谐函数展开模型和椭球谐函数展开模型无法使用。这就给小行星引力场中的动力学研究带来了困难。此外，小行星的外形千奇百怪，各式各样，需要提供足够的观测数据来计算其不规则外形及其引起的引力。早期关于小行星引力场中动力学的探索研究都是使用细直棒、圆盘等简单的特殊形状天体来代替的，这有助于帮助人们理解一般的不规则的小行星引力场中的复杂动力学行为，但实际上没有任何小行星具有细直棒、圆盘等简单形状的外形。

在小行星的天文观测方面的发展和引力场模型方面的发展为小行星引力场中动力学的研究提供了必备的基础。在天文观测方面，Near 探测器、Hayabusa 探测器、Rosetta 探测器、Viking 探测器等为小行星（433）Eros、（2867）Steins、（25143）Itokawa 等提供了较为精确的、以多面体模型数据表示的外形模型。此外，地面的雷达和光变曲线观测也或精或粗地提供了若干小行星的以多面体模型数据表示的外形模型，例如三小行星系统（216）Kleopatra 的主星外形模型就是地面观测所得。这些外形模型的数据最精确的可达10万个顶点，例如（433）Eros的外形模型数据可达99846个顶点和196608个面。在引力场模型方面，Werner在1994年提出了使用多面体模型来模拟单个小天体外形和引力场的方法。Richardson等人在近年来将颗粒物质力学、散体力学、岩土力学中的硬球/软球颗粒离散元方法应用到模拟自引力堆砌的单个小天体的外形演化、双星形成、双星碰撞等过程之中。Werner、Fahnestock和Scheeres于2005—2006年建立了使用双多面体模型共有势级数展开近似模拟双小行星系统相互作用和动力学外推计算的方法。此外，1993年首次发现双小行星系统（243）Ida和2004年首次发现三小行星系统（45）Eugenia及（87）Sylvia，使得人们对于小行星引力场中的动力学和多小行星系统动力学产生了浓厚的兴趣。

为了探究小行星附近动力学行为和多小行星系统的动力学的内在机制，设计合适的小行星环绕探测任务轨道，本文作者近年来潜心开展了关于小行星和多小行星系统附近的动力学问题的研究。一方面，从数学和力学的角度深入研究和分析动力学问题的内在机制；另一方面，为了理论联系实际，解决具体的动力学问题，作者广泛采用各种精度的小行星外形数据，选取各种凹凸不平的外形的小行星且有大有小，包括有若干陨石坑的小行星（433）Eros、有体外稳定平衡点的小行星（6489）Golevka、有9个平衡点的潜在威胁小行星（101955）Bennu、受YORP效应的影响从而自旋速度增加较快的小行星（54509）YORP、位于火星和木星轨道之间的大尺度比双小行星系统（243）Ida、主星哑铃状的主带大尺度比三小行星系统（216）Kleopatra、等尺度比三小行星系统（136617）1994CC等。还选取了矮行星冥王星-卡戎（134340）Pluto-Charon的全六体系统进行研究。

在研究中，作者发现了若干新奇的结论，例如小天体相对平衡点满足一个守恒量；小天体非退化平衡点的个数是奇数；自旋和形状等参数变化时平衡点会出现碰撞与湮灭；参数变化时会出现平衡自身的 Hopf 分岔；周期轨道在延拓时会出现 4 种类型的分岔；虽然六体系统（134340）Pluto－Charon 中冥王星和卡戎相互锁定，但它们的姿态角速度并非常数，而是周期性变化，冥王星的姿态角速度的周期大于卡戎的姿态角速度的周期，卡戎的姿态角速度的周期大于冥王星和卡戎的轨道角速度的周期；三小行星系统（216）Kleopatra 主星引力场存在一个近圆的、稳定的、近赤道面的逆行周期轨道族，延拓时出现伪倍周期分岔。

本书是一部系统、全面介绍作者近年来在小行星附近的动力学领域研究的专著。首先介绍其他学者在引力场模型方面的研究结果，然后按照从单个小行星到多个小行星，从平衡点局部的动力学到大范围动力学的顺序介绍了作者的最新研究成果。各章主要内容安排如下：

第 1 章是引论。

第 2 章介绍了小天体引力场建模方面的几种行之有效的方法。

第 3 章主要介绍了强不规则体附近的动力学方程与有效势。

第 4 章介绍了旋转的平面对称引力场中平衡点附近的切空间的动力学方程与特征方程以及平衡点的稳定性，介绍了系统参数变化时，共振平衡点自身及其附近的动力学行为。

第 5 章介绍了一般的旋转强不规则小行星引力场中平衡点附近的动力学规律，讲述了质点相对平衡点的线性化运动方程与特征方程，在此基础上进一步介绍了平衡点的拓扑分类。最后将本章的相关理论应用到 4 个小行星（216）Kleopatra、（1620）Geographos、（4769）Castalia 和（6489）Golevka 中，研究了这 4 个小行星的星体外的平衡点的位置、稳定性以及附近的动力学行为。

第 6 章介绍了旋转强不规则小行星引力场中的大范围周期轨道的内在机制，介绍了大范围周期轨道的 13 种拓扑类型。对大范围周期轨道族在参数变化下的 4 种分岔也做了详细的分析。

第 7 章介绍了引力场参数变化下，小行星相对平衡点的碰撞与湮灭。首先引出了一个关于小天体所有平衡点满足的一个守恒量，该守恒量可以限制平衡点的个数，使得非退化平衡点的个数是奇数。在该守恒量的限制下，参数变化下平衡点的碰撞与湮灭满足若干类特殊的分岔。

第8章介绍了双小行星系统自身的动力学与探测器的动力学，首先介绍了双小行星系统作为引力全二体问题的建模，然后介绍了简化的大尺度比双小行星系统的若干动力学特征，重点关注了若干具体的双小行星系统（243）Ida、（1333）Cevenola等的主星的表面形状、地形地貌、表面引力环境、有效势、平衡点等。

第9章介绍了多小行星系统自身的动力学与探测器的动力学，首先从引力全N体问题的背景出发来进行相互作用的引力势能、相互引力和力矩等的建模，然后介绍了惯性坐标系和固连坐标系两种不同坐标系下分别表示的动力学方程。重点关注了5个三小行星系统（45）Eugenia、（87）Sylvia、（93）Minerva、（216）Kleopatra和（136617）1994CC的动力学构形，以及六体系统（134340）Pluto-Charon的动力学构形。严格地说，（134340）Pluto-Charon系统的Pluto和Charon都是矮行星，但相关的动力学方程也属于引力全N体问题的动力学方程，且该六体系统存在很多未知的动力学问题，目前已知的若干动力学现象非常奇妙，因此在本章一并介绍。

本书可以作为从事航天动力学、天体力学、深空探测、轨道设计与控制、导航与制导等专业的研究人员和工程技术人员的参考书，也可以供相关领域的高校教师和研究生参考。在撰写的过程中，虽然在内容安排、审校等方面几经修改，但缺点和错误在所难免，恳请读者批评指正。本书得到了航天科技图书出版基金的资助，在撰写过程中受到了西安卫星测控中心的领导和同事的鼓励和支持，在此一并表示感谢。

目 录

第1章 引论

1.1 研究背景与意义

小行星在太阳系广泛存在，目前已经编目的小行星有46万多个；此外，有些小行星是双小行星系统或三小行星系统，目前已经发现的双小行星系统共有268个，三小行星系统共有11个。针对小行星的探测及科学研究，可以帮助人类理解太阳系的形成机制与演化过程。此外，有些小行星可能撞击地球，目前发现的有潜在威胁的小行星共有1693个，小行星或小行星的部分进入地球大气层形成陨星，陨星如果未燃烧殆尽而撞击到地球表面，则可能对人类和地球上的其他生物产生不良的影响。2013年2月15日俄罗斯的车里雅宾斯克州的陨石撞击地球事件，造成了超过700人受伤和数百栋建筑物受破坏，此次陨石撞击地球的当量超过2天前即2013年2月13日朝鲜核试验的爆炸当量。可见，针对小行星的探测与防御对保证人类的安全也具有重要的意义。不同类型的小行星的结构和物质成分有所不同，针对小行星的探测、科学问题研究、轨道动力学研究、轨道设计与软着陆轨道设计等，研究太阳系的形成与演化、小行星和多小行星系统的产生、小行星的断裂与解体及陨星的形成等具有重要的意义，对于研究小行星结构及物质成分，帮助人类进行小行星采矿，解决人类对某些特定矿物质的需求，也具有重要的意义。

目前，已经有多个探测器针对小行星进行了绕飞与着陆，NASA于1996年发射的舒梅克号（NEAR Shoemaker）探测器于1997年飞越了小行星（253）Mathilde，于2001年登陆小行星（433）Eros的Himeros坑的南部区域，为首个登陆小行星的探测器。日本于2003年发射的隼鸟号（Hayabusa）于2005年登陆了连接双小行星（25143）Itokawa的表面，并进行了采样，于2010年返回地球。我国2010年发射的嫦娥二号探测器于2012年飞越了翻滚小行星（4179）Toutatis。

本书主要介绍小行星探测器轨道力学的相关内容。对于单个小行星来说，介绍小行星引力场中的平衡点、周期轨道、拟周期轨道等的相关理论、方法与计算结果。对于双小行星和三小行星系统来说，由于其系统中各组成小行星之间有相互作用，本书还介绍双小行星系统和三小行星系统动力学的相关理论。此外，还分析了双小行星系统和三小行星系统的动力学环境。

1.2 小行星的引力场模型的研究现状

人们对天体引力场建模方法的研究，经历了从简单到复杂、从低维到高维的研究阶段[1-9]。经典的引力场建模方法是对球谐函数叠加摄动项并进行级数展开，而一个均质球的引力场等效于一个点质量产生的引力场，点是零维的物体，一个点的测度为零，因此球谐函数摄动展开方法是在一个测度为零的对象上进行摄动处理[1-9]。对于地球、火星等近球形天体，由于级数收敛较快，球谐函数摄动展开方法的效果良好[10]。而对于小行星（951）Gaspra、（216）Kleopatra[11-15]与（1620）Geographos[16-18]等强不规则天体[11-25]来说，在小行星附近的一些区域上，级数发散，在另外一些区域上，级数收敛速度非常慢[36-49]。因此，探索能有效解决这一难题的引力场建模方法成为太阳系小天体几何形状与物理特性研究领域的重要内容[8,9,36-39]。此后，质点群模型[50]与简单特殊体模型[1-7]被用来尝试克服这一难题。其中，质点群模型对强不规则天体的建模精确程度远好于球谐函数摄动展开模型，但质点群模型计算量较大，从测度论的意义上讲，质点群模型的有限个质点的测度仍然为零，也是零维的物体[50]。此后由Werner于1994年建立的小行星多面体模型法[8]不仅能克服处理球谐函数摄动展开模型在特殊区域发散的问题，还能仿真出强不规则天体的几何外形与质量瘤[8,9,51]，目前已经能采用成千上万个点与面来对强不规则天体进行几何与物理建模[52-67]。此外多面体是三维的物体，其测度不为零[52,63,76]。特别是对于双小行星系统，多面体模型法是此前唯一能同时解决收敛与强不规则几何外形仿真的方法[78-80]。本节依次介绍球谐与椭球谐函数摄动展开模型、简单体模型、多面体模型和离散元模型[50,71,81-82]。

1.2.1　球谐与椭球谐函数摄动展开模型

将探测器看作一个质点，考虑该质点在小行星等强不规则天体引力场中的运动。如果质点距离强不规则天体足够远，则该天体的引力场可近似看作一个均值圆球产生的引力场，或者说近似看作一个质点产生的引力场，因为均值圆球的引力场等效于一个质点产生的引力场，此时，需要考虑太阳引力对质点运动的影响。倘若该天体的外形接近球形，例如地球、火星等，则经典的 Legendre 级数方法可以用来近似其引力场；并且天体的外形越接近球形，则级数的收敛速度较快[36,37]。Hu 和 Scheeres[83,84]采用 Legendre 级数展开的 2 阶项来近似匀速自旋天体的引力场，并分析了考虑 2 阶项时的轨道运动的稳定区域。如果天体的形状是不规则的，则天体附近 Legendre 级数难以收敛[41,36,37]，在一些点或区域上，Legendre 级数还会发散[1,3,4]。

1.2.2　简单体模型

在强不规则天体附近动力学行为研究的早期，人们通过研究简单特殊体附近的动力学行为来帮助理解一般强不规则天体引力场中的可能运动状态。这些简单特殊体包括细直棒[3,6,38-40,43,36,37]，圆环[4,46]，圆饼[2,5,42]，三角盘与正方形盘[41]，立方体[7,44,45,47]，哑铃体[48]等。

细直棒是一维的物体，具有很好的对称性，仅用一维坐标就可以表示细直棒上的点，然而研究表明，其附近的动力学行为异常复杂，棒体之外有4个平衡点，大范围轨道和平衡点周围的局部轨道均存在共振与混沌的现象[6,39,43]。Elipe和Riaguas[3]研究了旋转细直棒所产生的对数形式引力场中的有效势与平衡点。Elipe和Lara[39]将小行星（433）Eros的物理模型简化为细直棒，并考虑细直棒产生的引力场中的平衡点、周期轨道族以及分岔行为。Najid等[6]通过计算Poincaré截面展示了细直棒附近的复杂动力学行为。

三角盘、正方形盘、圆环以及圆饼都是二维物体，也具有良好的对称性，用二维坐标系可以表示该物体上的点。通过绘制Poincaré截面知，三角盘和正方形盘引力场中都存在周期轨道，其Poincaré截面上存在不动点和孤岛[41]。

1.2.3 多面体模型

通常的引力多体问题，考虑多个质点在相互之间的引力作用下的运动，属于有限个点质量产生的引力场，其测度仍然为零；若将有限个点增加到可数无穷个点，乃至连通的不可数无穷个点形成的点集，研究其引力场中的运动，就要考虑一般的非零测集的三维空间的强不规则天体引力场中的动力学机制。Werner[8]给出了使用均质多面体描述不规则小天体几何外形与引力场物理模型的方法，从多面体边和定点的角度来表达外部引力势和加速度分量，并将该方法应用到模拟火卫一的几何外形与引力场物理模型中，使用了146个顶点和288个三角形面。Scheeres等[52]使用小行星（4769）Castalia的、由雷达观测数据生成的多面体物理模型研究了小行星附近的质点运动，给出并讨论了质点运动的Jacobi积分与零速度面的表达形式，并计算了若干个周期轨道族。Werner和Scheeres[9]进一步详细推导了常密度多面体外部引力的解析表达，包括引力势、引力、引力梯度矩阵等，并将其应用到小行星（4769）Castalia的几何外形与引力物理模型的建立之中，给出了应用多面体处理小行星（4769）Castalia质量瘤的方法。

将多面体模型同球谐函数模型和简单特殊体模型相比，球谐函数建模[36,37,83-84]方法是在一个点质量的基础上叠加摄动来近似天体，点质量的测度为零，不能真实描述天体的不规则性，且该方法不能有效解决一些区域级数发散的问题[1,3,4]。简单特殊体模型[1-7,36-48]只能用来作为对不规则天体引力场中动力学行为的初步探索和理解使用，不存在任何一个小行星是一维的细直棒、平面盘或者立方体等简单特殊体形状的[3,4,8,9]。

因此，自从 Werner 给出了使用多面体描述不规则小行星几何外形与引力场物理模型的方法[8]之后，多面体模型已经在小天体附近动力学的研究中成为最为先进的方法[9,49-77]。此后采用多面体模型对小天体进行建模并研究其引力场中的动力学行为的包括小行星（4179）Toutatis[53]、（433）Eros[54,70,77]、（4）Vesta[77]、（216）Kleopatra[14,15,57,60-65,68,69,73,77]、（243）Ida[77]、2002 AT4[58]、1989 ML[58]、1998KY$_{26}$[77]、1999Hw1[77]、（1620）Geographos[63,64,77]、（2063）Bacchus[69,77]、（4769）Castalia[63,77]、（6489）Golevka[15,63,77]，以及小行星（25143）Itokawa[69,77]和（101955）Bennu[68,77]等。

1.2.4　离散元模型

离散元模型[50,81,82]分为硬球离散元模型（Hard - sphere discrete element method）和软球离散元模型（Soft - sphere discrete element method）两种，是散体动力学、颗粒物质力学、岩土力学等学科的基本方法。此前，若干文献将离散元模型应用于小行星的研究，用来分析和计算小行星的旋转断裂、表面平衡，例如 Asphaug 等[50]在 1998 年关于小行星碰撞解体的研究。在研究小行星旋转断裂、碰撞解体、表面平衡时，离散元模型非常有效（特别是对于碎石堆结构的小行星）。这些研究如果不在颗粒之间增加摩擦、应力、分子间作用力等的限制，则在引力的作用下，建立的不规则小行星的模型会自然塌缩。

Jiang、Zhang 和 Baoyin（2016）[71]首次建立了使用离散元模型

来模拟不规则小行星的引力场、几何外形、表面接触、表面碰撞与弹跳等的方法。通过 9450 个 10m 大小的球来堆砌小行星（6489）Golevka，形成不规则的几何外形，便可以采用这一模型来研究小行星（6489）Golevka 引力场中任意点的引力、有效势等，还可以外推质点相对小行星的轨道。如果只是使用离散元模型来对不规则小行星的引力环境进行建模，从而研究小行星引力场中的运动，不涉及外来天体对小行星的碰撞和小行星表面的软着陆、表面运动等，则为了不让小行星塌缩，可以增加简单的限制固定颗粒相对小行星本体的位置即可。颗粒在小行星表面的跃迁和探测器在小行星表面的软着陆和硬着陆，都需要研究表面的接触、摩擦、表面的变形、弹跳等，为了更加有效地模拟小行星表面的土壤，Jiang、Zhang 和 Baoyin（2016）[71]提出采用更小的软球来覆盖小行星的表面以近似小行星表面土壤环境；这样要研究颗粒在小行星表面的跃迁和探测器在小行星表面的软着陆等，都可以采用软球离散元模型来进行，这一方法可详细分析与计算表面的接触与碰撞、表面的变形、摩擦、弹跳等动力学行为。

1.3　单个小行星附近的动力学研究现状

截至 2016 年 4 月 24 日，已发现的太阳系中的主带小行星共有 666912 个，木星特洛伊小行星 6406 个，火星穿越小行星 12178 个；此外，还有 Hungarias 族小行星 15478 个，Amors 族小行星 6118 个，Apollos 族小行星 7075 个，Atens 族小行星 1034 个，Atiras 族小行星 24 个，矮行星 5 个[85]。能使用受摄开普勒轨道理论或平面圆形限制性三体问题理论研究探测器在其引力场中运动的天体不超过几十个，这些天体以外形非常接近圆球的太阳和大行星及大行星的大卫星为主[36-39,60-64]。太阳系的绝大多数天体都具有复杂的强不规则外形，经典的轨道理论适用于描述非常接近圆球的天体所产生的引力场中探测器的运动，而不适用于这些强不规则天体[34-39]。

此外，受摄开普勒轨道理论依赖于球谐函数的引力场模型。能否发展新的理论研究，适用于任何引力场模型，包括球谐函数模型、其他特殊函数模型、特殊外形模型、质点群模型、多面体模型、离散元模型等。需要研究能描述强不规则天体引力场中探测器运动的理论，适用于研究所有旋转强不规则天体引力场中的探测器运动，且新的理论研究不依赖于任何具体的引力场模型，即适用于任何引力场模型。

作为共性基础理论研究，开展强不规则引力场中动力学的研究，也有助于星系动力学[2,42,86-95]、天体力学[36-48,96-99]、宇航动力学[49-64]以及行星地质动力学[100,101]、天体物理散体动力学[102,103]、天体物理流体动力学[104,105]等学科研究的进步。一般来说，小行星大都具有强不规则的外形，然而小行星与矮行星没有明确的大小界限，国际天文联合会曾经拟建议以 800 km 直径为小行星与矮行星的界限，但未形成最终决议，目前小行星与矮行星之间仍无统一的、被广泛接受的界限。除了小行星以外，彗核也大都具有强不规则的外形。

目前已经被作为研究对象来分析其附近动力学行为的太阳系的强不规则小天体包括：火卫一[8]、小行星（4）Vesta[59,77]、（216）Kleopatra[60-65,77]、（243）Ida[77]、（433）Eros[54,55,58,76,77]、（1580）Betulia[58,77]、（1620）Geographos[63,77]、1998KY$_{26}$[77]、1999Hw1[77]、（4179）Toutatis[53,58]、（4769）Castalia[9,49,52,63,77]、（6489）Golevka[15,63,71,77]、（25143）Itokawa[56,69,77]以及彗星 1P/Halley[15,77]和 67P/CG[58]等。

不规则天体附近的运动稳定性需要考虑 Jacobi 积分与零速度面，其中零速度面将空间区域分为质点运动的禁区与可行区域[52,58,60,61,63,64]。平衡点的稳定性完全决定了平衡点附近质点的运动稳定性[39,63]；平衡点附近的渐近稳定流形、渐近不稳定流形以及中心流形确定了平衡点附近的轨道的稳定性，这种轨道可以是局部的，也可以延伸至大范围[52,63]。存在一个度量，在该度量下质点相对强不规则体的轨道是流形在等能量超曲面上赋予了该度量的测地线，反之，流形在等能量超曲面上赋予了该度量的测地线是质点相对强不规则体的轨道[63]。下面从平衡点的存在性、个数与稳定性，周期轨道族的存在性，流形与子空间结构、分岔、共振、混沌等几个方面来介绍国际上相关领域的研究进展。

1.3.1 周期轨道和拟周期轨道

旋转不规则天体引力场附近存在周期轨道，这种周期轨道的几何形状可能非常复杂[36,41,52,53,58,61,63]。这些周期轨道可以通过不同的方式进行分类[52,61,63]。根据周期轨道的直观几何形状，Scheeres 等[52]以小行星（4769）Castalia 为例，将其附近的周期轨道分为三类，包括准赤道顺行（quasi - equatorial direct）周期轨道、准赤道逆行（quasi - equatorial retrograde）周期轨道以及非赤道（non-equatorial）周期轨道。Broucke 和 Elipe[4]依据轨道的对称性与直观几何外形，将巨形环引力场中的周期轨道分为 10 种类型。周期轨道族的寻找是非常复杂的，在 2013 年以前，人类只找到了三质点体问题的三族周期轨道，Lagrange - Euler 族、Broucke - Hénon 族以及 Moore 于 1993 年发现的图 - 8 族（figure - eight family）[86,87]。Šuvakov 和Dmitrašinović于 2013 年找到了三体问题的 13 族新的周期解[88]，发表在物理学领域顶尖杂志 Phys. Rev. Lett. 上，Science 杂志以新闻报道的方式抢先披露了这一研究进展（Jon Cartwright[89]）。如果天体从质点变为一般的强不规则体，则情况更为复杂。Yu 和 Baoyin[61]提出一种周期轨道分层网格搜索算法并以该算法为分类原则，找出小行星（216）Kleopatra 附近的 29 族周期轨道。Riaguas 等[36]找到了细直棒引力场中的多组具有不同稳定特性的周期轨道。Jiang 等[63]依据平衡点附近流形的拓扑结构将平衡点附近的周期轨道分为不同的拓扑类型，对于有的拓扑情形的平衡点的附近还存在拟周期轨道。

通过周期轨道的延拓[61,63]可以由 1 条周期轨道得到相同拓扑特性的无穷多条周期轨道。如果将可以延拓得到的周期轨道族中的所有周期轨道捏成 1 条周期轨道，则开普勒二体问题仅有 1 条周期轨道，限制性三体问题的单个平衡点附近最多有 3 条周期轨道，日地系统 5 个平衡点附近共有 12 条局部周期轨道，而在小行星（6489）Golevka 附近的局部周期轨道共有 10 条[63]。Yu 和 Baoyin（2012）[61]曾将 4 维辛流形中一般的轨道分类结果应用到小行星附近周期轨道的分类中，认为只要固定了 2 个等于 1 的特征乘子，则小行星引力场中周期轨道拓扑类型就和 4 维流形中轨道的拓扑类型之间可以一一对应了，于是认为小行星引力场中周期轨道仅有 7 种相异的拓扑类型。小行星引力场中周期轨道是在 6 维辛空间中的周期轨道，因此，不能采用 4 维辛空间周期轨道拓扑分类来对 6 维辛空间中的周期轨道进行拓扑分类，否则将遗漏若干重要的拓扑类型。Jiang、Yu 和 Baoyin[15] 首次对小行星引力场中周期轨道进行了详细的分类，发现一共存在 13 种不同的拓扑类型，相关理论还预测了小行星附近周期轨道的 4 种分岔，并在数值计算中找到了这 4 种分岔类型。此后，Yu、Baoyin 和 Jiang（2015）[67]将参考文献［15］的理论应用到了双小行星系统（243）Ida 的主星引力场中周期轨道延拓之中，按照参考文献［15］的周期轨道分类对寻找到的周期轨道的拓扑类型进行了计算，还发现了一条周期轨道在延拓时出现分岔，分岔类型为切分岔。

1.3.2　平衡点的位置与拓扑类型

针对简单特殊体引力场中平衡点的存在性、个数与稳定性，有若干颇有意思的研究成果。Elipe 和 Riaguas[3] 找到了旋转对数函数引力场及旋转有限长细直棒引力场中的 4 个外部平衡点，并且讨论了这 4 个平衡点的稳定性。Scheeres 等[56] 发现了小行星（25143）Itokawa 引力场中的 4 个外部平衡点并给出了它们在小行星本体坐标系的坐标位置。Mondelo 等[59] 发现了小行星（4）Vesta 引力场中的 4 个外部平衡点，并且给出了它们的坐标及稳定性；他们的研究表明其中 2 个平衡点是稳定的，另外 2 个是不稳定的。Yu 和 Baoyin[60]

发现了小行星（216）Kleopatra引力场中的4个外部平衡点，并给出了这些平衡点的位置坐标、特征值与稳定性，此外，还发现这4个平衡点附近存在6族不同的周期轨道。Scheeres[58]发现了小行星（1580）Betulia引力场中的6个外部平衡点，以及彗星67P/CG引力场中的4个外部平衡点。

Jiang等[63]建立了一般的旋转小行星平衡点附近的运动理论，包括平衡点附近线性化的运动方程、特征方程，平衡点稳定的一个充分条件、一个充分必要条件，以及非退化平衡点的拓扑分类和子流形结构；此外，将旋转不规则天体引力场中的非退化平衡点分为8种可能的拓扑类型，其中非退化并且非共振的平衡点有5种拓扑类型，而非退化并且共振的平衡点有3种拓扑类型。Wang、Jiang和Gong[77]计算了23个有精确外形模型的强不规则天体的平衡点的个数及拓扑类型与稳定性，其中15个小行星、5个大行星的卫星、3个彗核；发现这23个天体均存在内部平衡点，除小行星（216）Kleopatra有3个内部平衡点外，其余天体均只有1个内部平衡点；发现除了小行星1998 KY_{26}没有外部平衡点以外，其余天体均有外部平衡点，其中（101955）Bennu有8个外部平衡点，其余天体均有4个外部平衡点；发现小行星（4）Vesta、（2867）Steins、（6489）Golevka、（52760）1998 ML14，大行星的大卫星M1 Phobos、N8 Proteus、S9 Phoebe以及彗核1P/Halley和9P/Tempel 1，均有3个平衡点的拓扑类型属于情形1；此外，发现这23个不规则天体的外部平衡点若属于情形1与情形2，则不同拓扑类型的平衡点间隔分布，属于情形1的外部平衡点个数与属于情形2的外部平衡点个数相等；同样，若这些天体的外部平衡点属于情形2与情形5，则不同拓扑类型的平衡点也间隔分布，属于情形2的外部平衡点个数与属于情形5的外部平衡点个数相等。

Jiang（2015）[14]发现小行星平衡点附近衍生出的周期轨道族和平衡点之间的拓扑类型存在一一对应的关系。据此，就可以只看平衡点的拓扑类型即可推知其附近衍生出的周期轨道的拓扑类型，甚至不用搜索其附近的周期轨道，不需要延拓出周期轨道族，更不用计算周期轨道族的单值矩阵与拓扑类型。这也有助于检查平衡点附近周期轨道族拓扑类型计算的正确性。

和平衡点有关的问题如平衡点的个数、有限性等问题远未解决，菲尔茨奖和沃尔夫奖双奖得主 Smale 在参考文献［106］中列出了 21 世纪的 18 个数学领域的世纪性问题，其中 N 质点体的系统中相对平衡点个数的有限性被列为第 6 个世纪性问题，如果将这 N 个质点中的部分或全部换成强不规则体，则情况将更加复杂，此时不规则体的引力势和旋转势相互耦合。

1.3.3　流形

流形是旋转强不规则体引力场中动力学研究的一个重要方面，其中平衡点附近的流形可以分为渐近稳定流形、渐近不稳定流形以及中心流形，这些流形分别同渐近稳定子空间、渐近不稳定子空间以及中心子空间在平衡点处相切[44,59,60,63]。Mondelo 等[59]讨论了小行星（4）Vesta 平衡点附近的周期轨道与对应的流形。Liu 等[44]考虑了旋转均质立方体引力场中平衡点附近的流形结构，给出了渐近稳定流形与渐近不稳定流形在位置空间的投影，进一步计算了不同平衡点之间的异宿轨道。Yu 和 Baoyin[60]以小行星（216）Kleopatra 为研究对象，计算了在单参数变化下，渐近稳定流形、渐近不稳定流形以及中心流形在位置空间的投影；此外，他们还计算了每一个平衡点附近周期轨道族周期的取值区间。Jiang 等[63]发现了一般的旋转简单形状体或强不规则体的非退化平衡点的 8 种可能的拓扑类型对应的流形结构，包括线性稳定类型 1 种、不稳定兼非共振类型 4 种以及共振类型 3 种，并将理论结果应用到小行星（216）Kleopatra、（1620）Geographos、（4769）Castalia 和（6489）Golevka 中。

1.3.4　周期轨道族的分岔

在强不规则体的质量分布、几何外形、自旋速度以及运动质点的 Jacobi 积分等参数变化下，运动可能表现出分岔行为。Riaguas 等[36]发现了细直棒引力场参数变化下周期轨道的分岔行为。Galán 等[87]分析了三体问题图- 8 解的分岔行为。此外，共振平衡点附近也可能会出现分岔[63]。Jiang、Yu 和 Baoyin[15]于 2015 年发现了小行星附近周期轨道族的 4 种分岔，分别为倍周期分岔、Neimark - Sacker 分岔、实鞍分岔和切分岔，使用的小行星为有精确引力模型的（216）Kleopatra，计算过程中构建（216）Kleopatra 的不规则外形采用了 2048 个顶点和 4096 个面。此后，Jiang、Baoyin 和 Li[68]进一步发现小行星引力场中共振的周期轨道族也可以出现分岔行为，在不规则小行星（216）Kleopatra 的附近发现了一族 2∶1 共振的周期轨道族在延拓时出现了倍周期分岔；此外还发现了伪分岔行为，即周期轨道在延拓过程中周期轨道的特征乘子在经过碰撞后并未改变周期轨道的拓扑类型。

1.3.5 共振的类型

共振有多种可能的类型：包括轨道的瞬时共振、共振平衡点、周期轨道的共振等。

在轨道的瞬时共振方面，Scheeres 等[52]考虑使用球谐函数模型来对小行星（4769）Castalia 的引力场进行建模，并分析了 2 阶引力场解析近似引起的运动质点轨道角速度与小行星自旋角速度成整数比 1∶1 及 2∶3 引起的共振行为。Scheeres 等[54]进一步对小行星（433）Eros 使用 2 阶球谐函数引力场近似分析了 3∶2、2∶1 及1∶2 共振。Yu 和 Baoyin[62]从质点机械能是否突变的角度来考虑，发现并分析了小行星附近质点运动的瞬时共振行为。

小行星的相对平衡点也可以看作是一种共振，在惯性空间来看，小行星的相对平衡点就是质点轨道角速度与小行星自旋角速度成 1∶1的共振轨道，也就是说质点轨道角速度与小行星自旋角速度成 1∶1的共振轨道同小行星的平衡点重合[59,63]。而共振平衡点则是平衡点的纯虚特征值数值之比为整数比，因此，共振平衡点是双重的共振。Jiang 等[63]推导了小行星引力场中的共振平衡点的类型、特征值的分布、附近切空间的运动等。

小行星周期轨道的共振则是质点轨道角速度与小行星自旋角速度成整数比的共振。Jiang、Baoyin 和 Li[68]发现小行星（101955）Bennu 引力场中的若干条不同共振比的共振周期轨道，还发现小行星引力场中的共振周期轨道可能存在分岔行为。在 Jiang、Baoyin 和 Li[68]延拓出的存在倍周期分岔的共振周期轨道之中，各条周期轨道的共振比并非严格的 2：1，而是落在区间［2.0137，2.0408］之中。

1.3.6 混沌

混沌与分岔及共振紧密相连，若干关于简单特殊体引力场的研究表明，其中质点的运动可能表现出混沌行为[39,43,45]。Elipe 和 Lara[39]讨论了细直棒引力场中的 1：1 共振引起的分岔，发现在参数变化下，共振将导致混沌的产生。Lindner 等[43]发现了绕旋转巨形细直棒公转的质点运动的混沌行为，质点的运动包括稳定同步轨道、一般混沌轨道以及不稳定周期轨道和自旋稳定轨道族。Poincaré 截面是一个有效的工具，通过它不仅可以观察周期轨道的存在性，还有助于分析质点运动的混沌行为[4,6,41,45]。Broucke 和 Elipe[4]通过计算固体圆环引力场中的 Poincaré 截面，发现截面上存在的显著孤岛，对应着环绕着该圆环的周期轨道。Blesa[41]分别计算了平面三角盘及正方形盘引力场中的 Poincaré 截面，找到了若干条周期轨道。Najid 等[6]计算了细直棒引力场中的若干 Poincaré 截面，展现了其中动力学行为整体结构的一个概览。Liu 等[45]通过计算 Poincaré 截面找出了旋转立方体引力场中的周期轨道。Jiang 等[69]计算了三小行星系统（216）Kleopatra 主星引力场中一条轨道的 Poincaré 截面，发现截面上存在孤岛、运动的禁区、闭曲线和孤立点，这一结果证实了不规则小天体引力场中运动存在混沌。

1.3.7 不规则小行星表面运动、跃迁与软着陆

不规则小行星表面上的物质可能会出现跃迁甚至发射并逃逸小

行星的行为。这些运动分为表面平衡、限制在表面上的运动、表面跃迁、弹跳等[71,107]。Jiang、Zhang 和 Baoyin[71]的研究表明，小行星表面的跃迁和探测器的软着陆都会出现多次弹跳的行为。欧空局的罗塞塔号探测器的着陆器“菲莱”在着陆彗核 67P/Churyumov - Gerasimenko 的时候发生了明显观测到的 2 次弹跳，也就是说“菲莱”进行了 3 次观测到的着陆[108-112]。“菲莱”的三次着陆彗核时间分别为协调世界时（UTC）2014 年 11 月 12 日 15 时 34 分 04 秒、17 时 25 分 26 秒和 17 时 32 分 17 秒（北京时间 2014 年 11 月 12 日 23 时 34 分 04 秒、13 日 1 时 25 分 26 秒和 13 日 1 时 32 分 17 秒）[108-118]。也就是说，着陆器“菲莱”在彗核表面软着陆的首次着陆时刻后，经过近 2 小时，才最终静止于彗核表面。软着陆第一次碰撞彗核表面后的弹跳高度大约为 1 km，最终软着陆位置距离事先设计好的软着陆位置为数百米[108-114]，彗核 67P/Churyumov - Gerasimenko 的大小为 4.1 km×3.3 km×1.8 km 的较大部分和 2.6 km×2.3 km×1.8 km 的较小部分通过脖颈连接，因此，最终软着陆位置的相对误差是极大的。这是因为欧空局事先并未考虑不规则小天体表面软着陆过程的接触力学、碰撞与弹跳，事实上，不规则小天体表面的探测器软着陆、硬着陆、颗粒跃迁等同火星等大行星的表面软着陆完全不同[71]。在大行星表面，引力势的梯度远大于小天体表面引力势的梯度，量变引起质变，且小天体表面的逃逸速度很小，软着陆跃起后很小的相对速度就意味着较大的相对移动距离；此外，大行星表面的软着陆一般不会弹起，这是由大行星的引力、软着陆的相对碰撞、接触过程的表面与着陆器形变等的综合作用导致的。而在小天体表面，软着陆的相对碰撞、接触过程的表面与着陆器形变等的力的效应相对于微弱的逃逸速度就会较大，如果处理不好甚至软着陆首次接触小天体表面后，着陆器会弹起并逃逸。

Jiang、Zhang 和 Baoyin[71]通过选择具有典型的平坦区域/平原、凹区域/山谷、凸区域/山峰局部地形地貌的小行星（6489）Golevka 来计算颗粒跃迁与探测器软着陆的动力学行为，建立了采用离散元模型模拟不规则小天体的引力、外形、接触与碰撞、弹跳等的综合模型，建立了相关理论与计算方法。计算过程中，采用 26 万多个软球覆盖小行星表面来模拟土壤碎石环境[71]。研究指出[71]，如果软着陆关机初始区域在凸区域/山峰，则软着陆的着陆器经过明显较长的轨迹和时间才能最终静止于小天体表面，也就是说，小天体表面的凸区域/山峰区域并非理想的软着陆区域。如果选取平坦区域/平原或凹区域/山谷作为探测器的软着陆区域[71]，则着陆器弹跳的轨迹和时间均较短，也就是说，平坦区域/平原或凹区域/山谷都是较好的区域；此外小天体赤道附近的软着陆过程容易失败，因为着陆器跃起后易于逃逸小天体。无论选取什么样的地形地貌作为软着陆区域，着陆器只要没有弹跳后逃逸，都会经过多次弹跳才能静止于小天体表面。

1.4　双小行星系统动力学研究现状

双小行星系统的两个组成部分都具有不规则的 3 维几何外形，这就给建模与动力学研究造成了困难。早期的研究不考虑不规则的 3 维几何外形，用 2 至 3 个质点来模拟较大的小行星，用另一个质点来模拟较小的小行星；或者用两个细直棒来模拟双小行星系统。这些研究有助于帮助初学者理解双小行星动力学行为的复杂性。此外，根据观测数据进行双小行星系统的动力学参数的计算也是双小行星系统动力学研究的重要方面，与采用简单的模型假定不同，根据观测数据进行的研究是针对具体的双小行星系统来开展研究，在此基础上的研究结论也能帮助我们理解一般的双小行星系统的动力学机制。本节首先介绍在简单模型假定情况下的双小行星系统动力学研究进展，其次介绍在观测基础之上的双小行星系统动力学参数的计算与分析研究进展，然后介绍双小行星系统的稳定性研究进展。

1.4.1　双小行星系统简单模型假定及动力学研究

在简单模型假定情况下，Lindner et al. (2010)[43]研究了一个巨型细直棒和一个点质量组成的系统中的动力学，推导了力和力矩的表达式，并发现细直棒附近存在稳定的同步轨道、一般的混沌轨道、不稳定周期轨道、旋转稳定轨道等。Blaikie et al. (2014)[119]研究了双细直棒形成的系统在相互影响下各自的轨道与姿态。Jain 和 Sinha (2014)[120,121]考虑两个细直棒在一条直线上摆放情况下处于同步旋转状态，第三个无质量的质点在系统平衡点附近的动力学行为。Ferrari et al. (2016)[122]考虑的引力模型则更为简单，将双小行星系统中较大小行星的不规则外形及其产生的引力用两个质点来代替，系统中较小的小行星采用第三个质点来代替，研究了该系统的动力学行为。Gabern et al. (2005，2006)[123,124]采用的动力学模型为考虑双小行星系统中较大小行星的轨道与姿态，仅考虑较小的小行星的轨道而不考虑其姿态情况下，认为所研究的是大尺度比的双小行星系统，且较小的小行星相对较大的小行星在其赤道面内运动，在几何外形及其引起的引力势方面，通过共线的 1 个质量较大的质点和 2 个质量较小的质点来模拟较大小行星的不规则外形引起的引力，通过另 1 个质量较小的质点来模拟较小的小行星的引力，在这些假定下，建立了系统的动力学方程，分析了探测器作为第三个无质量的质点在相对平衡点附近的稳定性和轨道。这些模型完全没有考虑小行星的 3 维不规则外形，点即使是采用细直棒来模拟，也只是 1 维的对称外形。

1.4.2 双小行星系统观测与系统动力学参数计算

在所有的太阳系小行星之中，大约有 16%的大于 200m 的小行星属于双小行星系统[125]，截至 2016 年 5 月 7 日，目前发现的双小行星系统共 273 个 [Johnston (2016)[126]]，一些疑似双小行星系统未列入。在这些双小行星系统中，有 57 个是近地小行星 (near - Earth asteroids)，20 个火星穿越小行星 (Mars crossing asteroids)，115 个主带小行星 (main - belt asteroids)，4 个木星特洛伊小行星 (Jupiter Trojan asteroids)，77 个外海王星天体 (trans - Neptunian objects)。一些典型的双小行星系统包括（22）Kalliope 和 Linus、（41）Daphne 和 S/2008（41）1、（90）Antiope 和 S/2000（90）1、（107）Camilla 和 S/2001（107）1、（121）Hermione 和 S/2002（121）1、（243）Ida 和 Dactyl 等。

Kaasalainen et al.（2002）[127] 通过对观测数据的处理给出了（22）Kalliope 的主星的多面体形状模型，并得出了其三轴之比为 $a:b=1.2$，$b:c=1.2$。Marchis et al.（2003）[128] 计算出了（22）Kalliope 的较小的卫星 Linus 的轨道，发现 Linus 的轨道倾角较大，相对于 Kalliope 赤道面的轨道倾角为 $19.8°\pm2.0°$，轨道周期为（3.58±0.08）d，半长轴为（1 020±40）km。并计算出 Kalliope 的密度约为（2.03±0.16）g/cm^3，由此推断 Kalliope 是碎石堆结构（rubble pile structures），而非固体结构（solid structures）。Marchis et al.（2008）[129] 报道了三个双小行星系统（22）Kalliope、（107）Camilla 和（762）Pulcova 的观测结果，计算并分析了主星的大小与形状，计算了这三个双小行星系统的小月亮的轨道并分析了轨道稳定性，进一步分析了（22）Kalliope 和（107）Camilla 的 3D 形状模型。Descamps et al.（2008）[130] 给出了双小行星系统（22）Kalliope 的大小和密度的估计，认为 Kalliope 的大小为（166.2±2.8）km，Linus 的大小约为（28±2）km，Kalliope 的密度的新的估计值为（3.35±0.33）g/cm^3。Galileo 探测器在 1993 年飞越（243）Ida 时发现其是双小行星系统，这是人类首次发现的双小行星系统，Helfenstein et al.（1996）[131] 根据观测数据对（243）Ida 和 Dactyl 的动力学参数进行了分析，但并未给出 Dactyl 相对于 Ida 的轨道参数等数据。Belton et al.（1996）[132] 计算了 Ida 的三轴尺寸为 59.8 km×25.4 km×18.6 km，自旋周期为（4.633632±0.000007）h，Dactyl 的三轴尺寸仅为 1.6 km×1.4 km×1.2 km。Stooke（2002）[34] 给出了 Ida 的精确 3 维几何外形模型。

双小行星系统的密度可以很小，例如在日木系统木星后方 L5 点的特洛伊双小行星系统（617）Patroclus 的体密度只有 0.8 g/cm^3，

Patroclus 和 Menoetius 的大小分别为 141km 和 112km（Marchis et al. 2006[133]），Menoetius 相对于 Patroclus 的轨道周期为 4.283d，Patroclus 的自旋周期为 4.2925d，从周期来看，（617）Patroclus 和 Menoetius 应当是一个同步双小行星系统，但目前尚无文献证实。双小行星系统的尺寸也可以很小，甚至是百米量级，例如阿波罗双小行星系统 2003SS_{84} 的两个小行星 2003SS_{84} 和 S/2004（2003 SS_{84}）1 的大小分别为 120m 和 60m，它们相对绕飞的平均半长轴约为 270m，绕飞周期为 1d，该双小行星系统的日心轨道半长轴为 1.930486345 AU。

在双小行星系统主星平衡点的研究方面，Scheeres et al. (2006)[134] 计算了双近地小行星 1994 KW4 的动力学构形，发现主星有 4 个体外平衡点，并给出了体外平衡点的位置，有一个体外平衡点的位置到 x 轴和 y 轴距离均较大，另外的 3 个体外平衡点相对 x 轴和 y 轴的距离也比较明显，不可忽略。Wang、Jiang 和 Gong (2014)[77] 发现了双小行星系统（243）Ida 主星的体外及体内一共有 5 个平衡点，并给出了这些平衡点的位置、拓扑类型和稳定性，发现体外的 4 个平衡点都是不稳定的。

Pravec 和 Harris（2007）[135] 根据系统的角动量研究了双小行星系统的分类问题，将双小行星系统分为若干族：L 族为大尺度比的双小行星系统，较大的小行星附近有一个小卫星绕飞，系统形成的原因是较大的小行星受到碰撞而发射出整体石块，这样的若干整体石块聚合形成较小的小行星，这些较大的小行星发射出的石块中的部分最终形成了较小的小行星上的碎石。L 族双小行星系统包括（22）Kalliope、（107）Camilla、（121）Hermione、（283）Emma、（379）Huenna 等，主星的大小分别为 170km、206km、205km、145km、90km。A 族与 B 族是主星大小在 10km 左右及以下的双小行星，通过旋转断裂或质量脱落产生，其中一个主要原因是 YORP 效应。其中 A 族是非同步的双小行星系统，B 族是同步双小行星系统。A 族包括：（1862）Apollo、（2006）Polonskaya、（4029）

Bridges、2000 UG11 等。A 族中主星最小的是 2000 UG11，为 0.26km；主星最大的是（4029）Bridges，为 8km；主星和小卫星的尺度之比最小的是（1862）Apollo，为 0.04；小卫星和主星的尺度比最大的是 2000 UG11，为 0.58。B 族包括：（809）Lundia、（854）Frostia、（1089）Tama、（1139）Atami、（1313）Berna、（4492）Debussy、（69230）Hermes 等，B 族的双小行星系统的较大的小行星和较小的小行星的尺度基本相当，例如（809）Lundia 的双星大小之比为 0.9。B 族双小行星系统的较大的小行星的大小方面除了（69230）Hermes 的较大的小行星为 0.6km 之外，其余都在 10km 量级，最小的（1139）Atami 的较大的小行星为 5km，最大的（4492）Debussy 的较大的小行星为 11km。与之不同而未归类的包括（90）Antiope 和（617）Patroclus，它们的主星大小分别为 84km 和 101km，都是同步双小行星系统。

1.4.3　双小行星系统的日心轨道与共振

双小行星系统的日心轨道也呈现出非常丰富有趣的特点。从日心轨道来分类，双小行星系统分为：近地双小行星系统、特洛伊双小行星系统、火星穿越双小行星系统、主带双小行星系统、外海王星（trans - Neptunian）双小行星系统等[136-153]。而近地双小行星系统又分为近地 Aten 族双小行星系统、近地 Apollo 族双小行星系统和近地 Amor 族双小行星系统。目前已发现的特洛伊双小行星系统包括火星 L5 点特洛伊双小行星系统[137]、木星 L4 点和 L5 点特洛伊双小行星系统。外海王星双小行星系统包括：冥族（plutino）双小行星系统、黄道离散（scattered disk）双小行星系统、类 QB1（cubewano）双小行星系统。外海王星双小行星系统中还有若干属于共振的双星。日心轨道半长轴最小的双小行星系统是［（66391）1999 KW4，属于近地 Aten 族双星，半长轴为 0.642AU（Fang 和 Margot（2011）[136]］；而日心轨道半长轴最大的是（229762）2007 UK126，属于黄道离散双星，半长轴为 74.158AU。近地 Apollo 族双小行星系统包括（1862）Apollo、（1866）Sisyphus、（175706）1996 FG3 等。近地 Amor 族双小行星系统包括（7088）Ishtar、2002 KK8 等。火星 L5 点特洛伊双星只发现 1 个，为（5261）Eureka，双星大小分别为 1.2km 和 0.46km［Sanchez et al.（2014）[137]］。木星 L4 点特洛伊双星也只发现 1 个，为（624）Hektor 和 S/2006（624），双星大小分别为 363 km×207km 和 12km［Gorshanov et al.（2014）[138]，Marchis et al.（2014）[139]］。木星 L5 点特洛伊双星已经发现了 3 个，分别为（617）Patroclus 和 Menoetius[133]、（17365）1978 VF11[140] 和（29314）Eurydamas[140]。这 3 个木星 L5 点特洛伊双星的密度都比较小，分别为 0.8 g/cm^3、0.78 g/cm^3 和 0.59 g/cm^3，而木星 L4 点特洛伊双星（624）Hektor 的密度为 2.43 g/cm^3[138,139]。此外，木星特洛伊双小行星（17365）1978 VF11 的较大小行星还是一个连接双星［Mann et al.（2007）[140]］。火星穿越双小行星系统包括（1727）Mette、（2449）Kenos、（2577）Litva 和 S/2012（2577）1、（3873）Roddy 等[141,142]。主带双小行星系统包括（1509）Esclangona 和 S/2003（1509）1、（2047）Smetana、（2131）Mayall 等[143]。冥族（plutino）双小行星系统包括（139775）2001 QG298[144]、（38628）Huya[145]、（208996）2003 AZ84[146] 等。类 QB1（cubewano）双小行星系统包括（134860）2000 OJ67[147]、2003 QY90[148]、（50000）Quaoar 和 Weywot[145] 等。黄道离散（scattered disk）双星系统包括（136199）Eris 和 Dysnomia、（229762）2007 UK126、（182933）2002 GZ31 等[126,149]，目前已经确认为双星的这些黄道离散天体的主星尺寸都较大，例如（136199）Eris 和 Dysnomia 的主星 Eris 的尺寸为 558.7km，已经介于小行星和矮行星的尺寸分界处附近。

外海王星双小行星系统中还发现 10 余个共振双星，目前已发现的这类双星之中日心轨道半长轴最小的是 3∶5 共振的 2001 XP254，半长轴为 42.564AU，海王星与它的轨道周期之比为 3∶5；日心轨道半长轴最大的是 1∶3 共振的 2006 SF369，半长轴为 62.893AU，海王星与它的轨道周期之比为 1∶3。此外，还有 4∶7 共振的（119067）2001 KP76 以及（385446）Manwe，1∶2 共振的（26308）1998 SM165、2000 QL251、2003 FE128 和（119979）2002 WC19，2∶5 共振的（60621）2000 FE8，3∶8 共振的（82075）2000 YW134[126,147,150,151,152]。

1.4.4 双小行星系统的稳定性

Beletsky（2007）[154]认为双小行星系统的相对平衡可以使用圆形限制性三体问题来模拟，使用圆形限制性三体问题分析了探测器在平衡点附近的运动。Vera（2009）[155]认为双小行星系统存在 Lagrange 平衡，并研究了双小行星系统的 Lagrange 平衡附近的三轴陀螺的动力学。Bosanac et al.（2015）[156]认为可以采用圆形限制性三体问题模拟双小行星系统，使用圆形限制性三体问题分析了双小行星系统平衡点附近周期轨道的稳定性。但事实上，双小行星系统和日木系统、日地系统等不同，双小行星系统的两个小行星由于没有足够的质量以达到流体静力学平衡，因而都具有不规则的几何外形。因此不能根据双质点或双球体的平面圆形限制性三体问题存在 Lagrange 平衡就认为双小行星系统存在 Lagrange 平衡。一般来说，对于大尺度比的双小行星系统来说，较大小行星对于双小行星系统的引力场影响要比较小的小行星的影响大得多，因此系统中的平衡点计算只需考虑较大小行星的不规则几何外形引起的引力和其自旋角速度即可，例如双小行星系统（243）Ida 的平衡点的计算，就只需考虑（243）Ida 主星的不规则外形引起的相对平衡即可，参见 Wang et al.（2014）[77]。对于尺度相当的非同步双小行星系统来说，由于双小行星系统未发生引力锁定，系统中不存在平衡点，只存在瞬时的相对旋转坐标系的引力势为零的点，而这样的点的位置、数量、存在性都是随着时间的变化而变化的。对于尺度相当的同步双小行星系统来说，由于双小行星系统发生了引力锁定，系统中存在平衡点，但平衡点的计算应考虑双小行星各自的不规则几何外形、相对位置、绕飞角速度等，而平衡点的位置和数量也不一定同平面圆形限制性三体问题的 5 个平衡点相同。因此使用平面圆形限制性三体问题来研究双小行星系统的平衡点是不合理的。

Scheeres (2002)[157]研究了强相互作用的双小行星系统的稳定性，并以近地双小行星 1996 FG3 作为算例进行了数值计算与分析，采用的计算模型较为简单，其中较大小行星使用椭球来模拟，较小的小行星使用质点/圆球来模拟。Marchis et al. (2014)[139]研究了特洛伊双小行星系统（624）Hektor 的长期项稳定性，发现系统没有显著的潮汐演化，认为大偏心率和大倾角是系统初始形成时的特征遗留至今。Sharma（2015，2016)[158,159]使用解析的方法分析了固体结构和碎石堆结构的双小行星系统的稳定性，未考虑小行星的强不规则外形。

1.5 三小行星系统动力学研究现状

目前已经在太阳系发现了 11 个三小行星系统。分别是（45）Eugenia（Marchis et al. 2010[160]）、（87）Sylvia（Marchis et al. 2005[161]）、（93）Minerva（Marchis et al. 2013[162]）、（130）Elektra（Marchis et al. 2006[163]）、（216）Kleopatra（Descamps et al. 2011[13]）、（2577）Litva（Sancheza et al. 2013[164]）、（3749）Balam（Vokrouhlicky′ 2009[165]）、（47171）1999TC36（Benecchi et al. 2010[166]）、（136108）Haumea（Pinilla - Alonso et al. 2009[167]）、（136617）1994CC（Brozovic′ et al. 2011[168]）和（153591）2001SN263（Araujo et al. 2012[169]）。其中（45）Eugenia 和（87）Sylvia 都是 2004 年发现的，是发现最早的三小行星系统。这 11 个三小行星系统中，有 8 个是大尺度比的，分别为（45）Eugenia、（87）Sylvia、（93）Minerva、（216）Kleopatra、（130）Elektra、（136108）Haumea、（136617）1994CC 和（153591）2001SN263。另外 3 个三小行星系统（2577）Litva、（3749）Balam 和（47171）1999TC36

的系统中的各个小行星的尺度并未拉开距离，而是大小在一个数量级上。例如冥族（plutino）三小行星系统（47171）1999TC36的三个组成的小行星的大小分别为272 km、132 km和251 km［Mommert et al.（2012）］[170]。

1.5.1 三小行星系统观测与动力学参数计算

在三小行星系统的观测与动力学参数的计算研究方面，Marchis et al.（2010）[160]针对大尺度比的三小行星系统（45）Eugenia进行了研究，给出了它的动力学解，并发现日心引力对较小的两个小行星Petit-Prince和S/2004（45）1相对于较大的小行星的轨道有微小的影响，此外，算出了较大小行星Eugenia的J2项为0.06，计算表明两个小行星Petit-Prince和S/2004（45）1的相对于Eugenia的平均距离分别为1165km和610km，相对Eugenia的轨道偏心率分别为6×10^{-3}与7×10^{-2}。Beauvalet和Marchis（2014）[171]计算了两个大尺度比的三小行星系统（45）Eugenia和（87）Sylvia的动力学参数，给出了系统中两个较小的小行星相对于主星的轨道根数，指出这两个系统的动力学参数在内部和外部的摄动力作用下是敏感的，认为它们的主星结构或许是由致密的球状核心和低密度的外壳组成。Jiang et al.（2016）[172]建立了引力全N体问题的动力学模型和方程，在考虑主小行星的不规则引力外形和姿态以及两个小月亮的球体引力的基础上，研究了5个三小行星系统的动力学行为，分析了每个三小行星系统中的三个小行星的相互作用，发现了若干新的结论，包括（45）Eugenia和（87）Sylvia的小月亮半长轴-偏心率关系图形状类似梯形，而（93）Minerva和（136617）1994CC的小月亮半长轴-偏心率关系图则与之完全不同，此外还发现六体系统（134340）Pluto-Charon中引力锁定的双星Pluto和Charon的姿态角速度和轨道角速度呈现周期性的变化。Marchis et al.（2005）[161]给出了（87）Sylvia的两个小月亮的轨道根数，指出Remus和Romulus相对Sylvia的平均距离约为710 km和1360 km；并给出了

Remus 和 Romulus 的 J2 项的值，分别为 0.18 和 0.17。Marchis et al.（2013）[162]计算出了主带三小行星系统（93）Minerva 的详细动力学参数，包括两个小月亮相对主星的轨道参数、主星自旋轴的惯性系指向，以及主星的高精度的不规则几何外形。Descamps et al.（2011）[13]报道了对三小行星系统（216）Kleopatra 的观测与计算结果，给出了在 J2000 地心赤道春分点坐标系表示的两个小月亮 S/2008（216）1 和 S/2008（216）2 的轨道参数。该三小行星系统的主星 Kleopatra 的形状为哑铃形。Benecchi et al.（2010）[166]报道了发现冥族三小行星系统（47171）1999TC36，给出了观测图像和相关数据，并计算出了系统中两个稍小的小行星相对于稍大的小行星的轨道参数在地心赤道 J2000 坐标系的表示，由于（47171）1999TC36 的三个小行星的尺度在一个数量级上，这种相对轨道参数的表示价值有限。Brozović et al.（2011）[168]给出了三小行星系统（136617）1994CC 的观测数据与图像、动力学参数计算结果与 1994 CC Alpha 的不规则几何外形模型，1994 CC Alpha 的形状模型使用了 2000 个顶点和 3996 个三角形面，画出了 1994 CC Alpha 的表面引力坡度计算结果的不同视角的图像。

1.5.2 三小行星系统的稳定性

在三小行星系统的稳定性研究方面，Araujo et al.（2012）[169]研究第三个无质量质点在三小行星系统的较小的小行星附近的稳定域，采用的算例为 2001 SN263，计算结果显示质点的稳定域在较大小行星 Alpha 和尺度居中的小行星 Beta 周围。此外在外部区域里，质点的运动同尺度居中的小行星 Beta 和较小的小行星 Gamma 的共振会导致质点运动不稳定。Frouard 和 Compère (2012)[173]计算了三小行星系统（87）Sylvia 的较小的两个小行星 Romulus 和 Remus 的不稳定域，发现 Romulus 和 Remus 的运动状态非常稳定，此外，系统中存在两种类型的不稳定域，一种是经由自旋-轨道共振（spin - orbit resonances）引发，另一种是经由平运动共振（mean - motion resonances）引发。Winter et al.（2009）[174]通过研究三小行星系统（87）Sylvia 的考虑不同动力学模型下的较小的两个小行星 Romulus 和 Remus 相对于主星 Sylvia 的轨道，发现 Romulus 和 Remus 的轨道升交点的节点是相互锁定的。计算过程分别对比考虑了 Sylvia、Romulus、Remus 和太阳四体都是质点时，Romulus 和 Remus 的相对 Sylvia 的轨道；Sylvia、Romulus、Remus、太阳、木星五体都是质点时，Romulus 和 Remus 的相对 Sylvia 的轨道；以及考虑 Sylvia、Romulus、Remus、太阳、木星五体都是质点，还计算 Sylvia 的 J2 项对 Romulus 和 Remus 的轨道的影响时，Romulus 和 Remus 的相对 Sylvia 的轨道。Jiang et al.（2015）[68]通过使用多面体模型来计算大尺度比的三小行星系统（216）Kleopatra 的主星的精确不规则几何外形及其引起的引力，在主星引力场中发现了一族特殊的近圆的周期轨道族，该周期轨道族的位置在赤道面附近，方向逆行，也就是说其倾角接近零。该周期轨道族在延拓时出现了伪倍周期分岔，周期轨道的特征乘子在−1 相撞但并不会改变周期轨道的拓扑类型和稳定性。这一发现有望解释该三小行星系统的两个较小的小行星的运动稳定性。

1.6　小行星与多小行星系统动力学计算方法研究现状

通过目前已有的多面体模型、离散元模型等，计算出不规则小行星的引力势之后，人们通常需要获知更加深刻的动力学参数，包括平衡点的位置、特征值、拓扑类型，周期轨道的初值、周期轨道的单值矩阵、周期轨道的特征乘子和拓扑类型等。在此基础上，还要进行双小行星系统和多小行星系统动力学构形的计算等。本节介绍相关计算方法的研究现状。

1.6.1　小行星附近周期轨道的计算方法

由于小行星具有不规则的几何外形，其相对周期轨道的计算很难用解析的方式给出，即使给出了通过解析的方式得到的若干条周期轨道，一方面，这些周期轨道误差较大，难以闭合，需要通过数值的方法进行修正；另一方面诸多特殊的周期轨道族难以通过解析的方式得到。因此，无论是初始的周期轨道的搜索，还是周期轨道的延拓与周期轨道族的寻找，都需要通过数值方法来进行。一般来说，采用数值方法计算不规则小天体引力场中的周期轨道，离不开 Poincaré 截面。Scheeres et al.（1996）[53]最早计算了小行星附近的周期轨道，算例选取的小行星为（4769）Castalia，采用 Newton－Raphson 迭代和 Poincaré 截面计算了小行星（4769）Castalia 引力场中的若干条周期轨道。这里我们认为凡采用细直棒、限制性三体问题、椭球体等简单对称形状计算的周期轨道，都不是小天体附近的周期轨道，因为没有任何一个小天体具有这样的简单形状。要计算小天体引力场中的周期轨道，必须采用小天体的精确的物理与几何外形模型。Yu 和 Baoyin（2012）[61]提出了一种分层网格算法，计算过程也依赖于 Poincaré 截面，该方法可以有效地计算不规则小天体引力场中的周期轨道并进行延拓。

1.6.2 小行星相对平衡点的位置与特征值的计算方法

在小行星平衡点的位置计算方面，一般通过梯度法计算小行星附近点的有效势的梯度的临界点，计算出的临界点就是平衡点。Scheeres et al.（1996）[53]最早计算了不规则小行星平衡点的位置，选取的小行星为（4769）Castalia。此后，Yu 和 Baoyin（2012）[60]计算了小行星（216）Kleopatra 体外平衡点的位置，Jiang 等[63]于 2014 年计算了小行星（216）Kleopatra、（1620）Geographos、（4769）Castalia 和（6489）Golevka 的体外平衡点的位置，Wang、Jiang 和 Gong（2014）[77]给出了 23 个小天体的体外和体内平衡点的位置。这些计算都是依赖于精确的多面体模型的，计算结果表明，小行星的相对平衡点都是非平面平衡点，也就是说都不在小行星自旋的赤道面内，这是由于小行星不是关于赤道面南北对称造成的。这也说明了采用细直棒、双球、双椭球等简单模型计算小天体平衡点的局限性，一方面，使用这些简单模型计算出的平衡点的位置误差较大；另一方面，这些简单模型都是南北对称的，算出的小行星平衡点都在赤道面内，这与事实相悖。从平衡点的个数来说，小行星（101955）Bennu 有 8 个体外平衡点且分布不均，小行星（1580）Betulia 有 6 个体外平衡点也分布不均，这些都是简单模型难以模拟的。这也是多面体模型建立以来，简单模型被淘汰的原因。但简单模型仍然有其现实意义，它可以帮助初学者理解不规则小天体的相对平衡点和有效势的分布。

在平衡点的特征值计算方法方面，有两种方法，一种是数值法，由 Scheeres et al.（1996）[53] 最早采用，此后 Yu 和 Baoyin（2012）[60]也采用数值法计算了小行星（216）Kleopatra 体外 4 个平衡点的特征值。另一种是解析法，Jiang et al.（2014）[63]首次给出了一般的规则天体附近平衡点特征方程及特征多项式，采用求解特征多项式的方法计算平衡点特征值。特征多项式是使用有效势的梯度来表示的，只要计算出有效势的梯度，则很容易算出小行星平衡点的特征值。解析法的出现极大地提高了平衡点特征值和拓扑类型的计算速度；此后，Wang、Jiang 和 Gong（2014）[77]采用 Jiang et al.（2014）[63]等推导出的解析法，一口气计算了 23 个有精确模型的小天体的平衡点特征值和拓扑类型。

1.6.3　双小行星系统的动力学计算方法

Werner 和 Scheeres（2005）[78]提出了采用双均质多面体来模拟双小行星系统的方法，通过保留双小行星系统共有引力势的级数展开的若干阶来计算双小行星系统的共有引力势。Fahnestock 和 Scheeres（2006）[79]给出了使用双多面体共有势及势的导数来计算双小行星系统动力学的详细方法，给出了力和力矩的表达式以及积分采用的动力学方程，并给出了仿真算例。Fahnestock 和 Scheeres（2008）[80]采用双多面体模型对近地双星（66391）1999 KW4 的动力学进行了模拟与分析，将数值方法与解析方法进行了对比。Hirabayashi 和 Scheeres (2013)[153]给出了采用双多面体模型计算双小行星系统动力学的快速算法。需要注意的是，计算双小行星系统动力学的双多面体模型在计算共有势的时候是有截断误差的，双小行星距离越近，这种截断误差越大。

1.7 本书章节内容

各章主要内容安排如下：

第 2 章介绍了小天体外形和引力场建模的几种典型的方法。包括单个小行星引力场与几何外形建模的多面体模型，双小行星系统引力场与几何外形建模的双多面体模型，以及单个小行星、双小行星系统和多小行星系统的引力场、几何外形和内部结构建模的离散元模型。

第 3 章主要分析了强不规则体附近的动力学方程与有效势。在分析了质点相对强不规则天体的 Newton 形式的动力学方程、有效势和 Jacobi 积分的基础上，给出了 9 种新的类型的质点相对强不规则天体的动力学方程、有效势以及 Jacobi 积分，这 9 种新的类型包括：分量形式、系数矩阵形式、Lagrange 形式、Hamilton 形式、辛形式、Poisson 括号形式、Poisson 形式、复形式和上同调形式。

第 4 章介绍了旋转的平面对称引力场中平衡点附近的切空间的动力学方程与特征方程以及平衡点的稳定性，发现非退化平衡点有 12 种不同的拓扑情形。给出了平面对称引力场中平衡点附近周期轨道族的个数，子流形与子空间的结构，研究了共振平衡点及其附近的混沌行为。导出了平衡点线性稳定、非共振不稳定、共振的充分必要条件。发现共振平衡点是 Hopf 分岔点，它将导致一般的旋转平面对称势场中平衡点附近的混沌运动。进一步发现在系统参数变化时，共振平衡点附近的局部运动是初值敏感和拓扑混合的，并且共振平衡点附近会出现周期轨道族的产生与消失现象。本章最后将相关理论结果应用到两个特例中，分析旋转均质立方体平衡点附近的运动和平面圆形限制性三体问题平衡点附近的运动。使用本章理论，仅用很小的篇幅就可直接得到旋转均质立方体平衡点附近的运动和平面圆形限制性三体问题平衡点附近动力学规律的主要结论。

第 5 章介绍了旋转强不规则天体引力场中平衡点附近的动力学规律，导出了质点相对平衡点的线性化运动方程与特征方程，建立了轨道与测地线的联系，给出了平衡点的稳定性的结论，揭示了平衡点附近的局部流形、子空间的结构、周期轨道族的数量等之间的联系。建立了一个度量，在该度量下质点相对强不规则体的轨道是流形在等能量超曲面上赋予了该度量的测地线，反之，流形在等能量超曲面上赋予了该度量的测地线是质点相对强不规则体的轨道。本章还根据平衡点附近的流形结构对非退化平衡点进行了分类，包括 1 种线性稳定情形、4 种非共振的不稳定情形和 3 种共振情形。发现线性稳定平衡点附近的子流形结构和子空间结构与不稳定平衡点附近的子流形结构和子空间结构完全不同，此时平衡点附近仅有中心流形，不存在渐近稳定流形和不稳定流形。研究了非共振的不稳定平衡点附近的动力学行为，发现不稳定流形的维数大于 0，此时平衡点附近的质点运动是不稳定的。讨论了共振平衡点附近的动力学行为，发现共振平衡点附近至少存在 1 族周期轨道，且共振流形的维数大于 4。最后将本章的相关理论应用到 4 个小行星（216）Kleopatra、（1620）Geographos、（4769）Castalia 和（6489）Golevka 中，研究了这 4 个小行星的星体外的平衡点的位置、稳定性以及附近的动力学行为。发现除小行星（6489）Golevka 有 2 个平衡点是线性稳定的之外，其余的 3 个小行星的体外平衡点以及小行星（6489）Golevka 的另外 2 个体外平衡点都是不稳定的。

第 6 章是关于旋转强不规则天体引力场中的大范围轨道，特别是其中的大范围周期轨道。揭示了特征乘子的不同分布决定了子流形、轨道类型以及相图上动力学行为的相异的规律。给出了旋转强不规则天体引力场轨道的拓扑分类和稳定性；发现共有 34 种不同的拓扑类型，其中普通情形 6 种，碰撞情形 3 种，退化实鞍情形 3 种，纯周期情形 7 种，纯倍周期情形 7 种，周期兼碰撞情形 1 种，周期兼退化实鞍情形 1 种，倍周期兼碰撞情形 1 种，倍周期兼退化实鞍情形 1 种，以及周期兼倍周期情形 4 种。给出了各种情形下子流形与子空间的结构与维数。最后将本章的相关理论结果应用到具体的强不规则小行星（6489）Golevka 和（243）Ida 的引力场中的大范围周期轨道的分析与计算中。

第 7 章主要针对不规则小天体引力场中的平衡点来研究，分析了在参数变化下平衡点的碰撞与湮灭。首先发现一个可以限制不规则小天体引力场中所有非退化平衡点个数的守恒量，该守恒量还决定了平衡点特征值的分布和不同拓扑类型的个数。发现不规则小天体引力场中的非退化平衡点的个数只能是奇数。本章发现该关于平衡点个数的守恒量还决定平衡点的分岔类型。在任何不规则小天体的引力场中，都不存在非退化平衡点的三重碰撞湮灭。本章最后以小行星的自旋速度为参数，考虑在自旋速度变化情况下，小行星平衡点的碰撞与湮灭，其逆过程也存在，即自旋速度反向变化，则会出现平衡点的化生（generation）与分离（separation）。在三小行星系统（216）Kleopatra 的主星引力场中，发现了转速变化下平衡点的鞍结分岔和鞍鞍分岔。在转速逐渐增加时，（216）Kleopatra 的主星引力场中的 7 个平衡点位置和稳定性发生变化，个数依次变为 5、3、1，两两碰撞湮灭，分岔类型依次为鞍结分岔、鞍结分岔、鞍鞍分岔。反之，考虑这一过程的逆过程，则是退化平衡点无而忽有，凭空产生，然后衍生出 2 个非退化平衡点，此 2 个非退化平衡点在参数变化下逐渐分离。

第 8 章是双小行星系统的动力学。研究双小行星系统的动力学建模、首次积分、平衡状态及其稳定性。针对大尺度比的双小行星系统，研究了其动力学的简化建模、简化形式表示的有效势与相对平衡状态的特性。定义了简化的大尺度比双小行星系统的共有的有效势和以共有的有效势表示的零速度面。推导了以共有的有效势表示的大尺度比的双小行星系统的动力学方程、相对平衡附近的线性化方程与特征方程。发现并证明了一般双小行星系统相对平衡状态的个数满足的守恒量，指出了相对平衡之间的相互湮灭规律。计算并分析了若干双小行星系统的引力环境。此外，还研究了双小行星系统（243）Ida、（1089）Tama 和（1862）Apollo 的表面地形地貌。

在多小行星系统的动力学研究和引力全 N 体系统的动力学建模方面，第 9 章研究多小行星系统引力场中的动力学分析与仿真计算，应用多面体模型、N 体模型、散体动力学仿真等手段，结合理论分析与仿真计算结果，从参数变化下的相对平衡、表面平衡、拟周期运动、结构变化等的角度出发来探究多小行星系统的动力学机制。对一般的多小行星系统的平衡状态的成立条件和平衡状态的稳定条件进行了推导，指出了一般的引力全 N 体问题的相对平衡条件有 $12n-9$ 个方程。本章还将动力学方程建模结果应用到计算 5 个三小行星系统（45）Eugenia、（87）Sylvia、（93）Minerva、（216）Kleopatra 和（136617）1994CC 的动力学构形以及全六体系统（134340）Pluto - Charon 的动力学构形之中。这是天体力学领域首次在考虑精确的多面体模型的基础上对多小行星系统的构形进行计算。结果给出了每个三小行星系统的小月亮的轨道参数并对其进行了对比分析。在计算中考虑了全六体系统（134340）Pluto - Charon 的 Pluto 和 Charon 之间的引力锁定，完全再现了其中引力锁定的情况。本章的内容将有助于理解多个不规则小天体组成的系统的长期演化与动力学现象，为深空多小行星系统探测提供思路。

参 考 文 献

[1] Balmino G. Gravitational potential harmonics from the shape of a homogeneous body [J]. Celestial Mechanics and Dynamical Astronomy, 1994, 60 (3), 331-364.

[2] Eckhardt D H, Pestana J L G. Technique for modeling the gravitational field of a galactic disk [J]. Astrophysics Journal, 2002, 572 (2), 135-137.

[3] Elipe A, Riaguas A. Nonlinear stability under a logarithmic gravity field [J]. International Mathematics Journal. 2003, 3, 435-453.

[4] Broucke R A, Elipe A. The dynamics of orbits in a potential field of a solid circular ring [J]. Regular and Chaotic Dynamics, 2005, 10 (2), 129-143.

[5] Alberti A, Vidal C. Dynamics of a particle in a gravitational field of a homogeneous annulus disk [J]. Celestial Mechanics and Dynamical Astronomy, 2007, 98 (2), 75-93.

[6] Najid N E, Elourabi E H, Zegoumou M. Potential generated by a massive inhomogeneous straight segment [J]. Research in Astronomy and Astrophysics, 2011, 11 (3), 345-352.

[7] Chappell J M, Chappell M J, Iqbal A, Abbott D. The gravity field of a cube [J]. Physics International, 2012, 3, 50-57.

[8] Werner R A. The gravitational potential of a homogeneous polyhedron or don't cut corners [J]. Celestial Mechanics and Dynamical Astronomy, 1994, 59 (3), 253-278.

[9] Werner R A, Scheeres D J. Exterior gravitation of a polyhedron derived and compared with harmonic and mascon gravitation representations of asteroid 4769 Castalia [J]. Celestial Mechanics and Dynamical Astronomy, 1997, 65 (3), 313-344.

[10] Esposito P, Roth D, Demcak S. Mars Observer orbit determination anal-

ysis [J] . Journal of Spacecraft and Rockets, 1991, 28 (5), 530 -535.

[11] Hartmann W K. The Shape of Kleopatra [J] . Science, 2000, 288 (5467), 820 - 821.

[12] Ostro S J, Hudson R S, Nolan M C. Radar observations of asteroid 216 Kleopatra [J] . Science, 2000, 288 (5467), 836 - 839.

[13] Descamps P, Marchis F, Berthier J, et al. Triplicity and physical characteristics of Asteroid (216) Kleopatra [J] . Icarus, 2011, 211 (2): 1022 -1033.

[14] Jiang Y. Equilibrium points and periodic orbits in the vicinity of asteroids with an application to 216 Kleopatra [J] . Earth, Moon, and Planets, 2015, 115 (1 - 4): 31 - 44.

[15] Jiang Y, Yu Y, Baoyin H. Topological classifications and bifurcations of periodic orbits in the potential field of highly irregular - shaped celestial bodies [J] . Nonlinear Dynamics, 2015, 81 (1 - 2): 119 - 140.

[16] Ostro S J, Rosema K D, Hudson R S, et al. Extreme elongation of asteroid 1620 Geographos from radar images [J] . Nature, 1995, 375 (6531): 474 - 477.

[17] Hudson R S, Ostro S J. Physical model of asteroid 1620 Geographos from radar and optical data [J] . Icarus, 1999, 140 (2): 369 - 378.

[18] Durech J, Vokrouhlicky D, Kaasalainen M, et al. Detection of the YORP effect in asteroid (1620) Geographos [J] . Astronomy and Astrophysics, 2008, 489 (2): L25 - L28.

[19] Pravec P, Wolf M, Sarounová L. Lightcurves of 26 near - Earth asteroids [J] . Icarus, 1998, 136 (1), 124 - 153.

[20] Ryabova G O. Asteroid 1620 Geographos: I. Rotation [J] . Solar System Research, 2002, 36 (2), 168 - 174.

[21] Benner L A M, Hudson R S, Ostro S J, et al. Radar observations of asteroid 2063 Bacchus [J] . Icarus, 1999, 139 (2), 309 - 327.

[22] Hudson R S, Ostro S J. Shape of asteroid 4769 Castalia (1998 PB) from inversion of radar images [J] . Science, 1994, 263 (5149), 940 - 943.

[23] Hudson R S, Ostro S J, Harris A W. Constraints on spin state and hapke parameters of asteroid 4769 Castalia using lightcurves and a radar - derived

shape model [J] . Icarus, 1997, 130 (1), 165 - 176.

[24] Mottola S, Erikson A, Harris A W, et al. Physical model of near - Earth asteroid 6489 Golevka (1991 JX) from optical and infrared observations [J] . The Astronomical Journal, 1997, 114 (3), 1234 - 1245.

[25] Müller T G, Sekiguchi T, Kaasalainen M, et al. Thermal infrared observations of the Hayabusa spacecraft target asteroid 25143 Itokawa [J] . Astronomy and Astrophysics, 2005, 443 (1), 347 - 355.

[26] Abe S, Mukai T, Hirata N, et al. Mass and local topography measurements of Itokawa by Hayabusa [J] . Science, 2006, 312 (5778), 1344 -1347.

[27] Demura H, Kobayashi S, Nemoto E, et al. Pole and global shape of 25143 Itokawa [J] . Science, 2006, 312 (5778), 1347 - 1349.

[28] Fujiwara A, Kawaguchi J, Yeomans D K, et al. The rubble - pile asteroid Itokawa as observed by Hayabusa [J] . Science, 2006, 312 (5778), 1330 - 1334.

[29] Hiroi T, Abe M, Kitazato K, et al. Developing space weathering on the asteroid 25143 Itokawa [J] . Nature, 2006, 443 (7107), 56 - 58.

[30] Saito J, Miyamoto H, Nakamura R, et al. Detailed Images of Asteroid 25143 Itokawa from Hayabusa [J] . Science, 2006, 312 (5778), 1341 -1344.

[31] Taylor P. A, Margot J L, Vokrouhlicky D, et al. Spin rate of asteroid (54509) 2000 PH5 increasing due to the YORP effect [J] . Science, 2007, 316 (5822), 274 - 277.

[32] Veverka J, Farquhar B, Robinson M, et al. The landing of the NEAR - Shoemaker spacecraft on asteroid 433 Eros [J] . Nature, 2001, 413 (6854), 390 - 393.

[33] Connors M, Wiegert P, Veillet C. Earth's Trojan asteroid [J] . Nature, 2011, 475 (7357), 481 - 483.

[34] Stooke P. Small Body Shape Models. EAR - A - 5 - DDR - STOOKE - SHAPE - MODELS - V1. 0. NASA Planetary Data System, 2002.

[35] Neese C Ed. Small Body Radar Shape Models V2. 0. EAR - A - 5 - DDR - RADARSHAPE - MODELS - V2. 0, NASA Planetary Data System, 2004.

[36] Riaguas A, Elipe A, Lara M. Periodic orbits around a massive straight segment [J] . Celestial Mechanics and Dynamical Astronomy, 1999, 73 (1/4), 169 - 178.

[37] Riaguas A, Elipe A, López - Moratalla T. Non - linear stability of the equilibria in the gravity field of a finite straight segment [J] . Celestial Mechanics and Dynamical Astronomy, 2001, 81 (3), 235 - 248.

[38] Arribas A, Elipe A. Non - integrability of the motion of a particle around a massive straight segment [J] . Physics Letters A, 2001, 281, 142 -148.

[39] Elipe A, Lara M. A simple model for the chaotic motion around (433) Eros [J] . Journal of Astronomy Science, 2003, 51 (4), 391 - 404.

[40] Romero S G, Palacián J F, Yanguas P. The invariant manifolds of a finite straight segment [J] . Monografías de la Real Academia de Ciencias de Zaragoza. 2004, 25, 137 - 148.

[41] Blesa F. Periodic orbits around simple shaped bodies [J] . Monogr. Semin. Mat. García Galdeano. 2006, 33, 67 - 74.

[42] Fukushima T. Precise computation of acceleration due to uniform ring or disk [J] . Celestial Mechanics and Dynamical Astronomy, 2010, 108 (4), 339 - 356.

[43] Linder J F, Lynn J, King F W, Logue, A. Order and chaos in the rotation and revolution of a line segment and a point [J] . Physical Review E, 2010, 81, 036208.

[44] Liu X, Baoyin H, Ma X. Equilibria, periodic orbits around equilibria, and heteroclinic connections in the gravity field of a rotating homogeneous cube [J] . Astrophysics and Space Science, 2011, 333, 409 - 418.

[45] Liu X, Baoyin H, Ma X. Periodic orbits in the gravity field of a fixed homogeneous cube [J] . Astrophysics and Space Science, 2011, 334, 357 - 364.

[46] Najid N E, Zegoumou M, Elourabi E H. Dynamical behavior in the vicinity of a circular anisotropic ring [J] . Open Astronomy Journal, 2012, 5, 54 - 60.

[47] Liu X, Baoyin H, Ma X. Dynamics of surface motion on a rotating mas-

sive homogeneous body [J]. Science China - Physics, Mechanics and Astronomy, 2013, 56, 818 - 829.

[48] Li X, Qiao D, Cui P. The equilibria and periodic orbits around a dumbbell - shaped body [J]. Astrophysics and Space Science, 2013, 348, 417 -426.

[49] Takahashi Y, Scheeres D J, Werner R A. Surface gravity fields for asteroids and comets [J]. Journal of Guidance, Control, and Dynamics, 2013, 36 (2), 362 - 374.

[50] Asphaug E, Ostro S J, Hudson R S, et al. Disruption of kilometre - sized asteroids by energetic collisions [J]. Nature, 1998, 393 (6684), 437 -440.

[51] Mirtich B. Fast and accurate computation of polyhedral mass properties [J]. Journal of Graphics Tools, 1996, 1 (2), 31 - 50.

[52] Scheeres D J, Ostro S J, Hudson R S, Werner R A. Orbits close to asteroid 4769 Castalia [J]. Icarus, 1996, 121, 67 - 87.

[53] Scheeres D J, Ostro S J, Hudson R S, et al. Dynamics of orbits close to asteroid 4179 Toutatis [J]. Icarus, 1998, 132 (1), 53 - 79.

[54] Scheeres D J, Williams B G, Miller J K. Evaluation of the dynamic environment of an asteroid: Applications to 433 Eros [J]. Journal of Guidance, Control, and Dynamics, 2000, 23 (3), 466 - 475.

[55] Scheeres D J. The orbital dynamics environment of 433 Eros [J]. Ann Arbor 2002, 1001: 48109 - 2140.

[56] Scheeres D J, Broschart S, Ostro S J, Benner L. The dynamical environment about Asteroid 25143 Itokawa [C]. Proceedings of the Twenty - Fourth International Symposium on Space Technology and Science, 2004, pp. 456 - 461.

[57] Jiang Y, Baoyin H, Li H. Collision and annihilation of relative equilibrium points around asteroids with a changing parameter [J]. Monthly Notices of the Royal Astronomical Society. 452 (4): 3924 - 3931 (2015).

[58] Scheeres D J. Orbital mechanics about small bodies [J]. Acta Astronautica, 2012, 7, 21 - 14.

[59] Mondelo J M, Broschart S B, Villac B F. Dynamical Analysis of 1: 1 Resonances near Asteroids: Application to Vesta [C]. Proceedings of

the 2010 AIAA/AAS Astrodynamics Specialists Conference. Aug. 2 - 5, Toronto, Ontario, Canada. 2010, pp. 1 - 15.

[60] Yu Y, Baoyin H. Orbital dynamics in the vicinity of asteroid 216 Kleopatra [J]. The Astronomical Journal, 2012, 143 (3), 62 - 70.

[61] Yu Y, Baoyin H. Generating families of 3D periodic orbits about asteroids [J]. Monthly Notices of the Royal Astronomical Society, 2012, 427 (1), 872 - 881.

[62] Yu Y, Baoyin H. Resonant orbits in the vicinity of asteroid 216 Kleopatra [J]. Astrophysics and Space Science, 2013, 343 (1), 75 - 82.

[63] Jiang Y, Baoyin H, Li J, Li H. Orbits and manifolds near the equilibrium points around a rotating asteroid [J]. Astrophysics and Space Science, 2014, 349, 83 - 106.

[64] Jiang Y, Baoyin H. Orbital mechanics near a rotating asteroid [J]. Journal of Astrophysics and Astronomy, 2014, 35 (1), 17 - 38.

[65] Hirabayashi M, Scheeres D J. Analysis of Asteroid (216) Kleopatra using dynamical and structural constraints [J]. The Astrophysical Journal, 2014, 780 (2), 160 - 171.

[66] Hirabayashi M, Scheeres D J. Stress and failure analysis of rapidly rotating asteroid (29075) 1950 DA [J]. Astrophysical Journal Letters, 2015, 798 (1). L8.

[67] Yu Y, Baoyin H, Jiang Y. Constructing the natural families of periodic orbits near irregular bodies [J]. Monthly Notices of the Royal Astronomical Society, 2015, 453.

[68] Jiang Y, Baoyin H, Li H. Periodic motion near the surface of asteroids [J]. Astrophysics and Space Science, 2015, 360 (2): 1 - 10.

[69] Jiang Y, Baoyin H, Wang X, et al. Order and chaos near equilibrium points in the potential of rotating highly irregular - shaped celestial bodies [J]. Nonlinear Dynamics, 2016: 231 - 252.

[70] Jiang Y, Baoyin H. Capillary action in a crack on the surface of asteroids with an application to 433 Eros [J]. New Astronomy, 2016, 47: 91 -96.

[71] Jiang Y, Zhang Y, Baoyin H. Surface motion relative to the irregular ce-

lestial bodies [J]. Planetary and Space Science, 2016, 127, 33 - 43.

[72] Ni Y, Jiang Y, Baoyin H. Multiple bifurcations in the periodic orbit around Eros [J]. Astrophysics and Space Science, 2016, 361 (5): 170.

[73] Chanut G G T, Winter C O, Amarante A, et al. 3D plausible orbital stability close to asteroid (216) Kleopatra [J]. Monthly Notices of the Royal Astronomical Society, 2015, 452 (2): 1316 - 1327.

[74] Chanut T G G, Aljbaae S, Carruba V. Mascon gravitation model using a shaped polyhedral source [J]. Monthly Notices of the Royal Astronomical Society, 2015, 450 (4): 3742 - 3749.

[75] Scheeres D J, Hesarl S G, Tardivel S, et al. The Geophysical Environment of Bennu [J]. Icarus, Online, 2016.

[76] Chanut T G G, Winter O C, Tsuchida M. 3D stability orbits close to 433 Eros using an effective polyhedral model method [J]. Monthly Notices of the Royal Astronomical Society, 2014, 2383, 1 - 11.

[77] Wang X, Jiang Y, Gong S. Analysis of the potential field and equilibrium points of irregular - shaped minor celestial bodies [J]. Astrophysics and Space Science, 2014, 353 (1), 105 - 121.

[78] Werner R A, Scheeres D J. Mutual potential of homogeneous polyhedra [J]. Celestial Mechanics and Dynamical Astronomy, 2005, 91 (3 - 4): 337 - 349.

[79] Fahnestock E G, Scheeres D J. Simulation of the full two rigid body problem using polyhedral mutual potential and potential derivatives approach [J]. Celestial Mechanics and Dynamical Astronomy, 2006, 96 (3 - 4): 317 - 339.

[80] Fahnestock E G, Scheeres D J. Simulation and analysis of the dynamics of binary near - Earth Asteroid (66391) 1999 KW4 [J]. Icarus, 2007, 194 (2): 410 - 435.

[81] Richardson D C. A self - consistent numerical treatment of fractal aggregate dynamics [J]. Icarus, 1999, 115 (2): 320 - 335.

[82] Schwartz S R, Richardson D C, Michel P. An implementation of the soft - sphere discrete element method in a high - performance parallel gravity tree -code [J]. Granular Matter, 2012, 14 (3): 363 - 380.

[83] Hu W, Scheeres D J. Spacecraft motion about slowly rotating asteroids [J]. Journal of Guidance, Control and Dynamics, 2002, 25 (4): 765 -775.

[84] Hu W, Scheeres D J. Numerical determination of stability regions for orbital motion in uniformly rotating second degree and order gravity fields [J]. Planetary and Space Science, 2004, 52 (8): 685 - 692.

[85] Provisional Designations. http: //www. minorplanetcenter. net/iau/lists/Desigs. html.

[86] Igumenshchev I V, Shustov B M, Tutukov A V. Dynamics of supershells - Blow - out [J]. Astronomy and Astrophysics, 1990, 234: 396 - 402.

[87] Iben I, Tutukov A V. Helium star cataclysmics [J]. Astrophysical Journal, 1991, 370 (370): 615 - 629.

[88] Yungelson L R, Tutukov A V, Livio M. The formation of binary and single nuclei of planetary nebulae [J]. Astrophysical Journal, 1993, 418 (2): 794.

[89] Firmani C, Tutukov A V. Bursting and stationary star formation in disks and nuclei of galaxies [J]. Astronomy and Astrophysics, 1994, 288 (3): 713 - 730.

[90] Tutukov A V, Yungelson L R. Merging of binary white dwarfs neutron stars and black - holes under the influence of gravitational wave radiation [J]. Monthly Notices of the Royal Astronomical Society, 1994, 268 (4): 871 - 879.

[91] Tutukov A V, Kruegel E. The main types of star formation in galactic nuclei [J]. Astronomy and Astrophysics, 1995, 299.

[92] Tutukov A, Yungelson L. Double - degenerate semidetached binaries with helium secondaries: Cataclysmic variables, supersoft X - ray sources, supernovae and accretion - induced collapses [J]. Monthly Notices of the Royal Astronomical Society, 1996, 280 (4): 1035 - 1045.

[93] Firmani C, Avilareese V, Ghisellini G, et al. Formation rate, evolving luminosity function, jet structure, and progenitors for long gamma - ray bursts [J]. Astrophysical Journal, 2004, 611 (2): 1033 - 1040.

[94] Acharova I A, Lépine J R D, Mishurov Y N, et al. A mechanism for the

formation of oxygen and iron bimodal radial distribution in the disc of our Galaxy [J]. Monthly Notices of the Royal Astronomical Society, 2009, 402 (2): 1149 - 1155.

[95] Tutukov A V, Fedorova A V. Formation of planets during the evolution of single and binary stars [J]. Astronomy Reports, 2012, 56 (56): 305 - 314.

[96] Moore C. Braids in classical dynamics [J]. Physical Review Letters, 1993, 70 (70): 3675 - 3679.

[97] Galán J, Muñoz - Almaraz F J, Freire E, et al. Stability and bifurcations of the figure - 8 solution of the three - body problem [J]. Physical Review Letters, 2002, 88 (24): 930 - 933.

[98] Šuvakov M, Dmitrašinović V. Three classes of newtonian three - body planar periodic orbits [J]. Physical Review Letters, 2013, 110 (11): 114301.

[99] Jon Cartwright. Physicists Discover a Whopping 13 New Solutions to Three - Body Problem. Science. Now. 2013/03/08 http: //news. sciencemag. org/physics/2013/03/physicists - discover - whopping - 13 - new -solutions - three - body - problem.

[100] Hiroi T, Abe M, Kitazato K, et al. Developing space weathering on the asteroid 25143 Itokawa [J]. Nature, 2006, 443 (7107): 56 - 58.

[101] Kleine T, Münker C, Mezger K, et al. Rapid accretion and early core formation on asteroids and the terrestrial planets from Hf - W chronometry [J]. Nature, 2002, 418 (6901): 952 - 955.

[102] Sánchez P, Scheeres D J. Simulating asteroid rubble piles with a self - gravitating soft - sphere distinct element method model [J]. The Astrophysical Journal, 2011, 727 (2), 120.

[103] Tancredi G, Maciel A, Heredia L, et al. Granular physics in low - ravity environments using discrete element method [J]. Monthly Notices of the Royal Astronomical Society, 2012, 420 (4), 3368 - 3380.

[104] Tobias S M, Dagon K, Marston J B. Astrophysical fluid dynamics via direct statistical simulation [J]. The Astrophysical Journal, 2011, 727 (2), 127 - 138.

[105] Genel S, Vogelsberger M, Nelson D, et al. Following the flow: tracer particles in astrophysical fluid simulations [J] . Monthly Notices of the Royal Astronomical Society, 2013, 435 (2), 1426 - 1442.

[106] Smale S. Mathematical problems for the next century [J] . The Mathematical Intelligencer, 1998, 20 (2), 7 - 15.

[107] Guibout V, Scheeres D J. Stability of surface motion on a rotating ellipsoid [J] . Celestial Mechanics and Dynamical Astronomy, 2003, 87 (3): 263 - 290.

[108] Agle, D. C. ; Brown, Dwayne; Bauer, Markus (13 November 2014) . "Rosetta's Comet Lander Landed Three Times" . NASA. Retrieved 13 November 2014.

[109] "Three touchdowns for Rosetta's lander" . European Space Agency. 14 November 2014. Retrieved 8 December 2014.

[110] Baldwin, Emily (28 November 2014) . "Did Philae graze a crater rim during its first bounce?" . European Space Agency. Retrieved 8 December 2014.

[111] Wall, Mike (14 November 2014) . "European Probe Survived Comet Landing with Luck and Great Design" . Space. com. Retrieved 8 December 2014.

[112] Howell, Elizabeth (2 December 2014) . "Philae's Wild Comet Landing: Crater Grazing, Spinning And Landing In Parts Unknown" . Universe Today. Retrieved 8 December 2014.

[113] Baldwin, Emily (21 November 2014) . "Homing in on Philae's final landing site" . European Space Agency. Retrieved 22 November 2014.

[114] Beatty, Kelly (15 November 2014) . "Philae Wins Race to Return Comet Findings" . Sky and Telescope. Retrieved 8 November 2014.

[115] Connor, Steve (12 November 2014) . "Rosetta space mission: Philae probe lands on Comet 67P" . The Independent. Retrieved 11 August 2015.

[116] Ellis, Ralph (12 November 2014) . "Philae touches down on the surface of a comet" . CNN. Retrieved 12 November 2014.

[117] Djursing, Thomas (13 November 2014) . "ESA skrev til danske raket-

byggere om eksplosiv - problem på Philae". Ingeniøren (in Danish). Retrieved 13 November 2014.

[118] Aron, Jacob (13 November 2014). "Problems hit Philae after historic first comet landing". New Scientist. Retrieved 13 November 2014.

[119] Blaikie A, Saines A D, Schmitthenner M, et al. Order and chaos in the rotation and revolution of two massive line segments [J]. Physical Review E, 2014, 89 (4): 042917.

[120] Jain R, Sinha D. Stability and regions of motion in the restricted three - body problem when both the primaries are finite straight segments [J]. Astrophysics and Space Science, 2013, 351 (1): 1 - 14.

[121] Jain R, Sinha D. Non - linear stability of L, 4, in the restricted problem when the primaries are finite straight segments under resonances [J]. Astrophysics and Space Science, 2014, 353 (1): 73 -88.

[122] Ferrari, F., Lavagna, M., Howell, K. C. Dynamical model of binary asteroid systems through patched three - body problems [J]. Celestial Mechanics and Dynamical Astronomy, 2016, Online.

[123] Gabern F, Koon W S, Marsden J E, Spacecraft dynamics near a binary asteroid. Discrete and Continuous Dynamical Systems, 2005 (Supplement Volume), 297 - 306.

[124] Gabern F, Koon W S, Marsden J E, et al. Binary asteroid observation orbits from a global dynamical perspective [J]. SIAM Journal on Applied Dynamical Systems, 2006, 5 (2): 252 - 279.

[125] Margot J L, Nolan M C, Benner L A, et al. Binary asteroids in the near - Earth object population [J]. Science, 2002, 296 (5572): 1445 -1448.

[126] Johnston W R, 2016. http: //www.johnstonsarchive.net/astro/asteroidmoons.html.

[127] Kaasalainen M, Torppa J, Piironen J. Models of twenty asteroids from photometric data [J]. Icarus, 2002, 159 (2): 369 - 395.

[128] Marchis F, Descamps P, Hestroffer D, et al. A three - dimensional solution for the orbit of the asteroidal satellite of 22 Kalliope [J]. Ica-

rus, 2003, 165 (1): 112-120.

[129] Marchis F, Descamps P, Baek M, et al. Main belt binary asteroidal systems with circular mutual orbits [J]. Icarus, 2008, 196 (1): 97-118.

[130] Descamps P, Marchis F, Pollock J, et al. New determination of the size and bulk density of the binary Asteroid 22 Kalliope from observations of mutual eclipses [J]. Icarus, 2008, 196 (2): 578-600.

[131] Helfenstein P, Veverka J, Thomas P C, et al. Galileo photometry of asteroid 243 Ida [J]. Icarus, 1996, 120 (1): 48-65.

[132] Belton M J S, Chapman C R, Klaasen K P, et al. Galileo's encounter with 243 Ida: An overview of the imaging experiment [J]. Icarus, 1996, 120 (1): 1-19.

[133] Marchis F, Hestroffer D, Descamps P, et al. A low density of 0.8 g cm^{-3} for the Trojan binary asteroid 617 Patroclus [J]. Nature, 2006, 439 (7076): 565-567.

[134] Scheeres D J, Fahnestock E G, Ostro S J, et al. Dynamical configuration of binary near-Earth asteroid (66391) 1999 KW4 [J]. Science, 2006, 314 (5803): 1280-1283.

[135] Pravec P, Harris A W. Binary asteroid population. 1. Angular momentum content [J]. Icarus, 2007, 190 (1): 250-259.

[136] Fang J, Margot J L. Near-earth binaries and triples: Origin and evolution of spin-orbital properties [J]. Astronomical Journal, 2011, 143 (1): 391-406.

[137] Sanchez J A, Reddy V, Kelley M S, et al. Olivine-dominated asteroids: Mineralogy and origin [J]. Icarus, 2014, 228 (2): 288-300.

[138] Gorshanov D L, Arkharov A A, Larionov V M. Observations of asteroids in the infrared range (JHK) at the AZT-24 telescope [J]. Solar System Research, 2014, 48 (3): 202-211.

[139] Marchis F, Durech J, Castillo-Rogez J, et al. The puzzling mutual orbit of the binary trojan asteroid (624) Hektor [J]. Astrophysical Journal Letters, 2014, 783 (2): L37.

[140] Mann R K, Jewitt D, Lacerda P. Fraction of contact binary trojan asteroids [J]. Astronomical Journal, 2007, 134 (3): 1133-1144.

[141] Gandolfi D, Cigna M, Fulvio D, et al. CCD and photon-counting photometric observations of asteroids carried out at Padova and Catania observatories [J]. Planetary and Space Science, 2009, 57 (1): 1-9.

[142] Sanchez J A, Michelsen R, Reddy V, Nathues A. Surface composition and taxonomic classification of a group of near-Earth and Mars-crossing asteroids [J]. Icarus, 2013, 225 (1): 131-140.

[143] Polishook D, Brosch N, Prialnik D. Rotation periods of binary asteroids with large separations-onfronting the Escaping Ejecta Binaries model with observations [J]. Icarus, 2010, 212 (1): 167-174.

[144] Lacerda P. A change in the lightcurve of Kuiper belt contact binary (139775) 2001 QG298 [J]. Astronomical Journal, 2011, 142 (142): 790-800.

[145] Lellouch E, Kiss C, Santos-Sanz P, et al. "TNOs are cool": A survey of the trans-neptunian region. II. The thermal lightcurve of (136108) Haumea [J]. Astronomy and Astrophysics, 2010, 518 (2-4): 209-219.

[146] Assafin M, Camargo J I B, Martins R V, et al. Candidate stellar occultations by large trans-Neptunian objects up to 2015 [J]. Astronomy and Astrophysics, 2012, 541 (915): 863.

[147] Grundy W M, Noll K S, Buie M W, et al. Mutual orbits and masses of six transneptunian binaries [J]. Icarus, 2009, 200 (2): 627-635.

[148] Grundy W M, Noll K S, Nimmo F, et al. Five new and three improved mutual orbits of transneptunian binaries [J]. Icarus, 2011, 213 (2): 678-692.

[149] Hajdukovic D S. Can observations inside the Solar System reveal the gravitational properties of the quantum vacuum? [J]. Astrophysics and Space Science, 2012, 343 (2): 505-509.

[150] Grundy W M, Benecchi S D, Porter S B, et al. The orbit of transneptunian binary manwe and thorondor and their upcoming mutual events [J]. Icarus, 2014, 237: 1-8.

[151] Grundy W M, Stansberry J A, Noll K S, et al. The orbit, mass,

size，albedo，and density of (65489) Ceto/Phorcys：A tidally - evolved binary Centaur [J]. Icarus，2007，191 (1)：286 - 297.

[152] Sheppard S S. Light curves of dwarf plutonian planets and other large Kuiper belt objects：their rotations，phase functions and absolute magnitudes [J]. Astronomical Journal，2007，134 (2)：787 - 798.

[153] Hirabayashi M，Scheeres D J. Recursive computation of mutual potential between two polyhedra [J]. Celestial Mechanics and Dynamical Astronomy，2013，117 (3)：245 - 262.

[154] Beletsky V V. Generalized restricted circular three - body problem as a model for dynamics of binary asteroids [J]. Cosmic Research，2007，45 (5)：408 - 416.

[155] Vera J A. Dynamics of a triaxial gyrostat at a Lagrangian equilibrium of a binary asteroid [J]. Astrophysics and Space Science，2009，323 (4)：375 - 382.

[156] Bosanac N，Howell K C，Fischbach E. Stability of orbits near large mass ratio binary systems [J]. Celestial Mechanics and Dynamical Astronomy，2015，122 (1)：27 - 52.

[157] Scheeres D J. Stability of Binary Asteroids [J]. Icarus，2001，159 (2)：271 - 283.

[158] Sharma I. Stability of binaries. Part 1：Rigid binaries [J]. Icarus，2015，258：438 - 453.

[159] Sharma I，Stability of binaries. Part II：Rubble - pile binaries [J]. Icarus，2016，277：125 - 140.

[160] Marchis F. A dynamical solution of the triple asteroid system (45) Eugenia [J]. Icarus，2010，210 (2)：635 - 643.

[161] Marchis F，Descamps P，Hestroffer D，et al. Discovery of the triple asteroidal system 87 Sylvia [J]. Nature，2005，436 (7052)：822 - 4.

[162] Marchis F，Vachier F，Durech J，et al. Characteristics and large bulk density of the C - type main - belt triple asteroid (93) Minerva [J]. Icarus，2013，224 (1)：178 - 191.

[163] Marchis F，Kaasalainen M，Hom E F Y，et al. Shape，size and multiplicity of main - belt asteroids ：I. Keck Adaptive Optics survey [J]. Icarus，2006，185 (1)：39 - 63.

[164] Sanchez J A, Michelsen R, Reddy V, et al. Surface composition and taxonomic classification of a group of near - Earth and Mars - crossing asteroids [J]. Icarus, 2013, 225 (1): 131 - 140.

[165] Vokrouhlicky D. (3749) Balam: A very young multiple asteroid system [J]. Astrophysical Journal, 2009, 706 (1): 37 - 40.

[166] Benecchi B S D, Noll K S, Grundy W M, et al. (47171) 1999 TC36, A transneptunian triple [J]. Icarus, 2010, 207 (2): 978 -- 991.

[167] Pinilla- Alonso N, Brunetto R, Licandro J, et al. The surface of (136108) Haumea (2003 EL61), the largest carbon - depleted object in the trans - Neptunian belt [J]. Astronomy and Astrophysics, 2009, 496 (2): 547 - 556.

[168] Brozović M, Benner L A M, Taylor P A, et al. Radar and optical observations and physical modeling of triple near - Earth Asteroid (136617) 1994 CC [J]. Icarus, 2011, 216 (1): 241 - 256.

[169] Araujo R A N, Winter O C, Prado A F B A, et al. Stability regions around the components of the triple system 2001 SN263 [J]. Monthly Notices of the Royal Astronomical Society, 2012, 423 (4): 3058 -3073.

[170] Mommert M, Harris A W, Kiss C, et al. TNOs are Cool: A survey of the trans - Neptunian region V. Physical characterization of 18 Plutinos using Herschel PACS observations [J]. Astronomy and Astrophysics, 2012, 541 (915): 515 - 518.

[171] Beauvalet L, Marchis F. Multiple asteroid systems (45) Eugenia and (87) Sylvia: Sensitivity to external and internal perturbations [J]. Icarus, 2014, 241: 13 - 25.

[172] Jiang Y, Zhang Y, Baoyin H, Li J. Dynamical configurations of celestial systems comprised of multiple irregular bodies [J]. Astrophysics and Space Science. 2016, 361 (9), 306.

[173] Frouard J, Compère A. Instability zones for satellites of asteroids: The example of the (87) Sylvia system [J]. Icarus, 2012, 220 (1): 149 -161.

[174] Winter O C, Boldrin L A G, Vieira N E, et al. On the stability of the satellites of asteroid 87 Sylvia [J]. Monthly Notices of the Royal Astronomical Society, 2009, 395 (1): 218 - 227.

第 2 章　小天体引力场建模

2.1　引言

小行星探测器的动力学研究，离不开探测器的轨道外推、多小行星系统的动力学计算等，而进行这些计算的基础是小行星的引力场的构建。小行星一般具有不规则的几何外形，不仅如此，有的内部还有质量瘤，有的不同区域的密度不同。多小行星系统的不同的小行星之间不仅几何外形各种各样，密度和结构也存在差异。本章介绍目前国际上先进的小天体引力场计算模型。

对于单个小行星来说，从计算精度上来说，多面体模型[1-3]＞离散元模型[4-7]＞谐函数展开模型[8]（在 2.1 节中，“＞”表示“优于”）；从对质量瘤的位置与大小的模拟来说，多面体模型和离散元模型都能很好地解决问题，球谐函数/椭球谐函数等谐函数模型则束手无策；从计算速度来讲，多面体模型和离散元模型的计算速度都较快，谐函数模型的计算速度依赖于级数的阶数；对于防止发散或收敛速度慢的问题来说，多面体模型和离散元模型不存在这样的问题，使用各类谐函数模型在小行星的参考半径内部外推轨道则会导致谐函数不收敛从而无法完成的问题，例如小行星（216）Kleopatra、（243）Ida、（433）Eros、1996HW$_1$ 等都是较为细长形的小行星[9,10]，探测器可以在其参考半径以内运动，而各类谐函数模型无法解决势函数计算发散的问题；对于计算在小行星不规则表面运动或者弹跳、碰撞等问题来说，多面体模型＞离散元模型，如果都在表面采用样条光滑化处理，则多面体模型和离散元模型在使用时效果相当优秀，而各类谐函数模型对这几种问题也是束手无策；

对于处理空隙、孔洞的大小形状位置及其影响等问题来说，离散元模型好于多面体模型，各类谐函数模型无法解决这类问题。

对于双小行星系统来说，从计算精度来讲，离散元模型＞双多面体模型＞双谐函数模型，双多面体模型和双谐函数模型在对引力势的计算中都存在截断误差，所不同的是双多面体模型可以计算两个不规则天体的共有势，只是在对共有势的计算中存在级数截断，而双谐函数模型目前国际上尚无法解决双不规则天体共有势的计算问题。离散元模型在对双小行星系统的共有势的计算中只有计算机的精度误差，没有对共有势进行任何公式上的截断。从计算速度上来讲，离散元模型＞谐函数模型＞双多面体模型；对于防止发散或收敛速度慢的问题来说，双多面体模型和离散元模型不存在这样的问题，使用各类谐函数模型都不能解决参考半径以内运动的计算发散的问题；对于计算在双小行星不规则表面运动或者弹跳、碰撞等问题来说，离散元模型＞多面体模型，而各类谐函数模型对这几种问题无法处理。其余如处理质量瘤、空隙、孔洞的大小形状位置及其影响等问题来说，离散元模型好于双多面体模型，各类谐函数模型都不适用。

对于三小行星系统来说，一般都是不规则外形的，涉及到引力全三体动力学。如果是一般的引力全 N（$N \geqslant 3$）体动力学建模来说，目前没有适合的 N 个多面体模型来计算，只有离散元模型和 N 体谐函数模型。如果计算太阳和几大行星的动力学，则 N 体谐函数模型更为适用，因为这些大天体都是近球形的天体。由于小行星一般都是强不规则外形的，三个小行星的不规则几何外形及引力场的模拟只有采用离散元才能解决计算精度、计算速度、防止近距离参考半径内发散、计算质量瘤大小形状位置、计算空隙形状位置、计算孔洞形状位置甚至多孔结构的形状位置等。

本章针对单个小行星附近探测器的动力学研究，介绍单个小行星引力场中质点处引力势、引力等的计算；针对双小行星系统，介绍双多面体模型模拟双小行星系统动力学的方法及计算一个探测器在其中所受引力势、引力、力矩等的计算；针对单个小行星、双小行星系统、多小行星系统的任意多个不规则天体在相互引力作用下的动力学构形及探测器在其中运动的问题，介绍离散元方法。

2.2　多面体引力的计算

2.2.1　多面体引力势

认为多面体是常密度的多面体。使用右手正交的笛卡儿坐标系，其中基矢量为$\hat{\boldsymbol{i}}$、$\hat{\boldsymbol{j}}$、$\hat{\boldsymbol{k}}$，记引力场中场点坐标为$(x，y，z)$，多面体上质量微元 $\mathrm{d}m$ 的坐标为$(\xi，\eta，\zeta)$，从场点到质量微元 $\mathrm{d}m$ 的位置矢量为$\boldsymbol{r}=\hat{\boldsymbol{i}}\Delta x+\hat{\boldsymbol{j}}\Delta y+\hat{\boldsymbol{k}}\Delta z$。则 $\Delta x=\xi-x$，$\Delta y=\eta-y$，$\Delta z=\zeta-z$。于是有，$r^2=\Delta x^2+\Delta y^2+\Delta z^2$，$\mathrm{d}\Delta x=\mathrm{d}\xi-\mathrm{d}x$ 等。此外，注意到位置矢量 $\boldsymbol{r}$ 满足$\nabla\boldsymbol{r}=(\hat{\boldsymbol{i}}\partial/\partial x+\hat{\boldsymbol{j}}\partial/\partial y+\hat{\boldsymbol{k}}\partial/\partial z)(\hat{\boldsymbol{i}}\Delta x+\hat{\boldsymbol{j}}y+\hat{\boldsymbol{k}}\Delta z)=-\boldsymbol{I}$。

考虑到$\frac{1}{2}\hat{\boldsymbol{r}}=\frac{\boldsymbol{r}}{2r}$相对于坐标$(\xi，\eta，\zeta)$的散度为$\frac{1}{r}$，使用高斯散度定理将体积分转化为面积分，则在引力场中任一点的引力势为

$$U=G\sigma\iiint_V\frac{1}{r}\mathrm{d}V=\frac{1}{2}G\sigma\iiint_V\mathrm{div}\,\hat{\boldsymbol{r}}\,\mathrm{d}V=\frac{1}{2}G\sigma\iint_S\hat{\boldsymbol{n}}\cdot\hat{\boldsymbol{r}}\,\mathrm{d}S \quad (2-1)$$

其中 G 为万有引力常数，其数值为 $G=6.67428\times10^{-11}\ \mathrm{m^3kg^{-1}s^{-2}}$，$\sigma$ 为多面体的密度，$\hat{\boldsymbol{n}}$为多面体的面外侧方向的单位法向矢量。多面体是由有限多个侧面 f 组成的，每一个侧面上的$\hat{\boldsymbol{n}}$不变，上式可在各多边形上积分。则式（2－1）变为

$$U=\frac{1}{2}G\sigma\iint_S\hat{\boldsymbol{n}}\cdot\hat{\boldsymbol{r}}\,\mathrm{d}S=\frac{1}{2}G\sigma\sum_{f\in faces}\iint_f\hat{\boldsymbol{n}}_f\cdot\hat{\boldsymbol{r}}_f\,\mathrm{d}S \quad (2-2)$$

对于任意一个侧面，都存在自身的局部的坐标系，此坐标系的原点在引力场的场点，$\hat{\boldsymbol{k}}$轴与$\hat{\boldsymbol{n}}_f$ 平行，并且方向相同。$\hat{\boldsymbol{i}}$与$\hat{\boldsymbol{j}}$的方向可以通过特定的方式确定，但它们的方向可变，只要在局部表面内

且满足右手系的法则即可。$\boldsymbol{r}_f$ 为从场点指向侧面上任意点的位置矢量，Δz 为场点至侧面的距离，对于任意一个侧面为固定的值，满足 $\Delta z=\hat{\boldsymbol{n}}_f\cdot\boldsymbol{r}_f$。代入式（2－2）得到

$$U=\frac{1}{2}G\sigma\sum_{f\in faces}\iint_f\hat{\boldsymbol{n}}_f\cdot\frac{\boldsymbol{r}_f}{r}\mathrm{d}S=\frac{1}{2}G\sigma\sum_{f\in faces}\hat{\boldsymbol{n}}_f\cdot\boldsymbol{r}_f\iint_f\frac{1}{r}\mathrm{d}S \tag{2-3}$$

注意上式中的面积分 $\iint\mathrm{d}S/r$，对于任意的侧面，该面积分可以转化为

$$\begin{aligned}\iint_S\frac{1}{r}\mathrm{d}S&=\iint_S\left(\frac{1}{r}+\frac{\Delta z^2}{r^3}\right)\mathrm{d}S-\iint_S\frac{\Delta z^2}{r^3}\mathrm{d}S\\&=\iint_S\left(\frac{r^2-\Delta x^2}{r^3}+\frac{r^2-\Delta y^2}{r^3}\right)\mathrm{d}S-\Delta z\iint_S\frac{\Delta z^2}{r^3}\mathrm{d}S\\&=\iint_S\left(\frac{\partial}{\partial\Delta x}\frac{\Delta x}{r}+\frac{\partial}{\partial\Delta y}\frac{\Delta y}{r}\right)\mathrm{d}S-\Delta z\iint_S\frac{\Delta z^2}{r^3}\mathrm{d}S\\&=\oint\frac{1}{r}(\Delta x\,\mathrm{d}\Delta y-\Delta y\,\mathrm{d}\Delta x)-\hat{\boldsymbol{n}}_f\cdot\boldsymbol{r}_f\cdot\omega_f\end{aligned} \tag{2-4}$$

其中 $\omega_f=\iint_S\frac{\Delta z}{r^3}\mathrm{d}S$ 是侧面相对场点的有符号的立体角，于是有

$$\mathrm{d}\omega_f=\Delta z\cdot\mathrm{d}S/r^3 \tag{2-5}$$

而 $\Delta z=\hat{\boldsymbol{n}}_f\cdot\boldsymbol{r}_f$，因此

$$\mathrm{d}\omega_f=\frac{\Delta z}{r^3}\mathrm{d}S=\frac{1}{r^3}\hat{\boldsymbol{n}}_f\cdot\boldsymbol{r}_f\mathrm{d}S=\hat{\boldsymbol{n}}_f\cdot\boldsymbol{r}_f\frac{\mathrm{d}S}{r^2}$$

式（2－4）的第一项为

$$\oint\frac{1}{r}(\Delta x\,\mathrm{d}\Delta y-\Delta y\,\mathrm{d}\Delta x)=\sum_{e\in face's\ edges}\int_e\frac{1}{r}(\Delta x\,\mathrm{d}\Delta y-\Delta y\,\mathrm{d}\Delta x) \tag{2-6}$$

设侧面的棱边的外法向的单位矢量为 $\hat{\boldsymbol{n}}_e^f$，棱边的微元记为 dS，设从场点指向棱边中任意点的位置矢量为 $\boldsymbol{r}_e^f=(\Delta x,\Delta y,\Delta z)$，于是有 $\hat{\boldsymbol{n}}_e^f\mathrm{d}S=(\mathrm{d}\Delta y,-\mathrm{d}\Delta x,0)$，式（2－6）化为

$$\sum_{e\in face's\ edges}\int_e \frac{1}{r}(\Delta x\mathrm{d}\Delta y-\Delta y\mathrm{d}\Delta x)=\sum_{e\in face's\ edges}\int_e \frac{1}{r}\boldsymbol{r}_e^f\cdot\hat{\boldsymbol{n}}_e^f\mathrm{d}S \tag{2-7}$$

其中 $\boldsymbol{r}_e^f\cdot\hat{\boldsymbol{n}}_e^f$ 为场点在侧面的投影点到棱边的距离，对于给定的棱边来说，它是常值。因此式（2-7）进一步化为

$$\oint\frac{1}{r}(\Delta x\mathrm{d}\Delta y-\Delta y\mathrm{d}\Delta x)=\sum_{e\in face's\ edges}\boldsymbol{r}_e^f\cdot\hat{\boldsymbol{n}}_e^f\int_e\frac{1}{r}\mathrm{d}S \tag{2-8}$$

当场点和棱边都固定，则积分 $\int_e\frac{1}{r}\mathrm{d}S$ 可以立即写出，记积分值为 L_e^f。设场点到棱边两端的距离分别为 a 和 b，棱的长度为 e，则积分值为

$$L_e^f=\int_e\frac{1}{r}\mathrm{d}S=\ln\frac{a+b+e}{a+b-e} \tag{2-9}$$

将上述结果代入式（2-4），则面积分可以化为

$$\iint_S\frac{1}{r}\mathrm{d}S=\sum_{e\in edges}\boldsymbol{r}_e^f\cdot\hat{\boldsymbol{n}}_e^f\cdot L_e^f-\hat{\boldsymbol{n}}_f\cdot\boldsymbol{r}_f\cdot\omega_f \tag{2-10}$$

小行星的引力势可以表示为

$$\begin{aligned}U&=\frac{1}{2}G\sigma\sum_{f\in faces}\hat{\boldsymbol{n}}_f\cdot\boldsymbol{r}_f\Big(\sum_{f\in face's\ edges}\boldsymbol{r}_e^f\cdot\hat{\boldsymbol{n}}_e^f\cdot L_e^f-\hat{\boldsymbol{n}}_f\cdot\boldsymbol{r}_f\cdot\omega_f\Big)\\&=\frac{1}{2}G\sigma\sum_{f\in faces}\Big[\sum_{e\in face's\ edges}(\boldsymbol{r}_f\cdot\hat{\boldsymbol{n}}_f)(\hat{\boldsymbol{n}}_e^f\cdot\boldsymbol{r}_e^f)L_e^f\Big]-\\&\quad\frac{1}{2}G\sigma\sum_{f\in faces}(\boldsymbol{r}_f\cdot\hat{\boldsymbol{n}}_f)(\hat{\boldsymbol{n}}_f\cdot\boldsymbol{r}_f)\omega_f\end{aligned} \tag{2-11}$$

对于式（2-11），可进一步进行化简。

首先，将式（2-11）右端第一项中的矢量 $\boldsymbol{r}_f$ 替换为 $\boldsymbol{r}_e^f$，由于棱边位于侧面上，由场点指向棱边的位置矢量一定也是由场点指向侧面的。下面考虑相邻侧面的公共边，例如取公共边 $\overline{P_1P_2}$ 是相邻侧面 A 和 B 的公共边。在求和中，边 $\overline{P_1P_2}$ 会出现两次，分别是作为面 A 的边和作为面 B 的边，对于这两次积分来说，棱边积分 L_{12}^A 和 L_{21}^B 是相等的，记积分值为 L_{12}，从场点到棱边的位置矢量也是相等

的，则 $\boldsymbol{r}_{12}^{A}$ 和 $\boldsymbol{r}_{21}^{B}$ 也可都记为 $\boldsymbol{r}_{12}$。于是表达式（2－11）右边第一项中的式子可以写为

$$
\begin{aligned}
&\frac{1}{2}G\sigma\sum_{f\in faces}\Big[\sum_{e\in face's\ edges}(\boldsymbol{r}_e^f\cdot\hat{\boldsymbol{n}}_f)(\hat{\boldsymbol{n}}_e^f\cdot\boldsymbol{r}_e^f)L_e^f\Big]\\
&=\begin{Bmatrix}\cdots+(\boldsymbol{r}_{12}^{A}\cdot\hat{\boldsymbol{n}}_A)(\hat{\boldsymbol{n}}_{12}^{A}\cdot\boldsymbol{r}_{12}^{A})\cdot L_{12}^{A}+\cdots\\ \cdots+(\boldsymbol{r}_{21}^{B}\cdot\hat{\boldsymbol{n}}_B)(\hat{\boldsymbol{n}}_{21}^{B}\cdot\boldsymbol{r}_{21}^{B})\cdot L_{21}^{B}+\cdots\end{Bmatrix}\\
&=\{\cdots+\boldsymbol{r}_{12}\cdot(\hat{\boldsymbol{n}}_A\hat{\boldsymbol{n}}_{12}^{A}+\hat{\boldsymbol{n}}_B\hat{\boldsymbol{n}}_{21}^{B})\cdot\boldsymbol{r}_{12}\cdot L_{12}+\cdots\}\\
&=\{\cdots+\boldsymbol{r}_{12}\cdot\boldsymbol{E}_{12}\cdot\boldsymbol{r}_{12}\cdot L_{12}+\cdots\}\\
&=\sum_{e\in edges}(\boldsymbol{r}_e\cdot\boldsymbol{E}_e\cdot\boldsymbol{r}_e)L_e
\end{aligned}
\tag{2-12}
$$

此处 $\boldsymbol{r}_e$ 是从场点到边 e 上任意点的位置矢量，这里隐去了上标 f。定义张量 $\boldsymbol{E}_{12}=\hat{\boldsymbol{n}}_A\hat{\boldsymbol{n}}_{12}^{A}+\hat{\boldsymbol{n}}_B\hat{\boldsymbol{n}}_{21}^{B}$，此张量是表示棱边属性的物理量，是关系棱边和相邻侧面的位置关系的量。对于任意一个给定的多面体模型来说，每一条棱边都有其对应的 $\boldsymbol{E}_e$。同理，我们也可以定义侧面张量 $\boldsymbol{F}_f=\hat{\boldsymbol{n}}_f\hat{\boldsymbol{n}}_f$。需要说明的是，在计算时，$\boldsymbol{E}_e$ 和 $\boldsymbol{F}_f$ 都是对称的 3×3 的方阵。于是可以得到均质多面体的引力势能为

$$
U=\frac{1}{2}G\sigma\sum_{e\in edges}(\boldsymbol{r}_e\cdot\boldsymbol{E}_e\cdot\boldsymbol{r}_e)L_e-\frac{1}{2}G\sigma\sum_{f\in faces}(\boldsymbol{r}_f\cdot\boldsymbol{F}_f\cdot\boldsymbol{r}_f)\omega_f
\tag{2-13}
$$

L_e 的结果已经由式（2－9）给出，而对于量 ω_f，此前中只是讨论了其物理意义，下面进一步给出它的计算公式。多面体的侧面是平面多边形，将侧面投影到以场点为球心的球面上，则为球面多边形，于是每条边都是球面大圆弧。球面多边形对应的立体角等于其球面角盈，即

$$
|\omega_f|=\sum\nolimits_{j=1}^{n}S_j-(n-2)\pi
\tag{2-14}
$$

其中 S_i 表示球面多边形的内角，n 是多边形的定点数，$\sum S_j$ 为其内角和，$(n-2)\pi$ 为 n 定点平面多边形的内角和。ω_f 的大小可以通过式(2－14) 来计算，其符号根据前文给出的 Δz 的符号来判断。

对于给定的多边形来说，考虑其中的一个顶点，可以给出计算 S_j 的一般的方法。令多边形三个连续的顶点为 P_i、P_j、P_k，令 $\boldsymbol{r}_i$、$\boldsymbol{r}_j$、$\boldsymbol{r}_k$ 为从场点指向这三个顶点的位置矢量。接下来将计算矢量 $\boldsymbol{S}_{ji}$ 与 $\boldsymbol{S}_{jk}$，表示分别在平面 P_iOP_j 和平面 P_jOP_k 内，垂直于 $\boldsymbol{r}_j$。

为了表示的方便，用 c_{ij} 表示 $\boldsymbol{r}_i$ 与 $\boldsymbol{r}_j$ 的夹角余弦，即 $c_{ij}=\hat{\boldsymbol{r}}_i\cdot\hat{\boldsymbol{r}}_j$。同理，可以定义 c_{ik} 与 c_{jk}。

$$\boldsymbol{s}_{ji}=(\boldsymbol{r}_j\times\boldsymbol{r}_i)\times\boldsymbol{r}_j=\boldsymbol{r}_i(\boldsymbol{r}_j\cdot\boldsymbol{r}_j)-\boldsymbol{r}_j(\boldsymbol{r}_i\cdot\boldsymbol{r}_j)=(\hat{\boldsymbol{r}}_i-\hat{\boldsymbol{r}}_jc_{ij})r_ir_j^2$$

$$\boldsymbol{s}_{jk}=(\boldsymbol{r}_j\times\boldsymbol{r}_k)\times\boldsymbol{r}_j=\boldsymbol{r}_k(\boldsymbol{r}_j\cdot\boldsymbol{r}_j)-\boldsymbol{r}_j(\boldsymbol{r}_k\cdot\boldsymbol{r}_j)=(\hat{\boldsymbol{r}}_k-\hat{\boldsymbol{r}}_jc_{kj})r_kr_j^2$$

它们的大小为

$$\|\boldsymbol{s}_{ji}\|^2=\boldsymbol{s}_{ji}\cdot\boldsymbol{s}_{ji}=(\hat{\boldsymbol{r}}_i-\hat{\boldsymbol{r}}_jc_{ij})\cdot(\hat{\boldsymbol{r}}_i-\hat{\boldsymbol{r}}_jc_{ij})r_i^2r_j^4=(1-c_{ij}^2)r_i^2r_j^4$$

$$\|\boldsymbol{s}_{jk}\|^2=\boldsymbol{s}_{jk}\cdot\boldsymbol{s}_{jk}=(\hat{\boldsymbol{r}}_k-\hat{\boldsymbol{r}}_jc_{kj})\cdot(\hat{\boldsymbol{r}}_k-\hat{\boldsymbol{r}}_jc_{kj})r_k^2r_j^4=(1-c_{kj}^2)r_k^2r_j^4$$

由此可以得到顶点的球面角 S_i 的余弦值为

$$\cos S_j=\hat{\boldsymbol{s}}_{ji}\cdot\hat{\boldsymbol{s}}_{jk}=\frac{(\hat{\boldsymbol{r}}_i-\hat{\boldsymbol{r}}_jc_{ij})\cdot(\hat{\boldsymbol{r}}_k-\hat{\boldsymbol{r}}_jc_{kj})}{\sqrt{1-c_{ij}^2}\sqrt{1-c_{jk}^2}}$$

$$=\frac{c_{ik}-c_{ij}c_{jk}}{\sqrt{1-c_{ij}^2}\sqrt{1-c_{jk}^2}}\tag{2-15}$$

假设侧面的多边形都是凸的，因此有 $S_i>0$，球面角 S_i 的正弦值恒为正，因此可以给出其正弦值的表达式为

$$\sin S_j=|\hat{\boldsymbol{r}}_j\cdot(\hat{\boldsymbol{s}}_{jk}\times\hat{\boldsymbol{s}}_{ji})|=\frac{|\hat{\boldsymbol{r}}_j\cdot[(\hat{\boldsymbol{r}}_k-\hat{\boldsymbol{r}}_jc_{kj})\times(\hat{\boldsymbol{r}}_i-\hat{\boldsymbol{r}}_jc_{ij})]|}{\sqrt{1-c_{ij}^2}\sqrt{1-c_{jk}^2}}$$

$$=\frac{|\hat{\boldsymbol{r}}_i\cdot[(\hat{\boldsymbol{r}}_j\times\hat{\boldsymbol{r}}_k)]|}{\sqrt{1-c_{ij}^2}\sqrt{1-c_{jk}^2}}\tag{2-16}$$

如果多面体的侧面都是由三角形所构成的，则在式（2－14）中取 $n=3$ 得到

$$|\omega_f|=\sum_{j=1}^{3}S_j-(3-2)\pi=S_1+S_2+S_3-\pi$$

$|\omega_f|$ 与 S_j 的三角关系可以进一步表示为

$$\begin{aligned}\cos|\omega_f|=&-\cos S_1\cos S_2\cos S_3+\cos S_1\sin S_2\sin S_3\\&+\sin S_1\sin S_2\cos S_3+\sin S_1\cos S_2\sin S_3\end{aligned}\tag{2-17}$$

$$\sin|\omega_f| = -\sin S_1\cos S_2\cos S_3 + \sin S_1\sin S_2\sin S_3 - \cos S_1\sin S_2\cos S_3 - \cos S_1\cos S_2\sin S_3 \quad (2-18)$$

进一步化简，可以得到

$$\cos|\omega_f| = 1 - \frac{|\hat{\boldsymbol{r}}_1\cdot(\hat{\boldsymbol{r}}_2\times\hat{\boldsymbol{r}}_3)|^2}{(1+c_{12})(1+c_{23})(1+c_{31})} \quad (2-19)$$

$$\sin|\omega_f| = \frac{(1+c_{12}+c_{23}+c_{31})|\hat{\boldsymbol{r}}_1\cdot(\hat{\boldsymbol{r}}_2\times\hat{\boldsymbol{r}}_3)|}{(1+c_{12})(1+c_{23})(1+c_{31})} \quad (2-20)$$

在这里，使用半角公式来计算 $|\omega_f|$。并考虑 ω_f 的正负号，得到

$$\omega_f = \mathrm{sign}(\Delta z)\cdot 2\arctan\frac{1-\cos|\omega_f|}{\sin|\omega_f|} \quad (2-21)$$

注意$(1-\cos|\omega_f|)$恒为正，$\sin|\omega_f|$可正可负，在计算反正切值的时候，取值范围为$[0,\pi)$，因此 ω_f 的取值范围为$(-2\pi, +2\pi)$。

对于 Δz，可以由公式 $\Delta z = \hat{\boldsymbol{n}}_f\cdot\hat{\boldsymbol{r}}_f$ 来计算。首先考虑$\boldsymbol{n}_f$

$$\boldsymbol{n}_f = (\boldsymbol{r}_2-\boldsymbol{r}_1)\times(\boldsymbol{r}_3-\boldsymbol{r}_2) = \boldsymbol{r}_2\times\boldsymbol{r}_3 + \boldsymbol{r}_3\times\boldsymbol{r}_1 + \boldsymbol{r}_1\times\boldsymbol{r}_2 \quad (2-22)$$

另外，取 $\boldsymbol{r}_f = \boldsymbol{r}_1$，于是得到 sign (Δz)

$$\begin{aligned}\mathrm{sign}(\Delta z) &= \mathrm{sign}(\boldsymbol{r}_1\cdot\hat{\boldsymbol{n}}_f) = \mathrm{sign}(\boldsymbol{r}_1\cdot\boldsymbol{n}_f)\\ &= \mathrm{sign}[\boldsymbol{r}_1\cdot(\boldsymbol{r}_2\times\boldsymbol{r}_3 + \boldsymbol{r}_3\times\boldsymbol{r}_1 + \boldsymbol{r}_1\times\boldsymbol{r}_2)]\\ &= \mathrm{sign}(\boldsymbol{r}_1\cdot\boldsymbol{r}_2\times\boldsymbol{r}_3)\\ &= \mathrm{sign}[\hat{\boldsymbol{r}}_1\cdot(\hat{\boldsymbol{r}}_2\times\hat{\boldsymbol{r}}_3)]\end{aligned} \quad (2-23)$$

将式（2-19）、式（2-20）、式（2-23）代入 ω_f 的表达中，并进行化简得

$$\begin{aligned}\omega_f &= 2\arctan\frac{\mathrm{sign}(\Delta z)(1-\cos|\omega_f|)}{\sin|\omega_f|}\\ &= 2\arctan\frac{\hat{\boldsymbol{r}}_1\cdot(\hat{\boldsymbol{r}}_2\times\hat{\boldsymbol{r}}_3)}{1+\hat{\boldsymbol{r}}_1\cdot\hat{\boldsymbol{r}}_2+\hat{\boldsymbol{r}}_2\cdot\hat{\boldsymbol{r}}_3+\hat{\boldsymbol{r}}_3\cdot\hat{\boldsymbol{r}}_1}\\ &= 2\arctan\frac{\boldsymbol{r}_1\cdot(\boldsymbol{r}_2\times\boldsymbol{r}_3)}{r_1r_2r_3+r_3(\boldsymbol{r}_1\cdot\boldsymbol{r}_2)+r_1(\boldsymbol{r}_2\cdot\boldsymbol{r}_3)+r_2(\boldsymbol{r}_3\cdot\boldsymbol{r}_1)}\end{aligned} \quad (2-24)$$

因此，得到了侧面为三角形时 ω_f 的表达式，并且 $\omega_f \in (-2\pi, +2\pi)$。代入式(2 - 13)中，就可以计算引力场中任意点的引力势能了。

需要说明的是，将 ω_f 对所有的侧面进行求和，如果场点在多面体外部，则求和结果为零(ω_f 有正有负，最终将会抵消)；反之，如果场点在多面体内部，则求和结果为 4π。据此可以方便地判断场点与多面体之间的位置关系。

2.2.2　多面体引力

在给出多面体引力的计算公式之前，本节将先用两种方法对二维多边形的引力进行推导。然后通过这两种方法之间的对比，可以发现某些关系式，从而可以简化多面体引力的表达式。

对于一个二维的多边形来说，其对空间某场点的引力为其引力势能的梯度，通过格林定理可以将面积分化为线积分。需要特别注意的是，此处只是引力中心由三维物体变为二维平面，而引力场仍然是在三维空间中进行计算，是一个三维问题。

$$
\begin{aligned}
\nabla \iint_S \frac{1}{r}\mathrm{d}S &= \left(\hat{\boldsymbol{i}}\frac{\partial}{\partial x}+\hat{\boldsymbol{j}}\frac{\partial}{\partial y}+\hat{\boldsymbol{k}}\frac{\partial}{\partial z}\right)\iint_S \frac{1}{r}\mathrm{d}S \\
&= -\hat{\boldsymbol{i}}\iint_S \frac{\partial}{\partial \Delta x}\frac{1}{r}\mathrm{d}S-\hat{\boldsymbol{j}}\iint_S \frac{\partial}{\partial \Delta y}\frac{1}{r}\mathrm{d}S-\hat{\boldsymbol{k}}\iint_S \frac{\partial}{\partial \Delta z}\frac{1}{r}\mathrm{d}S \\
&= -\hat{\boldsymbol{i}}\iint_S \left[\frac{\partial}{\partial \Delta x}\left(\frac{1}{r}\right)+\frac{\partial}{\partial \Delta y}(0)\right]\mathrm{d}S \\
&\quad -\hat{\boldsymbol{j}}\iint_S \left[\frac{\partial}{\partial \Delta x}(0)\frac{\partial}{\partial \Delta x}\left(\frac{1}{r}\right)\right]\mathrm{d}S+\hat{\boldsymbol{k}}\iint_S \frac{\Delta z}{r^3}\mathrm{d}S \\
&= -\hat{\boldsymbol{i}}\oint_C \frac{1}{r}\mathrm{d}\Delta y+\hat{\boldsymbol{j}}\oint_C \frac{1}{r}\mathrm{d}\Delta x+\hat{\boldsymbol{k}}\cdot\omega_f \\
&= \sum_{e\in edges}\left[-\hat{\boldsymbol{i}}\int_e \frac{1}{r}\mathrm{d}\Delta y+\hat{\boldsymbol{j}}\int_e \frac{1}{r}\mathrm{d}\Delta x\right]+\hat{\boldsymbol{k}}\cdot\omega_f \\
&= -\sum_{e\in edges}\hat{\boldsymbol{n}}_e^f\cdot L_e^f+\hat{\boldsymbol{n}}_f\cdot\omega_f
\end{aligned}
\tag{2-25}
$$

此外，方程(2 - 10)已经给出了表达式 $\iint \mathrm{d}S/r$，代入后同样可以得到二维多边形的引力。

$$\nabla\iint_S \frac{1}{r}\mathrm{d}S = \nabla\left[\sum_{e\in edges}(\boldsymbol{r}_e^f\cdot\hat{\boldsymbol{n}}_e^f)\cdot L_e^f-(\hat{\boldsymbol{n}}_f\cdot\boldsymbol{r}_f)\cdot\omega_f\right]$$

$$=\sum_{e\in edges}\left[(\nabla\boldsymbol{r}_e^f\cdot\hat{\boldsymbol{n}}_e^f)\cdot L_e^f+(\boldsymbol{r}_e^f\cdot\hat{\boldsymbol{n}}_e^f)\cdot\nabla L_e^f\right]-\left[(\nabla\boldsymbol{r}_f\cdot\hat{\boldsymbol{n}}_f)\cdot\omega_f+(\boldsymbol{r}_f\cdot\hat{\boldsymbol{n}}_f)\cdot\nabla\omega_f\right] \quad (2-26)$$

注意到$\nabla\boldsymbol{r}=-\boldsymbol{I}$，于是有

$$\nabla\iint_S \frac{1}{r}\mathrm{d}S=\sum_{e\in edges}\left[-\hat{\boldsymbol{n}}_e^f\cdot L_e^f+(\boldsymbol{r}_e^f\cdot\hat{\boldsymbol{n}}_e^f)\cdot\nabla L_e^f\right]-\left[\hat{\boldsymbol{n}}_f\cdot\omega_f+(\boldsymbol{r}_f\cdot\hat{\boldsymbol{n}}_f)\cdot\nabla\omega_f\right]$$

$$=\left(-\sum_{e\in edges}\hat{\boldsymbol{n}}_e^f\cdot L_e^f+\hat{\boldsymbol{n}}_f\cdot\omega_f\right)+\left[\sum_{e\in edges}(\boldsymbol{r}_e^f\cdot\hat{\boldsymbol{n}}_e^f)\cdot\nabla L_e^f-(\boldsymbol{r}_f\cdot\hat{\boldsymbol{n}}_f)\cdot\nabla\omega_f\right] \quad (2-27)$$

理论上来说，用两种方法得到的结果应当是相同的。综合式（2-26）和式（2-27），得到

$$\sum_{e\in edges}(\hat{\boldsymbol{n}}_e^f\cdot\boldsymbol{r}_e^f)\cdot\nabla L_e^f=(\hat{\boldsymbol{n}}_f\cdot\boldsymbol{r}_f)\cdot\nabla\omega_f \quad (2-28)$$

为了计算多面体的引力，将式（2-28）的两边同时乘以$\boldsymbol{r}_f\cdot\hat{\boldsymbol{n}}_f$，然后对所有侧面进行求和，再将求和项进行展开，正如前文的操作一般，可得

$$\sum_{e\in edges}(\boldsymbol{r}_e\cdot\boldsymbol{E}_e\cdot\boldsymbol{r}_e)\cdot\nabla L_e=\sum_{f\in faces}(\boldsymbol{r}_f\cdot\boldsymbol{F}_f\cdot\boldsymbol{r}_f)\cdot\nabla\omega_f \quad (2-29)$$

同理，对式（2-28）的两边同时乘以$\hat{\boldsymbol{n}}_f$，然后对所有侧面进行求和，再将求和项展开可得

$$\sum_{e\in edges}(\boldsymbol{E}_e\cdot\boldsymbol{r}_e)\cdot\nabla L_e=\sum_{f\in faces}(\boldsymbol{F}_f\cdot\boldsymbol{r}_f)\cdot\nabla\omega_f \quad (2-30)$$

为了得到多面体附近的任意点处所受到的引力，可以对引力势能求梯度，即可得到引力的表达式

$$\nabla U=\frac{1}{2}G\sigma\nabla\left[\sum_{e\in edges}(\boldsymbol{r}_e\cdot\boldsymbol{E}_e\cdot\boldsymbol{r}_e)\cdot L_e\right]-\frac{1}{2}G\sigma\nabla\left[\sum_{f\in faces}(\boldsymbol{r}_f\cdot\boldsymbol{F}_f\cdot\boldsymbol{r}_f)\cdot\omega_f\right]$$
$$=-G\sigma\sum_{e\in edges}(\boldsymbol{E}_e\cdot\boldsymbol{r}_e)\cdot L_e+G\sigma\sum_{f\in faces}(\boldsymbol{F}_f\cdot\boldsymbol{r}_f)\cdot\omega_f+\frac{1}{2}G\sigma\left[\sum_{e\in edges}(\boldsymbol{r}_e\cdot\boldsymbol{E}_e\cdot\boldsymbol{r}_e)\cdot\nabla L_e-\sum_{f\in faces}(\boldsymbol{r}_f\cdot\boldsymbol{F}_f\cdot\boldsymbol{r}_f)\cdot\nabla\omega_f\right] \tag{2-31}$$

由式（2-29）可知，上式的最后一项为零，即

$$\nabla U=-G\sigma\sum_{e\in edges}(\boldsymbol{E}_e\cdot\boldsymbol{r}_e)\cdot L_e+G\sigma\sum_{f\in faces}(\boldsymbol{F}_f\cdot\boldsymbol{r}_f)\cdot\omega_f \tag{2-32}$$

2.2.3　多面体引力梯度矩阵

为了计算多面体的引力梯度矩阵，需要用拉普拉斯算子对引力势能进行两次运算。对已经得到的引力求梯度，可得

$$\nabla(\nabla U)=\nabla\left[-G\sigma\sum_{e\in edges}(\boldsymbol{E}_e\cdot\boldsymbol{r}_e)\cdot L_e+G\sigma\sum_{f\in faces}(\boldsymbol{F}_f\cdot\boldsymbol{r}_f)\cdot\omega_f\right]$$
$$=G\sigma\sum_{e\in edges}\boldsymbol{E}_e\cdot L_e-G\sigma\sum_{f\in faces}\boldsymbol{F}_f\cdot\omega_f-G\sigma\left[\sum_{e\in edges}(\boldsymbol{E}_e\cdot\boldsymbol{r}_e)\cdot\nabla L_e-\sum_{f\in faces}(\boldsymbol{F}_f\cdot\boldsymbol{r}_f)\cdot\nabla\omega_f\right] \tag{2-33}$$

由式（2-30）可知，上式的最后一项为零，于是

$$\nabla(\nabla U)=G\sigma\sum_{e\in edges}\boldsymbol{E}_e\cdot L_e-G\sigma\sum_{f\in faces}\boldsymbol{F}_f\cdot\omega_f \tag{2-34}$$

2.2.4　计算过程概要

假定多面体质量均匀，密度为 σ，牛顿引力常数为 G，令下标 f 表示侧面的参数，下标 e 表示棱边的参数。

对于每一个侧面来说，其参数有面外侧的单位法矢量 $\hat{\boldsymbol{n}}_f$ 和侧面

张量 $\boldsymbol{F}_f=\hat{\boldsymbol{n}}_f\hat{\boldsymbol{n}}_f$；对于每一个棱边来说，其参数有外侧单位法矢量 $\hat{\boldsymbol{n}}_e^f$，棱边张量 $\boldsymbol{E}_e$，$\hat{\boldsymbol{n}}_e^f$ 分别与棱边和$\hat{\boldsymbol{n}}_f$ 垂直；对于面 A 和面 B 的公共棱边 ab，有参数 $\boldsymbol{E}_{ab}=\hat{\boldsymbol{n}}_A\hat{\boldsymbol{n}}_{ab}^A+\hat{\boldsymbol{n}}_B\hat{\boldsymbol{n}}_{ba}^B$，其他 $\boldsymbol{E}_e$ 的定义类似。

记场点到多面体的顶点 P_i 的位置矢量为 $\boldsymbol{r}_i$，其大小为 $|\boldsymbol{r}_i|=r_i$。任意一个棱边端点分别为 P_i 和 P_j，棱长为 e_{ij}，则有

$$L_e=\int_e\frac{1}{r}\mathrm{d}s=\ln\frac{r_i+r_j+e_{ij}}{r_i+r_j-e_{ij}} \tag{2-35}$$

假定侧面为三角形，三角形的端点分别记为 P_i、P_j、P_k，对场点所张立体角为

$$\omega_f=2\arctan\frac{\boldsymbol{r}_i\cdot(\boldsymbol{r}_j\times\boldsymbol{r}_k)}{r_ir_jr_k+r_k(\boldsymbol{r}_i\cdot\boldsymbol{r}_j)+r_i(\boldsymbol{r}_j\cdot\boldsymbol{r}_k)+r_j(\boldsymbol{r}_k\cdot\boldsymbol{r}_i)} \tag{2-36}$$

由上述约定，得到多面体模型的引力势能、引力、引力梯度矩阵[1-3]的计算公式如下

$$U=\frac{1}{2}G\sigma\sum_{e\in edges}(\boldsymbol{r}_e\cdot\boldsymbol{E}_e\cdot\boldsymbol{r}_e)\cdot L_e-\frac{1}{2}G\sigma\sum_{f\in faces}(\boldsymbol{r}_f\cdot\boldsymbol{F}_f\cdot\boldsymbol{r}_f)\cdot\omega_f \tag{2-37}$$

$$\nabla U=-G\sigma\sum_{e\in edges}(\boldsymbol{E}_e\cdot\boldsymbol{r}_e)\cdot L_e+G\sigma\sum_{f\in faces}(\boldsymbol{F}_f\cdot\boldsymbol{r}_f)\cdot\omega_f \tag{2-38}$$

$$\nabla(\nabla U)=G\sigma\sum_{e\in edges}\boldsymbol{E}_e\cdot L_e-G\sigma\sum_{f\in faces}\boldsymbol{F}_f\cdot\omega_f \tag{2-39}$$

2.3 双小行星系统多面体引力的计算

2.3.1 多面体体积分转化为线积分

使用高斯散度定理，则双多面体的共有势可以由体积分转化为面积分得到

$$U=\iiint_A\iiint_B\frac{1}{r}\mathrm{d}B\mathrm{d}A=\iiint_A\iiint_B\nabla_B\cdot\frac{\boldsymbol{r}}{2r}\mathrm{d}B\mathrm{d}A$$

$$
\begin{aligned}
&= \frac{1}{2} \iiint\limits_{A} \iint\limits_{\partial B} \hat{\boldsymbol{n}}_{\partial B} \cdot \frac{\boldsymbol{r}}{r} \mathrm{d}B\,\mathrm{d}A \\
&= \frac{1}{2} \iint\limits_{\partial B} \hat{\boldsymbol{n}}_{\partial B} \iiint\limits_{A} \cdot \frac{\boldsymbol{r}}{r} \mathrm{d}B\,\mathrm{d}(\partial B) \\
&= \frac{1}{2} \iint\limits_{\partial B} \hat{\boldsymbol{n}}_{\partial B} \iiint\limits_{A} \nabla_A(-r)\,\mathrm{d}A\,\mathrm{d}(\partial B) \\
&= -\frac{1}{2} \iint\limits_{\partial B} \hat{\boldsymbol{n}}_{\partial B} \iint\limits_{\partial A} \hat{\boldsymbol{n}}_{\partial A} r\,\mathrm{d}(\partial A)\,\mathrm{d}(\partial B) \\
&= -\frac{1}{2} \iiiint\limits_{\partial B \partial A} \hat{\boldsymbol{n}}_{\partial A}\, \hat{\boldsymbol{n}}_{\partial B} r\,\mathrm{d}(\partial A)\,\mathrm{d}(\partial B)
\end{aligned}
\tag{2-40}
$$

其中 A 和 B 是多面体的记号，∂A 和 ∂B 分别是两个多面体的表面，$\hat{\boldsymbol{n}}$是表面法向单位矢量，r 是表面微元 d（∂A）和 d（∂B）的距离。负号出现是因为 $\boldsymbol{r}=\boldsymbol{r}_B-\boldsymbol{r}_A$ 被算子∇_A和∇_B操作。对于多面体的面之间的积分，分为 a 和 b 两个具体的面之间的积分之和。

$$
U = -\frac{1}{2} \sum_{a \in \partial A} \sum_{b \in \partial B} \hat{\boldsymbol{n}}_a \cdot \hat{\boldsymbol{n}}_b \iint\limits_{a} \iint\limits_{b} r\,\mathrm{d}b\,\mathrm{d}a = \sum_{a \in \partial A} \sum_{b \in \partial B} \iiint\limits_{a} \iiint\limits_{b} \frac{1}{r} \mathrm{d}b\,\mathrm{d}a
\tag{2-41}
$$

以 $\boldsymbol{A}=(x_A, y_A, z_A)$ 表示 A 的质心在惯性系的位置，以 $\boldsymbol{B}=(x_B, y_B, z_B)$ 表示 B 的质心在惯性系的位置，以 $\boldsymbol{a}=(x_a, y_a, z_a)$ 表示微元 dA 在惯性系的位置，以 $\boldsymbol{b}=(x_b, y_b, z_b)$ 表示微元 dB 在惯性系的位置，则微元相对两个多面体质心的位置分别为 $\boldsymbol{a}-\boldsymbol{A}=(\Delta x_a, \Delta y_a, \Delta z_a)$ 和 $\boldsymbol{b}-\boldsymbol{B}=(\Delta x_b, \Delta y_b, \Delta z_b)$。记 $\boldsymbol{R}=(x_A-x_B, y_A-y_B, z_A-z_B)$ 和 $\boldsymbol{h}=(\Delta x_a-\Delta x_b, \Delta y_a-\Delta y_b, \Delta z_a-\Delta z_b)$，则 $r^2=R^2+h^2+2\boldsymbol{R}\cdot\boldsymbol{h}$，其中 R 和 h 分别为 $\boldsymbol{R}$ 和 $\boldsymbol{h}$ 的模。

2.3.2　双多面体上的体积分与级数展开近似

考虑到表达式 $U=\sum_{a \in A} \sum_{b \in B} \iiint\limits_{a} \iiint\limits_{b} \frac{1}{r} \mathrm{d}b\,\mathrm{d}a$ 数值积分的复杂性，对其进行化简，试图通过解析地近似计算积分值。

$$
\begin{aligned}
\frac{1}{r} &= (R^2 + h^2 + 2\boldsymbol{R} \cdot \boldsymbol{h})^{-\frac{1}{2}} \\
&= \frac{1}{R}\left[1 + \left(\frac{h}{R}\right)^2 - 2\left(\frac{h}{R}\right)\left(-\frac{\boldsymbol{R} \cdot \boldsymbol{h}}{Rh}\right)\right]^{-\frac{1}{2}} \\
&= \frac{1}{R}\sum_{n=0}^{\infty}\left(\frac{h}{R}\right)^n \mathrm{P}_n\left(-\frac{\boldsymbol{R} \cdot \boldsymbol{h}}{Rh}\right) \\
&= \left[\frac{1}{R}\right] + \left[-\frac{(\boldsymbol{R} \cdot \boldsymbol{h})}{R^3}\right] + \left[-\frac{h^2}{2R^3} + \frac{3(\boldsymbol{R} \cdot \boldsymbol{h})^2}{2R^5}\right] + \\
&\quad \left[\frac{3h^2(\boldsymbol{R} \cdot \boldsymbol{h})}{2R^5} - \frac{5(\boldsymbol{R} \cdot \boldsymbol{h})^3}{2R^7}\right] + \\
&\quad \frac{1}{8}\left[\frac{3h^4}{R^5} - \frac{30h^2(\boldsymbol{R} \cdot \boldsymbol{h})^2}{R^7} + \frac{35(\boldsymbol{R} \cdot \boldsymbol{h})^4}{R^9}\right] + \\
&\quad \frac{1}{8}\left[\frac{15h^4(\boldsymbol{R} \cdot \boldsymbol{h})}{R^7} - \frac{70h^2(\boldsymbol{R} \cdot \boldsymbol{h})^3}{R^9} + \frac{63(\boldsymbol{R} \cdot \boldsymbol{h})^5}{R^{11}}\right] + \cdots
\end{aligned} \tag{2-42}
$$

其中 $\mathrm{P}_n(\cdot)$ 表示 Legendre 多项式，上式当$\frac{h}{R} < 1$ 时收敛。

下面考虑进行变量替换，多面体表面三角形的顶点坐标分别为

$$
\begin{aligned}
(x_1^a,\ y_1^a,\ z_1^a) &= (x_A,\ y_A,\ z_A) + (\Delta x_1^a,\ \Delta y_1^a,\ \Delta z_1^a) \\
(x_2^a,\ y_2^a,\ z_2^a) &= (x_A,\ y_A,\ z_A) + (\Delta x_2^a,\ \Delta y_2^a,\ \Delta z_2^a) \\
(x_3^a,\ y_3^a,\ z_3^a) &= (x_A,\ y_A,\ z_A) + (\Delta x_3^a,\ \Delta y_3^a,\ \Delta z_3^a)
\end{aligned} \tag{2-43}
$$

其中上标表示在面 a 上的顶点，下标 1、2、3 分别表示顶点编号。同理，相关的记号和变换对 b 也成立，只需要将代表面的记号 a 换成 b 即可。则单形 a 上任意一个点的坐标可以表示为

$$
\begin{aligned}
\begin{bmatrix} x_a \\ y_a \\ z_a \end{bmatrix} &= \begin{bmatrix} x_A \\ y_A \\ z_A \end{bmatrix} + u_a \begin{bmatrix} \Delta x_1^a \\ \Delta y_1^a \\ \Delta z_1^a \end{bmatrix} + v_a \begin{bmatrix} \Delta x_2^a \\ \Delta y_2^a \\ \Delta z_2^a \end{bmatrix} + w_a \begin{bmatrix} \Delta x_3^a \\ \Delta y_3^a \\ \Delta z_3^a \end{bmatrix} \\
&= \begin{bmatrix} x_A \\ y_A \\ z_A \end{bmatrix} + \begin{pmatrix} \Delta x_1^a & \Delta x_2^a & \Delta x_3^a \\ \Delta y_1^a & \Delta y_2^a & \Delta y_3^a \\ \Delta z_1^a & \Delta z_2^a & \Delta z_3^a \end{pmatrix} \begin{bmatrix} u_a \\ v_a \\ w_a \end{bmatrix}
\end{aligned} \tag{2-44}
$$

因此变量替换的 Jacobian 行列式为

$$T_a=\frac{\partial(x_a,\ y_a,\ z_a)}{\partial(u_a,\ v_a,\ w_a)}=\det\begin{vmatrix}\Delta x_1^a & \Delta x_2^a & \Delta x_3^a\\ \Delta y_1^a & \Delta y_2^a & \Delta y_3^a\\ \Delta z_1^a & \Delta z_2^a & \Delta z_3^a\end{vmatrix}\qquad(2-45)$$

同理，对于面 b 来说

$$T_b=\frac{\partial(x_b,\ y_b,\ z_b)}{\partial(u_b,\ v_b,\ w_b)}=\det\begin{vmatrix}\Delta x_1^b & \Delta x_2^b & \Delta x_3^b\\ \Delta y_1^b & \Delta y_2^b & \Delta y_3^b\\ \Delta z_1^b & \Delta z_2^b & \Delta z_3^b\end{vmatrix}\qquad(2-46)$$

使用坐标变换将单形 a 和 b 都变为规范单形 a' 和 b'，规范单形的顶点坐标分别为(0，0，0)，(1，0，0)，(0，1，0)，(0，0，1)。于是

$$U=\sum_{a\in A}\sum_{b\in B}T_aT_b\iiint_{a'}\iiint_{b'}\frac{1}{r}\mathrm{d}b'\mathrm{d}a'\qquad(2-47)$$

2.3.3　符号简化

由于使用分量记号过分冗繁，为了使得形式上更加简练，我们开始使用张量记号和 Einstein 和式约定。记

$$\boldsymbol{x}'=[\Delta x_1^a,\ \Delta x_2^a,\ \Delta x_3^a,\ -\Delta x_1^b,\ -\Delta x_2^b,\ -\Delta x_3^b]$$
$$\boldsymbol{y}'=[\Delta y_1^a,\ \Delta y_2^a,\ \Delta y_3^a,\ -\Delta y_1^b,\ -\Delta y_2^b,\ -\Delta y_3^b]$$
$$\boldsymbol{z}'=[\Delta z_1^a,\ \Delta z_2^a,\ \Delta z_3^a,\ -\Delta z_1^b,\ -\Delta z_2^b,\ -\Delta z_3^b]\qquad(2-48)$$

记 3×6 的矩阵

$$\boldsymbol{v}_j^i=\begin{bmatrix}\Delta x_1^a & \Delta x_2^a & \Delta x_3^a & -\Delta x_1^b & -\Delta x_2^b & -\Delta x_3^b\\ \Delta y_1^a & \Delta y_2^a & \Delta y_3^a & -\Delta y_1^b & -\Delta y_2^b & -\Delta y_3^b\\ \Delta z_1^a & \Delta z_2^a & \Delta z_3^a & -\Delta z_1^b & -\Delta z_2^b & -\Delta z_3^b\end{bmatrix}=\begin{bmatrix}\boldsymbol{x}^i\\ \boldsymbol{y}^i\\ \boldsymbol{z}^i\end{bmatrix}_j$$

(2 - 49)

上标的变化范围为 1 至 6，下标的变化范围为 1 至 3。

定义矢量 $\boldsymbol{q}_i=[u_a,\ v_a,\ w_a,\ u_b,\ v_b,\ w_b]$，考虑方程(2-42)中的组成因子$(\boldsymbol{R}\cdot\boldsymbol{h})^2$ 和 h^2，二者都可以表示为张量积的形式。首先

$$\boldsymbol{h}_j=[\boldsymbol{q}_i\boldsymbol{x}^i,\ \boldsymbol{q}_i\boldsymbol{y}^i,\ \boldsymbol{q}_i\boldsymbol{z}^i]_j=\boldsymbol{q}_i\boldsymbol{v}_j^i\qquad(2-50)$$

其次

$$\boldsymbol{R}\cdot\boldsymbol{h}=\boldsymbol{R}^j\boldsymbol{h}_j=\boldsymbol{R}^j\boldsymbol{q}_i\boldsymbol{v}_j^i=\begin{bmatrix}x_A-x_B\\y_A-y_B\\z_A-z_B\end{bmatrix}\cdot\begin{bmatrix}\boldsymbol{q}_i\boldsymbol{x}^i\\\boldsymbol{q}_i\boldsymbol{y}^i\\\boldsymbol{q}_i\boldsymbol{z}^i\end{bmatrix}$$

$$=\boldsymbol{q}_i[(x_A-x_B)\boldsymbol{x}^i+(y_A-y_B)\boldsymbol{y}^i+(z_A-z_B)\boldsymbol{z}^i]$$

$$=\boldsymbol{q}_i\boldsymbol{w}^i \tag{2-51}$$

其中矢量 $\boldsymbol{w}^i=\boldsymbol{R}^j\boldsymbol{v}_j^i$，此外

$$h^2=\boldsymbol{h}_k\boldsymbol{h}_k=\boldsymbol{q}_i\boldsymbol{v}_k^i\boldsymbol{q}_j\boldsymbol{v}_k^j=\boldsymbol{q}_i\boldsymbol{q}_j\boldsymbol{x}^i\boldsymbol{x}_j+\boldsymbol{q}_i\boldsymbol{q}_j\boldsymbol{y}^i\boldsymbol{y}_j+\boldsymbol{q}_i\boldsymbol{q}_j\boldsymbol{z}^i\boldsymbol{z}_j$$

$$=(\boldsymbol{q}_i\boldsymbol{q}_j)(\boldsymbol{x}^i\boldsymbol{x}^j+\boldsymbol{y}^i\boldsymbol{y}^j+\boldsymbol{z}^i\boldsymbol{z}^j)=\boldsymbol{q}_{ij}\boldsymbol{r}^{ij} \tag{2-52}$$

其中 2 阶张量 $\boldsymbol{q}_{ij}=\boldsymbol{q}_i\boldsymbol{q}_j$，同理推广，定义 k 阶张量 $\boldsymbol{q}_{i1i2\cdots ik}=\boldsymbol{q}_{i1}\boldsymbol{q}_{i2}\cdots\boldsymbol{q}_{ik}$，此外 2 阶张量 $\boldsymbol{r}^{ij}=\boldsymbol{x}^i\boldsymbol{x}^j+\boldsymbol{y}^i\boldsymbol{y}^j+\boldsymbol{z}^i\boldsymbol{z}^j=\boldsymbol{v}_k^i\boldsymbol{v}_k^j$。如果取的多面体不同，则 $\boldsymbol{r}^{ij}$ 和 $\boldsymbol{w}^i$ 都会发生变化，积分时，二者都是常数。

2.3.4 级数展开的逐项积分

方程（2-42）的项包含（$\boldsymbol{R}\cdot\boldsymbol{h}$）和 h^2 两个因子，将对应的表达式（2-51）和（2-52）代入，则积分变量 u_a，v_a，w_a，u_b，v_b，w_b 都可以完全分离。例如 h^2（$\boldsymbol{R}\cdot\boldsymbol{h}$）出现在方程（2-42）的第三项，则

$$\iiint\limits_a\iiint\limits_b h^2(\boldsymbol{R}\cdot\boldsymbol{h})\,\mathrm{d}b\,\mathrm{d}a=T_aT_b\iiint\limits_{01}\iiint\limits_{01}(\boldsymbol{q}_{ij}\boldsymbol{r}^{ij})(\boldsymbol{q}_k\boldsymbol{w}^k)\,\mathrm{d}b'\mathrm{d}a'$$

$$\left(\iiint\limits_{01}\iiint\limits_{01}\boldsymbol{q}_{ijk}\,\mathrm{d}b'\mathrm{d}a'\right)\boldsymbol{r}^{ij}\boldsymbol{w}^kT_aT_b \tag{2-53}$$

被积函数 $\boldsymbol{q}_{i1i2\cdots ik}$ 的每一个分量形如 $u_a^{I_a}v_a^{J_a}w_a^{K_a}u_b^{I_b}v_b^{J_b}w_b^{K_b}$，其中指标 I_a，…，K_b 都是非负整数。根据变量替换

$$\boldsymbol{q}_i=\begin{bmatrix}u_a\\v_a\\w_a\\u_b\\v_b\\w_b\end{bmatrix}=\begin{bmatrix}u_a^1&v_a^0&w_a^0&u_b^0&v_b^0&w_b^0\\u_a^0&v_a^1&w_a^0&u_b^0&v_b^0&w_b^0\\u_a^0&v_a^0&w_a^1&u_b^0&v_b^0&w_b^0\\u_a^0&v_a^0&w_a^0&u_b^1&v_b^0&w_b^0\\u_a^0&v_a^0&w_a^0&u_b^0&v_b^1&w_b^0\\u_a^0&v_a^0&w_a^0&u_b^0&v_b^0&w_b^1\end{bmatrix} \tag{2-54}$$

可以重写为

$$\overline{\boldsymbol{q}}_i = \begin{bmatrix} (1 & 0 & 0 & 0 & 0 & 0) \\ (0 & 1 & 0 & 0 & 0 & 0) \\ (0 & 0 & 1 & 0 & 0 & 0) \\ (0 & 0 & 0 & 1 & 0 & 0) \\ (0 & 0 & 0 & 0 & 1 & 0) \\ (0 & 0 & 0 & 0 & 0 & 1) \end{bmatrix} \tag{2-55}$$

2 阶张量 $\boldsymbol{q}_{ij}=\boldsymbol{q}_i\boldsymbol{q}_j$ 为

$$\overline{\boldsymbol{q}}_{ij} = \begin{bmatrix} (200000) & (110000) & (101000) & (100100) & (100010) & (100001) \\ (110000) & (020000) & (011000) & (010100) & (010010) & (010001) \\ (101000) & (011000) & (002000) & (001100) & (001010) & (001001) \\ (100100) & (010100) & (001100) & (000200) & (000110) & (000101) \\ (100010) & (010010) & (001010) & (000110) & (000020) & (000011) \\ (100001) & (010001) & (001001) & (000101) & (000011) & (000002) \end{bmatrix} \tag{2-56}$$

由于变量(u_a, v_a, w_a)和(u_b, v_b, w_b)是独立的，累次体积分可以分离，类似于下面的形式

$$\int_0^1\int_0^{1-u}\int^{1-u-v}\int_0 u^I v^J w^K \mathrm{d}w\,\mathrm{d}v\,\mathrm{d}u = \frac{I!\ J!\ K!}{(I+J+K+3)!} \tag{2-57}$$

以大写字母记积分结果

$$\boldsymbol{Q}_{i_1 i_2 \cdots i_k} = \iiint\limits_{01}\iiint\limits_{01} \boldsymbol{q}_{i_1 i_2 \cdots i_k}\,\mathrm{d}b'\,\mathrm{d}a' \tag{2-58}$$

则每一个积分结果都是一个 k 阶张量，张量内部的数值都是有理数，并且是对称的。前 4 个 $\boldsymbol{Q}_{i_1 i_2 \cdots i_k}$ 张量分别为

$$\boldsymbol{Q}_0 = \frac{1}{36}$$

$$\boldsymbol{Q}_i = \frac{1}{144}[1 \quad 1 \quad 1 \quad 1 \quad 1 \quad 1]$$

$$
\boldsymbol{Q}_{ij}=\frac{1}{2880}\begin{bmatrix}8&4&4&5&5&5\\4&8&4&5&5&5\\4&4&8&5&5&5\\5&5&5&8&4&4\\5&5&5&4&8&4\\5&5&5&4&4&8\end{bmatrix}
$$

$$
\boldsymbol{Q}_{ijk}=\frac{1}{8640}\left(\begin{bmatrix}12&4&4&6&6&6\\4&4&2&3&3&3\\4&2&4&3&3&3\\6&3&3&6&3&3\\6&3&3&3&6&3\\6&3&3&3&3&6\end{bmatrix}\begin{bmatrix}4&4&2&3&3&3\\4&12&4&6&6&6\\2&4&4&3&3&3\\3&6&3&6&3&3\\3&6&3&3&6&3\\3&6&3&3&3&6\end{bmatrix}\begin{bmatrix}4&2&4&3&3&3\\2&4&4&3&3&3\\4&4&4&3&3&3\\3&3&6&6&3&3\\3&3&6&3&6&3\\3&3&6&3&3&6\end{bmatrix}\right.
$$

$$
\left.\begin{bmatrix}6&3&3&6&3&3\\3&6&3&6&3&3\\3&3&6&6&3&3\\6&6&6&12&4&4\\3&3&3&4&4&2\\3&3&3&4&2&4\end{bmatrix}\begin{bmatrix}6&3&3&3&6&3\\3&6&3&3&6&3\\3&3&6&3&6&3\\3&6&3&4&4&2\\6&6&6&4&12&4\\3&3&3&2&4&4\end{bmatrix}\begin{bmatrix}6&3&3&3&3&6\\3&6&3&3&3&6\\3&3&6&3&3&6\\3&3&3&4&2&4\\3&3&3&2&4&4\\6&6&6&4&4&12\end{bmatrix}\right) \tag{2-59}
$$

我们将中间结果整理，得到累次体积分的计算公式为

$$
\iiint\limits_{01}\iiint\limits_{01}\frac{1}{r}\mathrm{d}b'\mathrm{d}a'=\left[\frac{\boldsymbol{Q}}{R}\right]+\left[-\frac{\boldsymbol{Q}_i\boldsymbol{w}^i}{R^3}\right]+\left[-\frac{\boldsymbol{Q}_{ij}\boldsymbol{r}^{ij}}{2R^3}+\frac{3\boldsymbol{Q}_{ij}\boldsymbol{w}^i\boldsymbol{w}^j}{2R^5}\right]
$$

$$
+\left[\frac{3\boldsymbol{Q}_{ijk}\boldsymbol{r}^{ij}\boldsymbol{w}^k}{2R^5}-\frac{5\boldsymbol{Q}_{ijk}\boldsymbol{w}^i\boldsymbol{w}^j\boldsymbol{w}^k}{2R^7}\right]+\cdots \tag{2-60}
$$

可以代入方程（2－47）之中，其中 $\boldsymbol{r}^{ij}$ 和 $\boldsymbol{w}^i$ 都依赖于单形 a 和 b。

当对单形积分时，首项$\dfrac{\boldsymbol{Q}}{R}$变为开普勒项，即

$$
U_0=\sum_a\sum_b\frac{\boldsymbol{Q}}{R}T_aT_b=\frac{1}{R}\left(\sum_a\frac{1}{6}T_a\right)\left(\sum_b\frac{1}{6}T_b\right)=\frac{1}{R}V_aV_b \tag{2-61}
$$

其中 V_a 和 V_b 分别为两个多面体的体积。

此外，一阶项 $-\dfrac{\boldsymbol{Q}_i\boldsymbol{w}^i}{R^3}$ 会在 A 和 B 都表示在质心的时候消失。

$$\begin{aligned}
\sum_a\sum_b T_aT_b\boldsymbol{Q}_i\boldsymbol{w}^i &= \frac{1}{144}\sum_a\sum_b T_aT_b[(x_A-x_B)\\
&\quad(\Delta x_1^a+\Delta x_2^a+\Delta x_3^a-\Delta x_1^b-\Delta x_2^b-\Delta x_3^b)]+\\
&\quad(y_A-y_B)(\Delta y_1^a+\Delta y_2^a+\Delta y_3^a-\Delta y_1^b-\Delta y_2^b-\Delta y_3^b)+\\
&\quad(z_A-z_B)(\Delta z_1^a+\Delta z_2^a+\Delta z_3^a-\Delta z_1^b-\Delta z_2^b-\Delta z_3^b)]\\
&= \frac{1}{6}(x_A-x_B)\sum_b T_b\left[\sum_a\frac{1}{24}(\Delta x_1^a+\Delta x_2^a+\Delta x_3^a)T_a\right]-\\
&\quad\frac{1}{6}(x_A-x_B)\sum_a T_a\left[\sum_b\frac{1}{24}(\Delta x_1^b+\Delta x_2^b+\Delta x_3^b)T_b\right]+\\
&\quad\frac{1}{6}(y_A-y_B)\sum_b T_b\left[\sum_a\frac{1}{24}(\Delta y_1^a+\Delta y_2^a+\Delta y_3^a)T_a\right]-\\
&\quad\frac{1}{6}(y_A-y_B)\sum_a T_a\left[\sum_b\frac{1}{24}(\Delta y_1^b+\Delta y_2^b+\Delta y_3^b)T_b\right]+\\
&\quad\frac{1}{6}(z_A-z_B)\sum_b T_b\left[\sum_a\frac{1}{24}(\Delta z_1^a+\Delta z_2^a+\Delta z_3^a)T_a\right]-\\
&\quad\frac{1}{6}(z_A-z_B)\sum_a T_a\left[\sum_b\frac{1}{24}(\Delta z_1^b+\Delta z_2^b+\Delta z_3^b)T_b\right]
\end{aligned} \tag{2-62}$$

括号内的因子当表达式表示在质心时消失。

2.3.5　双多面体引力积分的计算过程

总结以上的结果，我们有双多面体的共有引力势[11]为

$$\begin{aligned}
U=\frac{V_AV_B}{R}&+\sum_{a\in A}\sum_{b\in B}T_aT_b\left\{\left[-\frac{\boldsymbol{Q}_{ij}\boldsymbol{r}^{ij}}{2R^3}+\frac{3\boldsymbol{Q}_{ij}\boldsymbol{w}^i\boldsymbol{w}^j}{2R^5}\right]\right.\\
&\left.+\left[\frac{3\boldsymbol{Q}_{ij}\boldsymbol{r}^{ij}\boldsymbol{w}^k}{2R^5}-\frac{5\boldsymbol{Q}_{ijk}\boldsymbol{w}^i\boldsymbol{w}^j\boldsymbol{w}^k}{2R^7}\right]+\cdots\right\}
\end{aligned} \tag{2-63}$$

其中引力常数 G 和两个天体的密度在表示时忽略了，具体计算需要加上，R 表示双多面体质心之间的距离，V_A 和 V_B 分别表示双多面

体的体积。

2.3.6 双小行星系统共有势及受力的计算

设 $\boldsymbol{A}$ 为惯性系原点到 A 的质心的位置矢量，$\boldsymbol{B}$ 为惯性系原点到 B 的质心的位置矢量，$\boldsymbol{P}$ 为 A 的本体系到惯性系的姿态矩阵，$\boldsymbol{S}$ 为 B 的本体系到惯性系的姿态矩阵。共有势 U 可以写为 U（$\boldsymbol{B}-\boldsymbol{A}$，$P$，$S$）或者 U（$\boldsymbol{R}$，P，S），其中 $\boldsymbol{R}=\boldsymbol{B}-\boldsymbol{A}$。设 ρ_a 和 ρ_b 分别为 A 上单形 a 和 B 上单形 b 的密度，G 为引力常数。则

$$U=G\sum_{a\in A}\sum_{b\in B}\rho_a\rho_b T_a T_b\left\{\left[\frac{\boldsymbol{Q}}{R}\right]+\left[-\frac{\boldsymbol{Q}_i\boldsymbol{w}^i}{R^3}\right]+\left[-\frac{\boldsymbol{Q}_{ij}\boldsymbol{r}^{ij}}{2R^3}+\frac{3\boldsymbol{Q}_{ij}\boldsymbol{w}^i\boldsymbol{w}^j}{2R^5}\right]+\left[\frac{3\boldsymbol{Q}_{ijk}\boldsymbol{r}^{ij}\boldsymbol{w}^k}{2R^5}-\frac{5\boldsymbol{Q}_{ijk}\boldsymbol{w}^i\boldsymbol{w}^j\boldsymbol{w}^k}{2R^7}\right]+\cdots\right\} \tag{2-64}$$

定义

$$\boldsymbol{v}=\left[-\boldsymbol{P}[\Delta\boldsymbol{r}^{a1},\ \Delta\boldsymbol{r}^{a2},\ \Delta\boldsymbol{r}^{a3}],\ \boldsymbol{S}[\Delta\boldsymbol{r}^{b1},\ \Delta\boldsymbol{r}^{b2},\ \Delta\boldsymbol{r}^{b3}]\right] \tag{2-65}$$

其中每一个 $\Delta\boldsymbol{r}^{(a,\ b)i}$ 都是列表式的，是单形 a 或者 b 的第 i 个面的顶点相对体质心的矢量。

每一个小行星在惯性系的受力分别为

$$\boldsymbol{F}_\theta^A=\frac{\partial U}{\partial\boldsymbol{A}_\theta},\quad \boldsymbol{F}_\theta^B=\frac{\partial U}{\partial\boldsymbol{B}_\theta} \tag{2-66}$$

其中 A 和 B 分别是小行星的记号，θ 是张量指标，与上一节的结论相结合，得

$$\boldsymbol{F}_\theta^A=G\sum_{a\in A}\sum_{b\in B}\rho_a\rho_b T_a T_b\left(\frac{\partial\hat{U}_0}{\partial\boldsymbol{A}_\theta}+\frac{\partial\hat{U}_1}{\partial\boldsymbol{A}_\theta}+\frac{\partial\hat{U}_2}{\partial\boldsymbol{A}_\theta}+\cdots\right) \tag{2-67}$$

$$\boldsymbol{F}_\theta^B=G\sum_{a\in A}\sum_{b\in B}\rho_a\rho_b T_a T_b\left(\frac{\partial\hat{U}_0}{\partial\boldsymbol{B}_\theta}+\frac{\partial\hat{U}_1}{\partial\boldsymbol{B}_\theta}+\frac{\partial\hat{U}_2}{\partial\boldsymbol{B}_\theta}+\cdots\right) \tag{2-68}$$

其中$\hat{U}_0=\left[\frac{\boldsymbol{Q}}{R}\right]$，$\hat{U}_1=\left[-\frac{\boldsymbol{Q}_i\boldsymbol{w}^i}{R^3}\right]$，$\hat{U}_2=\left[-\frac{\boldsymbol{Q}_{ij}\boldsymbol{r}^{ij}}{2R^3}+\frac{3\boldsymbol{Q}_{ij}\boldsymbol{w}^i\boldsymbol{w}^j}{2R^5}\right]$。为了给出$\frac{\partial\hat{U}_0}{\partial\boldsymbol{A}_\theta}$、$\frac{\partial\hat{U}_1}{\partial\boldsymbol{A}_\theta}$、$\frac{\partial\hat{U}_2}{\partial\boldsymbol{A}_\theta}$ 等各项的表达式，我们有

$$\frac{\partial R}{\partial \boldsymbol{A}_\theta}=\frac{\partial\left(\sqrt{\boldsymbol{r}^j\boldsymbol{R}_j}\right)}{\partial \boldsymbol{A}_\theta}=\frac{1}{2\sqrt{\boldsymbol{R}^j\boldsymbol{R}_j}}\frac{\partial(\boldsymbol{R}^j\boldsymbol{R}_j)}{\partial \boldsymbol{A}_\theta}=\frac{1}{2R}\left(\boldsymbol{R}_j\frac{\partial \boldsymbol{R}^j}{\partial \boldsymbol{A}_\theta}+\boldsymbol{R}^j\frac{\partial \boldsymbol{R}_j}{\partial \boldsymbol{A}_\theta}\right)$$

$$=\frac{1}{2R}(-2\delta_\theta^j\boldsymbol{R}_j)=-\frac{\boldsymbol{R}_\theta}{R} \tag{2-69}$$

$$\frac{\partial \boldsymbol{w}^i}{\partial \boldsymbol{A}_\theta}=\frac{\partial(\boldsymbol{R}^j\boldsymbol{v}_j^i)}{\partial \boldsymbol{A}_\theta}=\frac{\partial \boldsymbol{R}^j}{\partial \boldsymbol{A}_\theta}\boldsymbol{v}_j^i=-\delta_\theta^j\boldsymbol{v}_j^i=-\boldsymbol{v}_\theta^i \tag{2-70}$$

此时，我们可以方便地计算出$\frac{\partial \widehat{U}_0}{\partial \boldsymbol{A}_\theta}$、$\frac{\partial \widehat{U}_1}{\partial \boldsymbol{A}_\theta}$、$\frac{\partial \widehat{U}_2}{\partial \boldsymbol{A}_\theta}$等各项。

$$\frac{\partial \widehat{U}_0}{\partial \boldsymbol{A}_\theta}=\frac{\partial}{\partial \boldsymbol{A}_\theta}\left(\frac{\boldsymbol{Q}}{R}\right)=-\frac{\boldsymbol{Q}}{R^2}\frac{\partial R}{\partial \boldsymbol{A}_\theta}=\frac{\boldsymbol{Q}\boldsymbol{R}_\theta}{R^3}$$

$$\frac{\partial \widehat{U}_1}{\partial \boldsymbol{A}_\theta}=\frac{\partial}{\partial \boldsymbol{A}_\theta}\left(-\frac{\boldsymbol{Q}_i\boldsymbol{w}^i}{R}\right)=\frac{3\boldsymbol{Q}_i}{R^4}\frac{\partial R}{\partial \boldsymbol{A}_\theta}\boldsymbol{w}^i-\frac{\boldsymbol{Q}_i}{R^3}\frac{\partial \boldsymbol{w}^i}{\partial \boldsymbol{A}_\theta}=-\frac{3\boldsymbol{Q}_i\boldsymbol{R}_\theta\boldsymbol{w}^i}{R^5}-\frac{\boldsymbol{Q}_i\boldsymbol{v}_\theta^i}{R^3}$$

$$\frac{\partial \widehat{U}_2}{\partial \boldsymbol{A}_\theta}=\frac{\partial}{\partial \boldsymbol{A}_\theta}\left(-\frac{\boldsymbol{Q}_{ij}\boldsymbol{r}^{ij}}{2R^3}+\frac{3\boldsymbol{Q}_{ij}\boldsymbol{w}^i\boldsymbol{w}^j}{2R^5}\right)$$

$$=-\frac{3\boldsymbol{Q}_{ij}\boldsymbol{r}^{ij}}{2R^4}\frac{\partial R}{\partial \boldsymbol{A}_\theta}-\frac{15\boldsymbol{Q}_{ij}\boldsymbol{w}^i\boldsymbol{w}^j}{2R^6}\frac{\partial R}{\partial \boldsymbol{A}_\theta}+\frac{3\boldsymbol{Q}_{ij}}{2R^5}\frac{\partial \boldsymbol{w}^i}{\partial \boldsymbol{A}_\theta}\boldsymbol{w}^j+\frac{3\boldsymbol{Q}_{ij}}{2R^5}\boldsymbol{w}^i\frac{\partial \boldsymbol{w}^j}{\partial \boldsymbol{A}_\theta}$$

$$=-\frac{3\boldsymbol{Q}_{ij}\boldsymbol{r}^{ij}\boldsymbol{R}_\theta}{2R^5}+\frac{15\boldsymbol{Q}_{ij}\boldsymbol{R}_\theta\boldsymbol{w}^i\boldsymbol{w}^j}{2R^7}-\frac{3\boldsymbol{Q}_{ij}\boldsymbol{w}^i\boldsymbol{v}_\theta^j}{R^5}$$

$$\frac{\partial \widehat{U}_3}{\partial \boldsymbol{A}_\theta}=\frac{\partial}{\partial \boldsymbol{A}_\theta}\left(\frac{3\boldsymbol{Q}_{ijk}\boldsymbol{r}^{ij}\boldsymbol{w}^k}{2R^5}-\frac{5\boldsymbol{Q}_{ijk}\boldsymbol{w}^i\boldsymbol{w}^j\boldsymbol{w}^k}{2R^7}\right)$$

$$=-\frac{15\boldsymbol{Q}_{ijk}\boldsymbol{r}^{ij}}{2R^6}\frac{\partial R}{\partial \boldsymbol{A}_\theta}\boldsymbol{w}^k+\frac{3\boldsymbol{Q}_{ijk}\boldsymbol{r}^{ij}}{2R^5}\frac{\partial \boldsymbol{w}^i}{\partial \boldsymbol{A}_\theta}+\frac{35\boldsymbol{Q}_{ijk}\boldsymbol{w}^i\boldsymbol{w}^j\boldsymbol{w}^k}{2R^8}\frac{\partial R}{\partial \boldsymbol{A}_\theta}$$

$$-\frac{15\boldsymbol{Q}_{ijk}}{2R^7}\boldsymbol{w}^i\boldsymbol{w}^j\frac{\partial \boldsymbol{w}^k}{\partial \boldsymbol{A}_\theta}$$

$$=\frac{15\boldsymbol{Q}_{ijk}\boldsymbol{r}^{ij}\boldsymbol{R}_\theta\boldsymbol{w}^k}{2R^7}-\frac{3\boldsymbol{Q}_{ijk}\boldsymbol{r}^{ij}\boldsymbol{v}_\theta^k}{2R^5}-\frac{35\boldsymbol{Q}_{ijk}\boldsymbol{w}^i\boldsymbol{w}^j\boldsymbol{w}^k}{2R^9}+\frac{15\boldsymbol{Q}_{ijk}\boldsymbol{w}^i\boldsymbol{w}^j\boldsymbol{v}_\theta^j}{2R^7}$$

对于式（2－68）中的各项，和上面的式（2－67）中的各项类似。

如果将矢量 $\boldsymbol{R}=\boldsymbol{B}-\boldsymbol{A}$ 表示在小行星 A 的固连坐标系中，则

$$\boldsymbol{R}_{Abody}=\boldsymbol{P}^{\mathrm{T}}(\boldsymbol{B}-\boldsymbol{A}) \tag{2-71}$$

其中 $\boldsymbol{B}$ 和 $\boldsymbol{A}$ 都是表示在惯性系的，则受力表示在小行星 A 的固连坐

标系中即[12]

$$\boldsymbol{F}_{REL}=\frac{\partial U}{\partial \boldsymbol{R}_{Abody}} \tag{2-72}$$

同理，矢量 $\boldsymbol{R}=\boldsymbol{B}-\boldsymbol{A}$ 也可以表示在小行星 B 的固连坐标系中，处理方法类似。

2.3.7 每一个不规则小行星受另一个不规则小行星的力矩

两个小行星所受的力矩在惯性系中分别表示为 $\boldsymbol{m}_A$ 和 $\boldsymbol{m}_B$，在各自的固连坐标系中分别表示为 $\boldsymbol{M}_A$ 和 $\boldsymbol{M}_B$，则有

$$\boldsymbol{m}_A=\boldsymbol{P}\boldsymbol{M}_A,\quad \boldsymbol{m}_B=\boldsymbol{S}\boldsymbol{M}_B \tag{2-73}$$

定义 $\boldsymbol{P}^{\mathrm{T}}$ 和 $\boldsymbol{S}^{\mathrm{T}}$ 的列分别为

$$\boldsymbol{P}^{\mathrm{T}}=[\alpha_P \quad \beta_P \quad \gamma_P],\qquad \boldsymbol{S}^{\mathrm{T}}=[\alpha_S \quad \beta_S \quad \gamma_S] \tag{2-74}$$

则作用在小行星 A 上的力矩[12]表示在该小行星的固连坐标系中为

$$\boldsymbol{M}_A=-\alpha_P\times\frac{\partial U}{\partial \alpha_P}-\beta_P\times\frac{\partial U}{\partial \beta_P}-\gamma_P\times\frac{\partial U}{\partial \gamma_P} \tag{2-75}$$

作用在小行星 B 上的力矩[12]表示在该小行星的固连坐标系中为

$$\boldsymbol{M}_B=-\alpha_S\times\frac{\partial U}{\partial \alpha_S}-\beta_S\times\frac{\partial U}{\partial \beta_S}-\gamma_S\times\frac{\partial U}{\partial \gamma_S} \tag{2-76}$$

将 $\boldsymbol{v}=[-\boldsymbol{P}[\Delta\boldsymbol{r}^{a1},\Delta\boldsymbol{r}^{a2},\Delta\boldsymbol{r}^{a3}],\boldsymbol{S}[\Delta\boldsymbol{r}^{b1},\Delta\boldsymbol{r}^{b2},\Delta\boldsymbol{r}^{b3}]]$ 表示在小行星 A 的固连坐标系中为

$$\boldsymbol{v}=[-[\Delta\boldsymbol{r}^{a1},\Delta\boldsymbol{r}^{a2},\Delta\boldsymbol{r}^{a3}],\boldsymbol{T}[\Delta\boldsymbol{r}^{b1},\Delta\boldsymbol{r}^{b2},\Delta\boldsymbol{r}^{b3}]] \tag{2-77}$$

在小行星 B 的固连坐标系中为

$$\boldsymbol{v}=[-\boldsymbol{T}[\Delta\boldsymbol{r}^{a1},\Delta\boldsymbol{r}^{a2},\Delta\boldsymbol{r}^{a3}],[\Delta\boldsymbol{r}^{b1},\Delta\boldsymbol{r}^{b2},\Delta\boldsymbol{r}^{b3}]] \tag{2-78}$$

其中 $\boldsymbol{T}=\boldsymbol{P}^{\mathrm{T}}\boldsymbol{S}$，$\boldsymbol{T}$ 的张量形式记为 T_{jk} 或者 $T_{\phi\theta}$，则在小行星 A 的固连坐标系中

$$\frac{\partial \boldsymbol{v}_j^i}{\partial T_{\phi\theta}}=\left[0_{j\theta}^{\phi i},\ \frac{\partial T_{jk}}{\partial T_{\phi\theta}}\Delta\boldsymbol{r}_k^{bi}\right]=[0_{j\theta}^{\phi i},\ \delta_j^{\phi}\delta_\theta^{k}\Delta\boldsymbol{r}_k^{bi}]=[0_{j\theta}^{\phi i},\ \delta_j^{\phi}\Delta\boldsymbol{r}_\theta^{bi}]=\boldsymbol{D}_{j\theta}^{\phi i} \tag{2-79}$$

在小行星 B 的固连坐标系中

$$\frac{\partial \boldsymbol{v}_j^i}{\partial T_{\phi\theta}}=\left[-\frac{\partial T_{jk}}{\partial T_{\phi\theta}}\Delta \boldsymbol{r}_k^{ai}, \ 0_{j\theta}^{\phi i}\right]=[-\delta_j^{\phi}\delta_{\theta}^{k}\Delta \boldsymbol{r}_k^{ai}, \ 0_{j\theta}^{\phi i}]$$
$$=[-\delta_j^{\phi}\Delta \boldsymbol{r}_{\theta}^{ai}, \ 0_{j\theta}^{\phi i}]=\boldsymbol{D}_{j\theta}^{\phi i} \tag{2-80}$$

中间表达式为

$$\frac{\partial \boldsymbol{w}^i}{\partial T_{\phi\theta}}=\frac{\partial(\boldsymbol{R}^j\boldsymbol{v}_j^i)}{\partial T_{\phi\theta}}=\boldsymbol{R}^j\frac{\partial \boldsymbol{v}_j^i}{\partial T_{\phi\theta}}=\boldsymbol{R}^j\boldsymbol{D}_{j\theta}^{\phi i}$$

$$\frac{\partial \boldsymbol{r}^{ij}}{\partial T_{\phi\theta}}=\frac{\partial(\boldsymbol{v}_p^i\boldsymbol{v}_p^j)}{\partial T_{\phi\theta}}=\frac{\partial \boldsymbol{v}_p^i}{\partial T_{\phi\theta}}\boldsymbol{v}_p^j+\boldsymbol{v}_p^i\frac{\partial \boldsymbol{v}_p^j}{\partial T_{\phi\theta}}=\boldsymbol{D}_{p\theta}^{\phi i}\boldsymbol{v}_p^j+\boldsymbol{v}_p^i\boldsymbol{D}_{p\theta}^{\phi j}=2\boldsymbol{v}_p^i\boldsymbol{D}_{p\theta}^{\phi j} \tag{2-81}$$

因此，有

$$\frac{\partial \hat{U}_1}{\partial T_{\phi\theta}}=\frac{\partial}{\partial T_{\phi\theta}}\left(-\frac{\boldsymbol{Q}_i\boldsymbol{w}^i}{R^3}\right)=-\frac{\boldsymbol{Q}_i}{R^3}\frac{\partial \boldsymbol{w}^i}{\partial T_{\phi\theta}}=-\frac{\boldsymbol{Q}_i\boldsymbol{R}^j\boldsymbol{D}_{j\theta}^{\phi i}}{R^3} \tag{2-82}$$

$$\frac{\partial \hat{U}_2}{\partial T_{\phi\theta}}=\frac{\partial}{\partial T_{\phi\theta}}\left(-\frac{\boldsymbol{Q}_{ij}\boldsymbol{r}^{ij}}{2R^3}\right)+\frac{3\boldsymbol{Q}_{ij}\boldsymbol{w}^i\boldsymbol{w}^j}{2R^5}=-\frac{\boldsymbol{Q}_{ij}}{2R^3}\frac{\partial \boldsymbol{r}^{ij}}{\partial T_{\phi\theta}}+\frac{3\boldsymbol{Q}_{ij}}{2R^5}\frac{\partial(\boldsymbol{w}^i\boldsymbol{w}^j)}{\partial T_{\phi\theta}}$$
$$=-\frac{\boldsymbol{Q}_{ij}\boldsymbol{v}_p^i\boldsymbol{D}_{p\theta}^{\phi j}}{2R^3}+\frac{3\boldsymbol{Q}_{ij}}{2R^5}\left(\frac{\partial \boldsymbol{w}^i}{\partial T_{\phi\theta}}\boldsymbol{w}^j+\boldsymbol{w}^i\frac{\partial \boldsymbol{w}^j}{\partial T_{\phi\theta}}\right)$$
$$=-\frac{\boldsymbol{Q}_{ij}\boldsymbol{v}_p^i\boldsymbol{D}_{p\theta}^{\phi j}}{2R^3}+\frac{3\boldsymbol{Q}_{ij}}{2R^5}(\boldsymbol{R}^p\boldsymbol{D}_{p\theta}^{\phi i}\boldsymbol{w}^j+\boldsymbol{w}^i\boldsymbol{R}^p\boldsymbol{D}_{p\theta}^{\phi i})$$
$$=-\frac{\boldsymbol{Q}_{ij}\boldsymbol{v}_p^i\boldsymbol{D}_{p\theta}^{\phi j}}{2R^3}+\frac{3\boldsymbol{Q}_{ij}\boldsymbol{w}^i\boldsymbol{R}^p\boldsymbol{D}_{p\theta}^{\phi i}}{R^5} \tag{2-83}$$

$$\frac{\partial \hat{U}_2}{\partial T_{\phi\theta}}=\frac{\partial}{\partial T_{\phi\theta}}\left(\frac{3\boldsymbol{Q}_{ijk}\boldsymbol{r}^{ij}\boldsymbol{w}^k}{2R^5}-\frac{5\boldsymbol{Q}_{ijk}\boldsymbol{w}^i\boldsymbol{w}^j\boldsymbol{w}^k}{2R^7}\right)$$
$$=\frac{3\boldsymbol{Q}_{ijk}}{2R^5}\left(\frac{\partial \boldsymbol{r}^{ij}}{\partial T_{\phi\theta}}\boldsymbol{w}^k+\boldsymbol{r}^{ij}\frac{\partial \boldsymbol{w}^k}{\partial T_{\phi\theta}}\right)-$$
$$\frac{5\boldsymbol{Q}_{ijk}}{2R^7}\left(\frac{\partial \boldsymbol{w}^i}{\partial T_{\phi\theta}}\boldsymbol{w}^j\boldsymbol{w}^k+\boldsymbol{w}^i\frac{\partial \boldsymbol{w}^j}{\partial T_{\phi\theta}}\boldsymbol{w}^k+\boldsymbol{w}^i\boldsymbol{w}^j\frac{\partial \boldsymbol{w}^k}{\partial T_{\phi\theta}}\right)$$
$$=\frac{3\boldsymbol{Q}_{ijk}}{2R^5}(2\boldsymbol{v}_p^i\boldsymbol{D}_{p\theta}^{\phi j}\boldsymbol{w}^k+\boldsymbol{r}^{ij}\boldsymbol{R}^p\boldsymbol{D}_{p\theta}^{\phi k})-$$
$$\frac{5\boldsymbol{Q}_{ijk}}{2R^7}(\boldsymbol{R}^p\boldsymbol{D}_{p\theta}^{\phi i}\boldsymbol{w}^j\boldsymbol{w}^k+\boldsymbol{w}^i\boldsymbol{R}^p\boldsymbol{D}_{p\theta}^{\phi j}\boldsymbol{w}^k+\boldsymbol{w}^i\boldsymbol{w}^j\boldsymbol{R}^p\boldsymbol{D}_{p\theta}^{\phi k})$$
$$=\frac{3\boldsymbol{Q}_{ijk}}{2R^5}(2\boldsymbol{v}_p^i\boldsymbol{D}_{p\theta}^{\phi j}\boldsymbol{w}^k+\boldsymbol{r}^{ij}\boldsymbol{R}^p\boldsymbol{D}_{p\theta}^{\phi k})-\frac{15\boldsymbol{Q}_{ijk}\boldsymbol{w}^i\boldsymbol{w}^j\boldsymbol{R}^p\boldsymbol{D}_{p\theta}^{\phi k}}{2R^7} \tag{2-84}$$

这些偏导数结果可以表示为矩阵

$$E_{\phi\theta}=G\sum_{a\in A}\sum_{b\in B}\rho_a\rho_b T_a T_b\left(\frac{\partial\hat{U}_1}{\partial T_{\phi\theta}}\frac{\partial\hat{U}_2}{\partial T_{\phi\theta}}\frac{\partial\hat{U}_3}{\partial T_{\phi\theta}}+\cdots\right)\tag{2-85}$$

该矩阵记为列矢量的形式为

$$\boldsymbol{E}=[E^{\alpha}\quad E^{\beta}\quad E^{\gamma}]\tag{2-86}$$

因此，双小行星系统中小行星 A 所受的惯性空间外力矩的合力矩在其自身的固连坐标系中可以表示为

$$\boldsymbol{M}_A=-\alpha_P\times E^{\alpha}-\beta_P\times E^{\beta}-\gamma_P\times E^{\gamma}\tag{2-87}$$

小行星 B 所受的惯性空间外力矩的合力矩在其自身的固连坐标系中可以表示为

$$\boldsymbol{M}_B=-\alpha_S\times E^{\alpha}-\beta_S\times E^{\beta}-\gamma_S\times E^{\gamma}\tag{2-88}$$

2.3.8 双不规则小行星引力全二体问题动力学方程

双不规则小行星系统动力学方程表示在小行星 A 的固连坐标系[12-14]中为

$$\begin{cases}\dot{\boldsymbol{P}}=\boldsymbol{P}\times\boldsymbol{\Omega}_A+\boldsymbol{F}_{REL}\\ \dot{\boldsymbol{R}}=\boldsymbol{R}\times\boldsymbol{\Omega}_A+\boldsymbol{P}/m\\ \dot{\boldsymbol{\Gamma}}_B=\boldsymbol{\Gamma}_B\times\boldsymbol{\Omega}_A+\boldsymbol{\mu}_B\\ \dot{\boldsymbol{\Gamma}}_A=\boldsymbol{\Gamma}_n\times\boldsymbol{\Omega}_A+\boldsymbol{\mu}_A\\ \dot{\boldsymbol{T}}=\boldsymbol{T}\hat{\boldsymbol{\Omega}}_A-\hat{\boldsymbol{\Omega}}_A\boldsymbol{T}\\ \dot{\boldsymbol{P}}=\boldsymbol{P}\hat{\boldsymbol{\Omega}}_A\end{cases}\tag{2-89}$$

其中 $\boldsymbol{\Omega}_A=\boldsymbol{I}_A^{-1}\boldsymbol{\Gamma}_A$，$\boldsymbol{\Omega}_B=\boldsymbol{I}_B^{-1}\boldsymbol{T}^{\mathrm{T}}\boldsymbol{\Gamma}_B$，$m=\dfrac{m_A m_B}{m_A+m_B}$，其中 m_A 和 m_B 分别为两个小行星的质量，$\boldsymbol{I}_A$ 和 $\boldsymbol{I}_B$ 分别为两个小行星在各自固连坐标系中的惯量张量，$\boldsymbol{\Gamma}_A$ 和 $\boldsymbol{\Gamma}_B$ 分别为各自的角动量。

2.4　多小行星系统动力学建模的颗粒物质离散元方法

本节介绍多小行星系统动力学建模的颗粒物质离散元方法。颗粒物质力学是近二十年以来取得突破性发展的学科，在工程领域，散体力学和岩土力学也常常用到颗粒物质力学的方法，但是后者主要从应用的角度出发，主要关注唯象参数对系统的影响。目前颗粒物质力学的研究则更加重视颗粒物质体系的内在精细力学现象及其作用机制。近年来，将颗粒物质力学的模型与方法同天体力学的引力模型相结合，发展出研究不规则小行星结构、断裂、平衡形状等的新型研究方向。本书作者首次采用颗粒物质离散元方法来研究多小行星系统的动力学，并给出了相应的处理方法。

2.4.1　仅有引力无碰撞情况下的动力学

将多小行星系统的每个小行星用若干离散元来模拟，如此可以有效地调整不同区域的密度、多孔介质、缝隙、不规则外形等。设 $\mathbf{A}_i$ 为第 i 个小行星的本体系到惯性系的转移矩阵，将第 i 个小行星分为 I_i 个离散元，在不致引起符号混乱的情况下，我们依然以 I_i 表示包含第 i 个小行星的各离散元序号的指标集。设 $\boldsymbol{D}_u$ 为第 i 个小行星的离散元 u 相对该小行星质心的位置在小行星固连坐标系中的表示，m_u 为第 i 个小行星的离散元 u 的质量。则多小行星系统的引力相互作用势为

$$U=-\sum_{i=1}^{n-1}\sum_{j=i+1}^{n}G\sum_{u\in I_i,\ v\in I_j}\frac{m_u m_v}{|\boldsymbol{r}_i-\boldsymbol{r}_j+\mathbf{A}_i\boldsymbol{D}_u-\mathbf{A}_j\boldsymbol{D}_v|}\tag{2-90}$$

其中 v 是第 j 个小行星的离散元。

作用在第 i 个小行星上的引力合力为

$$\boldsymbol{f}_i=-\sum_{\substack{j=1\\j\neq i}}^{n}G\sum_{u\in I_i,\ v\in I_j}\frac{m_u m_v(\boldsymbol{r}_i-\boldsymbol{r}_j+\boldsymbol{A}_i\boldsymbol{D}_u-\boldsymbol{A}_j\boldsymbol{D}_v)}{\|\boldsymbol{r}_i-\boldsymbol{r}_j+\boldsymbol{A}_i\boldsymbol{D}_u-\boldsymbol{A}_j\boldsymbol{D}_v\|^3} \tag{2-91}$$

作用在第 i 个小行星上的相对惯性空间的引力合力矩为

$$\boldsymbol{n}_i=-\sum_{\substack{j=1\\j\neq i}}^{n}G\sum_{u\in I_i,\ v\in I_j}\frac{m_u m_v(\boldsymbol{r}_i+\boldsymbol{A}_i\boldsymbol{D}_u)\times(\boldsymbol{r}_j+\boldsymbol{A}_j\boldsymbol{D}_v)}{\|\boldsymbol{r}_i-\boldsymbol{r}_j+\boldsymbol{A}_i\boldsymbol{D}_u-\boldsymbol{A}_j\boldsymbol{D}_v\|^3} \tag{2-92}$$

系统的动力学方程参见本书第 9 章。

2.4.2 碰撞检测

我们首先介绍碰撞检测的方法。虽然在多小行星系统的动力学建模中不会出现小行星之间发生碰撞的情况，但在探测器硬着陆、软着陆、表面粘滑运动、弹跳、接触小行星表面的过程中，都会出现探测器与多小行星系统中的小行星发生碰撞的情况。此外，小行星表面陨石坑的形成、小行星的解体与重构过程中也都会发生碰撞的情况。所以我们首先介绍碰撞检测的方法。

设两个球形颗粒在时间 t 后发生碰撞，它们的初始位置和速度分别为 $\boldsymbol{r}_1$、$\boldsymbol{r}_2$ 和 $\boldsymbol{v}_1$、$\boldsymbol{v}_2$。则碰撞条件为

$$|\boldsymbol{r}_2-\boldsymbol{r}_1+(\boldsymbol{v}_2-\boldsymbol{v}_1)t|=s_1+s_2 \tag{2-93}$$

其中 s_1 和 s_2 分别为两个球的半径。若令 $\boldsymbol{\rho}=\boldsymbol{r}_2-\boldsymbol{r}_1$ 和 $\boldsymbol{v}=\boldsymbol{v}_2-\boldsymbol{v}_1$，则上式为

$$|\boldsymbol{\rho}+\boldsymbol{v}t|=s_1+s_2 \tag{2-94}$$

令 $|\boldsymbol{\rho}|=\rho$。

2.4.3 硬球碰撞模型

硬球模型对碰撞的处理不考虑颗粒的形变和接触力，碰撞瞬间完成，只需要计算碰撞以后速度和角速度的大小和方向即可。

硬球模型[4]的碰撞后速度和角速度为

$$\begin{cases} \boldsymbol{v}'_1=\boldsymbol{v}_1+\dfrac{m_2}{M}\left[(1+\varepsilon_n)\boldsymbol{u}_n+\dfrac{2}{7}(1-\varepsilon_t)\boldsymbol{u}_t\right] \\ \boldsymbol{v}'_2=\boldsymbol{v}_2-\dfrac{m_1}{M}\left[(1+\varepsilon_n)\boldsymbol{u}_n+\dfrac{2}{7}(1-\varepsilon_t)\boldsymbol{u}_t\right] \\ \boldsymbol{\omega}'_1=\boldsymbol{\omega}_1+\dfrac{2}{7}\dfrac{\mu(1-\varepsilon_t)}{I_1}(\boldsymbol{s}_1\times\boldsymbol{u}) \\ \boldsymbol{\omega}'_2=\boldsymbol{\omega}_2-\dfrac{2}{7}\dfrac{\mu(1-\varepsilon_t)}{I_2}(\boldsymbol{s}_2\times\boldsymbol{u}) \end{cases} \tag{2-95}$$

其中$M=m_1+m_2$，ε_n为法向恢复系数，ε_1为切向恢复系数，$\boldsymbol{u}=\boldsymbol{v}+(\boldsymbol{\sigma}_2-\boldsymbol{\sigma}_1)$为接触点的总的相对速度，$\boldsymbol{\sigma}_i=\boldsymbol{\omega}_i\times\boldsymbol{s}_i(i=1,\ 2)$，$\boldsymbol{\omega}_i$为球的自旋角速度矢量，$\hat{\boldsymbol{n}}=\boldsymbol{\rho}/\rho$，$\boldsymbol{s}_i=(-1)^{i-1}s_i\hat{\boldsymbol{n}}$，$\boldsymbol{u}_n=(\boldsymbol{u}\cdot\hat{\boldsymbol{n}})\hat{\boldsymbol{n}}$，$\boldsymbol{u}_t=\boldsymbol{u}-\boldsymbol{u}_n$，$\mu=m_1m_2/M$，$I_i=\dfrac{2}{5}m_is_i^2$为第$i$个球的惯量矩。

2.4.4　软球碰撞模型

软球碰撞模型[15]由 Cundall 和 Strack 于 1979 年首次提出，近年来软球碰撞模型及其数值方法不断发展，已经成为处理碰撞的有效工具。考虑球形颗粒之间接触的弹性作用和阻尼作用。球形颗粒上的法向接触力[5-7]为

$$\boldsymbol{F}_{nij}=(-k_nsa^{\frac{3}{2}}-\eta_{ni}\boldsymbol{Gn})\boldsymbol{n} \tag{2-96}$$

其中a是法向重叠量，$\boldsymbol{G}$为颗粒i相对于颗粒j的速度矢量，$\boldsymbol{n}$为从颗粒i质心到颗粒j的质心的位置矢量，而k_n和η_{ni}则分别为颗粒i的法向弹性系数和法向恢复系数。球形颗粒上的切向接触力为

$$\boldsymbol{F}_{nij}=-k_t\boldsymbol{\delta}-\eta_{tj}\boldsymbol{G}_{ct} \tag{2-97}$$

其中k_t和η_{tj}分别为颗粒的切向弹性系数和切向阻尼系数，$\boldsymbol{\delta}$为接触点的切向位移，$\boldsymbol{G}_{ct}$为接触点的颗粒之间的相对滑移速度。

如果一个颗粒i与多个颗粒同时接触，则颗粒i上所受的合力和合力矩为

$$\begin{cases}\boldsymbol{F}_i=\sum_{j=1}^{J}(\boldsymbol{F}_{nij}+\boldsymbol{F}_{tij})\\ \boldsymbol{T}_i=\sum_{j=1}^{J}(a_i\boldsymbol{n}+\boldsymbol{F}_{tij})\end{cases} \tag{2-98}$$

其中 a_i 为颗粒 i 的半径，J 为和颗粒 i 接触的总的颗粒数量。

2.5 本章小结

本章介绍了单个小行星不规则外形和内部质量瘤等引起的引力场中任意质点处引力势、引力等的计算，适用于研究小行星引力场中的动力学、轨道姿态设计与控制。对于双小行星系统，本章介绍了采用双多面体模型模拟双小行星系统动力学行为的方法，介绍了双小行星系统引力场中任意质点处引力势、引力力矩等的计算，适用于研究双小行星系统动力学、双小行星系统引力场中的探测器动力学，以及探测器轨道姿态设计与控制。

针对多小行星系统动力学及其引力场中探测器动力学的计算，介绍了多小行星系统动力学计算的颗粒物质离散元方法，该方法可以有效模拟每一个小行星的不规则外形、缝隙、多孔介质、质量瘤等，可以完整地计算每个小行星的轨道与姿态，适用于多小行星系统动力学计算、多小行星系统中探测器动力学计算、探测器轨道姿态设计与控制、探测器表面粘滑运动、弹跳等的动力学与控制、硬着陆与软着陆的轨迹设计与控制等。

参 考 文 献

[1] Werner R A. The gravitational potential of a homogeneous polyhedron or don't cut corners [J]. Celestial Mechanics and Dynamical Astronomy, 1994, 59 (3): 253 - 278.

[2] Petrović S, Determination of the potential of homogeneous polyhedral bodies using line integrals [J]. Journal of Geodesy, 1996, 71 (71): 44 -52.

[3] Werner R A, Scheeres D J. Exterior gravitation of a polyhedron derived and compared with harmonic and mascon gravitation representations of asteroid 4769 Castalia [J]. Celestial Mechanics and Dynamical Astronomy, 1996, 65 (3): 313 - 344.

[4] Richardson D C, Walsh K J, Murdoch N, et al. Numerical simulations of granular dynamics: I. Hard - sphere discrete element method and tests [J]. Icarus, 2013, 212 (1): 427 - 437.

[5] Murdoch N, Michel P, Richardson D C, et al. Numerical simulations of granular dynamics II: Particle dynamics in a shaken granular material [J]. Icarus, 2013, 219 (1): 321 - 335.

[6] Tancredi G, Maciel A, Heredia L, et al. Granular physics in low - gravity environments using discrete element method [J]. Monthly Notices of the Royal Astronomical Society, 2012, 420 (4): 3368 - 3380.

[7] Sánchez P, Scheeres D J. Simulating asteroid rubble piles with a self - gravitating soft - sphere distinct element method model [J]. Astrophysical Journal, 2011, 727 (2): 84 - 91.

[8] Yu T, Scheeres D J, Werner R A. Surface gravity fields for asteroids and comets [J]. Journal of Guidance, Control and Dynamics, 2013, 36 (2): 362 - 374.

[9] Neese C. Small Body Radar Shape Models V2. 0. EAR - A - 5 - DDR - RA-

DARSHAPE - MODELS - V2. 0, NASA Planetary Data System, 2004; available online at http: //sbn. psi. edu/pds/resource/rshape. html

[10] Stooke P. Small Body Shape Models. EAR - A - 5 - DDR - STOOKE - SHAPE - MODELS - V1. 0. NASA Planetary Data System, 2002. available online at http: //sbn. psi. edu/pds/resource/stkshape. html

[11] Werner R A, Scheeres D J. Mutual potential of homogeneous polyhedra [J]. Celestial Mechanics and Dynamical Astronomy, 2005, 91 (3 - 4): 337 - 349.

[12] Fahnestock E G, Scheeres D J. Simulation of the full two rigid body problem using polyhedral mutual potential and potential derivatives approach [J]. Celestial Mechanics and Dynamical Astronomy, 2006, 96 (3 - 4): 317 - 339.

[13] Hirabayashi M, Scheeres D J. Recursive computation of mutual potential between two polyhedra [J]. Celestial Mechanics and Dynamical Astronomy, 2013, 117 (3): 245 - 262.

[14] Maciejewski A J. Reduction, relative equilibria and potential in the two rigid bodies problem [J]. Celestial Mechanics and Dynamical Astronomy, 1995, 63 (63): 1 - 28.

[15] Cundall P A, Strack O D L, A discrete numerical model for granular assemblies [J]. Géotechnique, 1979, 29 (1): 47 - 65.

第 3 章　小行星引力场中的动力学方程与有效势

3.1　引言

本章介绍单个小行星引力场中的动力学方程与有效势。其基本内容对于其他单个不规则小天体如彗核、大行星的不规则大卫星等也是成立的。在这里，由于小天体虽然相对于太阳或其他大行星来说质量小得多，但比探测器的质量要大得多。比如小行星（6489）Golevka 的大小在 1 km 以下，表面平均半径为 394 m，但质量为 2.1×10^{11} kg，质量远大于探测器的质量。因此在考虑探测器相对小行星的运动时忽略探测器的质量，考虑无质量质点在小行星引力场中的动力学问题。

对于处在强不规则小行星引力场中的质点，其相对该小行星的动力学方程和 Jacobi 积分等是开展不规则小行星引力场中动力学乃至拓扑动力系统研究的基础。不同形式的动力学方程、Jacobi 积分、有效势具有不同的优势，例如分量形式的动力学方程、Jacobi 积分等便于在小行星本体坐标系中分析动力学行为的内在机制，而系数矩阵形式的动力学方程则便于进行程序设计，辛流形上的动力学表达则可建立局部与大范围运动的流形结构等。此外，强不规则小行星引力场中的质点运动的 Kähler 流形上的动力学表示、上同调框架下的动力学表示等内容，这些表示为未来在此基础之上的进一步研究提供了可能。本章将讨论不同形式的动力学方程、Jacobi 积分、有效势等。此外，还分析小行星表面附近的周期运动的稳定性与共振行为。在实际的试验任务轨道设计中，如果探测器所处的位置距离小行星较远，太阳引力不可忽略时，为了更加精确地进行轨道设计，还要对只考虑小行星的引力影响所设计出来的轨道作为初值，考虑小行星引力和太阳引力的共同作用对设计的轨道进行进一步的精确计算。

3.2 Newton 形式的经典动力学方程

质点相对小行星运动的 Newton 形式的动力学方程[1-5]可以表示为

$$\ddot{\boldsymbol{r}}+2\boldsymbol{\omega}\times\dot{\boldsymbol{r}}+\boldsymbol{\omega}\times(\boldsymbol{\omega}\times\boldsymbol{r})+\dot{\boldsymbol{\omega}}\times\boldsymbol{r}+\frac{\partial U(\boldsymbol{r})}{\partial \boldsymbol{r}}=0 \tag{3-1}$$

其中 $\boldsymbol{r}$ 为从小行星质心至质点的位置矢量，$\boldsymbol{\omega}$ 是小行星相对惯性空间的旋转角速度矢量，$U(\boldsymbol{r})$ 为小行星的引力势。

定义函数 H 为[1,4]

$$H=\frac{1}{2}\dot{\boldsymbol{r}}\cdot\dot{\boldsymbol{r}}-\frac{1}{2}(\boldsymbol{\omega}\times\boldsymbol{r})(\boldsymbol{\omega}\times\boldsymbol{r})+U(\boldsymbol{r}) \tag{3-2}$$

倘若 $\boldsymbol{\omega}$ 是时不变的，则 H 也是时不变的，称为 Jacobi 常数，否则称为 Jacobi 积分。

有效势定义为[1,2]

$$V(\boldsymbol{r})=-\frac{1}{2}(\boldsymbol{\omega}\times\boldsymbol{r})(\boldsymbol{\omega}\times\boldsymbol{r})+U(\boldsymbol{r}) \tag{3-3}$$

动力学方程可以写为

$$\ddot{\boldsymbol{r}}+2\boldsymbol{\omega}\times\dot{\boldsymbol{r}}+\dot{\boldsymbol{\omega}}\times\boldsymbol{r}+\frac{\partial V(\boldsymbol{r})}{\partial \boldsymbol{r}}=0 \tag{3-4}$$

对于匀速自旋的小行星，上式化简为

$$\ddot{\boldsymbol{r}}+2\boldsymbol{\omega}\times\dot{\boldsymbol{r}}+\frac{\partial V(\boldsymbol{r})}{\partial \boldsymbol{r}}=0 \tag{3-5}$$

Jacobi 常数可以用有效势表示为

$$H=\frac{1}{2}\dot{\boldsymbol{r}}\cdot\dot{\boldsymbol{r}}+V(\boldsymbol{r}) \tag{3-6}$$

零速度流形由下式确定

$$V(\boldsymbol{r})=H \tag{3-7}$$

不等式 $V(\boldsymbol{r})>H$ 表示运动的禁区，而 $V(\boldsymbol{r})\leqslant H$ 表示运动的可行区域，$V(\boldsymbol{r})=H$ 表示质点相对小行星体坐标系的速度为零。下面给出椭球体、小行星（1580）Betulia 和（6489）Golevka 的几何外形和有效势的图。

图 3-1 为长宽高之比为 1.5∶1.2∶1，1126.5 km×901.2 km×751 km 的椭球体的形状。图 3-2 给出了该椭球体的有效势与平衡点，可见一共有 5 个平衡点，其中 1 个平衡点位于椭球体的内部，另外 4 个平衡点位于椭球体的外部。图 3-3 给出了椭球体的有效势的大小、内外部结构，以及分别在 xy 平面、yz 平面、zx 平面的投影。

图 3-4 为小行星（1580）Betulia 的几何外形。图 3-5 给出了小行星（1580）Betulia 的有效势与平衡点，可见一共有 7 个平衡点，其中 1 个平衡点位于椭球体的内部，另外 6 个平衡点位于椭球体的外部。图 3-6 给出了小行星（1580）Betulia 的有效势的大小、内外部结构，以及分别在 xy 平面、yz 平面、zx 平面的投影。

图 3-7 为小行星（6489）Golevka 的几何外形。图 3-8 给出了小行星（6489）Golevka 的有效势与平衡点，可见一共有 5 个平衡点，其中 1 个平衡点位于椭球体的内部，另外 4 个平衡点位于椭球体的外部。图 3-9 给出了小行星（6489）Golevka 的有效势的大小、内外部结构，以及分别在 xy 平面、yz 平面、zx 平面的投影。

从图 3-1～图 3-9 可以看出，如果绕 z 轴自旋的物体关于 xy 平面是对称的，则其赤道平面附近的平衡点一般完全落在赤道面内，即落在 xy 平面内，也就是说平衡点的位置无 z 轴的分量。而一般的小天体都是不规则的，其赤道面附近的平衡点一般不会恰巧落在赤道面内，而是平衡点的位置中 z 轴的分量不为零。

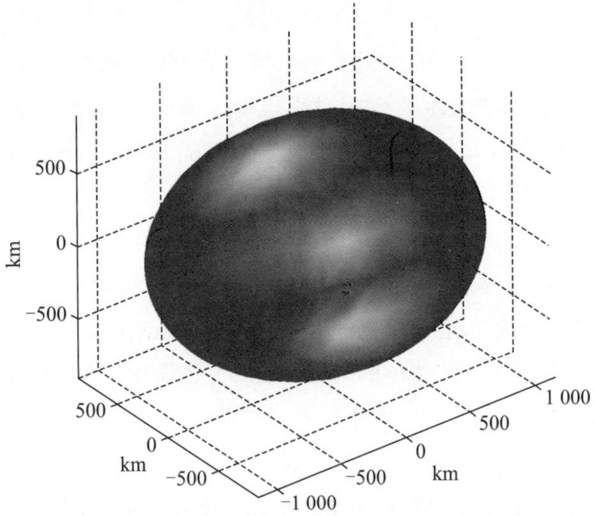

图 3-1　长宽高之比为 1.5∶1.2∶1，1126.5 km×901.2 km×751 km 的椭球体的形状

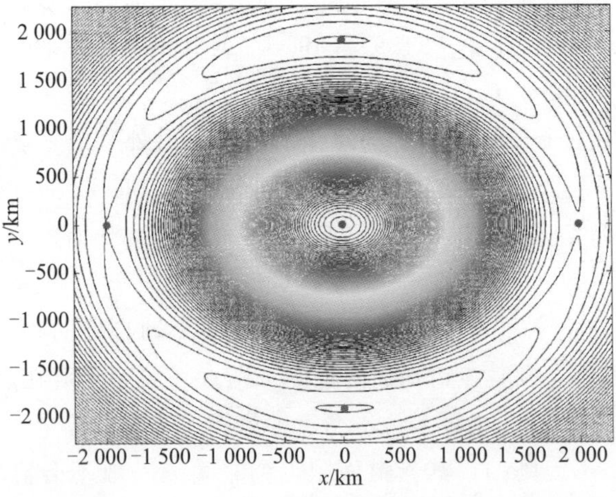

图 3-2　椭球体的有效势与平衡点

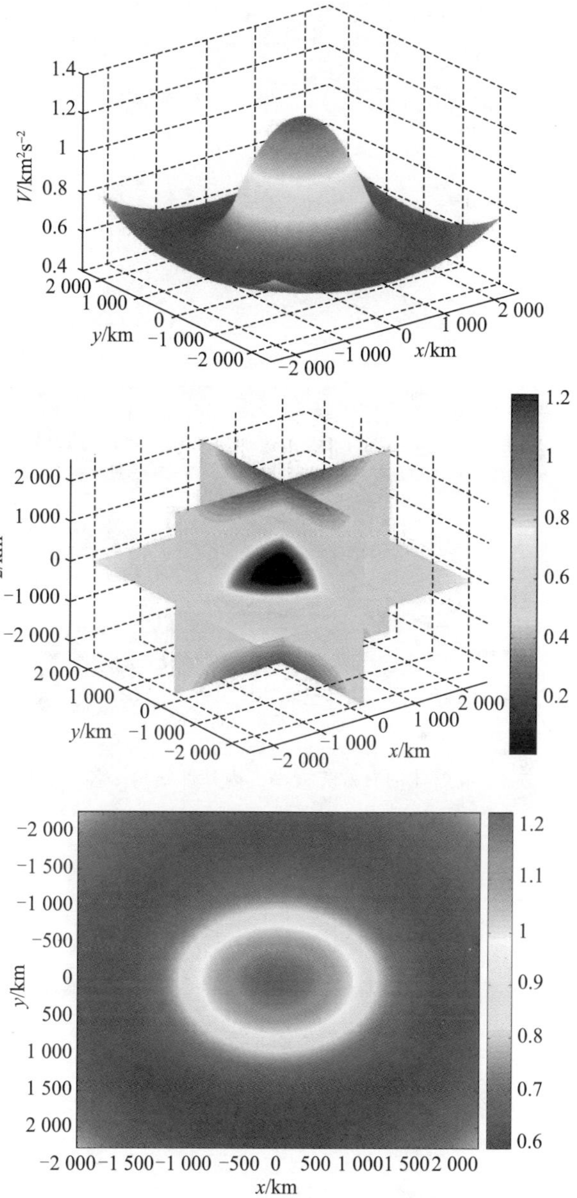

图 3－3　椭球体的有效势大小、内外部结构、各平面投影，有效势的单位为 $km^2\ s^{-2}$

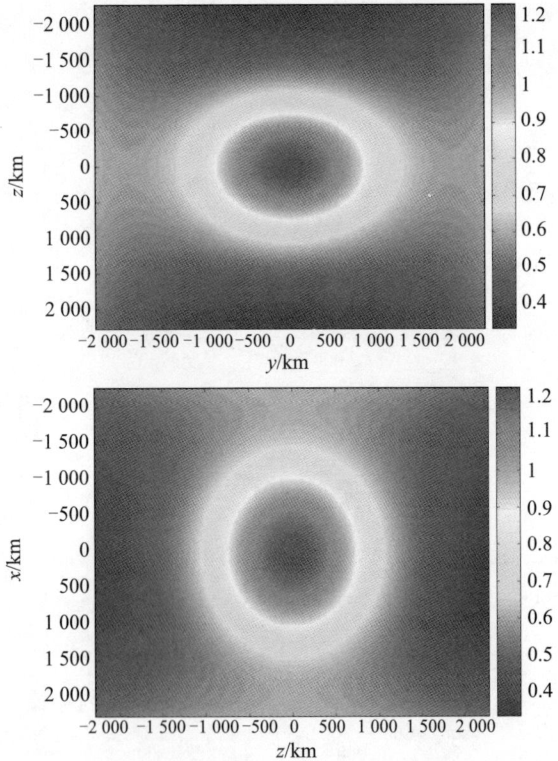

图 3-3　椭球体的有效势大小、内外部结构、各平面投影，有效势的单位为 $km^2\ s^{-2}$（续）

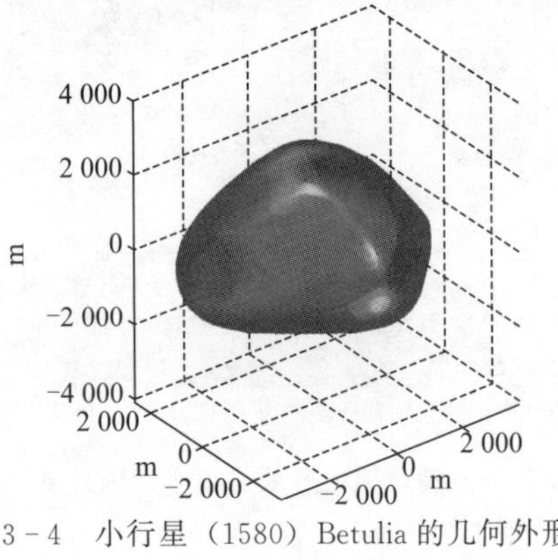

图 3-4　小行星（1580）Betulia 的几何外形

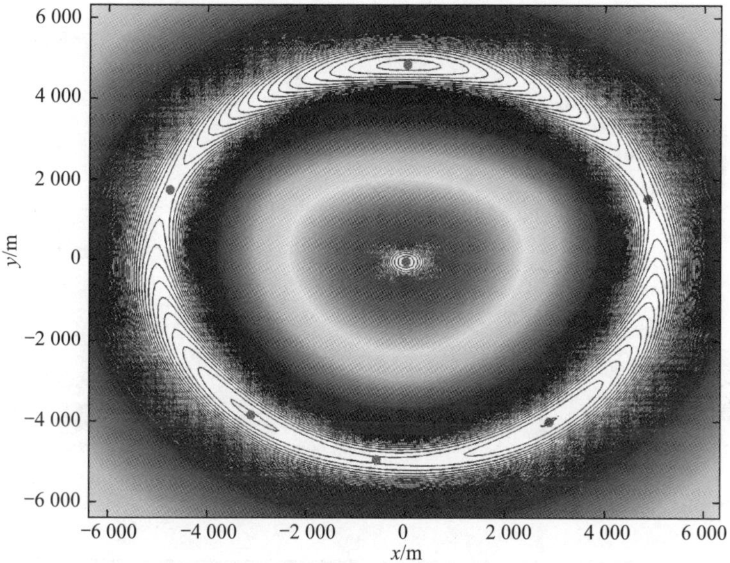

图 3-5　小行星（1580）Betulia 的有效势与平衡点（见彩图）

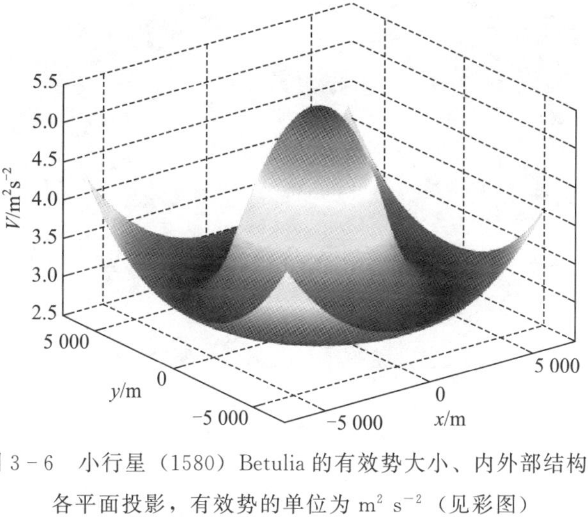

图 3-6　小行星（1580）Betulia 的有效势大小、内外部结构、各平面投影，有效势的单位为 $m^2\ s^{-2}$（见彩图）

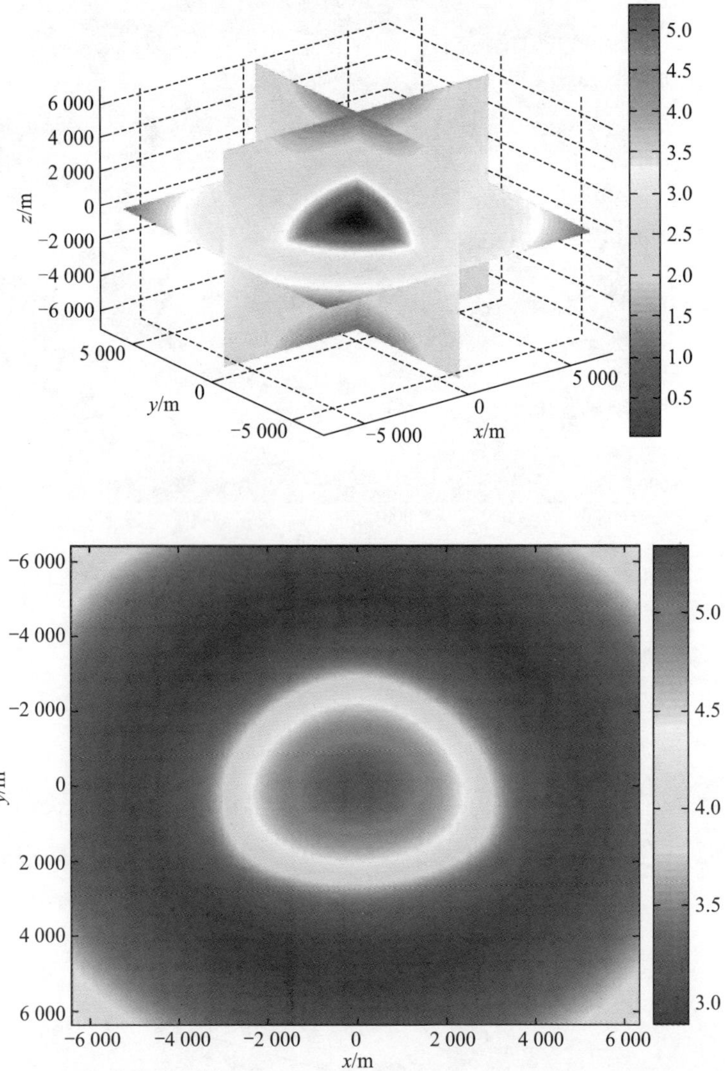

图 3-6　小行星（1580）Betulia 的有效势大小、内外部结构、各平面投影，有效势的单位为 $m^2 s^{-2}$（续一，见彩图）

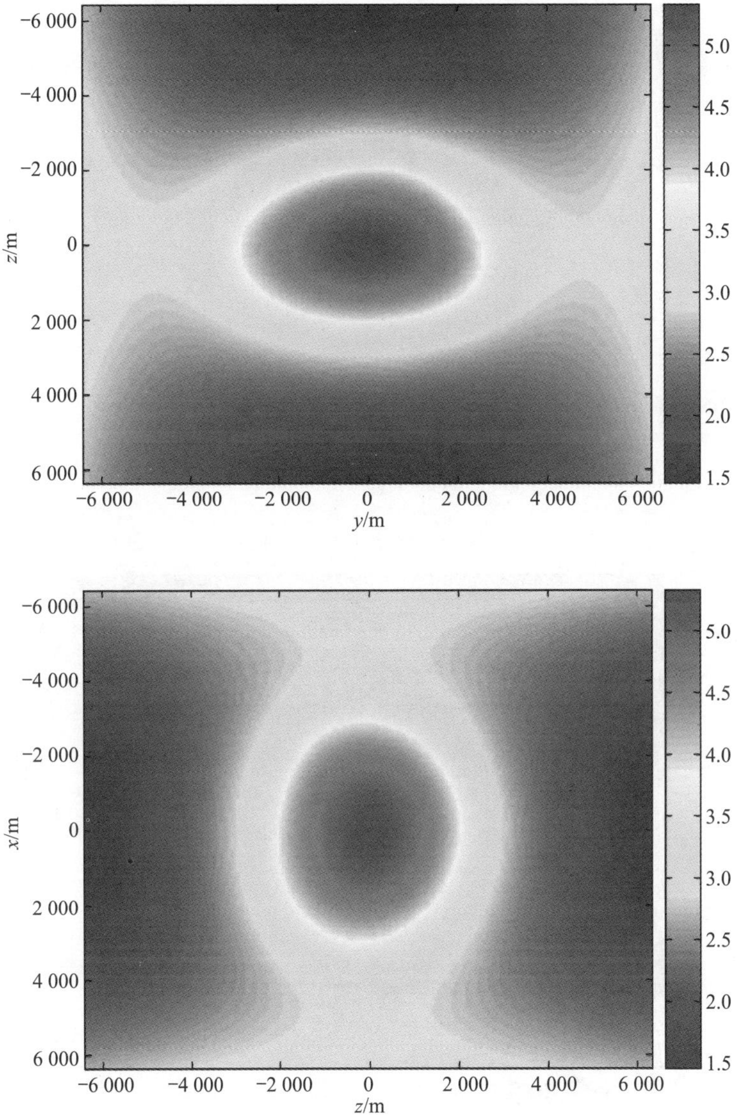

图 3-6　小行星（1580）Betulia 的有效势大小、内外部结构、各平面投影，有效势的单位为 $m^2\ s^{-2}$（续二，见彩图）

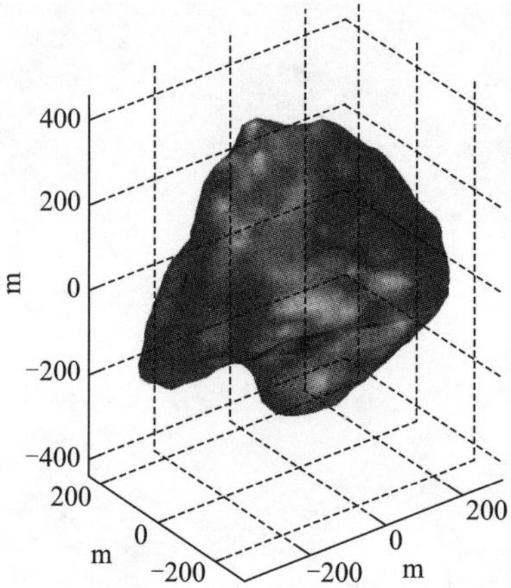

图 3-7 小行星（6489）Golevka 的几何外形

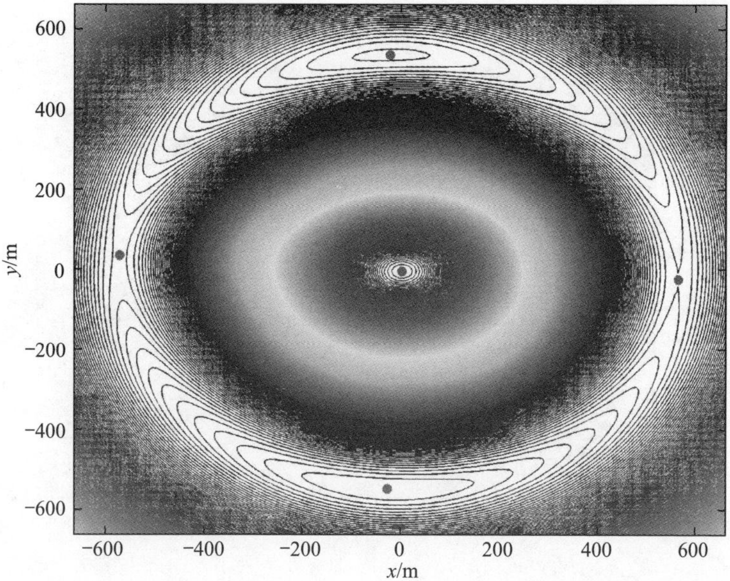

图 3-8 小行星（6489）Golevka 的有效势与平衡点

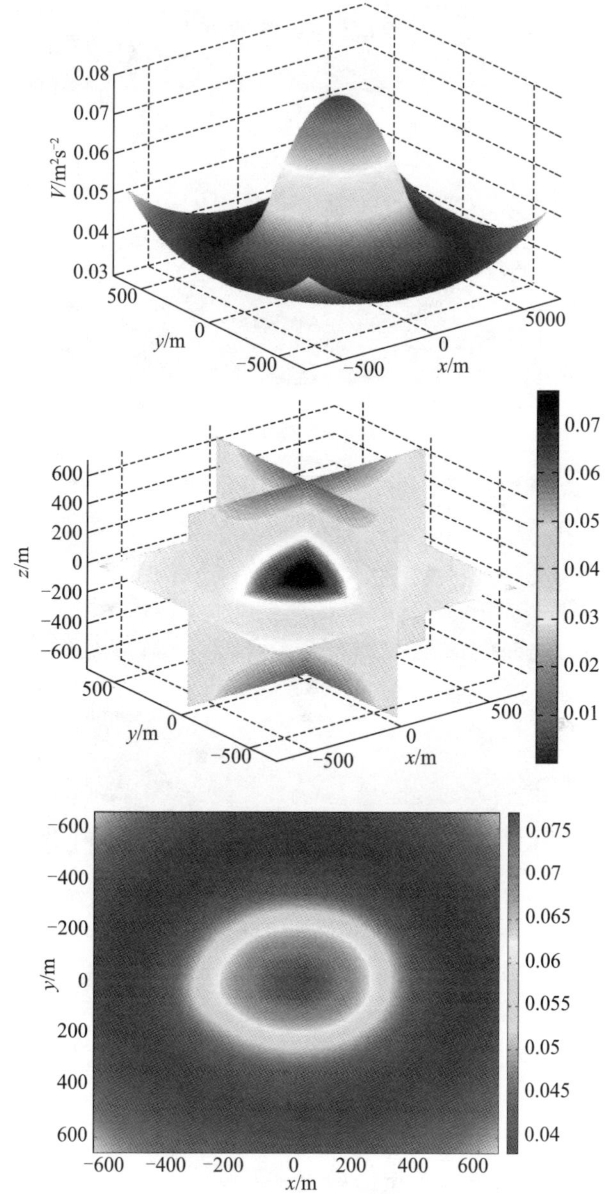

图 3-9　小行星（6489）Golevka 的有效势大小、内外部结构、各平面投影，有效势的单位为 $m^2 s^{-2}$

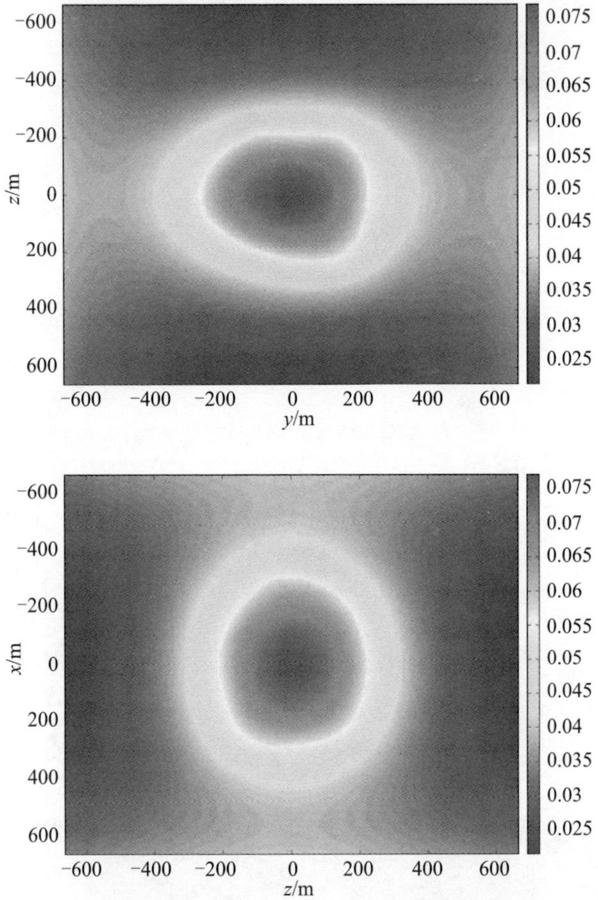

图 3-9 小行星（6489）Golevka 的有效势大小、内外部结构、各平面投影，有效势的单位为 $m^2\ s^{-2}$（续）

3.3 分量形式的动力学方程

3.3.1 一般固连坐标系中的动力学方程

定义天体的固连坐标系由一个右手正交的单位矢量$\{\boldsymbol{e}\}$确定

$$\{e\}\equiv\begin{Bmatrix}e_x\\e_y\\e_z\end{Bmatrix}\tag{3-8}$$

则质点在天体固连坐标系的分量形式的动力学方程为

$$\begin{cases}\ddot{x}+\dot{\omega}_y z-\dot{\omega}_z y+2\omega_y\dot{z}-2\omega_z\dot{y}+\omega_x\omega_y y-\omega_y^2 x-\omega_z^2 x+\omega_z\omega_x z+\dfrac{\partial U}{\partial x}=0\\ \ddot{y}+\dot{\omega}_z x-\dot{\omega}_x z+2\omega_z\dot{x}-2\omega_x\dot{z}+\omega_y\omega_z z-\omega_z^2 y-\omega_x^2 y+\omega_x\omega_y x+\dfrac{\partial U}{\partial y}=0\\ \ddot{z}+\dot{\omega}_x y-\dot{\omega}_y x+2\omega_x\dot{y}-2\omega_y\dot{x}+\omega_x\omega_z x-\omega_x^2 z-\omega_y^2 z+\omega_y\omega_z y+\dfrac{\partial U}{\partial z}=0\end{cases}$$

(3－9)

将式（3－3）代入上式，得到以有效势表示的动力学方程

$$\begin{cases}\ddot{x}+\dot{\omega}_y z-\dot{\omega}_z y+2\omega_y\dot{z}-2\omega_z\dot{y}+\dfrac{\partial V}{\partial x}=0\\ \ddot{y}+\dot{\omega}_z x-\dot{\omega}_x z+2\omega_z\dot{x}-2\omega_x\dot{z}+\dfrac{\partial V}{\partial y}=0\\ \ddot{z}+\dot{\omega}_x y-\dot{\omega}_y x+2\omega_x\dot{y}-2\omega_y\dot{x}+\dfrac{\partial V}{\partial z}=0\end{cases}\tag{3-10}$$

式（3－9）与式（3－10）是质点在小行星任意固连坐标系中表示的动力学方程。

3.3.2　特殊固连坐标系中的动力学方程

令 ω 为矢量 $\boldsymbol{\omega}$ 的模，若单位矢量 $\boldsymbol{e}_z$ 定义为 $\boldsymbol{\omega}=\omega\boldsymbol{e}_z$，则分量形式的动力学方程化简为

$$\begin{cases}\ddot{x}-\dot{\omega}y-2\omega\dot{y}-\omega^2 x+\dfrac{\partial U}{\partial x}=0\\ \ddot{y}+\dot{\omega}x+2\omega\dot{x}-\omega^2 y+\dfrac{\partial U}{\partial y}=0\\ \ddot{z}+\dfrac{\partial U}{\partial z}=0\end{cases}\tag{3-11}$$

有效势化简为

$$V = U - \frac{\omega^2}{2}(x^2 + y^2) \tag{3-12}$$

可见有效势仅与质点在固连坐标系的位置和小行星的自旋角速度大小有关，且有效势与质点在固连坐标系 z 轴方向的分量独立。Jacobi 积分化简为

$$H = U + \frac{1}{2}(\dot{x}^2 + \dot{y}^2 + \dot{z}^2) - \frac{\omega^2}{2}(x^2 + y^2) \tag{3-13}$$

若 ω 是时不变的，则 Jacobi 积分为常数，对大多数小行星来说，其自旋的角速度在固连坐标系都是不变的，因此运动质点的相对能量积分是守恒的。

Lagrange 函数为

$$L = \frac{1}{2}(\dot{x}^2 + \dot{y}^2 + \dot{z}^2) + \frac{1}{2}\omega^2(x^2 + y^2) + \omega(x\dot{y} - \dot{x}y) - U \tag{3-14}$$

以有效势表示的动力学方程为

$$\begin{cases} \ddot{x} - \dot{\omega}y - 2\omega\dot{y} + \dfrac{\partial V}{\partial x} = 0 \\ \ddot{y} + \dot{\omega}x + 2\omega\dot{x} + \dfrac{\partial V}{\partial y} = 0 \\ \ddot{z} + \dfrac{\partial V}{\partial z} = 0 \end{cases} \tag{3-15}$$

有效势满足下列性质：

1）$\lim\limits_{|\boldsymbol{r}| \to +\infty} V(\boldsymbol{r}) + \dfrac{\omega^2}{2}(x^2 + y^2) = 0$；

2）$\begin{cases} \dfrac{\partial V(\boldsymbol{r})}{\partial x} = -\omega^2 x + \dfrac{\partial U(\boldsymbol{r})}{\partial x} \\ \dfrac{\partial V(\boldsymbol{r})}{\partial y} = -\omega^2 y + \dfrac{\partial U(\boldsymbol{r})}{\partial y} \\ \dfrac{\partial V(\boldsymbol{r})}{\partial z} = \dfrac{\partial U(\boldsymbol{r})}{\partial z} \end{cases}$；

3）有效势 $V = V(\boldsymbol{r})$ 的渐近曲面是一个圆柱面 $V^* = -\dfrac{\omega^2}{2}(x^2 +$

y^2)，该圆柱面的半径为$\frac{\sqrt{2}}{2}\omega\sqrt{x^2+y^2}$；

4) 函数$V=V(\boldsymbol{r})$是一个三维光滑流形，$V(\boldsymbol{r})=C$为一个二维曲面，其中C为常数。

3.3.3 匀速小行星的特殊固连坐标系中的动力学方程

若单位矢量$\boldsymbol{e}_z$定义为$\boldsymbol{\omega}=\omega\boldsymbol{e}_z$，则对于匀速自旋的小行星，分量形式的动力学方程可以写为[112]

$$\begin{cases}\ddot{x}-2\omega\dot{y}-\omega^2x+\dfrac{\partial U}{\partial x}=0\\ \ddot{y}+2\omega\dot{x}-\omega^2y+\dfrac{\partial U}{\partial y}=0\\ \ddot{z}+\dfrac{\partial U}{\partial z}=0\end{cases}\tag{3-16}$$

其中，有效势、Jacobi 积分、Lagrange 函数如式（3-12）～式（3-14）所示。以有效势表示，则动力学方程可以写为

$$\begin{cases}\ddot{x}-2\omega\dot{y}+\dfrac{\partial V}{\partial x}=0\\ \ddot{y}+2\omega\dot{x}+\dfrac{\partial V}{\partial y}=0\\ \ddot{z}+\dfrac{\partial V}{\partial z}=0\end{cases}\tag{3-17}$$

3.4 系数矩阵形式的动力学方程

将动力学方程表述成为系数矩阵的形式，有助于使用动力系统的理论来研究强不规则体附近的轨道动力学系统，例如质点在强不规则体引力场中的分岔与混沌运动。

令$\boldsymbol{v}=\dot{\boldsymbol{r}}$及$\boldsymbol{\tau}=\dot{\boldsymbol{\omega}}$，其中$\hat{\boldsymbol{\omega}}=\begin{pmatrix}0&-\omega_z&\omega_y\\ \omega_z&0&-\omega_x\\ -\omega_y&\omega_x&0\end{pmatrix}$和$\hat{\boldsymbol{\tau}}=$

$\begin{pmatrix} 0 & -\tau_z & \tau_y \\ \tau_z & 0 & -\tau_x \\ -\tau_y & \tau_x & 0 \end{pmatrix}$，代入动力学方程（3-4）得

$$\begin{cases} \dot{r}=v \\ \dot{v}=-\nabla V(\boldsymbol{r})-2\hat{\boldsymbol{\omega}}\boldsymbol{v}-\hat{\boldsymbol{\tau}}\boldsymbol{r} \end{cases} \tag{3-18}$$

令 $\boldsymbol{X}=\begin{bmatrix} \boldsymbol{r} \\ \boldsymbol{v} \end{bmatrix}$、$\boldsymbol{A}=\begin{pmatrix} \boldsymbol{I}_{3\times3} & \boldsymbol{0}_{3\times3} \\ -2\hat{\boldsymbol{\omega}} & -\hat{\boldsymbol{\tau}} \end{pmatrix}$、$\boldsymbol{B}=\begin{pmatrix} \boldsymbol{0}_{3\times3} \\ -\nabla V(\boldsymbol{r}) \end{pmatrix}$，则式(3-18)化为

$$\dot{\boldsymbol{X}}=\boldsymbol{A}\boldsymbol{X}+\boldsymbol{B}(\boldsymbol{X}) \tag{3-19}$$

其中 $\boldsymbol{B}=\boldsymbol{B}(\boldsymbol{X})$ 是 $\boldsymbol{X}$ 和 $\boldsymbol{\omega}$ 的函数，确切地说，$\boldsymbol{B}$ 是 $\boldsymbol{r}$ 和 $\boldsymbol{\omega}$ 的函数，$\boldsymbol{B}$ 与 $\boldsymbol{v}$ 相互独立。上式为系数矩阵形式的动力学方程，是一个一阶常微分方程组。若定义 $\boldsymbol{F}(\boldsymbol{X})=\boldsymbol{A}\boldsymbol{X}+\boldsymbol{B}(\boldsymbol{X})$ 则

$$\frac{\mathrm{d}\boldsymbol{F}(\boldsymbol{X})}{\mathrm{d}\boldsymbol{X}}=\boldsymbol{A}+\begin{pmatrix} \boldsymbol{0}_{3\times3} & \boldsymbol{0}_{3\times3} \\ \boldsymbol{0}_{3\times3} & -\nabla^2 V(\boldsymbol{r}) \end{pmatrix}=\begin{pmatrix} \boldsymbol{I}_{3\times3} & \boldsymbol{0}_{3\times3} \\ -2\hat{\boldsymbol{\omega}} & -\nabla^2 V(\boldsymbol{r})-\hat{\boldsymbol{\tau}} \end{pmatrix} \tag{3-20}$$

3.5 Lagrange 形式的动力学方程

质点的广义动量为 $\boldsymbol{p}=(\dot{\boldsymbol{r}}+\boldsymbol{\omega}\times\boldsymbol{r})$，广义坐标为 $\boldsymbol{q}=\boldsymbol{r}$，则其 Lagrange 函数可以表示为

$$L=\frac{1}{2}(\dot{\boldsymbol{r}}+\boldsymbol{\omega}\times\boldsymbol{r})\cdot(\dot{\boldsymbol{r}}+\boldsymbol{\omega}\times\boldsymbol{r})-U(\boldsymbol{r})=\frac{\boldsymbol{p}\cdot\boldsymbol{p}}{2}-U(\boldsymbol{q}) \tag{3-21}$$

用有效势表示，则 Lagrange 函数为

$$L=\frac{1}{2}\dot{\boldsymbol{r}}\cdot\dot{\boldsymbol{r}}+\dot{\boldsymbol{r}}\cdot(\boldsymbol{\omega}\times\boldsymbol{r})-V(\boldsymbol{r})=\frac{1}{2}\dot{\boldsymbol{q}}\cdot\dot{\boldsymbol{q}}+\dot{\boldsymbol{q}}\cdot(\boldsymbol{\omega}\times\boldsymbol{q})-V(\boldsymbol{q}) \tag{3-22}$$

则质点在旋转不规则天体引力场中的运动可以表示成 Lagrange 形式[8,9]

$$\frac{\mathrm{d}}{\mathrm{d}t}\left(\frac{\partial L}{\partial \dot{\boldsymbol{q}}}\right)=\frac{\partial L}{\partial \boldsymbol{q}} \tag{3-23}$$

其中有效势为

$$V(\boldsymbol{q})=-\frac{1}{2}(\boldsymbol{\omega}\times\boldsymbol{q})\cdot(\boldsymbol{\omega}\times\boldsymbol{q})+U(\boldsymbol{q}) \tag{3-24}$$

Jacobi 积分为

$$H=-\frac{\boldsymbol{p}\cdot\boldsymbol{p}}{2}+U(\boldsymbol{q})+\boldsymbol{p}\cdot\dot{\boldsymbol{q}} \tag{3-25}$$

零速度流形由下式确定

$$V(\boldsymbol{q})=-\frac{\boldsymbol{p}\cdot\boldsymbol{p}}{2}+U(\boldsymbol{q})+p\cdot\dot{\boldsymbol{q}} \tag{3-26}$$

上式不显含时间。

当质点在旋转不规则天体引力场中的运动可以表示成 Lagrange 形式时，其运动可以看作泛函 $\Phi=\int_{t_0}^{t_1}L\,\mathrm{d}t$ 的驻定曲线。

3.6　辛流形与动力学方程

辛结构是定义在微分流形 M 上的一个可微的外 2 -形式 Ω，$(M,\ \Omega)$ 称为辛流形[10,11]，辛流形是一个偶数维流形。

3.6.1　Hamilton 形式的动力学方程

一个 Hamilton 系统是一个三元组$(M,\ \Omega,\ H)$[8]，其中$(M,\ \Omega)$是一个辛流形，H 是定义在 M 上的实可微函数，辛流形$(M,\ \Omega)$是关于该系统的相空间，而实可微函数 H 是关于该系统的 Hamilton 函数，也就是 Jacobi 积分。具体地，对于一个在旋转的强不规则体引力场中运动的质点来说，其 Hamilton 函数为

$$\begin{aligned}H&=\frac{m}{2}\dot{\boldsymbol{r}}\cdot\dot{\boldsymbol{r}}-\frac{m}{2}(\dot{\boldsymbol{r}}+\boldsymbol{\omega}\times\boldsymbol{r})\cdot(\dot{\boldsymbol{r}}+\boldsymbol{\omega}\times\boldsymbol{r})+U(\boldsymbol{r})\\&=-\frac{\boldsymbol{p}\cdot\boldsymbol{p}}{2m}+U(\boldsymbol{q})+\boldsymbol{p}\cdot\dot{\boldsymbol{q}}\end{aligned} \tag{3-27}$$

而该质点的动力学方程则可表示成 Hamilton 形式[8,9]

$$\begin{cases} \dot{\boldsymbol{p}} = -\dfrac{\partial H}{\partial \boldsymbol{q}} \\ \dot{\boldsymbol{q}} = \dfrac{\partial H}{\partial \boldsymbol{p}} \end{cases} \tag{3-28}$$

倘若 $\boldsymbol{\omega}$ 是时不变的，则天体匀速旋转，Jacobi 积分 H 也是时不变的，此时可以使用辛几何算法积分动力学方程（3－28）；反之，若 $\boldsymbol{\omega}$ 是时变的，则 Jacobi 积分 H 也是时变的。

3.6.2 辛流形上的动力学方程

记

$$\boldsymbol{z} = [\boldsymbol{p} \quad \boldsymbol{q}]^{\mathrm{T}} \tag{3-29}$$

其中 $\boldsymbol{z}$ 是一个 6×1 的矢量，则质点在旋转强不规则天体引力场中的动力学方程可以表示为[12]

$$\dot{\boldsymbol{z}} = \begin{pmatrix} \boldsymbol{0} & -\boldsymbol{I} \\ \boldsymbol{I} & \boldsymbol{0} \end{pmatrix} \nabla H(\boldsymbol{z}) \tag{3-30}$$

其中 $\boldsymbol{I}$ 和 $\boldsymbol{0}$ 是 3×3 的矩阵，$\nabla H(\boldsymbol{z}) = \begin{pmatrix} \dfrac{\partial H}{\partial \boldsymbol{p}} & \dfrac{\partial H}{\partial \boldsymbol{q}} \end{pmatrix}^{\mathrm{T}}$ 是广义能量积分 $H(\boldsymbol{z})$ 的梯度。记 $\boldsymbol{J} = \begin{pmatrix} \boldsymbol{0} & -\boldsymbol{I} \\ \boldsymbol{I} & \boldsymbol{0} \end{pmatrix}$，其中 $\boldsymbol{J}$ 是一个辛矩阵，$\boldsymbol{J}\,\nabla H(\boldsymbol{z})$ 是辛流形上的 Hamilton 矢量场，动力学方程(3－30) 还可写为

$$\boldsymbol{J}\dot{\boldsymbol{z}} + \nabla H(\boldsymbol{z}) = 0 \tag{3-31}$$

同理，倘若 $\boldsymbol{\omega}$ 是时不变的，则天体匀速旋转，广义能量积分 $H(\boldsymbol{z})$ 也是时不变的，此时可以使用辛几何算法积分动力学方程(3－30)或方程(3-31)；反之，若 $\boldsymbol{\omega}$ 是时变的，则广义能量积分 $H(\boldsymbol{z})$ 也是时变的。

3.7 Possion 括号形式的动力学方程

Poisson 括号 $\{f, g\}$ 是定义在辛流形 (M, Ω) 上的两个光滑函

数 f 与 g 组成的双线性映射：$C^{\infty}(M, R)\times C^{\infty}(M, R)\to C^{\infty}(M, R)$，满足条件 1) $\{f, g\}$ 是反对称的，$\{f, g\}=-\{g, f\}$；2) 对任意的函数 f，g 与 h，有 Jacobi 恒等式 $\{f, \{g, h\}\}+\{g, \{h, f\}\}+\{h, \{f, g\}\}=0$ 成立[10]。采用 Poisson 括号可以将质点的动力学方程以 Poisson 括号的形式表示在辛流形 (M, Ω) 上。定义 Poisson 括号为

$$\{f, g\}=\frac{\partial f}{\partial \boldsymbol{q}}\cdot\frac{\partial g}{\partial \boldsymbol{p}}-\frac{\partial f}{\partial \boldsymbol{p}}\cdot\frac{\partial g}{\partial \boldsymbol{q}} \tag{3-32}$$

则强不规则体引力场中质点的动力学方程就变为[8]

$$\dot{\boldsymbol{f}}=\{\boldsymbol{f}, H\} \tag{3-33}$$

其中相对能量积分为

$$\begin{aligned} H &= -\frac{\boldsymbol{p}\cdot\boldsymbol{p}}{2m}+U(\boldsymbol{q})+\boldsymbol{p}\cdot\dot{\boldsymbol{q}} \\ &= \frac{1}{2}(\boldsymbol{p}-\boldsymbol{\omega}\times\boldsymbol{q})\cdot(\boldsymbol{p}-\boldsymbol{\omega}\times\boldsymbol{q})+V(\boldsymbol{q}) \end{aligned} \tag{3-34}$$

将 $\boldsymbol{p}=\boldsymbol{f}$ 代入式（3-32）中，得到 $\dot{\boldsymbol{p}}=-\frac{\partial H}{\partial \boldsymbol{q}}$；再将 $\boldsymbol{q}=\boldsymbol{f}$ 代入式（3-32）中，得到 $\dot{\boldsymbol{q}}=\frac{\partial H}{\partial \boldsymbol{p}}$。

3.8　Possion 流形上的动力学方程

Poisson 流形是定义了 Poisson 结构的微分流形，其中 Poisson 结构是从 $C^{\infty}(M, R)\times C^{\infty}(M, R)$ 映射到 $C^{\infty}(M, R)$ 的一个双线性映射，满足下列条件：1) $\{f, g\}$ 是反对称的，$\{f, g\}=-\{g, f\}$；2) 对任意的函数 f，g 与 h，有 Jacobi 恒等式 $\{f, \{g, h\}\}+\{g, \{h, f\}\}+\{h, \{f, g\}\}=0$ 成立；3) 对任意的函数 f，g 与 h，有 Leibniz 法则 $\{fg, h\}=f\{g, h\}+g\{f, h\}$ 成立[10, 11]。任何辛流形都是一个 Poisson 流形，但反之不

成立。以 Z 表示由 $\boldsymbol{z}=[\boldsymbol{p}\quad \boldsymbol{q}]^{\mathrm{T}}$ 形成的流形，Z^* 是 Z 的对偶空间。记

$$H=\frac{1}{2}(\boldsymbol{p}-\boldsymbol{\omega}\times\boldsymbol{q})\cdot(\boldsymbol{p}-\boldsymbol{\omega}\times\boldsymbol{q})+V(\boldsymbol{q})=\frac{1}{2}\dot{\boldsymbol{r}}\cdot\dot{\boldsymbol{r}}+V(\boldsymbol{r})$$
$$=\frac{1}{2}\dot{\boldsymbol{r}}\cdot\dot{\boldsymbol{r}}-\frac{1}{2}(\boldsymbol{\omega}\times\boldsymbol{r})\cdot(\boldsymbol{\omega}\times\boldsymbol{r})+U(\boldsymbol{r}) \tag{3-35}$$

定义 $\Omega^{\#}: Z^* \rightarrow Z: \nabla H \rightarrow X_H$ 为

$$\nabla H(\boldsymbol{z})=\left(\frac{\partial H}{\partial \boldsymbol{p}}\quad \frac{\partial H}{\partial \boldsymbol{q}}\right)^{\mathrm{T}} \rightarrow \left(-\frac{\partial H}{\partial \boldsymbol{q}},\ \frac{\partial H}{\partial \boldsymbol{p}}\right)^{\mathrm{T}} \tag{3-36}$$

其中 $\left(-\frac{\partial H}{\partial \boldsymbol{q}},\ \frac{\partial H}{\partial \boldsymbol{p}}\right)^{\mathrm{T}} \triangleq X_H(\boldsymbol{z})$，$X_H$ 是全局光滑 Hamilton 矢量场。令 $\Gamma(X_H)$ 为由全局光滑 Hamilton 矢量场组成的集合，则映射 (3-36) 可以写为[12]

$$X_H(\boldsymbol{z})=\Omega^{\#}\circ\nabla H(\boldsymbol{z})=\Omega^{\#}\ \nabla H(\boldsymbol{z}) \tag{3-37}$$

其中 $\circ$ 是 $\Omega^{\#}$ 与 ∇ 的复合算子，在不致引起歧义的情况下可以将其省略。此时，质点在强不规则体引力场中的动力学方程可以表示在 Poisson 流形上

$$\dot{\boldsymbol{z}}=X_H(\boldsymbol{z}) \tag{3-38}$$

或者

$$\dot{\boldsymbol{z}}=\Omega^{\#}\ \nabla H(\boldsymbol{z}) \tag{3-39}$$

令 Ω^b 为 $\Omega^{\#}$ 的逆映射，$\Omega^b=(\Omega^{\#})^{-1}$，显然 $\Omega^b X_H(\boldsymbol{z})=\nabla H(\boldsymbol{z})$，则动力学方程也可表示为

$$\Omega^b\dot{\boldsymbol{z}}=\nabla H(\boldsymbol{z}) \tag{3-40}$$

3.9 复流形上的动力学方程

一个 n 维复流形是一个满足以下特性的复空间 χ：1) χ 是一个 Hausdorff 空间；2) χ 有可数基；3) χ 上配备有一个 n 维复结构[13]。在复流形上研究质点在不规则体引力场中动力学方程的好处是可以借用复流形的理论。

3.9.1 Kähler 流形上的动力学方程

配备了辛结构的复流形是 Kähler 流形[9]。记

$$\boldsymbol{\Gamma} = \boldsymbol{q} + \mathrm{i}\boldsymbol{p} = \boldsymbol{r} + \mathrm{i}\boldsymbol{m}(\dot{\boldsymbol{r}} + \boldsymbol{\omega} \times \boldsymbol{r}) \tag{3-41}$$

则在 Kähler 流形[12]上的关于质点在不规则体引力场中动力学方程为

$$\boldsymbol{\Gamma} = -2\mathrm{i}\frac{\partial H}{\partial \overline{\overline{\boldsymbol{\Gamma}}}} \tag{3-42}$$

其中$\frac{\partial}{\partial \overline{\overline{\boldsymbol{\Gamma}}}} \triangleq \frac{1}{2}\left(\frac{\partial}{\partial \boldsymbol{q}} + \mathrm{i}\frac{\partial}{\partial \boldsymbol{p}}\right)$，有效势为$V = -\frac{1}{8}[\boldsymbol{\omega} \times (\boldsymbol{\Gamma} + \overline{\boldsymbol{\Gamma}})] \cdot [\boldsymbol{\omega} \times (\boldsymbol{\Gamma} + \overline{\boldsymbol{\Gamma}})] + U(\boldsymbol{\Gamma} + \overline{\boldsymbol{\Gamma}})$，Jacobi 积分为 $H = \frac{1}{8}[\mathrm{i}(-\boldsymbol{\Gamma} + \overline{\boldsymbol{\Gamma}}) - \boldsymbol{\omega} \times (\boldsymbol{\Gamma} + \overline{\boldsymbol{\Gamma}})] \cdot [\mathrm{i}(-\boldsymbol{\Gamma} + \overline{\boldsymbol{\Gamma}}) - \boldsymbol{\omega} \times (\boldsymbol{\Gamma} + \overline{\boldsymbol{\Gamma}})] + V\left(\frac{\boldsymbol{\Gamma} + \overline{\boldsymbol{\Gamma}}}{2}\right)$。

3.9.2 自然复流形上的动力学方程

记

$$\begin{cases} z_1 = x + \mathrm{i}v_x \\ z_2 = y + \mathrm{i}v_y \\ z_3 = z + \mathrm{i}v_z \end{cases} \tag{3-43}$$

由此，质点的动力学方程可以表示成多复变量函数的形式。显然

$$\begin{cases} x = \dfrac{z_1 + \overline{z}_1}{2} \\ v_x = \dfrac{z_1 - \overline{z}_1}{2\mathrm{i}} \end{cases} \quad \begin{cases} y = \dfrac{z_2 + \overline{z}_2}{2} \\ v_y = \dfrac{z_2 - \overline{z}_2}{2\mathrm{i}} \end{cases} \quad \begin{cases} z = \dfrac{z_3 + \overline{z}_3}{2} \\ v_z = \dfrac{z_3 - \overline{z}_3}{2\mathrm{i}} \end{cases} \tag{3-44}$$

则多复变量形式的动力学方程可以写为

$$\frac{1}{2\mathrm{i}}\frac{\mathrm{d}}{\mathrm{d}t}\begin{bmatrix} z_1-\bar{z}_1 \\ z_2-\bar{z}_2 \\ z_3-\bar{z}_3 \end{bmatrix}+\frac{1}{\mathrm{i}}\hat{\boldsymbol{\omega}}\begin{bmatrix} z_1-\bar{z}_1 \\ z_2-\bar{z}_2 \\ z_3-\bar{z}_3 \end{bmatrix}+\frac{1}{2}\hat{\boldsymbol{\omega}}\hat{\boldsymbol{\omega}}\begin{bmatrix} z_1+\bar{z}_1 \\ z_2+\bar{z}_2 \\ z_3+\bar{z}_3 \end{bmatrix}+$$

$$\frac{1}{2}\hat{\boldsymbol{\tau}}\begin{bmatrix} z_1+\bar{z}_1 \\ z_2+\bar{z}_2 \\ z_3+\bar{z}_3 \end{bmatrix}+\frac{1}{2}\begin{bmatrix} \dfrac{\partial U(\boldsymbol{z},\bar{\boldsymbol{z}})}{\partial z_1}+\dfrac{\partial U(\boldsymbol{z},\bar{\boldsymbol{z}})}{\partial \bar{z}_1} \\ \dfrac{\partial U(\boldsymbol{z},\bar{\boldsymbol{z}})}{\partial z_2}+\dfrac{\partial U(\boldsymbol{z},\bar{\boldsymbol{z}})}{\partial \bar{z}_2} \\ \dfrac{\partial U(\boldsymbol{z},\bar{\boldsymbol{z}})}{\partial z_3}+\dfrac{\partial U(\boldsymbol{z},\bar{\boldsymbol{z}})}{\partial \bar{z}_3} \end{bmatrix}=0 \tag{3-45}$$

或

$$\frac{\mathrm{d}}{\mathrm{d}t}\begin{bmatrix} z_1-\bar{z}_1 \\ z_2-\bar{z}_2 \\ z_3-\bar{z}_3 \end{bmatrix}+2\hat{\boldsymbol{\omega}}\begin{bmatrix} z_1-\bar{z}_1 \\ z_2-\bar{z}_2 \\ z_3-\bar{z}_3 \end{bmatrix}+\mathrm{i}\hat{\boldsymbol{\omega}}\hat{\boldsymbol{\omega}}\begin{bmatrix} z_1+\bar{z}_1 \\ z_2+\bar{z}_2 \\ z_3+\bar{z}_3 \end{bmatrix}+$$

$$\mathrm{i}\hat{\boldsymbol{\tau}}\begin{bmatrix} z_1+\bar{z}_1 \\ z_2+\bar{z}_2 \\ z_3+\bar{z}_3 \end{bmatrix}+\mathrm{i}\begin{bmatrix} \dfrac{\partial U(\boldsymbol{z},\bar{\boldsymbol{z}})}{\partial z_1}+\dfrac{\partial U(\boldsymbol{z},\bar{\boldsymbol{z}})}{\partial \bar{z}_1} \\ \dfrac{\partial U(\boldsymbol{z},\bar{\boldsymbol{z}})}{\partial z_2}+\dfrac{\partial U(\boldsymbol{z},\bar{\boldsymbol{z}})}{\partial \bar{z}_2} \\ \dfrac{\partial U(\boldsymbol{z},\bar{\boldsymbol{z}})}{\partial z_3}+\dfrac{\partial U(\boldsymbol{z},\bar{\boldsymbol{z}})}{\partial \bar{z}_3} \end{bmatrix}=0 \tag{3-46}$$

其中 $\boldsymbol{z}=\begin{bmatrix} z_1 \\ z_2 \\ z_3 \end{bmatrix}$，$\bar{\boldsymbol{z}}=\begin{bmatrix} \bar{z}_1 \\ \bar{z}_2 \\ \bar{z}_3 \end{bmatrix}$。

以有效势代入，则多复变量形式的动力学方程为

$$\frac{1}{2\mathrm{i}}\frac{\mathrm{d}}{\mathrm{d}t}\begin{bmatrix} z_1-\bar{z}_1 \\ z_2-\bar{z}_2 \\ z_3-\bar{z}_3 \end{bmatrix}+\frac{1}{\mathrm{i}}\hat{\boldsymbol{\omega}}\begin{bmatrix} z_1-\bar{z}_1 \\ z_2-\bar{z}_2 \\ z_3-\bar{z}_3 \end{bmatrix}+\frac{1}{2}\hat{\boldsymbol{\tau}}\begin{bmatrix} z_1+\bar{z}_1 \\ z_2+\bar{z}_2 \\ z_3+\bar{z}_3 \end{bmatrix}+$$

$$\frac{1}{2}\begin{bmatrix}\dfrac{\partial V(\boldsymbol{z},\ \overline{\boldsymbol{z}})}{\partial z_1}+\dfrac{\partial V(\boldsymbol{z},\ \overline{\boldsymbol{z}})}{\partial \overline{z}_1}\\ \dfrac{\partial V(\boldsymbol{z},\ \overline{\boldsymbol{z}})}{\partial z_2}+\dfrac{\partial V(\boldsymbol{z},\ \overline{\boldsymbol{z}})}{\partial \overline{z}_2}\\ \dfrac{\partial V(\boldsymbol{z},\ \overline{\boldsymbol{z}})}{\partial z_3}+\dfrac{\partial V(\boldsymbol{z},\ \overline{\boldsymbol{z}})}{\partial \overline{z}_3}\end{bmatrix}=0 \tag{3-47}$$

或

$$\frac{\mathrm{d}}{\mathrm{d}t}\begin{bmatrix}z_1-\overline{z}_1\\ z_2-\overline{z}_2\\ z_3-\overline{z}_3\end{bmatrix}+2\hat{\boldsymbol{\omega}}\begin{bmatrix}z_1-\overline{z}_1\\ z_2-\overline{z}_2\\ z_3-\overline{z}_3\end{bmatrix}+\mathrm{i}\hat{\boldsymbol{\tau}}\begin{bmatrix}z_1+\overline{z}_1\\ z_2+\overline{z}_2\\ z_3+\overline{z}_3\end{bmatrix}+$$

$$\mathrm{i}\begin{bmatrix}\dfrac{\partial V(\boldsymbol{z},\ \overline{\boldsymbol{z}})}{\partial z_1}+\dfrac{\partial V(\boldsymbol{z},\ \overline{\boldsymbol{z}})}{\partial \overline{z}_1}\\ \dfrac{\partial V(\boldsymbol{z},\ \overline{\boldsymbol{z}})}{\partial z_2}+\dfrac{\partial V(\boldsymbol{z},\ \overline{\boldsymbol{z}})}{\partial \overline{z}_2}\\ \dfrac{\partial V(\boldsymbol{z},\ \overline{\boldsymbol{z}})}{\partial z_3}+\dfrac{\partial V(\boldsymbol{z},\ \overline{\boldsymbol{z}})}{\partial \overline{z}_3}\end{bmatrix}=0 \tag{3-48}$$

其中有效势为

$$\begin{aligned}V(\boldsymbol{z},\ \overline{\boldsymbol{z}})&=U(\boldsymbol{z},\ \overline{\boldsymbol{z}})-\frac{1}{8}\left|\hat{\boldsymbol{\omega}}(\boldsymbol{z}+\overline{\boldsymbol{z}})\right|^2\\ &=U(\boldsymbol{z},\ \overline{\boldsymbol{z}})-\frac{1}{8}\left[\hat{\boldsymbol{\omega}}(\boldsymbol{z}+\overline{\boldsymbol{z}})\right]^2\end{aligned} \tag{3-49}$$

相对能量积分为

$$\begin{aligned}H&=U(\boldsymbol{z},\ \overline{\boldsymbol{z}})-\frac{1}{8}\left|\boldsymbol{z}-\overline{\boldsymbol{z}}\right|^2-\frac{1}{8}\left|\hat{\boldsymbol{\omega}}(\boldsymbol{z}+\overline{\boldsymbol{z}})\right|^2\\ &=U(\boldsymbol{z},\ \overline{\boldsymbol{z}})-\frac{1}{8}(\boldsymbol{z}-\overline{\boldsymbol{z}})^2-\frac{1}{8}\left[\hat{\boldsymbol{\omega}}(\boldsymbol{z}+\overline{\boldsymbol{z}})\right]^2\end{aligned} \tag{3-50}$$

以有效势表示，则相对能量积分为

$$H=V(\boldsymbol{z},\ \overline{\boldsymbol{z}})-\frac{1}{8}\left|\boldsymbol{z}-\overline{\boldsymbol{z}}\right|^2=V(\boldsymbol{z},\ \overline{\boldsymbol{z}})-\frac{1}{8}(\boldsymbol{z}-\overline{\boldsymbol{z}})^2 \tag{3-51}$$

本小节以下考虑不规则体匀速自旋的情形，此时 $\hat{\boldsymbol{\tau}}=\boldsymbol{0}_{3\times 3}$ 是一个

3×3 的零矩阵，动力学方程的形式化为

$$\frac{1}{2\mathrm{i}}\frac{\mathrm{d}}{\mathrm{d}t}\begin{bmatrix} z_1-\bar{z}_1 \\ z_2-\bar{z}_2 \\ z_3-\bar{z}_3 \end{bmatrix}+\frac{1}{\mathrm{i}}\hat{\boldsymbol{\omega}}\begin{bmatrix} z_1-\bar{z}_1 \\ z_2-\bar{z}_2 \\ z_3-\bar{z}_3 \end{bmatrix}+\frac{1}{2}\hat{\boldsymbol{\omega}}\hat{\boldsymbol{\omega}}\begin{bmatrix} z_1+\bar{z}_1 \\ z_2+\bar{z}_2 \\ z_3+\bar{z}_3 \end{bmatrix}+$$

$$\frac{1}{2}\begin{bmatrix} \dfrac{\partial U(\boldsymbol{z},\ \bar{\boldsymbol{z}})}{\partial z_1}+\dfrac{\partial U(\boldsymbol{z},\ \bar{\boldsymbol{z}})}{\partial \bar{z}_1} \\ \dfrac{\partial U(\boldsymbol{z},\ \bar{\boldsymbol{z}})}{\partial z_2}+\dfrac{\partial U(\boldsymbol{z},\ \bar{\boldsymbol{z}})}{\partial \bar{z}_2} \\ \dfrac{\partial U(\boldsymbol{z},\ \bar{\boldsymbol{z}})}{\partial z_3}+\dfrac{\partial U(\boldsymbol{z},\ \bar{\boldsymbol{z}})}{\partial \bar{z}_3} \end{bmatrix}=0 \tag{3-52}$$

或

$$\frac{\mathrm{d}}{\mathrm{d}t}\begin{bmatrix} z_1-\bar{z}_1 \\ z_2-\bar{z}_2 \\ z_3-\bar{z}_3 \end{bmatrix}+2\hat{\boldsymbol{\omega}}\begin{bmatrix} z_1-\bar{z}_1 \\ z_2-\bar{z}_2 \\ z_3-\bar{z}_3 \end{bmatrix}+\mathrm{i}\hat{\boldsymbol{\omega}}\hat{\boldsymbol{\omega}}\begin{bmatrix} z_1+\bar{z}_1 \\ z_2+\bar{z}_2 \\ z_3+\bar{z}_3 \end{bmatrix}+$$

$$\mathrm{i}\begin{bmatrix} \dfrac{\partial U(\boldsymbol{z},\ \bar{\boldsymbol{z}})}{\partial \boldsymbol{z}_1}+\dfrac{\partial \boldsymbol{U}(\boldsymbol{z},\ \bar{\boldsymbol{z}})}{\partial \bar{z}_1} \\ \dfrac{\partial U(\boldsymbol{z},\ \bar{\boldsymbol{z}})}{\partial z_2}+\dfrac{\partial U(\boldsymbol{z},\ \bar{\boldsymbol{z}})}{\partial \bar{z}_2} \\ \dfrac{\partial U(\boldsymbol{z},\ \bar{\boldsymbol{z}})}{\partial z_3}+\dfrac{\partial U(\boldsymbol{z},\ \bar{\boldsymbol{z}})}{\partial \bar{z}_3} \end{bmatrix}=0 \tag{3-53}$$

使用有效势表示，则匀速自旋不规则天体引力场中质点运动的动力学方程为

$$\frac{1}{2\mathrm{i}}\frac{\mathrm{d}}{\mathrm{d}t}\begin{bmatrix} z_1-\bar{z}_1 \\ z_2-\bar{z}_2 \\ z_3-\bar{z}_3 \end{bmatrix}+\frac{1}{\mathrm{i}}\hat{\boldsymbol{\omega}}\begin{bmatrix} z_1-\bar{z}_1 \\ z_2-\bar{z}_2 \\ z_3-\bar{z}_3 \end{bmatrix}+\frac{1}{2}\begin{bmatrix} \dfrac{\partial V(\boldsymbol{z},\ \bar{\boldsymbol{z}})}{\partial z_1}+\dfrac{\partial V(\boldsymbol{z},\ \bar{\boldsymbol{z}})}{\partial \bar{z}_1} \\ \dfrac{\partial V(\boldsymbol{z},\ \bar{\boldsymbol{z}})}{\partial z_2}+\dfrac{\partial V(\boldsymbol{z},\ \bar{\boldsymbol{z}})}{\partial \bar{z}_2} \\ \dfrac{\partial V(\boldsymbol{z},\ \bar{\boldsymbol{z}})}{\partial z_3}+\dfrac{\partial V(\boldsymbol{z},\ \bar{\boldsymbol{z}})}{\partial \bar{z}_3} \end{bmatrix}=0 \tag{3-54}$$

或

$$\frac{\mathrm{d}}{\mathrm{d}t}\begin{bmatrix} z_1-\overline{z}_1 \\ z_2-\overline{z}_2 \\ z_3-\overline{z}_3 \end{bmatrix}+2\hat{\boldsymbol{\omega}}\begin{bmatrix} z_1-\overline{z}_1 \\ z_2-\overline{z}_2 \\ z_3-\overline{z}_3 \end{bmatrix}+\mathrm{i}\begin{bmatrix} \frac{\partial V(\boldsymbol{z},\ \overline{\boldsymbol{z}})}{\partial z_1}+\frac{\partial V(\boldsymbol{z},\ \overline{\boldsymbol{z}})}{\partial \overline{z}_1} \\ \frac{\partial V(\boldsymbol{z},\ \overline{\boldsymbol{z}})}{\partial z_2}+\frac{\partial V(\boldsymbol{z},\ \overline{\boldsymbol{z}})}{\partial \overline{z}_2} \\ \frac{\partial V(\boldsymbol{z},\ \overline{\boldsymbol{z}})}{\partial z_3}+\frac{\partial V(\boldsymbol{z},\ \overline{\boldsymbol{z}})}{\partial \overline{z}_3} \end{bmatrix}=0 \tag{3-55}$$

3.10　上同调形式的动力学方程

使用上同调理论，则匀速旋转不规则天体引力场中质点运动的动力学方程可以表示得简洁漂亮。Hodge 星算子是定义在有限维的有向内积空间上的外代数上的线性映射。使用 Hodge 星算子，该质点的动力学方程等价于两个 1-形式的对偶。

质点的动能为

$$T=\frac{1}{2}(\dot{\boldsymbol{q}}+\boldsymbol{\omega}\times\boldsymbol{q})\cdot(\dot{\boldsymbol{q}}+\boldsymbol{\omega}\times\boldsymbol{q}) \tag{3-56}$$

令

$$\begin{cases} \boldsymbol{T}^1=\dfrac{\partial T}{\partial \dot{\boldsymbol{q}}}\mathrm{d}t=\dfrac{\partial\ |\dot{\boldsymbol{q}}+\boldsymbol{\omega}\times\boldsymbol{q}|^2}{2\,\partial \dot{\boldsymbol{q}}}\mathrm{d}t \\ \boldsymbol{U}^1=-U\mathrm{d}\boldsymbol{q} \end{cases} \tag{3-57}$$

对上式使用 Hodge 星算子 * 和微分算子 d，得

$$\mathrm{d}*\boldsymbol{T}^1=\frac{\mathrm{d}}{\mathrm{d}\boldsymbol{t}}\left(\frac{\partial T}{\partial \dot{\boldsymbol{q}}}\right)\mathrm{d}t\,\mathrm{d}\dot{\boldsymbol{q}}\,\mathrm{d}\boldsymbol{q} \tag{3-58}$$

$$\mathrm{d}*\boldsymbol{U}^1=-\frac{\partial U}{\partial \boldsymbol{q}}\mathrm{d}\boldsymbol{q}\,\mathrm{d}t\,\mathrm{d}\dot{\boldsymbol{q}} \tag{3-59}$$

于是动力学方程为

$$\mathrm{d}*\boldsymbol{T}^1=\mathrm{d}*\boldsymbol{U}^1 \tag{3-60}$$

若动能和有效势可以表示为

$$\begin{cases} T_V=\frac{1}{2}\dot{\boldsymbol{q}}\cdot\dot{\boldsymbol{q}} \\ V(\boldsymbol{q})=-\frac{1}{2}(\boldsymbol{\omega}\times\boldsymbol{q})\cdot(\boldsymbol{\omega}\times\boldsymbol{q})+U(\boldsymbol{q}) \end{cases} \tag{3-61}$$

定义

$$\begin{cases} \boldsymbol{T}_V^1=\frac{\partial T_V}{\partial\dot{\boldsymbol{q}}}\mathrm{d}t=\frac{\partial\ |\dot{\boldsymbol{q}}|^2}{2\partial\dot{\boldsymbol{q}}}\mathrm{d}t \\ \boldsymbol{V}^1=-\left[-\frac{1}{2}(\boldsymbol{\omega}\times\boldsymbol{q})\cdot(\boldsymbol{\omega}\times\boldsymbol{q})+U(\boldsymbol{q})\right]\mathrm{d}\boldsymbol{q} \end{cases} \tag{3-62}$$

对上式使用 Hodge 星算子 * 和微分算子 d，得

$$\mathrm{d}*\boldsymbol{T}_V^1=\frac{\mathrm{d}}{\mathrm{d}t}\left(\frac{\partial T_V}{\partial\dot{\boldsymbol{q}}}\right)\mathrm{d}t\,\mathrm{d}\dot{\boldsymbol{q}}\,\mathrm{d}\boldsymbol{q} \tag{3-63}$$

$$\mathrm{d}*\boldsymbol{V}^1=-\frac{\partial V}{\partial\boldsymbol{q}}\mathrm{d}\boldsymbol{q}\,\mathrm{d}t\,\mathrm{d}\dot{\boldsymbol{q}} \tag{3-64}$$

则动力学方程为

$$\mathrm{d}*\boldsymbol{T}_V^1=\mathrm{d}*\boldsymbol{V}^1 \tag{3-65}$$

方程（3－60）和方程（3－65）是以上同调形式表示的匀速旋转不规则天体引力场中质点运动的动力学方程。

3.11 动力学方程总结

Newton 形式的经典动力学方程中包含质点的位置矢量的二阶导数，该位置矢量是从强不规则天体的质心指向该质点的。经典形式的动力学方程有两种表达形式，一种包含强不规则天体的势，另外一种包含它的有效势。倘若强不规则天体匀速旋转，即转速大小和方向在惯性空间是恒定的，则动力学模型可以化简。绝大多数强不规则天体的转速都是基本恒定的，变化在上百万年量级上才能得以体现[14-17]。不恒定的主要包括两种类型：一是在 YORP 效应等作用下小行星转速的长期变化，如小行星 54509 YORP（2000 PH5）的自转速率以（2.0±0.2）×10^{-4}（°）/天的速率增加，使得仅在

2001 年至 2005 年之间就比 2001 年预测的自转角度多转了 250°[17]；二是旋转角速度矢量是由两种不同的周期性的旋转运动合成的，合成的旋转角速度矢量是时变的，导致其不同圈次的旋转周期都有显著的变化，如小行星 4179 Toutatis 的旋转周期介于 5.41 天到 7.33 天之间[18,19]。对于匀速旋转的强不规则天体，动力学方程可以化简。本章给出了 4 种分量形式的一般的动力学方程，使用引力势或者有效势以及使用任意固连坐标系或者特殊固连坐标系，方程的形式都不相同。对于特殊固连坐标系中的动力学方程，有效势和 Jacobi 积分都与质点在 z 轴方向的位置分量无关，此外，有效势的渐近曲面是一个圆柱面。

系数矩阵形式的动力学方程是一阶常微分方程组，便于编程序计算。Lagrange 形式的动力学方程中，可以将质点的运动看作泛函 $\Phi=\int_{t_0}^{t_1} L\,\mathrm{d}t$ 的驻定曲线，此种形式的动力学方程适合于在研究探测器相对不规则天体的轨道优化控制时使用。Hamilton 形式的动力学方程、辛流形上的动力学方程以及上同调框架下的动力学方程都具有非常优美的对称性，方程的形式简洁漂亮。辛流形上的动力学方程适用于有长期的数值积分、要保持辛结构的要求，可以使用辛几何算法积分辛流形上的动力学方程。Poisson 括号形式的动力学方程和 Poisson 流形上的动力学方程比较抽象，适合于进行理论分析。复流形上的动力学方程有两大类，一是 Kähler 流形上的动力学方程，二是由位置速度形成的自然复流形上的动力学方程。在复流形上表达质点相对强不规则天体的动力学方程和有效势以及 Jacobi 积分，为多复变函数理论的应用提供了可能。

本章在分析了 Scheeres 给出的质点相对强不规则天体的 Newton 形式的动力学方程、有效势和 Jacobi 积分的基础上，给出了 9 种新的类型的质点相对强不规则天体的动力学方程，包括：分量形式、系数矩阵形式、Lagrange 形式、Hamilton 形式、辛形式、Poisson 括号形式、Poisson 形式、复形式和上同调形式的动力学方程，有的适用于以引力势表达，有的适用于以有效势表达，对于是否要求强不规则天体匀速旋转等都有所区别。

3.12 小行星（216）Kleopatra与（1620）Geographos附近的轨道运动

本节将相关的动力学方程应用到计算小行星（216）Kleopatra和（1620）Geographos附近的轨道运动。不同的动力学方程在描述质点相对强不规则体运动上是等价的，只是是否更有利于算法设计方面有所不同。其中系数矩阵形式的动力学方程形式简便，适合于程序设计，其过程为：令单位矢量 $\boldsymbol{e}_z$ 定义为 $\boldsymbol{\omega}=\omega\boldsymbol{e}_z$，积分一阶常微分方程（3-19），即 $\dot{\boldsymbol{X}}=\boldsymbol{A}\boldsymbol{X}+\boldsymbol{B}(\boldsymbol{X})$，其中 $\boldsymbol{X}=\begin{bmatrix}\boldsymbol{r}\\ \boldsymbol{v}\end{bmatrix}$，$\boldsymbol{A}=\begin{pmatrix}\boldsymbol{I}_{3\times3} & \boldsymbol{0}_{3\times3}\\ -2\hat{\boldsymbol{\omega}} & -\hat{\boldsymbol{\tau}}\end{pmatrix}$，$\boldsymbol{B}=\begin{pmatrix}\boldsymbol{0}_{3\times3}\\ -\nabla V(\boldsymbol{r})\end{pmatrix}$以及$\nabla V(\boldsymbol{r})=\nabla U(\boldsymbol{r})-\omega^2(x+y)$，其中$\nabla U(\boldsymbol{r})$由雷达观测数据[6, 7]通过多面体模型[20, 21]计算得到。

小行星（216）Kleopatra的旋转周期为5.385 h，其外形尺寸为217 km×94 km×81 km[22]，密度为3.6 $\mathrm{g\cdot cm^{-3}}$[22,23]。小行星（216）Kleopatra的物理模型通过雷达观测数据采用2048个顶点和4096个面生成。在小行星的固连坐标系内，质点相对小行星的初始位置和初始速度分别为 $\boldsymbol{r}=[-92863.5, 49248.6, 21413.9]$m、$\boldsymbol{v}=[42.247, 71.958, -3.468]\mathrm{m\cdot s^{-1}}$，设质点的总的飞行时间为27 h 42 min。图3-10为在小行星（216）Kleopatra的固连坐标系中看的质点相对该小行星的轨道。

小行星（1620）Geographos的旋转周期为5.222 h[24]，其外形尺寸为（5.0×2.0×2.1）±0.15 km[25]，密度为2.0 $\mathrm{g\cdot cm^{-3}}$[25]。小行星（1620）Geographo的物理模型通过雷达观测数据采用8192个顶点和16380个面生成[6]。在小行星的固连坐标系内，质点相对小行星的初始位置和初始速度分别为 $\boldsymbol{r}=[139995.2, -600.4,$

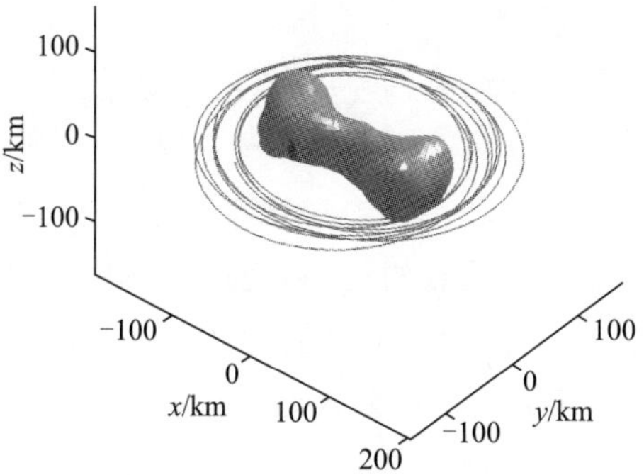

图 3-10　固连坐标系中质点相对小行星（216）Kleopatra 的轨道

$-7053.3]$m、$\boldsymbol{v}=[-0.8944, -4.3202, 0.42324]$m·s^{-1}，设质点的总的飞行时间为 10h6min。图 3-11（a）为在小行星（1620）Geographos 的固连坐标系中看的质点相对该小行星的轨道，而图 3-11（b）为在惯性坐标系中看的质点相对该小行星的轨道，可见该质点最终将逃离小行星（1620）Geographos。

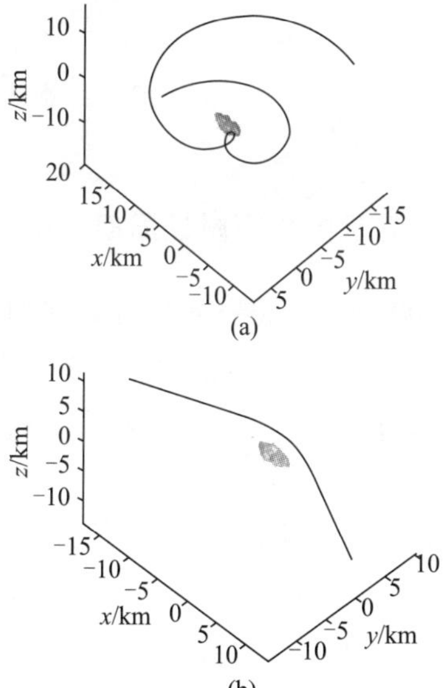

图 3-11　固连坐标系和惯性坐标系中质点相对小行星（1620）Geographos 的轨道

3.13 小行星表面附近的周期运动的稳定性与共振

不规则小行星引力场中质点的运动形态和内在结构较为复杂，同近球状天体引力场中质点的运动有明显不同。本章作者计算的周期轨道均表示在小行星的体固连坐标系中，即表示在旋转坐标系中。本节讨论小行星表面附近的周期运动。

动力学方程可以写为

$$\dot{\boldsymbol{X}}=\boldsymbol{f}(\boldsymbol{X}) \tag{3-66}$$

以 $S_p(T)$ 表示周期为 T 的周期轨道的集合。取周期轨道 $p\in S_p(T)$，使用 6×6 的矩阵$\nabla \boldsymbol{f}:=\partial \boldsymbol{f}(\boldsymbol{z})/\partial \boldsymbol{z}$，则周期轨道的状态转移矩阵[26]可以表示为

$$\Phi(t)=\int_0^t \frac{\partial \boldsymbol{f}}{\partial \boldsymbol{z}}[p(\tau)]\mathrm{d}\tau \tag{3-67}$$

周期轨道 $p\in S_p$ 的单值矩阵具有形式

$$\boldsymbol{M}=\Phi(T) \tag{3-68}$$

单值矩阵的特征值为周期轨道的 Floquet 乘子，也即周期轨道的特征乘子。

3.13.1 不同坐标系表示的表面附近周期运动

使用分层参数可以经由网格搜索法计算周期轨道[27,28]。网格搜索法使用截面来搜索周期轨道，周期轨道与截面垂直。周期轨道由 5 个参数来确定，截面方位角(α，β)，周期轨道在截面上的交点的位置(u，v)以及周期轨道的 Jacobi 常数 J。图 3-12 给出了小行星 (216) Kleopatra 表面的一条周期轨道，周期为 10.049 h。定义小行星 (216) Kleopatra 附近运动的长度单位为 219.0361 km，时间单位为 5.385 h，则该条周期轨道在小行星本体坐标系的初始位置为[1.172586 0.5120882 0.0891644]，初始速度为[2.236803 −6.372973 0.3397389]。在图 3-12 (a) 中，绘制小行星 (216)

Kleopatra 的位置为质点轨道初始时刻小行星的位置。从图 3－12 中可见质点相对于小行星的周期轨道仅在小行星本体坐标系中是闭合的，但是在惯性坐标系中不是闭合的。在惯性空间来观察，质点穿过小行星（216）Kleopatra 初始时刻的所处位置的几何表面，然而事实上该质点不会与小行星发生碰撞。从图 3－12（b）中可见，这个不规则小行星附近的周期运动与近球状天体引力场中的周期轨道有很大不同，近球状天体引力场中的周期轨道不会有如此明显的向内凹陷。

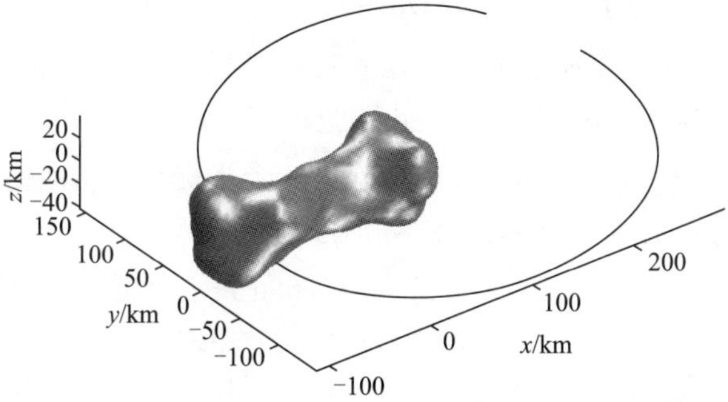

(a) 在惯性空间观察

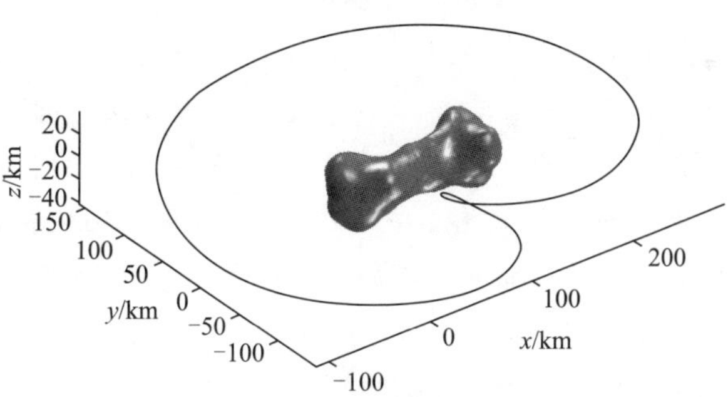

(b) 在本体坐标系中观察

图 3－12　小行星（216）Kleopatra 的主星引力场中表面附近质点运动的一个周期轨道

3.13.2　稳定性与共振

Wang et al.（2014）[29]使用 Jiang et al.（2014）[30]给出的平衡点拓扑分类的方法计算了 15 个小行星、3 个彗核以及 5 个大行星的不规则卫星的相对平衡点及拓扑类型；发现只有 2 个小行星的平衡点个数大于 5，分别为三小行星系统（216）Kleopatra 的主星和小行星（101955）Bennu，它们的平衡点个数分别为 7 和 9；发现体外平衡点的拓扑类型间隔分布。Jiang（2015）[31] 讨论了平衡点附近的局部周期轨道及其自然延拓。然而，平衡点附近的局部周期轨道族是 1∶1 共振的，即轨道的周期同小行星自旋周期比为 1∶1。在平衡点附近不存在其他周期比的共振周期轨道。本节在不规则小天体引力场中搜索其他周期比的周期轨道族。小行星相对平衡点的特性影响小行星附近相对周期轨道的特性[31]，作者选择小行星（216）Kleopatra 和（101955）Bennu 来计算它们表面附近的周期轨道。

小行星（101955）Bennu 的体外有 8 个平衡点，体内有 1 个平衡点；而三小行星系统（216）Kleopatra 的主星体外有 4 个平衡点，体内有 3 个平衡点。小行星（101955）Bennu 是一个近地小行星[32]，发现于 1999 年 9 月 11 日。OSIRIS－REx 任务探测器将访问该小行星，并采样返回地球用于科学研究[33]。小行星 101955 Bennu 的平均直径为 492 ± 20 m[34]，自旋周期为 4.288 h，体密度为 $0.95\text{g}\cdot\text{cm}^{-3}$[35]。图 3－13 给出了小行星（101955）Bennu 表面附近的 4 条周期轨道，图 3－14 给出了三小行星系统（216）Kleopatra 主星表面附近的 2 条周期轨道。定义小行星（101955）Bennu 附近运动的长度单位为 566.44 m，时间单位为 4.288 h。对于一个周期轨道来说，Floquet 乘子（即单值矩阵的特征值）具有形式 1、－1、$\alpha^{\pm1}$、$\cos\beta\pm\mathrm{i}\sin\beta$ 和 $\sigma^{\pm1}(\cos\tau\pm\mathrm{i}\sin\tau)$，其中 $|\alpha|\in(0,1)$，$\beta\in(0,\pi)$，$\sigma>0$，$\tau\in(0,\pi)$。等于 1 的特征乘子是偶数个且至少有 2 个。表 3－1 给出了小行星本体坐标系中表示的 6 条周期轨道的初始位置和初始速度，这 6 条周期轨道都是距离小行星表面比较近的。周期轨道 1～4 是相对于小行星（101955）Bennu 的，而周期轨道5～6是相对于三小行星系统（216）Kleopatra 的主星的。表3－2给出了小行星（101955）Bennu 和三小行星系统（216）Kleopatra 的主星附近的周期轨道的特征乘子。

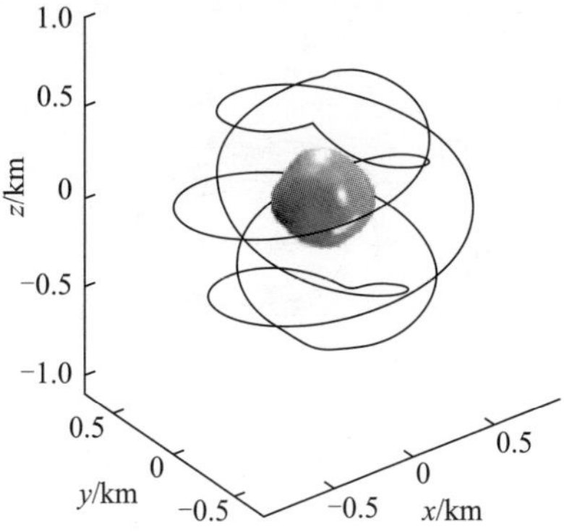

(a)

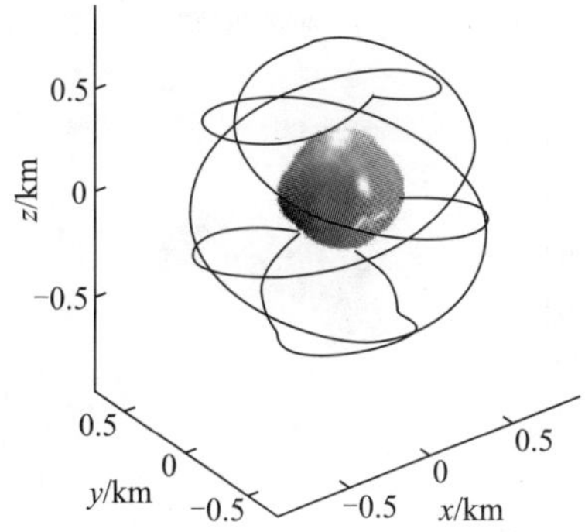

(b)

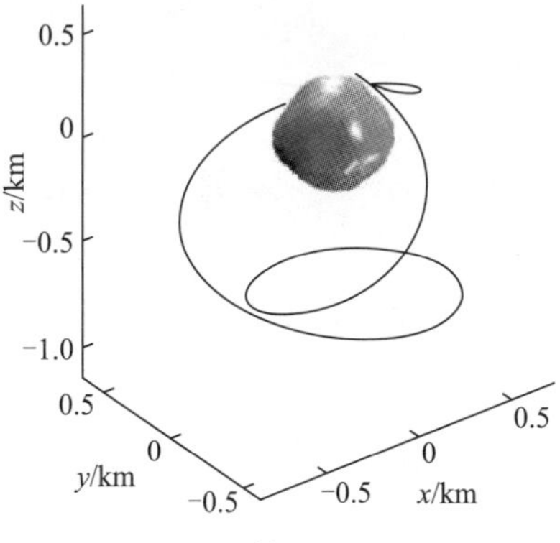

(c)

图 3 - 13　小行星（101955）Bennu 表面附近的周期轨道

（a）、（b）、（c）、（d）分别为周期轨道 1、2、3、4

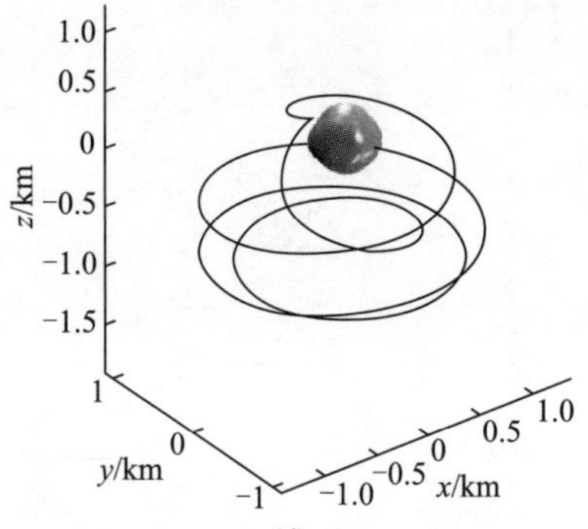

(d)

图 3-13　小行星（101955）Bennu 表面附近的周期轨道

（a）、（b）、（c）、（d）分别为周期轨道 1、2、3、4（续）

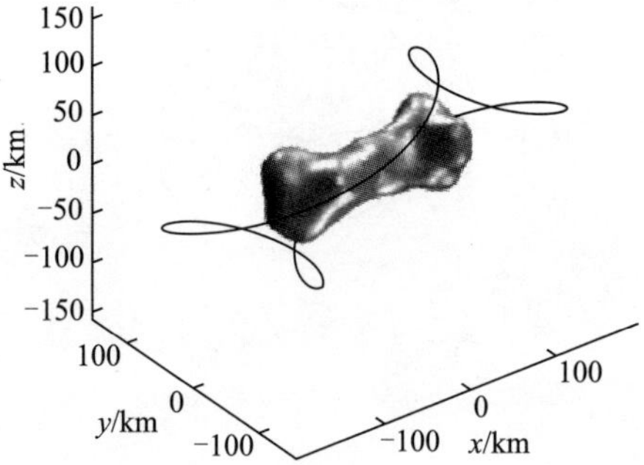

(a)

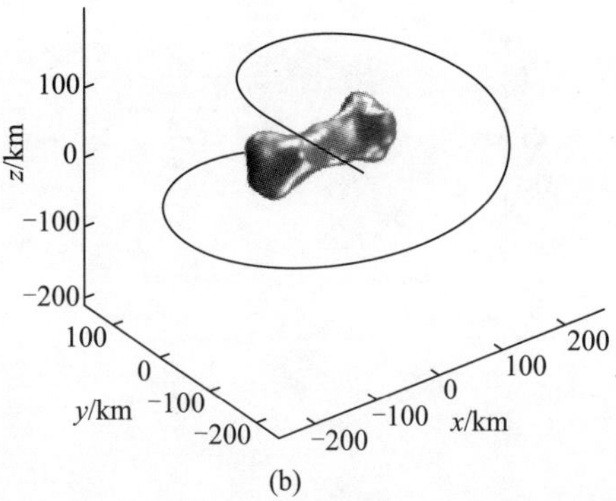

(b)

图 3-14　三小行星系统（216）Kleopatra 主星表面附近的周期轨道

（a）、（b）分别为周期轨道 5、6

周期轨道 1 的周期为 29.99 h，该周期轨道的周期与小行星 (101955) Bennu 的自旋周期之比为 7∶1，这条周期轨道是共振的、不稳定的。周期轨道 2 的周期也是 29.99 h，这条周期轨道的周期与周期轨道 1 的周期相同，但是从表 3-2 可见，周期轨道 1 和周期轨道 2 的 Floquet 乘子的分布是不同的，即两条周期轨道的拓扑类型是不同的。周期轨道 2 是共振的、稳定的。这两条周期轨道的几何外形看上去都是对称的。这说明同一个小行星表面附近的周期轨道可能有类似的几何外形和周期，但是内在拓扑类型和稳定性完全不同。另外，小行星表面附近的共振运动也可能是稳定的。

表 3-1　小行星本体坐标系中周期轨道的初始位置和速度

周期轨道序号	位置	速度
1	[−0.4622287 0.7255555 0.4877019]	[4.192610 1.411682 1.917582]
2	[0.7479705 0.9355176 0.05956148]	[5.320301 −4.069250 −1.877970]
3	[0.5153017 −0.8817847 −1.263795]	[−4.589355 −3.276604 0.7532408]
4	[1.940195 −0.3363006 −1.151279]	[−1.949430 −11.49121 −0.7283391]
5	[0.7950265 0.3624466 −0.1893687]	[2.573644 −3.896441 −2.190076]
6	[0.3320805 0.1305879 −0.2952406]	[−0.6478920 −5.671883 1.156047]

表 3-2　小行星 (101955) Bennu 和三小行星系统 (216) Kleopatra 主星表面附近的周期轨道的特征乘子

周期轨道序号	λ_1，λ_2	λ_3，λ_4	λ_5，λ_6
1	$1.374,\ \frac{1}{1.374}$	$\cos 1.365° \pm \mathrm{i}\sin 1.365°$	1，1
2	$\cos 9.770° \pm \mathrm{i}\sin 9.770°$	$\cos 1.202° \pm \mathrm{i}\sin 1.202°$	1，1
3	$12.342,\ \frac{1}{12.342}$	$1.167,\ \frac{1}{1.167}$	1，1
4	$1.226(\cos 14.188° \pm \mathrm{i}\sin 14.188°)$	$0.815(\cos 14.188° \pm \mathrm{i}\sin 14.188°)$	1，1

续表

周期轨道序号	λ_1，λ_2	λ_3，λ_4	λ_5，λ_6
5	21.3005，$\frac{1}{21.3005}$	5.286，$\frac{1}{5.286}$	1，1
6	8.5025，$\frac{1}{8.5025}$	−2.940，$\frac{1}{-2.940}$	1，1

周期轨道 3 的周期为 12.85 h，这条周期轨道的所有 Floquet 乘子都是实数，该周期轨道不稳定。周期轨道 4 的周期为 21.42 h，这条周期轨道有 4 个 Floquet 乘子是复数、有非零虚部。周期轨道 3 和周期轨道 4 的几何外形看上去具有良好的对称性，它们也都是共振的，轨道周期与小行星自旋周期比分别为 3∶1 和 5∶1。这表明不稳定周期轨道可能存在不同的 Floquet 乘子分布，即不同的拓扑类型。

周期轨道 5 的周期为 10.636 h，周期轨道 6 的周期为 7.0009 h。这两条周期轨道都是三小行星系统（216）Kleopatra 的主星的引力场中的周期轨道。三小行星系统（216）Kleopatra 的主星引力场中周期轨道采用的长度单位和时间单位分别为 219.0361 km 和 5.385 h。这两条周期轨道都是不稳定的，所有的特征乘子都位于实轴上。周期轨道 5 的 Floquet 乘子都在正实轴上，而周期轨道 6 有 2 个 Floquet 乘子在负实轴上。对比周期轨道 3 和 5 可知，小行星表面附近的不稳定周期轨道既可以是共振的，也可以是非共振的。

3.14 本章小结

本章分析了质点相对强不规则小行星的 Newton 形式的动力学方程、有效势和 Jacobi 积分等。在此基础上，给出了 9 种新的类型的质点相对强不规则小行星的动力学方程，包括：分量形式、系数矩阵形式、Lagrange 形式、Hamilton 形式、辛形式、Poisson 括号形式、Poisson 形式、复形式和上同调形式的动力学方程。对于特殊固连坐标系中的动力学方程，有效势的渐近曲面是一个圆柱面，有效势和 Jacobi 积分都与质点在 z 轴方向的位置分量无关。系数矩阵形式的动力学方程是一个一阶常微分方程组，对于编程序计算是非常方便的。Hamilton 形式的动力学方程、辛流形上的动力学方程以及上同调框架下的动力学方程都具有非常优美的对称性，方程的形式简洁漂亮。在长期数值积分质点相对强不规则天体的运动时，要保持系统的辛结构，就要用辛几何算法积分辛流形上的动力学方程。Poisson 括号形式的动力学方程和 Poisson 流形上的动力学方程比较抽象，适合于进行理论分析使用。复流形上的动力学方程有两大类，一是 Kähler 流形上的动力学方程，此时系统在复流形上具备辛结构；二是由位置速度形成的自然复流形上的动力学方程，其有效势和 Jacobi 积分具有多种表达形式。在复流形上表达质点相对强不规则天体的动力学方程和有效势以及 Jacobi 积分，为多复变函数理论的应用提供了可能。本章还计算了椭球体、小行星 1580 Betulia 和 6489 Golevka 的 xy 平面、yz 平面和 zx 平面的有效势。

介绍了三小行星系统（216）Kleopatra 主星和近地小行星（101955）Bennu 表面附近的周期轨道。不规则小行星表面附近的运动与近球形天体表面附近的运动完全不同，例如由于有效势和轨道的复杂性，轨道与不规则小天体之间可能在小天体固连坐标系来看不发生碰撞，但是在惯性系来看，轨道穿过小天体初始时刻的外形位置，这种情况在近球形天体表面附近不会遇到。此外，质点相对不规则小天体的周期运动可以位于小天体的参考半径以内，而这在近球形天体引力场中也是不存在的。针对三小行星系统（216）Kleopatra 主星和近地小行星（101955）Bennu 表面附近的周期轨道的计算表明，同一个不规则小天体引力场中稳定的共振周期运动和不稳定的共振周期运动可能同时存在。

参考文献

[1] Scheeres D J, Ostro S J, Hudson R S, Werner R A. Orbits close to asteroid 4769 Castalia [J]. Icarus, 1996, 121: 67-87.

[2] Scheeres D J, Ostro S J, Hudson R S, et al. Dynamics of orbits close to asteroid 4179 Toutatis [J]. Icarus, 1998, 132 (1): 53-79.

[3] Scheeres D J. Orbit mechanics about asteroids and comets [J]. Journal Guidance, Control, and Dynamics, 2012, 35 (3): 987-997.

[4] Jiang Y, Baoyin H. Orbital mechanics near a rotating asteroid [J]. Journal of Astrophysics and Astronomy. 2014, 35 (1): 17-38.

[5] Jiang Y, Baoyin H, Li H. Periodic motion near the surface of asteroids [J]. Astrophysics and Space Science, 2015, 360 (2): 63.

[6] Neese C. Small Body Radar Shape Models V2.0. EAR-A-5-DDR-RADARSHAPE-MODELS-V2.0, NASA Planetary Data System, 2004; available online at http://sbn.psi.edu/pds/resource/rshape.html

[7] Stooke P. Small Body Shape Models. EAR-A-5-DDR-STOOKE-SHAPE-MODELS-V1.0. NASA Planetary Data System, 2002. available online at http://sbn.psi.edu/pds/resource/stkshape.html

[8] Libermann P, Marle C M. Symplectic geometry and analytical mechanics [M]. D. Reidel Publishing Company. 1987.

[9] Berndt R. An Introduction to symplectic geometry [M]. American Mathematical Society. 1998.

[10] Fomenko A T. Symplectic geometry [M]. Gordon and Breach Science Publishers. 1988.

[11] Sternberg S. Lectures on symplectic geometry [M]. International Press & Tsinghua University Press. 2012.

[12] Marsden J E, Ratiu T S. Introduction to mechanics and symmetry [M]. Springer-Verlag. 1999.

[13] Fritzsche K, Grauert H. From holomorphic functions to complex manifolds [M]. Springer-Verlag. 2002.

[14] Chiorny V G, Hamanowa H, Reddy V, Dyvig R R. Detection of the YORP effect in asteroid (1620) Geographos [J]. Astronomy and Astrophys, 2008, 489: 25-28.

[15] Pravec P, Wolf M, Šarounová L. Lightcurves of 26 near-Earth asteroids [J]. Icarus, 1998, 136 (1): 124-153.

[16] Kaasalainen M, Ď urech J, Warner B D, et al. Acceleration of the rotation of asteroid 1862 Apollo by radiation torques [J]. Nature, 2007, 446 (7134): 420-422.

[17] Taylor P A, Margot J L, Vokrouhlický D, et al. Spin rate of asteroid (54509) 2000 PH5 increasing due to the YORP effect [J]. Science, 2007, 316 (5822): 274-277.

[18] Ostro S J, Hudson R S, Jurgens R F, et al. Radar images of asteroid 4179 Toutatis. Science, 1995, 270 (5233): 80-83.

[19] Ostro S J, Hudson R S, Rosema K D, et al. Asteroid 4179 Toutatis: 1996 radar observations. Icarus, 1999, 137 (1): 122-139.

[20] Werner R A. The gravitational potential of a homogeneous polyhedron or don't cut corners. Celestial Mechanics and Dynamical Astronomy, 1994, 59 (3): 253-278.

[21] Werner R A, Scheeres D J. Exterior gravitation of a polyhedron derived and compared with harmonic and mascon gravitation representations of asteroid 4769 Castalia. Celestial Mechanics and Dynamical Astronomy, 1997, 65 (3): 313-344.

[22] Descamps P, Ostro S J, Hudson R S, Nolan M C. Radar observations of asteroid 216 Kleopatra. Science, 2000, 288 (5467): 836-839.

[23] Descamps P, Marchis F, Berthier J, et al. Triplicity and physical characteristics of Asteroid (216) Kleopatra. Icarus, 2011, 211 (2): 1022-1033.

[24] Ryabova G O. Asteroid 1620 Geographos: I. Rotation. Solar System Research. 2002, 36 (2): 168-174.

[25] Hudson R S, Ostro S J. Physical model of asteroid 1620 Geographos from

radar and optical data. Icarus, 1999, 140 (2): 369 - 378.

[26] Hénon, M. Exploration numérique du problème restreint. II. Masseségales, stabilité des orbites périodiques [J]. Annual of Astrophysics, 1965, 28: 992 - 1007.

[27] Scheeres D J. Orbital mechanics about small bodies [J]. Acta Astronaut. 2012, 7: 14 - 21.

[28] Yu Y, Baoyin H. Generating families of 3D periodic orbits about asteroids [J]. Monthly Notices of the Royal Astronomical Society, 2012, 427 (1): 872 - 881.

[29] Wang X, Jiang Y, Gong S. Analysis of the potential field and equilibrium points of irregular - shaped minor celestial bodies [J]. Astrophysics and Space Science, 2014, 353 (1): 105 - 121.

[30] Jiang Y, Baoyin H, Li J, Li H. Orbits and manifolds near the equilibrium points around a rotating asteroid [J]. Astrophysics and Space Science, 2014, 349: 83 - 106.

[31] Jiang Y. Equilibrium points and periodic orbits in the vicinity of asteroids with an application to 216 Kleopatra [J]. Earth, Moon, and Planets. 2015, 115 (1 - 4), 31 - 44.

[32] Campins H, Morbidelli A, Tsiganis K, et al. The origin of Asteroid 101955 (1999 RQ36) [J]. Astrophysics Journal Letter, 2010, 721 (1): 53.

[33] Emery J P, Fernández Y R, Kelley M S P, et al. Thermal infrared observations and thermophysical characterization of OSIRIS - REx target Asteroid (101955) Bennu [J]. Icarus, 234: 17 - 35.

[34] Nolan M C, Magri C, Howell E S, et al. Asteroid (101955) Bennu shape model V1. 0. In: NASA Planetary Data System, p. 211. 2013

[35] Nolan MC, Magri C, Howell E S, et al. Shape model and surface properties of the OSIRIS - REx target Asteroid (101955) Bennu from radar and lightcurve observations [J]. Icarus, 2013, 226 (1): 629 - 640.

第4章　平面对称引力场中平衡点的稳定性及其附近的轨道与流形

4.1　引言

关于一些简单特殊天体附近的动力学现象的研究对于探索一般的不规则天体引力场中的动力学具有重要的意义。对于简单特殊天体附近的动力学现象的认识，可以帮助我们理解一般的不规则天体引力场中的复杂动力学行为。近年来关于强不规则天体引力场中动力学的研究中，有若干重要的研究成果是关于简单均质体附近的动力学行为的，这些简单均质体包括：细直棒、圆饼、圆环、立方体、哑铃体等[1-16]。如果以两个距离不变相互绕飞的圆球（或者椭球、细直棒）来模拟双小行星系统，则该系统也相当于一个平面对称的简单特殊体。这些简单均质体有一个共同的特点是产生的引力场都是平面对称的。本章拟针对一般的平面对称引力场，讨论平面对称引力场中平衡点附近的动力学，包括平衡点本身的稳定性、平衡点附近的轨道运动、周期轨道、拟周期轨道、流形等。从研究对象的逻辑关系来说，具体的简单均质体的引力场属于一般的平面对称引力场的集合的子集；而从理论的逻辑关系来说，关于具体的简单均质体附近的动力学的研究则是一般的平面对称引力场中动力学的特例[17]。

4.2　平面对称势场中平衡点附近的线性化动力学方程

平面对称势场满足条件

$$U(x, y, z)=U(x, y, -z) \tag{4-1}$$

有效势也满足类似条件

$$V(x,\ y,\ z)=V(x,\ y,\ -z) \tag{4-2}$$

令 ω 表示矢量 $\boldsymbol{\omega}$ 的模，由表达式 $\boldsymbol{\omega}=\omega\boldsymbol{e}_z$ 定义单位矢量 $\boldsymbol{e}_z$，旋转坐标系由下述右手正交的单位矢量 $\boldsymbol{e}$ 确定

$$\boldsymbol{e}\equiv\begin{Bmatrix}\boldsymbol{e}_x\\ \boldsymbol{e}_y\\ \boldsymbol{e}_z\end{Bmatrix} \tag{4-3}$$

本书中，若无特别说明，参考坐标系均选为小行星体坐标系。此外，函数 $V=V(\boldsymbol{r})$ 是一个 3 维的光滑流形，满足 $\lim\limits_{|\boldsymbol{r}|\to+\infty}V(\boldsymbol{r})=-\dfrac{\omega^2}{2}(x^2+y^2)$。$V(\boldsymbol{r})=C$ 表示一个 2 维曲面，其中 C 为常数。$V=V(\boldsymbol{r})$ 的渐近曲面是一个圆环面，满足 $V^*=-\dfrac{\omega^2}{2}(x^2+y^2)$。Jacobi 积分为 $H=U+\dfrac{1}{2}(\dot{x}^2+\dot{y}^2+\dot{z}^2)-\dfrac{\omega^2}{2}(x^2+y^2)$，Lagrange 函数为 $L=\dfrac{1}{2}(\dot{x}^2+\dot{y}^2+\dot{z}^2)+\dfrac{1}{2}\omega^2(x^2+y^2)+\omega(x\dot{y}-\dot{x}y)-U$。如果 ω 时不变，则 Jacobi 积分 $\boldsymbol{H}$ 是常数，即此时相对能量积分守恒。

质点运动的平衡点是有效势 $V(\boldsymbol{r})$ 的临界点[17]，因而满足下面的条件

$$\frac{\partial V(x,\ y,\ z)}{\partial x}=\frac{\partial V(x,\ y,\ z)}{\partial y}=\frac{\partial V(x,\ y,\ z)}{\partial z}=0 \tag{4-4}$$

其中 $(x,\ y,\ z)$ 为 $\boldsymbol{r}$ 在固连坐标系的分量，令 $(x_L,\ y_L,\ z_L)^{\mathrm{T}}$ 表示平衡点的坐标，则有效势 $V(x,\ y,\ z)$ 可以在平衡点 $(x_L,\ y_L,\ z_L)^{\mathrm{T}}$ 附近进行 Taylor 展开。为了研究平衡点的稳定性，将质点相对平衡点的运动在平衡点附近线性化，导出相应的特征方程，通过特征方程解的分布来判断平衡点的稳定性。

有效势 $V(x,\ y,\ z)$ 在平衡点 $(x_L,\ y_L,\ z_L)^{\mathrm{T}}$ 处可以展开为

$$V(x,\ y,\ z)=V(x_L,\ y_L,\ z_L)+\frac{1}{2}\left(\frac{\partial^2 V}{\partial x^2}\right)_L(x-x_L)^2+$$

$$
\frac{1}{2}\left(\frac{\partial^2 V}{\partial y^2}\right)_L (y-y_L)^2 + \frac{1}{2}\left(\frac{\partial^2 V}{\partial z^2}\right)_L (z-z_L)^2 + \left(\frac{\partial^2 V}{\partial x \partial y}\right)_L (x-x_L)(y-y_L) + \left(\frac{\partial^2 V}{\partial x \partial z}\right)_L (x-x_L)(z-z_L) + \left(\frac{\partial^2 V}{\partial y \partial z}\right)_L (y-y_L)(z-z_L) + \cdots \tag{4-5}
$$

考虑 xy 平面内的平衡点，其中求导次序可交换，即 $\frac{\partial^2 V}{\partial x \partial y}=\frac{\partial^2 V}{\partial y \partial x}$，$\frac{\partial^2 V}{\partial x \partial z}=\frac{\partial^2 V}{\partial z \partial x}=0$，$\frac{\partial^2 V}{\partial y \partial z}=\frac{\partial^2 V}{\partial z \partial y}=0$。由于有效势 $V(x, y, z)$ 是关于 z 的偶函数，所以 $\frac{\partial V(x, y, z)}{\partial z}$ 是关于 z 的奇函数，这表明 $\frac{\partial V(x, y, 0)}{\partial z}=0$ 的解在 xy 平面内。

定义

$$
\begin{cases}\xi = x - x_L \\ \eta = y - y_L \\ \zeta = z - z_L\end{cases},\quad
\begin{cases}V_{xx}=\left(\frac{\partial^2 V}{\partial x^2}\right)_L \\ V_{yy}=\left(\frac{\partial^2 V}{\partial y^2}\right)_L \\ V_{zz}=\left(\frac{\partial^2 V}{\partial z^2}\right)_L\end{cases} \text{及 } V_{xy}=\left(\frac{\partial^2 V}{\partial x \partial y}\right)_L \tag{4-6}
$$

将上式代入小行星附近的动力学方程中，得出平面对称势场中平衡点附近的线性化动力学方程为

$$
\begin{cases}\ddot{\xi} - 2\omega\dot{\eta} + V_{xx}\xi + V_{xy}\eta = 0 \\ \ddot{\eta} + 2\omega\dot{\xi} + V_{yx}\xi + V_{yy}\eta = 0 \\ \ddot{\zeta} + V_{zz}\zeta = 0\end{cases} \tag{4-7}
$$

特征方程为

$$
\begin{vmatrix} \lambda^2 + V_{xx} & -2\omega\lambda + V_{xy} & 0 \\ 2\omega\lambda + V_{yx} & \lambda^2 + V_{yy} & 0 \\ 0 & 0 & \lambda^2 + V_{zz} \end{vmatrix} = 0 \tag{4-8}
$$

或

$$(\lambda^2 + V_{zz})\left[\lambda^4 + (V_{xx} + V_{yy} + 4\omega^2)\lambda^2 + V_{xx}V_{yy} - V_{xy}^2\right] = 0 \tag{4-9}$$

其中λ表示平衡点附近的线性化动力学方程的特征值。方程$\lambda^2 + V_{zz} = 0$确定了z轴方向的特征值，而方程$\lambda^4 + (V_{xx} + V_{yy} + 4\omega^2)\lambda^2 + (V_{xx}V_{yy} - V_{xy}^2) = 0$确定了$xy$的特征值。

4.3 平面对称势场中平衡点附近的周期轨道族与流形结构

假定$\mathbf{A}^3$是由(x, y, z)生成的拓扑空间，其中开集按照自然方式定义，设$\mathbf{A}^3$上赋予了度量$\mathrm{d}\rho^2$且为光滑流形，令光滑流形$M = (\mathbf{A}^3, \mathrm{d}\rho^2)$。对于平衡点$L \in M$，记该平衡点处的切空间为$T_L M$，则有$\dim M = \dim T_L M = 3$。令$\Xi$是光滑流形$M$上平衡点处的充分小的开领域。定义切丛为

$$TM = \bigcup_{p \in M} T_p M = \{(p, q) \mid p \in M, q \in T_p M\} \tag{4-10}$$

和

$$T\Xi = \bigcup_{p \in \Xi} T_p \Xi = \{(p, q) \mid p \in \Xi, q \in T_p \Xi\} \tag{4-11}$$

满足$\dim TM = \dim T\Xi = 6$。定义$(\boldsymbol{S}, \Omega)$是平衡点附近的6维辛流形，使得$\boldsymbol{S}$和$T\Xi$是拓扑同胚的但不是微分同胚的，其中Ω是一个非退化反对称双线性二次型。

令

$$C_{xy} = \{\lambda \in \mathbf{C} \mid \lambda^4 + (V_{xx} + V_{yy} + 4\omega^2)\lambda^2 + V_{xx}V_{yy} - V_{xy}^2 = 0\}$$
$$C_z = \{\lambda \in \mathbf{C} \mid \lambda^2 + V_{zz} = 0\} \quad (4-12)$$

则6个特征值具有形式$\pm\alpha_j$($\alpha \in \mathbf{R}, \alpha > 0$; $j = 1, 2, 3$)，$\pm \mathrm{i}\beta_j$($\beta \in \mathbf{R}, \beta > 0$; $j = 1, 2, 3$)，和$\pm\sigma \pm \mathrm{i}\tau$($\sigma, \tau \in \mathbf{R}$; $\sigma, \tau > 0$)。特征值的分布确定了平衡点附近子流形与子空间的结构，特征值的分布与子流形或子空间的结构存在对应关系。

记平衡点处的Jacobi常数为$H(L)$，特征值λ_j对应的特征矢量为$\boldsymbol{u}_j$。对于平衡点附近等能量流形$H = h$上的一条轨道，可以定义对应

的渐近稳定流形、不稳定流形与中心流形，其中 $h = H(L) + \varepsilon^2$，ε^2 充分小使得在流形($\boldsymbol{S}$，Ω)上平衡点 L 的邻域内不存在另外一个平衡点 $\widetilde{L}$ 满足 $H(L) \leqslant H(\widetilde{L}) \leqslant h$，其中 $H(\widetilde{L})$ 为 $\widetilde{L}$ 点处的 Jacobi 常数。

渐近稳定流形 $W^s(\boldsymbol{S})$、渐近不稳定流形 $W^u(\boldsymbol{S})$ 以及中心流形 $W^c(\boldsymbol{S})$ 与渐近稳定子空间 $E^s(L)$、渐近不稳定子空间 $E^u(L)$ 以及中心子空间 $E^c(L)$ 在平衡点处分别相切。其中

$$E^s(L) = \text{span}\{\boldsymbol{u}_j \mid \text{Re}\lambda_j < 0\}$$
$$E^c(L) = \text{span}\{\boldsymbol{u}_j \mid \text{Re}\lambda_j = 0\}$$
$$E^u(L) = \text{span}\{\boldsymbol{u}_j \mid \text{Re}\lambda_j > 0\}$$

定义

$$E^s_{xy}(L) = \text{span}\{\boldsymbol{u}_j \mid \lambda_j \in C_{xy},\ \text{Re}\lambda_j < 0\}$$
$$E^c_{xy}(L) = \text{span}\{\boldsymbol{u}_j \mid \lambda_j \in C_{xy},\ \text{Re}\lambda_j = 0\}$$
$$E^u_{xy}(L) = \text{span}\{\boldsymbol{u}_j \mid \lambda_j \in C_{xy},\ \text{Re}\lambda_j > 0\}$$
$$E^s_z(L) = \text{span}\{\boldsymbol{u}_j \mid \lambda_j \in C_z,\ \text{Re}\lambda_j < 0\}$$
$$E^c_z(L) = \text{span}\{\boldsymbol{u}_j \mid \lambda_j \in C_z,\ \text{Re}\lambda_j = 0\}$$
$$E^u_z(L) = \text{span}\{\boldsymbol{u}_j \mid \lambda_j \in C_z,\ \text{Re}\lambda_j > 0\}$$

则渐近稳定流形 $W^s_{xy}(\boldsymbol{S})$、渐近不稳定流形 $W^u_{xy}(\boldsymbol{S})$ 以及中心流形 $W^c_{xy}(\boldsymbol{S})$ 与渐近稳定子空间 $E^s_{xy}(L)$、渐近不稳定子空间 $E^u_{xy}(L)$ 以及中心子空间 $E^c_{xy}(L)$ 在平衡点处分别相切。此外渐近稳定流形 $W^s_z(\boldsymbol{S})$、渐近不稳定流形 $W^u_z(\boldsymbol{S})$ 以及中心流形 $W^c_z(\boldsymbol{S})$ 与渐近稳定子空间 $E^s_z(L)$、渐近不稳定子空间 $E^u_z(L)$ 以及中心子空间 $E^c_z(L)$ 在平衡点处分别相切。记

$$\begin{cases} \bar{E}^s_{xy}(L) = \text{span}\{\boldsymbol{u}_j \mid \lambda_j \in C_{xy},\ \text{Re}\lambda_j < 0,\ \text{Im}\lambda_j = 0\} \\ \widetilde{E}^s_{xy}(L) = \text{span}\{\boldsymbol{u}_j \mid \lambda_j \in C_{xy},\ \text{Re}\lambda_j < 0,\ \text{Im}\lambda_j \neq 0\} \end{cases}$$

$$\begin{cases} \bar{E}^s_z(L) = \text{span}\{\boldsymbol{u}_j \mid \lambda_j \in C_z,\ \text{Re}\lambda_j < 0,\ \text{Im}\lambda_j = 0\} \\ \widetilde{E}^s_z(L) = \text{span}\{\boldsymbol{u}_j \mid \lambda_j \in C_z,\ \text{Re}\lambda_j < 0,\ \text{Im}\lambda_j \neq 0\} \end{cases}$$

$$\begin{cases} \bar{E}^u_{xy}(L) = \text{span}\{\boldsymbol{u}_j \mid \lambda_j \in C_{xy},\ \text{Re}\lambda_j > 0,\ \text{Im}\lambda_j = 0\} \\ \widetilde{E}^u_{xy}(L) = \text{span}\{\boldsymbol{u}_j \mid \lambda_j \in C_{xy},\ \text{Re}\lambda_j > 0,\ \text{Im}\lambda_j \neq 0\} \end{cases}$$

$$\begin{cases}\bar{E}_z^u(L)=\text{span}\{\boldsymbol{u}_j \mid \lambda_j \in C_z,\ \text{Re}\lambda_j > 0,\ \text{Im}\lambda_j = 0\}\\ \tilde{E}_z^u(L)=\text{span}\{\boldsymbol{u}_j \mid \lambda_j \in C_z,\ \text{Re}\lambda_j > 0,\ \text{Im}\lambda_j \neq 0\}\end{cases}$$

同理，渐近稳定流形 $\overline{W}_{xy}^s(\boldsymbol{S})$、$\widetilde{W}_{xy}^s(\boldsymbol{S})$、$\overline{W}_z^s(\boldsymbol{S})$ 与 $\widetilde{W}_z^s(\boldsymbol{S})$ 同渐近稳定子空间 $\bar{E}_{xy}^s(L)$、$\tilde{E}_{xy}^s(L)$、$\bar{E}_z^s(L)$ 与 $\tilde{E}_z^s(L)$ 在平衡点处分别相切。渐近不稳定流形 $\overline{W}_{xy}^u(\boldsymbol{S})$、$\widetilde{W}_{xy}^u(\boldsymbol{S})$、$\overline{W}_z^u(\boldsymbol{S})$ 与 $\widetilde{W}_z^u(\boldsymbol{S})$ 同渐近不稳定子空间 $\bar{E}_{xy}^u(L)$、$\tilde{E}_{xy}^u(L)$、$\bar{E}_z^u(L)$ 与 $\tilde{E}_z^u(L)$ 在平衡点处分别相切。

定义共振流形 $W^r(\boldsymbol{S})$ 与共振子空间 $E^r(L)$，其中共振流形与共振子空间相切，而共振子空间 $E^r(L)=\text{span}\{\boldsymbol{u}_j \mid \exists\lambda_k,\ s.t.\ \text{Re}\lambda_j=\text{Re}\lambda_k=0,\ \text{Im}\lambda_j=\text{Im}\lambda_k,\ j\neq k\}$。

定义等同流形 $W_{xy}^f(\boldsymbol{S})$ 与等同子空间 $E_{xy}^f(L)$，其中等同流形与等同子空间相切，而等同子空间

$$E_{xy}^f(L)=\text{span}\{\boldsymbol{u}_j \mid \lambda_j \in C_{xy},\ \lambda_k,\ s.t.\ \text{Re}\lambda_j=\text{Re}\lambda_k\neq 0,\ \exists\,\text{Im}\lambda_j=\text{Im}\lambda_k=0,\ j\neq k\}$$

如若 $\dim E_{xy}^f(L)\neq 0$，则特征值 λ_j 与 λ_k 对应的子流形与子空间分别等同，对应的相图重合。记 $W_{xy}^{fs}(\boldsymbol{S})=W_{xy}^f(\boldsymbol{S})\cap W^s(\boldsymbol{S})$ 和 $W_{xy}^{fu}(\boldsymbol{S})=W_{xy}^f(\boldsymbol{S})\cap W^u(\boldsymbol{S})$，显然 $W_{xy}^f(\boldsymbol{S})\cap W^c(\boldsymbol{S})=\varnothing$。

综上，可见 $(\boldsymbol{S},\ \Omega)\simeq T\Xi\cong W^s(\boldsymbol{S})\oplus W^c(\boldsymbol{S})\oplus W^u(\boldsymbol{S})$，其中 $\simeq$ 表示拓扑同胚，而 $\cong$ 表示微分同胚，$\oplus$表示直和。此外 $E^r(L)\subseteq E^c(L)$，$W^r(\boldsymbol{S})\subseteq W^c(\boldsymbol{S})$。

记 $T_L\boldsymbol{S}$ 为流形$(\boldsymbol{S},\ \Omega)$在平衡点处的切空间，则切空间的微分同胚可以写为 $T_LS\cong E^s(L)\oplus E^c(L)\oplus E^u(L)$。考虑流形与子空间的维数，下列表达式成立：

$$\dim W^s(\boldsymbol{S})+\dim W^c(\boldsymbol{S})+\dim W^u(\boldsymbol{S})=\dim(\boldsymbol{S},\ \Omega)=\dim T\Xi=6$$

$$\dim E^s(L)+\dim E^c(L)+\dim E^u(L)=\dim T_LS=6$$

$$\dim E^r(L)=\dim W^r(\boldsymbol{S})\leqslant\dim E^c(L)=\dim W^c(\boldsymbol{S})$$

此外，子流形与子空间之间的维数还满足下列条件：

$$\dim W_{xy}^s(\boldsymbol{S})+\dim W_z^s(\boldsymbol{S})=\dim W^s(\mathrm{S})$$

$$\dim W_{xy}^{u}(\boldsymbol{S}) + \dim W_{z}^{u}(\boldsymbol{S}) = \dim W^{u}(\boldsymbol{S})$$
$$\dim W_{xy}^{c}(\boldsymbol{S}) + \dim W_{z}^{c}(\boldsymbol{S}) = \dim W^{c}(\boldsymbol{S})$$
$$\dim E_{xy}^{s}(\boldsymbol{S}) + \dim E_{z}^{s}(\boldsymbol{S}) = \dim E^{s}(\boldsymbol{S})$$
$$\dim E_{xy}^{u}(\boldsymbol{S}) + \dim E_{z}^{u}(\boldsymbol{S}) = \dim E^{u}(\boldsymbol{S})$$
$$\dim E_{xy}^{c}(\boldsymbol{S}) + \dim E_{z}^{c}(\boldsymbol{S}) = \dim E^{c}(\boldsymbol{S})$$

平衡点 $\boldsymbol{r}=\boldsymbol{\tau}_0$ 处有效势的 Hessian 矩阵为 $\nabla^2 V(\boldsymbol{\tau}_0)=\left.\dfrac{\partial F(\boldsymbol{r})}{\partial \boldsymbol{r}}\right|_{\tau_0}$，其中 $F(\boldsymbol{r})=\dfrac{\partial V(\boldsymbol{r})}{\partial \boldsymbol{r}}$。

定义 1　若平衡点处有效势的 Hessian 矩阵满秩，则该平衡点称为非退化平衡点。

根据以上的讨论，下面的定理给出了旋转平面对称势场中非退化平衡点的拓扑分类。

定理 1　旋转平面对称势场中非退化平衡点有 12 种不同的拓扑类型，其分类与具体性质见图 4-1 与表 4-1，其中

情形 a：特征值具有形式 $\lambda_{xy}=\pm \mathrm{i}\beta_j(\beta_j\in\mathbf{R},\ \beta_j>0;\ j=1,2;\ \beta_1\neq\beta_2)$ 和 $\lambda_z=\pm\mathrm{i}\beta_3(\beta_3\in\mathbf{R},\ \beta_3>0)$，子流形的结构为 $(\boldsymbol{S},\Omega)\simeq T\Xi\cong W^{c}(\boldsymbol{S})\cong W_{xy}^{c}(\boldsymbol{S})\oplus W_{z}^{c}(\boldsymbol{S})$；

情形 b：特征值具有形式 $\lambda_{xy}=\pm\alpha_1(\alpha_1\in\mathbf{R},\ \alpha_1>0)$，$\lambda_{xy}=\pm\mathrm{i}\beta_1(\beta_1\in\mathbf{R},\ \beta_1>0)$ 和 $\lambda_z=\pm\mathrm{i}\beta_2(\beta_2\in\mathbf{R},\ \beta_2>0)$，子流形的结构为 $(\boldsymbol{S},\boldsymbol{\Omega})\simeq T\Xi\cong \overline{W}_{xy}^{s}(\boldsymbol{S})\oplus W_{xy}^{c}(\boldsymbol{S})\oplus \overline{W}_{xy}^{u}(\boldsymbol{S})\oplus W_{z}^{c}(\boldsymbol{S})$；

情形 c：特征值具有形式 $\lambda_{xy}=\pm\alpha_j(\alpha_j\in\mathbf{R},\ \alpha_j>0;\ j=1,2;\ \alpha_1\neq\alpha_2)$ 和 $\lambda_z=\pm\mathrm{i}\beta_2(\beta_2\in\mathbf{R},\ \beta_2>0)$，子流形的结构为 $(\boldsymbol{S},\Omega)\simeq T\Xi\cong \overline{W}_{xy}^{s}(\boldsymbol{S})\oplus \overline{W}_{xy}^{u}(\boldsymbol{S})\oplus W_{z}^{c}(\boldsymbol{S})$；

情形 d：特征值具有形式 $\lambda_{xy}=\pm\alpha_j(\alpha_j\in\mathbf{R},\ \alpha_j>0;\ j=1,2;\ \alpha_1=\alpha_2)$ 和 $\lambda_z=\pm\mathrm{i}\beta_2(\beta_2\in\mathbf{R},\ \beta_2>0)$，子流形的结构为 $(\boldsymbol{S},\Omega)\simeq T\Xi\cong \overline{W}_{xy}^{s}(\boldsymbol{S})\oplus \overline{W}_{xy}^{u}(\boldsymbol{S})\oplus W_{z}^{c}(\boldsymbol{S})$；

情形 e：特征值具有形式 $\lambda_{xy}=\pm\sigma\pm\mathrm{i}\tau(\sigma,\tau\in\mathbf{R};\ \sigma,\tau>0)$ 和 $\lambda_z=\pm\mathrm{i}\beta_1(\beta_1\in\mathbf{R},\ \beta_1>0)$，子流形的结构为 $(\boldsymbol{S},\Omega)\simeq T\Xi\cong \widetilde{W}_{xy}^{s}(\boldsymbol{S})\oplus \widetilde{W}_{xy}^{u}(\boldsymbol{S})\oplus W_{z}^{c}(\boldsymbol{S})$；

情形 f：特征值具有形式$\lambda_{xy}=\pm \mathrm{i}\beta_j(\beta_j\in\mathbf{R}, \beta_j>0; j=1, 2; \beta_1\neq\beta_2)$和$\lambda_z=\pm\alpha_1(\alpha_1\in\mathbf{R}, \alpha_1>0)$，子流形的结构为$(\boldsymbol{S}, \Omega)\simeq T\Xi\cong W_{xy}^c(\boldsymbol{S})\oplus W_z^s(\boldsymbol{S})\oplus W_z^u(\boldsymbol{S})$；

情形 g：特征值具有形式$\lambda_{xy}=\pm\alpha_1(\alpha_1\in\mathbf{R}, \alpha_1>0)$，$\pm\mathrm{i}\beta_1(\beta_1\in\mathbf{R}, \beta_1>0)$和$\lambda_z=\pm\alpha_2(\alpha_2\in\mathbf{R}, \alpha_2>0)$，子流形的结构为$(\boldsymbol{S}, \Omega)\simeq T\Xi\cong W_{xy}^s(\boldsymbol{S})\oplus W_{xy}^u(\boldsymbol{S})\oplus W_{xy}^c(\boldsymbol{S})\oplus W_z^s(\boldsymbol{S})\oplus W_z^u(\boldsymbol{S})$；

情形 h：特征值具有形式$\lambda_{xy}=\pm\sigma\pm\mathrm{i}\tau(\sigma, \tau\in\mathbf{R}; \sigma, \tau>0)$和$\lambda_z=\pm\alpha_3(\alpha_3\in\mathbf{R}, \alpha_3>0)$，子流形的结构为$(\boldsymbol{S}, \Omega)\simeq T\Xi\cong\widetilde{W}_{xy}^s(\boldsymbol{S})\oplus\widetilde{W}_{xy}^u(\boldsymbol{S})\oplus\overline{W}_z^s(\boldsymbol{S})\oplus\overline{W}_z^u(\boldsymbol{S})$；

情形 i：特征值具有形式$\lambda_{xy}=\pm\alpha_j(\alpha_j\in\mathbf{R}; \alpha_j>0; j=1, 2; \alpha_1\neq\alpha_2)$和$\lambda_z=\pm\alpha_3(\alpha_3\in\mathbf{R}, \alpha_3>0)$，子流形的结构为$(\boldsymbol{S}, \Omega)\simeq T\Xi\cong\overline{W}_{xy}^s(\boldsymbol{S})\oplus\overline{W}_{xy}^u(\boldsymbol{S})\oplus\overline{W}_z^s(\boldsymbol{S})\oplus\overline{W}_z^u(\boldsymbol{S})$；

情形 j：特征值具有形式$\lambda_{xy}=\pm\alpha_j(\alpha_j\in\mathbf{R}; \alpha_j>0; j=1, 2; \alpha_1=\alpha_2)$和$\lambda_z=\pm\alpha_3(\alpha_3\in\mathbf{R}, \alpha_3>0)$，子流形的结构为$(\boldsymbol{S}, \Omega)\simeq T\Xi\cong\overline{W}_{xy}^s(\boldsymbol{S})\oplus\overline{W}_{xy}^u(\boldsymbol{S})\oplus\overline{W}_z^s(\boldsymbol{S})\oplus\overline{W}_z^u(\boldsymbol{S})$；

情形 k：特征值具有形式$\lambda_{xy}=\pm\beta_j(\beta_j\in\mathbf{R}, \beta_j>0; j=1, 2; \beta_1=\beta_2)$和$\lambda_z=\pm\mathrm{i}\beta_3(\beta_3\in\mathbf{R}, \beta_3>0)$；子流形的结构为$(\boldsymbol{S}, \Omega)\simeq T\Xi\cong W_{xy}^c(\boldsymbol{S})\oplus W_z^c(\boldsymbol{S})$；

情形 l：特征值具有形式$\lambda_{xy}=\pm\beta_j(\beta_j\in\mathbf{R}, \beta_j>0; j=1, 2; \beta_1=\beta_2)$和$\lambda_z=\pm\alpha_1(\alpha_1\in\mathbf{R}, \alpha_1>0)$，子流形的结构为$(\boldsymbol{S}, \Omega)\simeq T\Xi\cong W_{xy}^c(\boldsymbol{S})\oplus W_z^s(\boldsymbol{S})\oplus W_z^u(\boldsymbol{S})$。

推论 1 旋转平面对称势场中非退化平衡点附近的质点相对平衡点运动的线性化动力学方程的特征值在复平面上的分布可以分为图 4－1 所示的 12 种不同类型。

图 4－1 展示了 6 个特征值在复平面上的拓扑分类，其中横轴是x轴，纵轴是y轴。标记为xy的坐标平面展示了集合C_{xy}中的 4 个特征值的分布，而标记为z的坐标平面展示了集合C_z中的 2 个特征值的分布。

定理 1 描述了平衡点附近的子流形与子空间结构以及平衡点附

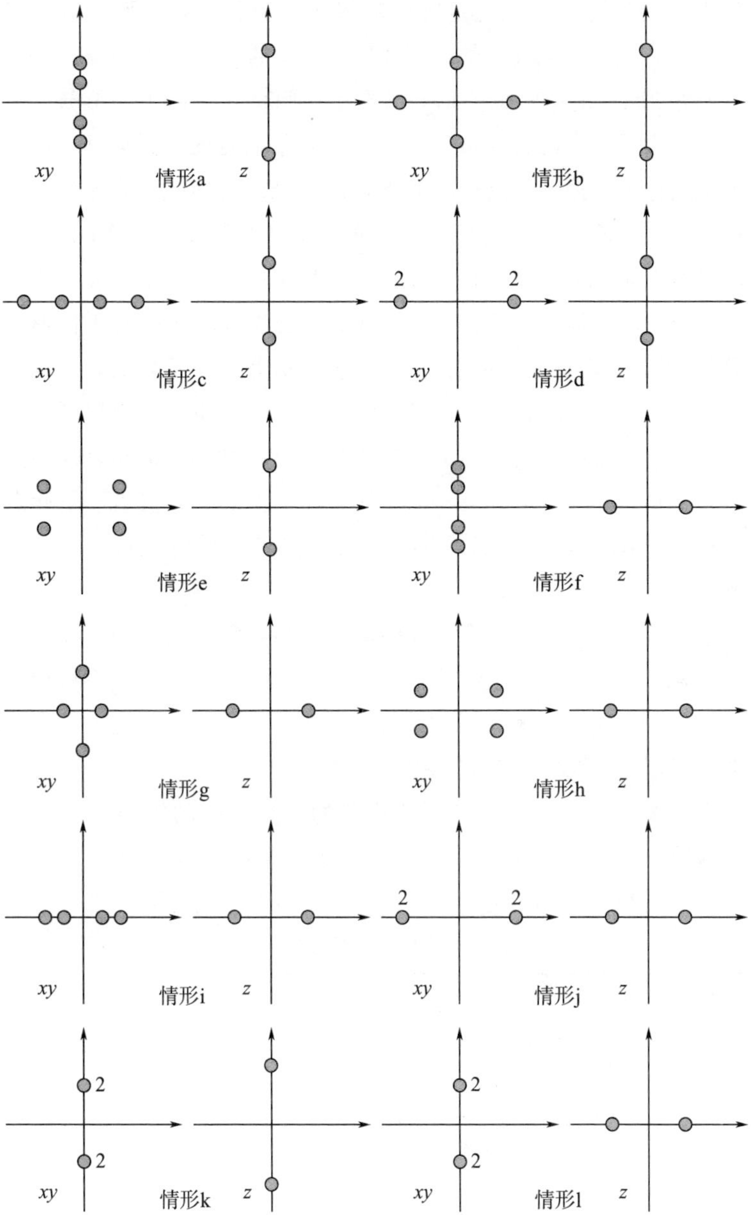

图 4-1　平面对称势场平衡点特征值的分布

近质点运动的稳定与不稳定等运动规律行为。仅有情形 a 对应线性稳定平衡点，而情形 b～情形 j 对应非共振的不稳定平衡点。对于情形 k 与情形 l，由于共振流形与共振子空间存在，而子流形与子空间的结构是由平衡点的特征值所确定，这是平衡点的内在属性，因而此时平衡点称为共振平衡点。对于情形 a～情形 e 和情形 k，平衡点附近质点运动在 z 轴的分量是线性稳定的；对于情形 f～情形 j 和情形 l，平衡点附近质点运动在 z 轴的分量是不稳定的。对于情形 a 与情形 f，平衡点附近质点运动在 xy 平面的分量是线性稳定的。对于情形 d 与情形 j，平衡点附近质点运动在 xy 平面的分量是不稳定的，且运动在 xy 平面的分量对应的相图是实鞍附近的运动。因此，可以得到

推论 2 旋转平面对称势场中平衡点是线性稳定的当且仅当该平衡点属于情形 a，平衡点是不稳定的且非共振的当且仅当该平衡点属于情形 b～情形 j，平衡点是共振的当且仅当该平衡点属于情形 k 或情形 l。

推论 3 对于旋转平面对称势场中平衡点附近的运动，其运动分量在 z 轴的分量是线性稳定的当且仅当平衡点属于情形 a～情形 e 或情形 k 中的一个，其运动分量在 xy 平面的分量是线性稳定的当且仅当平衡点属于情形 a 或情形 f 中的一个。

推论 2 给出了平衡点是线性稳定的、非共振的不稳定、共振的三种情况的充分必要条件。此外，平衡点附近质点运动的 z 轴分量是简谐运动当且仅当平衡点属于情形 a～情形 e 或情形 k 之一。

表 4-1 平衡点附近切空间上的质点相对平衡点的运动方程

情形	运动方程
a	$\begin{cases}\xi = C_{\xi1}\cos\beta_1 t + S_{\xi1}\sin\beta_1 t + C_{\xi2}\cos\beta_2 t + S_{\xi2}\sin\beta_2 t \\ \eta = C_{\eta1}\cos\beta_1 t + S_{\eta1}\sin\beta_1 t + C_{\eta2}\cos\beta_2 t + S_{\eta2}\sin\beta_2 t \\ \zeta = C_{\zeta3}\cos\beta_3 t + S_{\zeta3}\sin\beta_3 t\end{cases}$
b	$\begin{cases}\xi = A_{\xi1}\mathrm{e}^{\alpha_1 t} + B_{\xi1}\mathrm{e}^{-\alpha_1 t} + C_{\xi1}\cos\beta_1 t + S_{\xi1}\sin\beta_1 t \\ \eta = A_{\eta1}\mathrm{e}^{\alpha_1 t} + B_{\eta1}\mathrm{e}^{-\alpha_1 t} + C_{\eta1}\cos\beta_1 t + S_{\eta1}\sin\beta_1 t \\ \zeta = C_{\zeta2}\cos\beta_2 t + S_{\zeta2}\sin\beta_2 t\end{cases}$

续表

情形	运动方程
c	$\begin{cases}\xi = A_{\xi1}e^{\alpha_1 t}+B_{\xi1}e^{-\alpha_1 t}+A_{\xi2}e^{\alpha_2 t}+B_{\xi2}e^{-\alpha_2 t}\\ \eta = A_{\eta1}e^{\alpha_1 t}+B_{\eta1}e^{-\alpha_1 t}+A_{\eta2}e^{\alpha_2 t}+B_{\eta2}e^{-\alpha_2 t}\\ \zeta = C_{\zeta1}\cos\beta_1 t+S_{\zeta1}\sin\beta_1 t\end{cases}$
d	$\begin{cases}\xi = (A_{\xi1}+A_{\xi2})e^{\alpha_1 t}+(B_{\xi1}+B_{\xi2})e^{-\alpha_1 t}\\ \eta = (A_{\eta1}+A_{\eta2})e^{\alpha_1 t}+(B_{\eta1}+B_{\eta2})e^{-\alpha_1 t}\\ \zeta = C_{\zeta1}\cos\beta_1 t+S_{\zeta1}\sin\beta_1 t\end{cases}$
e	$\begin{cases}\xi = E_{\xi}e^{\sigma t}\cos\tau t+F_{\xi}e^{\sigma t}\sin\tau t+G_{\xi}e^{-\sigma t}\cos\tau t+H_{\xi}e^{-\sigma t}\sin\tau t\\ \eta = E_{\eta}e^{\sigma t}\cos\tau t+F_{\eta}e^{\sigma t}\sin\tau t+G_{\eta}e^{-\sigma t}\cos\tau t+H_{\eta}e^{-\sigma t}\sin\tau t\\ \zeta = C_{\zeta1}\cos\beta_1 t+S_{\zeta1}\sin\beta_1 t\end{cases}$
f	$\begin{cases}\xi = C_{\xi1}cos\beta_1 t+S_{\xi1}\sin\beta_1 t+C_{\xi2}\cos\beta_2 t+S_{\xi2}\sin\beta_2 t\\ \eta = C_{\eta1}\cos\beta_1 t+S_{\eta1}\sin\beta_1 t+C_{\eta2}\cos\beta_2 t+S_{\eta2}\sin\beta_2 t\\ \zeta = A_{\zeta1}e^{\alpha_1 t}+B_{\zeta1}e^{-\alpha_1 t}\end{cases}$
g	$\begin{cases}\xi = A_{\xi1}e^{\alpha_1 t}+B_{\xi1}e^{-\alpha_1 t}+C_{\xi1}\cos\beta_1 t+S_{\xi1}\sin\beta_1 t\\ \eta = A_{\eta1}e^{\alpha_1 t}+B_{\eta1}e^{-\alpha_1 t}+C_{\eta1}\cos\beta_1 t+S_{\eta1}\sin\beta_1 t\\ \zeta = A_{\zeta2}e^{\alpha_2 t}+B_{\zeta2}e^{-\alpha_2 t}\end{cases}$
h	$\begin{cases}\xi = E_{\xi}e^{\sigma t}\cos\tau t+F_{\xi}e^{\sigma t}\sin\tau t+G_{\xi}e^{-\sigma t}\cos\tau t+H_{\xi}e^{-\sigma t}\sin\tau t\\ \eta = E_{\eta}e^{\sigma t}\cos\tau t+F_{\eta}e^{\sigma t}\sin\tau t+G_{\eta}e^{-\sigma t}\cos\tau t+H_{\eta}e^{-\sigma t}\sin\tau t\\ \zeta = A_{\zeta1}e^{\alpha_1 t}+B_{\zeta1}e^{-\alpha_1 t}\end{cases}$
i	$\begin{cases}\xi = A_{\xi1}e^{\alpha_1 t}+B_{\xi1}e^{-\alpha_1 t}+A_{\xi2}e^{\alpha_2 t}+B_{\xi2}e^{-\alpha_2 t}\\ \eta = A_{\eta1}e^{\alpha_1 t}+B_{\eta1}e^{-\alpha_1 t}+A_{\eta2}e^{\alpha_2 t}+B_{\eta2}e^{-\alpha_2 t}\\ \zeta = A_{\zeta3}e^{\alpha_3 t}+B_{\zeta3}e^{-\alpha_3 t}\end{cases}$
j	$\begin{cases}\xi = (A_{\xi1}+A_{\xi2})e^{\alpha_1 t}+(B_{\xi1}+B_{\xi2})e^{-\alpha_1 t}\\ \eta = (A_{\eta1}+A_{\eta2})e^{\alpha_1 t}+(B_{\eta1}+B_{\eta2})e^{-\alpha_1 t}\\ \zeta = A_{\zeta3}e^{\alpha_3 t}+B_{\zeta3}e^{-\alpha_3 t}\end{cases}$
k	$\begin{cases}\xi = C_{\xi1}\cos\beta_1 t+S_{\xi1}\sin\beta_1 t+P_{\xi1}t\cos\beta_1 t+Q_{\xi1}t\sin\beta_1 t\\ \eta = C_{\eta1}\cos\beta_1 t+S_{\eta1}\sin\beta_1 t+P_{\eta1}t\cos\beta_1 t+Q_{\eta1}t\sin\beta_1 t\\ \zeta = C_{\zeta3}\cos\beta_3 t+S_{\zeta3}\sin\beta_3 t\end{cases}$

续表

情形	运动方程
1	$\begin{cases}\xi = C_{\xi1}\cos\beta_1 t + S_{\xi1}\sin\beta_1 t + P_{\xi1}t\cos\beta_1 t + Q_{\xi1}t\sin\beta_1 t \\ \eta = C_{\eta1}\cos\beta_1 t + S_{\eta1}\sin\beta_1 t + P_{\eta1}t\cos\beta_1 t + Q_{\eta1}t\sin\beta_1 t \\ \zeta = A_{\zeta1}e^{\alpha_1 t} + B_{\zeta1}e^{-\alpha_1 t}\end{cases}$

4.4 线性稳定的平衡点附近的运动、周期轨道与流形

推论 2 说明线性稳定平衡点仅起源于情形 a。本节考虑线性稳定平衡点附近的线性化运动方程的表达形式与周期轨道、拟周期轨道以及几乎周期轨道。

情形 a 有三对相异的纯虚特征值，对应于平衡点是线性稳定的，此时质点相对平衡点的运动是拟周期轨道，运动分量在 z 轴的投影是一个简谐运动。平衡点附近存在三族周期轨道，对应的周期分别为 $T_1=\dfrac{2\pi}{\beta_1}$，$T_2=\dfrac{2\pi}{\beta_2}$和 $T_3=\dfrac{2\pi}{\beta_3}$。在 k 维环面 $T^k(k=2，3)$ 存在 4 族拟周期轨道，其运动可以表示为

$$\begin{cases}\xi = C_{\xi1}\cos\beta_1 t + S_{\xi1}\sin\beta_1 t + C_{\xi2}\cos\beta_2 t + S_{\xi2}\sin\beta_2 t \\ \eta = C_{\eta1}\cos\beta_1 t + S_{\eta1}\sin\beta_1 t + C_{\eta2}\cos\beta_2 t + S_{\eta2}\sin\beta_2 t \\ \zeta = 0\end{cases} \tag{4-13}$$

$$\begin{cases}\xi = C_{\xi1}\cos\beta_1 t + S_{\xi1}\sin\beta_1 t \\ \eta = C_{\eta1}\cos\beta_1 t + S_{\eta1}\sin\beta_1 t \\ \zeta = C_{\zeta3}\cos\beta_3 t + S_{\zeta3}\sin\beta_3 t\end{cases} \tag{4-14}$$

$$\begin{cases}\xi = C_{\xi2}\cos\beta_2 t + S_{\xi2}\sin\beta_2 t \\ \eta = C_{\eta2}\cos\beta_2 t + S_{\eta2}\sin\beta_2 t \\ \zeta = C_{\zeta3}\cos\beta_3 t + S_{\zeta3}\sin\beta_3 t\end{cases} \tag{4-15}$$

$$\begin{cases}\xi = C_{\xi1}\cos\beta_1 t + S_{\xi1}\sin\beta_1 t + C_{\xi2}\cos\beta_2 t + S_{\xi2}\sin\beta_2 t \\ \eta = C_{\eta1}\cos\beta_1 t + S_{\eta1}\sin\beta_1 t + C_{\eta2}\cos\beta_2 t + S_{\eta2}\sin\beta_2 t \\ \zeta = C_{\zeta3}\cos\beta_3 t + S_{\zeta3}\sin\beta_3 t\end{cases} \tag{4-16}$$

子流形的结构为$(\boldsymbol{S},\ \Omega)\simeq T\Xi\cong W^c(\boldsymbol{S})\cong W_{xy}^c(\boldsymbol{S})\oplus W_z^c(\boldsymbol{S})$，其中 $\dim W_{xy}^c(\boldsymbol{S})=4$，$\dim W_z^c(\boldsymbol{S})=2$，$\dim W_{xy}^r(\boldsymbol{S})=\dim W_z^r(\boldsymbol{S})=0$。子空间的结构为 $T_L\boldsymbol{S}\cong E^c(L)\cong E_{xy}^c(L)\oplus E_z^c(L)$，其中 $\dim E_{xy}^c(L)=4$，$\dim E_z^c(L)=2$，$E^r(L)=\varnothing$。

4.5　不稳定且非共振的平衡点附近的运动、周期轨道与流形

非共振的不稳定平衡点有 9 种不同的拓扑类型，即情形 b～情形 j。本节考虑非共振的不稳定平衡点附近的运动。平衡点是不稳定且非共振的当且仅当 $\dim W^u(\boldsymbol{S})\neq 0$ 和 $\dim W^r(\boldsymbol{S})=0$。对于具体的子流形结构，有

情形 b 对应于

$$\begin{cases}(\boldsymbol{S},\ \Omega)\simeq T\Xi\cong \overline{W}_{xy}^s(\boldsymbol{S})\oplus W_{xy}^c(\boldsymbol{S})\oplus \overline{W}_{xy}^u(\boldsymbol{S})\oplus W_z^c(\boldsymbol{S})\\ \dim\overline{W}_{xy}^s(\boldsymbol{S})=\dim\overline{W}_{xy}^u(\boldsymbol{S})=1\\ \dim W_{xy}^c(\boldsymbol{S})=\dim W_z^c(\boldsymbol{S})=2\end{cases}$$

情形 c 和情形 d 对应于

$$\begin{cases}(\boldsymbol{S},\ \Omega)\simeq T\Xi\cong \overline{W}_{xy}^s(\boldsymbol{S})\oplus \overline{W}_{xy}^u(\boldsymbol{S})\oplus W_z^c(\boldsymbol{S})\\ \dim\overline{W}_{xy}^s(\boldsymbol{S})=\dim\overline{W}_{xy}^u(\boldsymbol{S})=\dim W_z^c(\boldsymbol{S})=2\end{cases}$$

情形 e 对应于

$$\begin{cases}(\boldsymbol{S},\ \Omega)\simeq T\Xi\cong \widetilde{W}_{xy}^s(\boldsymbol{S})\oplus \widetilde{W}_{xy}^u(\boldsymbol{S})\oplus W_z^c(\boldsymbol{S})\\ \dim\widetilde{W}_{xy}^s(\boldsymbol{S})=\dim\widetilde{W}_{xy}^u(\boldsymbol{S})=\dim W_z^c(\boldsymbol{S})=2\end{cases}$$

情形 f 对应于

$$\begin{cases}(\boldsymbol{S},\ \Omega)\simeq T\Xi\cong W_{xy}^c(\boldsymbol{S})\oplus W_z^s(\boldsymbol{S})\oplus W_z^u(\boldsymbol{S})\\ \dim W_{xy}^c(\boldsymbol{S})=4\\ \dim W_z^s(\boldsymbol{S})=\dim W_z^u(\boldsymbol{S})=1\end{cases}$$

情形 g 对应于

$$\begin{cases}(\boldsymbol{S}, \Omega) \simeq T\Xi \cong W_{xy}^{s}(\boldsymbol{S}) \oplus W_{xy}^{u}(\boldsymbol{S}) \oplus W_{xy}^{c}(\boldsymbol{S}) \oplus W_{z}^{s}(\boldsymbol{S}) \oplus W_{z}^{u}(\boldsymbol{S}) \\ \dim W_{xy}^{s}(\boldsymbol{S}) = \dim W_{xy}^{u}(\boldsymbol{S}) = \dim W_{z}^{s}(\boldsymbol{S}) = \dim W_{z}^{u}(\boldsymbol{S}) = 1 \\ \dim W_{xy}^{c}(\boldsymbol{S}) = 2\end{cases}$$

情形 h 对应于

$$\begin{cases}(\boldsymbol{S}, \Omega) \simeq T\Xi \cong \widetilde{W}_{xy}^{s}(\boldsymbol{S}) \oplus \widetilde{W}_{xy}^{u}(\boldsymbol{S}) \oplus \overline{W}_{z}^{s}(\boldsymbol{S}) \oplus \overline{W}_{z}^{u}(\boldsymbol{S}) \\ \dim \widetilde{W}_{xy}^{s}(\boldsymbol{S}) = \dim \widetilde{W}_{xy}^{u}(\boldsymbol{S}) = 2 \\ \dim \overline{W}_{z}^{s}(\boldsymbol{S}) = \dim \overline{W}_{z}^{u}(\boldsymbol{S}) = 1\end{cases}$$

情形 i 和情形 j 对应于

$$\begin{cases}(\boldsymbol{S}, \Omega) \simeq T\Xi \cong \overline{W}_{xy}^{s}(\boldsymbol{S}) \oplus \overline{W}_{xy}^{u}(\boldsymbol{S}) \oplus \overline{W}_{z}^{s}(\boldsymbol{S}) \oplus \overline{W}_{z}^{u}(\boldsymbol{S}) \\ \dim \overline{W}_{xy}^{s}(\boldsymbol{S}) = \dim \overline{W}_{xy}^{u}(\boldsymbol{S}) = 2 \\ \dim \overline{W}_{z}^{s}(\boldsymbol{S}) = \dim \overline{W}_{z}^{u}(\boldsymbol{S}) = 1\end{cases}$$

情形 b

此时，子流形结构满足

$$(\boldsymbol{S}, \Omega) \simeq T\Xi \cong \overline{W}_{xy}^{s}(\boldsymbol{S}) \oplus W_{xy}^{c}(\boldsymbol{S}) \oplus \overline{W}_{xy}^{u}(\boldsymbol{S}) \oplus W_{z}^{c}(\boldsymbol{S})$$

维数满足

$$\begin{cases}\dim \overline{W}_{xy}^{s}(\boldsymbol{S}) = \dim \overline{W}_{xy}^{u}(\boldsymbol{S}) = 1 \\ \dim W_{xy}^{c}(\boldsymbol{S}) = \dim W_{z}^{c}(\boldsymbol{S}) = 2 \\ \dim W_{xy}^{r}(\boldsymbol{S}) = \dim W_{z}^{r}(\boldsymbol{S}) = 0\end{cases}$$

子空间结构满足

$$T_L \boldsymbol{S} \cong \bar{E}_{xy}^{s}(L) \oplus E_{xy}^{c}(L) \oplus \bar{E}_{xy}^{u}(L) \oplus E_{z}^{c}(L)$$

维数满足

$$\begin{cases}\dim \bar{E}_{xy}^{s}(L) = \dim \bar{E}_{xy}^{u}(L) = 1 \\ \dim E_{xy}^{c}(L) = \dim E_{z}^{c}(L) = 2 \\ \dim E_{xy}^{r}(L) = \dim E_{z}^{r}(L) = 0\end{cases}$$

平衡点附近质点运动的几乎周期轨道为

$$\begin{cases}\xi = B_{\xi 1} \mathrm{e}^{-\alpha_1 t} + C_{\xi 1} \cos\beta_1 t + S_{\xi 1} \sin\beta_1 t \\ \eta = B_{\eta 1} \mathrm{e}^{-\alpha_1 t} + C_{\eta 1} \cos\beta_1 t + S_{\eta 1} \sin\beta_1 t \\ \zeta = C_{\zeta 2} \cos\beta_2 t + S_{\zeta 2} \sin\beta_2 t\end{cases}$$

平衡点附近存在 2 族周期轨道，对应的极限周期为 $T_1=\frac{2\pi}{\beta_1}$，$T_2=\frac{2\pi}{\beta_2}$，当周期轨道接近平衡点时，周期将趋于极限周期。在 2 维环面 T^2 存在一族拟周期轨道。

情形 c

此时，子流形结构满足$(\boldsymbol{S},\Omega)\simeq T\Xi\cong \overline{W}^s_{xy}(\boldsymbol{S})\oplus\overline{W}^u_{xy}(\boldsymbol{S})\oplus W^c_z(\boldsymbol{S})$，$\dim\overline{W}^s_{xy}(\boldsymbol{S})=\dim\overline{W}^u_{xy}(\boldsymbol{S})=\dim W^c_z(\boldsymbol{S})=2$ 和 $\dim W^f(\boldsymbol{S})=\dim W^r_{xy}(\boldsymbol{S})=\dim W^r_z(\boldsymbol{S})=0$。子空间结构满足 $T_L\boldsymbol{S}\cong\bar{E}^s_{xy}(L)\oplus\bar{E}^u_{xy}(L)\oplus E^c_z(L)$，$\dim\bar{E}^s_{xy}(L)=\dim\bar{E}^u_{xy}(L)=\dim E^c_z(L)=2$ 和 $\dim E^f(L)=\dim E^r_{xy}(L)=\dim E^r_z(L)=0$。

平衡点附近的周期轨道为$\begin{cases}\xi=\eta=0\\ \zeta=C_{\zeta 1}\cos\beta_1 t+S_{\zeta 1}\sin\beta_1 t\end{cases}$，在平衡点附近仅存在一族周期轨道，其极限周期为 $T_1=\frac{2\pi}{\beta_1}$，并且该族周期轨道对应于 z 轴的简谐运动。

情形 d

此时，子流形结构满足$(\boldsymbol{S},\Omega)\simeq T\Xi\cong \overline{W}^s_{xy}(\boldsymbol{S})\oplus\overline{W}^u_{xy}(\boldsymbol{S})\oplus W^c_z(\boldsymbol{S})$，$\dim\overline{W}^s_{xy}(\boldsymbol{S})=\dim\overline{W}^u_{xy}(\boldsymbol{S})=\dim W^c_z(\boldsymbol{S})=2$，$\dim W^f_{xy}(\boldsymbol{S})=4$ 和 $\dim W^r_{xy}(\boldsymbol{S})=\dim W^r_z(\boldsymbol{S})=0$。子空间结构满足 $T_L\boldsymbol{S}\cong\bar{E}^s_{xy}(L)\oplus\bar{E}^u_{xy}(L)\oplus E^c_z(L)$，$\dim\bar{E}^s_{xy}(L)=\dim\bar{E}^u_{xy}(L)=\dim E^c_z(L)=2$，$\dim E^f(L)=4$ 和 $\dim E^r_{xy}(L)=\dim E^r_z(L)=0$。

平衡点附近的周期轨道为$\begin{cases}\xi=\eta=0\\ \zeta=C_{\zeta 1}\cos\beta_1 t+S_{\zeta 1}\sin\beta_1 t\end{cases}$，在平衡点附近仅存在一族周期轨道，其极限周期为 $T_1=\frac{2\pi}{\beta_1}$，并且该族周期轨道对应于 z 轴的简谐运动。

情形 e

此时，子流形结构满足$(\boldsymbol{S},\Omega)\simeq T\Xi\cong \widetilde{W}^s_{xy}(\boldsymbol{S})\oplus\widetilde{W}^u_{xy}(\boldsymbol{S})\oplus$

$W_z^c(\boldsymbol{S})$，$\dim\widetilde{W}_{xy}^s(\boldsymbol{S})=\dim\widetilde{W}_{xy}^u(\boldsymbol{S})=\dim W_z^c(\boldsymbol{S})=2$ 和 $\dim W^f(\boldsymbol{S})=\dim W_{xy}^r(\boldsymbol{S})=\dim W_z^r(\boldsymbol{S})=0$。子空间结构满足 $T_L\boldsymbol{S}\cong\widetilde{E}_{xy}^s(L)\oplus\widetilde{E}_{xy}^u(L)\oplus E_z^c(L)$，$\dim\widetilde{E}_{xy}^s(L)=\dim\widetilde{E}_{xy}^u(L)=\dim E_z^c(L)=2$ 和 $\dim E^f(L)=\dim E_{xy}^r(L)=\dim E_z^r(L)=0$。

平衡点附近的周期轨道为 $\begin{cases}\xi=\eta=0\\ \zeta=C_{\zeta1}\cos\beta_1 t+S_{\zeta1}\sin\beta_1 t\end{cases}$，在平衡点附近仅存在一族周期轨道，其极限周期为 $T_1=\dfrac{2\pi}{\beta_1}$，并且该族周期轨道对应于 z 轴的简谐运动。

情形 f

此时，子流形结构满足$(\boldsymbol{S},\Omega)\simeq T\Xi\cong W_{xy}^c(\boldsymbol{S})\oplus W_z^s(\boldsymbol{S})\oplus W_z^u(\boldsymbol{S})$，$\dim W_{xy}^c(\boldsymbol{S})=4$，$\dim W_z^s(\boldsymbol{S})=\dim W_z^u(\boldsymbol{S})=1$ 和 $\dim W_{xy}^f(\boldsymbol{S})=\dim W_{xy}^r(\boldsymbol{S})=\dim W_z^r(\boldsymbol{S})=0$。子空间结构满足 $T_L\boldsymbol{S}\cong E_{xy}^c(L)\oplus E_z^s(L)\oplus E_z^u(L)$，$\dim E_{xy}^c(L)=4$，$\dim E_z^s(L)=\dim E_z^u(L)=1$ 和 $\dim E^f(L)=\dim E_{xy}^r(L)=\dim E_z^r(L)=0$。

平衡点附近的几乎周期轨道为

$$\begin{cases}\xi=C_{\xi1}\cos\beta_1 t+S_{\xi1}\sin\beta_1 t+C_{\xi2}\cos\beta_2 t+S_{\xi2}\sin\beta_2 t\\ \eta=C_{\eta1}\cos\beta_1 t+S_{\eta1}\sin\beta_1 t+C_{\eta2}\cos\beta_2 t+S_{\eta2}\sin\beta_2 t\\ \zeta=B_{\zeta1}\mathrm{e}^{-\alpha_1 t}\end{cases}$$

在平衡点附近存在 2 族周期轨道，其极限周期为 $T_1=\dfrac{2\pi}{\beta_1}$，$T_2=\dfrac{2\pi}{\beta_2}$，这 2 族周期轨道都在 xy 平面内，而在 z 轴无周期性的运动分量。

情形 g

此时，子流形结构满足$(\boldsymbol{S},\Omega)\simeq T\Xi\cong W_{xy}^s(\boldsymbol{S})\oplus W_{xy}^u(\boldsymbol{S})\oplus W_{xy}^c(\boldsymbol{S})\oplus W_z^s(\boldsymbol{S})\oplus W_z^u(\boldsymbol{S})$，$\dim W_{xy}^s(\boldsymbol{S})=\dim W_{xy}^u(\boldsymbol{S})=\dim W_z^s(\boldsymbol{S})=\dim W_z^u(\boldsymbol{S})=1$，$\dim W_{xy}^c(\boldsymbol{S})=2$ 和 $\dim W_{xy}^r(\boldsymbol{S})=\dim W_z^r(\boldsymbol{S})=0$。子空间结构满足 $T_L\boldsymbol{S}\cong E_{xy}^s(L)\oplus E_{xy}^u(L)\oplus E_{xy}^c(L)\oplus E_z^s(L)\oplus$

$E_z^u(L)$，$\dim E_{xy}^s(L)=\dim E_{xy}^u(L)=\dim E_z^s(L)=\dim E_z^u(L)=1$，$\dim E_{xy}^c(L)=2$ 和 $\dim E_{xy}^r(L)=\dim E_z^r(L)=0$。

平衡点附近的几乎周期轨道为

$$\begin{cases}\xi=B_{\xi1}\mathrm{e}^{-\alpha_1 t}+C_{\xi1}\cos\beta_1 t+S_{\xi1}\sin\beta_1 t\\ \eta=B_{\eta1}\mathrm{e}^{-\alpha_1 t}+C_{\eta1}\cos\beta_1 t+S_{\eta1}\sin\beta_1 t\\ \zeta=B_{\zeta2}\mathrm{e}^{-\alpha_2 t}\end{cases}$$

在平衡点附近存在 1 族周期轨道，其极限周期为 $T_1=\dfrac{2\pi}{\beta_1}$，这族周期轨道在 xy 平面内。

情形 h

此时，子流形结构满足$(\boldsymbol{S},\Omega)\simeq T\Xi\cong\widetilde{W}_{xy}^s(\boldsymbol{S})\oplus\widetilde{W}_{xy}^u(\boldsymbol{S})\oplus\overline{W}_z^s(\boldsymbol{S})\oplus\overline{W}_z^u(\boldsymbol{S})$，$\dim\widetilde{W}_{xy}^s(\boldsymbol{S})=\dim\widetilde{W}_{xy}^u(\boldsymbol{S})=2$，$\dim\overline{W}_z^s(\boldsymbol{S})=\dim\overline{W}_z^u(\boldsymbol{S})=1$ 和 $\dim W_{xy}^r(\boldsymbol{S})=\dim W_z^r(\boldsymbol{S})=0$。子空间结构满足 $T_L\boldsymbol{S}\cong\widetilde{E}_{xy}^s(L)\oplus\widetilde{E}_{xy}^u(L)\oplus\overline{E}_z^s(L)\oplus\overline{E}_z^u(L)$，$\dim\widetilde{E}_{xy}^s(L)=\dim\widetilde{E}_{xy}^u(L)=2$，$\dim\overline{E}_z^s(L)=\dim\overline{E}_z^u(L)=1$ 和 $\dim E_{xy}^r(L)=\dim E_z^r(L)=0$。

平衡点附近不存在周期轨道、拟周期轨道以及几乎周期轨道。

情形 i

此时，子流形结构满足$(\boldsymbol{S},\Omega)\simeq T\Xi\cong\overline{W}_{xy}^s(\boldsymbol{S})\oplus\overline{W}_{xy}^u(\boldsymbol{S})\oplus\overline{W}_z^s(\boldsymbol{S})\oplus\overline{W}_z^u(\boldsymbol{S})$，$\dim\overline{W}_{xy}^s(\boldsymbol{S})=\dim\overline{W}_{xy}^u(\boldsymbol{S})=2$，$\dim\overline{W}_z^s(\boldsymbol{S})=\dim\overline{W}_z^u(\boldsymbol{S})=1$，$\dim W_{xy}^r(\boldsymbol{S})=\dim W_z^r(\boldsymbol{S})=0$ 和 $\dim W_{xy}^f(\boldsymbol{S})=0$。子空间结构满足 $T_L\boldsymbol{S}\cong\overline{E}_{xy}^s(L)\oplus\overline{E}_{xy}^u(L)\oplus\overline{E}_z^s(L)\oplus\overline{E}_z^u(L)$，$\dim\overline{E}_{xy}^s(L)=\dim\overline{E}_{xy}^u(L)=2$，$\dim\overline{E}_z^s(L)=\dim\overline{E}_z^u(L)=1$，$\dim E_{xy}^r(L)=\dim E_z^r(L)=0$ 和 $\dim E^f(L)=0$。

平衡点附近不存在周期轨道、拟周期轨道以及几乎周期轨道。

情形 j

此时，子流形结构满足$(\boldsymbol{S},\Omega)\simeq T\Xi\cong\overline{W}_{xy}^s(\boldsymbol{S})\oplus\overline{W}_{xy}^u(\boldsymbol{S})\oplus\overline{W}_z^s(\boldsymbol{S})\oplus\overline{W}_z^u(\boldsymbol{S})$，$\dim\overline{W}_{xy}^s(\boldsymbol{S})=\dim\overline{W}_{xy}^u(\boldsymbol{S})=2$，$\dim\overline{W}_z^s(\boldsymbol{S})=\dim\overline{W}_z^u(\boldsymbol{S})=1$，$\dim W^f(\boldsymbol{S})=4$ 和 $\dim W_{xy}^r(\boldsymbol{S})=\dim W_z^r(\boldsymbol{S})=0$。子空

间结构满足 $T_L\boldsymbol{S} \cong \bar{E}^s_{xy}(L) \oplus \bar{E}^u_{xy}(L) \oplus \bar{E}^s_z(L) \oplus \bar{E}^u_z(L)$，$\dim\bar{E}^s_{xy}(L) = \dim\bar{E}^u_{xy}(L) = 2$，$\dim\bar{E}^s_z(L) = \dim\bar{E}^u_z(L) = 1$，$\dim W^f_{xy}(S)=4$ 和 $\dim E^r_{xy}(L)=\dim E^r_z(L)=0$。

平衡点附近不存在周期轨道、拟周期轨道以及几乎周期轨道。

4.6 共振的平衡点附近的运动、分岔与混沌

共振平衡点是 Hopf 分岔点，该点附近的运动表现出混沌的特征。在参数变化下，共振平衡点附近存在周期轨道族的产生与消失现象。记 $\boldsymbol{\mu}=\boldsymbol{\mu}(t)$ 是有效势的一个可变的参数矢量，有效势

$$V(\boldsymbol{\mu},\ \boldsymbol{r})=-\frac{1}{2}[\boldsymbol{\omega}(\boldsymbol{\mu})\times\boldsymbol{r}][\boldsymbol{\omega}(\boldsymbol{\mu})\times\boldsymbol{r}]+U(\boldsymbol{\mu},\ \boldsymbol{r}) \tag{4-17}$$

记 $\boldsymbol{\mu}_0=\boldsymbol{\mu}(t_0)$，取 $\boldsymbol{\mu}_0$ 的一个开领域为 $G_N(\boldsymbol{\mu}_0)$。

考虑平衡点附近的运动方程，则共振平衡点附近的周期轨道在 xy 平面的投影运动是稠密的。本节的定理将指出对于平面对称的势场来说，其共振平衡点附近的运动在系统参数的变化下是初值敏感和拓扑混合的，因而共振平衡点附近质点运动的动力系统在参数变化下是混沌的。Poincaré 于 1892 年[18]猜想“如果限制性三体问题的一个周期轨道给定，则对于任意给定的时间里，总能找到另一个周期轨道，使得这两个周期轨道之间的距离可以足够小”。周期轨道是稠密的意味着“在相空间中，任意点的任意小的领域内，都存在另一个表示周期轨道的点”[19,20]。考虑 xy 平面的运动分量，共振平衡点附近的质点线性化运动在 xy 平面的分量为

$$\begin{cases}\xi=C_{\xi1}\cos\beta_1 t+S_{\xi1}\sin\beta_1 t+P_{\xi1}t\cos\beta_1 t+Q_{\xi1}t\sin\beta_1 t\\ \eta=C_{\eta1}\cos\beta_1 t+S_{\eta1}\sin\beta_1 t+P_{\eta1}t\cos\beta_1 t+Q_{\eta1}t\sin\beta_1 t\\ \dot{\xi}=-C_{\xi1}\beta_1\sin\beta_1 t+S_{\xi1}\beta_1\cos\beta_1 t+P_{\xi1}\cos\beta_1 t+\\ \quad Q_{\xi1}\sin\beta_1 t-P_{\xi1}t\beta_1\sin\beta_1 t+Q_{\xi1}t\beta_1\cos\beta_1 t\\ \dot{\eta}=-C_{\eta1}\beta_1\sin\beta_1 t+S_{\eta1}\beta_1\cos\beta_1 t+P_{\eta1}\cos\beta_1 t+\\ \quad Q_{\eta1}\sin\beta_1 t-P_{\eta1}t\beta_1\sin\beta_1 t+Q_{\eta1}t\beta_1\cos\beta_1 t\end{cases}\tag{4-18}$$

考虑周期轨道

$$\begin{cases}\xi=\hat{C}_{\xi1}\cos\beta_1 t+\hat{S}_{\xi1}\sin\beta_1 t\\ \eta=\hat{C}_{\eta1}\cos\beta_1 t+\hat{S}_{\eta1}\sin\beta_1 t\\ \dot{\xi}=-\hat{C}_{\xi1}\beta_1\sin\beta_1 t+\hat{S}_{\xi1}\beta_1\cos\beta_1 t\\ \dot{\eta}=-\hat{C}_{\eta1}\beta_1\sin\beta_1 t+\hat{S}_{\eta1}\beta_1\cos\beta_1 t\end{cases}\tag{4-19}$$

其中系数满足条件

$$\begin{cases}\hat{C}_{\xi1}=C_{\xi1}\\ \hat{C}_{\eta1}=C_{\eta1}\\ \hat{S}_{\xi1}\beta_1=S_{\xi1}\beta_1+P_{\xi1}\\ \hat{S}_{\eta1}\beta_1=S_{\eta1}\beta_1+P_{\eta1}\end{cases}\tag{4-20}$$

则这两条轨道在 4 维相空间的距离趋于零，因此得出结论：在 xy 平面，周期运动是稠密的。

考虑非退化共振平衡点，我们有

定理 2　倘若旋转平面对称势场的非退化平衡点 $\boldsymbol{r}_0=\boldsymbol{\tau}(\boldsymbol{\mu}_0)=\boldsymbol{\tau}_0$ 是共振的，则在势场的参数变化下，该平衡点是 Hopf 分岔点。

证明　非退化的共振平衡点仅有情形 k 和情形 l 两种情况。非退化平衡点的特征值具有形式 $\pm\alpha$（$\alpha\in\mathbf{R}$，$\alpha>0$），$\pm\mathrm{i}\beta$（$\beta\in\mathbf{R}$，$\beta>0$）和 $\pm\sigma\pm\mathrm{i}\tau$（$\sigma$，$\tau\in\mathbf{R}$；$\sigma$，$\tau>0$），因而，纯虚特征值在相互碰撞以前不会离开虚轴，这意味着情形 k 可能变化为情形 a 或情形 e，而情形 l 可能变化为情形 f 或情形 h。因此属于情形 k 或情形 l 的平衡点是 Hopf 分岔点。

对于特征值的运动，有下面的结论

定理 3 对于旋转平面对称势场的非退化平衡点，下列结论成立：

1）属于情形 a 的特征值只能转移至情形 k；

2）属于情形 k 的特征值只能转移至情形 a 或情形 e；

3）属于情形 f 的特征值只能转移至情形 l；

4）属于情形 l 的特征值只能转移至情形 f 或情形 h。

定理 4 对于旋转平面对称势场的非退化平衡点，下列结论成立：

a）如果非退化平衡点属于情形 a，则在参数 $\boldsymbol{\mu}$ 变化下，特征值的运动遵循序列情形 a→情形 k→情形 e；

b）如果非退化平衡点属于情形 e，则在参数 $\boldsymbol{\mu}$ 变化下，特征值的运动遵循序列情形 e→情形 k→情形 a 或情形 e→情形 d→情形 c；

c）如果非退化平衡点属于情形 f，则在参数 $\boldsymbol{\mu}$ 变化下，特征值的运动遵循序列情形 f→情形 l→情形 h；

d）如果非退化平衡点属于情形 h，则在参数 $\boldsymbol{\mu}$ 变化下，特征值的运动遵循序列情形 h→情形 l→情形 f 或情形 h→情形 j→情形 i。

此外，有

注记 1 对于旋转平面对称势场的非退化平衡点，倘若该平衡点属于情形 c，则在参数 $\boldsymbol{\mu}$ 变化下，特征值的运动遵循序列情形 c→情形 d→情形 e；倘若该平衡点属于情形 i，则在参数 $\boldsymbol{\mu}$ 变化下，特征值的运动遵循序列情形 i→情形 j→情形 h。

图 4-2a 展示了情形 a→情形 k→情形 e 对应的特征值的运动，而图 4-2b 展示了情形 e→情形 k→情形 a 对应的特征值的运动。当特征值的运动遵循序列情形 a→情形 k→情形 e 时，可以观察到周期轨道族消失的现象，即平衡点附近周期轨道族的个数变化服从 3→2→1。反过来，当特征值的运动遵循序列情形 e→情形 k→情形 a 时，可以观察到周期轨道族产生的现象，即平衡点附近周期轨道族的个数变化服从 1→2→3。

图 4-3a 展示了情形 f→情形 l→情形 h 对应的特征值的运动，而图 4-3b 展示了情形 h→情形 l→情形 f 对应的特征值的运动。当

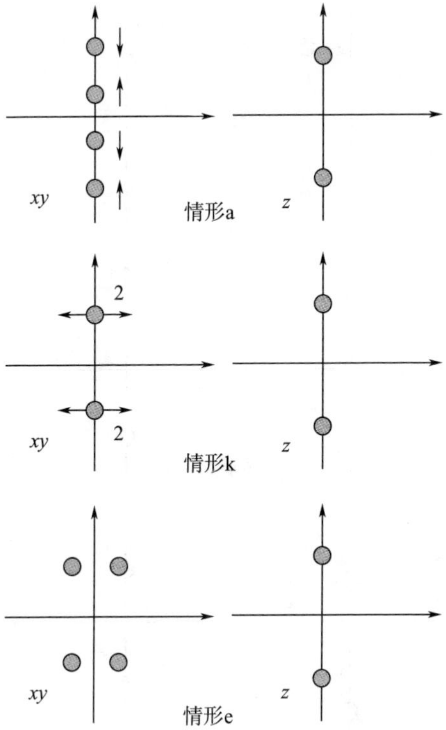

图 4-2a　情形 a→情形 k→情形 e 对应的特征值运动

特征值的运动遵循序列情形 f→情形 l→情形 h 时，可以观察到周期轨道族消失的现象，即平衡点附近周期轨道族的个数变化服从 2→1→0。反过来，当特征值的运动遵循序列情形 h→情形 l→情形 f 时，可以观察到周期轨道族产生的现象，即平衡点附近周期轨道族的个数变化服从 0→1→2。

注意到属于情形 a 的平衡点是线性稳定的，属于情形 e 的平衡点是不稳定的且非共振的，因此我们有下面的推论

推论 4　在旋转平面对称势场中，如果非退化平衡点 $\boldsymbol{r}_0=\boldsymbol{\tau}(\boldsymbol{\mu}_0)=\boldsymbol{\tau}_0$ 属于情形 k，则对于 $\boldsymbol{\mu}_0$ 的任意充分小的开领域 $G_N(\boldsymbol{\mu}_0)$，$\exists\boldsymbol{\mu}_1, \boldsymbol{\mu}_2\in G_N(\boldsymbol{\mu}_0)$，使得平衡点 $\boldsymbol{\tau}(\boldsymbol{\mu}_1)$ 是线性稳定的，而平衡点 $\boldsymbol{\tau}(\boldsymbol{\mu}_2)$ 是非共振的和不稳定的。换句话说，存在一个函数 $\boldsymbol{r}=\boldsymbol{\tau}(\boldsymbol{\mu})$

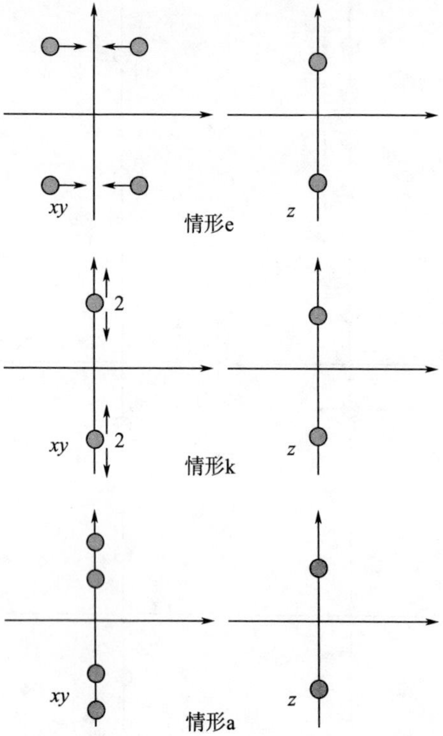

图 4-2b 情形 e→情形 k→情形 a 对应的特征值运动

使得 $\boldsymbol{\tau}(\boldsymbol{\mu}_0)=\boldsymbol{\tau}_0$ 和 $\boldsymbol{F}(\boldsymbol{\mu},\boldsymbol{\tau})=0$ 对任意 $\boldsymbol{\mu}\in G_N(\boldsymbol{\mu}_0)$ 成立，对任意 $\boldsymbol{\mu}\in G_N(\boldsymbol{\mu}_0)$ 来说 $\boldsymbol{\tau}(\boldsymbol{\mu})$ 都是平衡点，此外，$\boldsymbol{\tau}(\boldsymbol{\mu}_1)$ 线性稳定，而 $\boldsymbol{\tau}(\boldsymbol{\mu}_2)$ 非共振的且不稳定的。

情形 k

在此情形下，子流形的结构为 $(\boldsymbol{S},\Omega)\simeq T\Xi\cong W_{xy}^c(\boldsymbol{S})\oplus W_z^c(\boldsymbol{S})$，其中维数满足 $\dim W_{xy}^c(\boldsymbol{S})=\dim W_{xy}^r(\boldsymbol{S})=4$，$\dim W_z^c(\boldsymbol{S})=2$ 和 $\dim W_z^r(\boldsymbol{S})=0$。子空间的结构为 $T_L\boldsymbol{S}\cong E_{xy}^c(L)\oplus E_z^c(L)$，其中维数满足 $\dim E_{xy}^c(L)=\dim E_{xy}^r(L)=4$，$\dim E_z^c(L)=2$ 和 $\dim E_z^r(L)=0$。

平衡点附近的拟周期轨道为

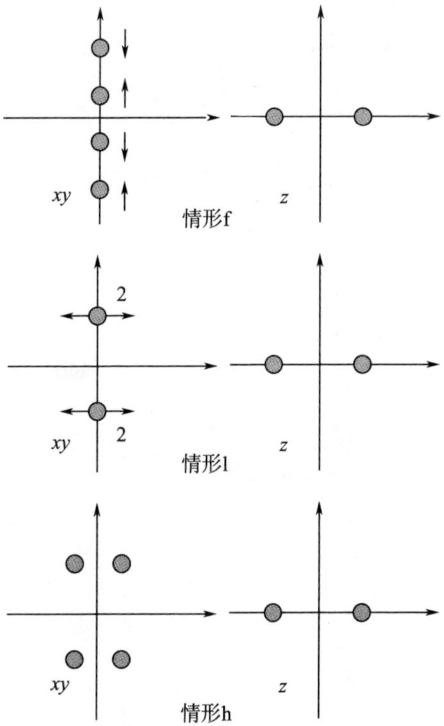

图 4 - 3a　情形 f→情形 l→情形 h 对应的特征值运动

$$\begin{cases}\xi = C_{\xi 1}\cos\beta_1 t + S_{\xi 1}\sin\beta_1 t\\ \eta = C_{\eta 1}\cos\beta_1 t + S_{\eta 1}\sin\beta_1 t\\ \zeta = C_{\zeta 3}\cos\beta_3 t + S_{\zeta 3}\sin\beta_3 t\end{cases} \tag{4-21}$$

此种情形的平衡点附近有两族周期轨道，极限周期为 $T_1=\dfrac{2\pi}{\beta_1}$和 $T_3=\dfrac{2\pi}{\beta_3}$，一族周期轨道在 xy 平面内，另外一族周期轨道在 z 轴上。

情形 l

在此情形下，子流形的结构为$(\boldsymbol{S},\Omega)\simeq T\Xi\cong W_{xy}^{c}(\boldsymbol{S})\oplus W_{z}^{s}(\boldsymbol{S})\oplus W_{z}^{u}(\boldsymbol{S})$，其中维数满足 $\dim W_{xy}^{c}(\boldsymbol{S})=\dim W_{xy}^{r}(\boldsymbol{S})=4$，$\dim W_{z}^{s}(\boldsymbol{S})=\dim W_{z}^{u}(\boldsymbol{S})=1$ 和 $\dim W_{z}^{r}(\boldsymbol{S})=0$。子空间的结构为 $T_L\boldsymbol{S}$

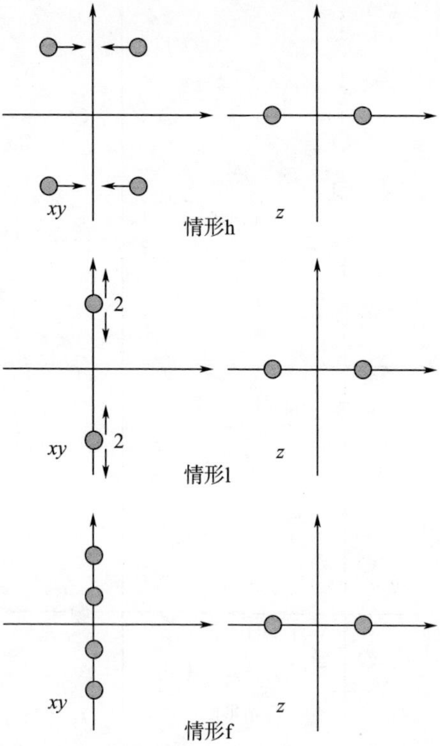

图 4-3b　情形 h→情形 l→情形 f 对应的特征值运动

$\cong E_{xy}^{c}(L) \oplus E_{z}^{s}(L) \oplus E_{z}^{u}(L)$，其中维数满足 $\dim E_{xy}^{c}(L)=\dim E_{xy}^{r}(L)=4$，$\dim E_{z}^{s}(L)=\dim E_{z}^{u}(L)=1$ 和 $\dim E_{z}^{r}(L)=0$。

平衡点附近的拟周期轨道为

$$\begin{cases}\xi = C_{\xi 1}\cos\beta_1 t + S_{\xi 1}\sin\beta_1 t \\ \eta = C_{\eta 1}\cos\beta_1 t + S_{\eta 1}\sin\beta_1 t \\ \zeta = 0\end{cases} \tag{4-22}$$

此种情形的平衡点附近只有一族周期轨道，极限周期为 $T_1=\dfrac{2\pi}{\beta_1}$，该族周期轨道在 xy 平面内。

4.7　应用

本节将本章的相关理论应用到旋转均质立方体引力场和平面圆形限制性三体问题中，分析平衡点的稳定性、局部周期轨道族的个数等。这些问题的共同点是引力场是平面对称的。

4.7.1　旋转均质立方体引力场中的平衡点及其附近的运动

旋转的均质立方体引力场中质点的运动是旋转的平面对称引力场中质点运动的特殊情形，因而本章的相关理论结果可以应用到旋转的均质立方体引力场中。图 4 - 4 给出了本节使用的旋转均质立方体模型的几何外形及大小。表 4 - 2（Liu 等[11]）给出了当引力加速度与离心力加速度之比为 1 时的旋转均质立方体引力场中的平衡点位置坐标，而表 4 - 3（Liu 等[11]）给出了各平衡点的特征值。图 4 - 5 给出了旋转均质立方体在 xy 平面的有效势的密集等高线图，从图中可见，该立方体有 9 个相对平衡点，其中体外共有 8 个相对平衡点。图 4 - 6 为立方体在 xy 平面的有效势。

表 4 - 2　旋转均质立方体引力场中平衡点的位置坐标（Liu 等[11]）

平衡点	x（归一化单位）	y（归一化单位）
E1	1.958	0
E2	1.418	1.418
E3	0	1.958
E4	−1.418	1.418
E5	−1.958	0
E6	−1.418	−1.418
E7	0	−1.958
E8	1.418	−1.418

表 4－3 旋转均质立方体引力场中平衡点的特征值 (Liu 等[11])

平衡点	λ_1	λ_2	λ_3	λ_4
E1	0.697i	－0.697i	0.789i	－0.789i
E2	1.187	－1.187	0.545i	－0.545i
E3	0.697i	－0.697i	0.789i	－0.789i
E4	1.187	－1.187	0.545i	－0.545i
E5	0.697i	－0.697i	0.789i	－0.789i
E6	1.187	－1.187	0.545i	－0.545i
E7	0.697i	－0.697i	0.789i	－0.789i
E8	1.187	－1.187	0.545i	－0.545i

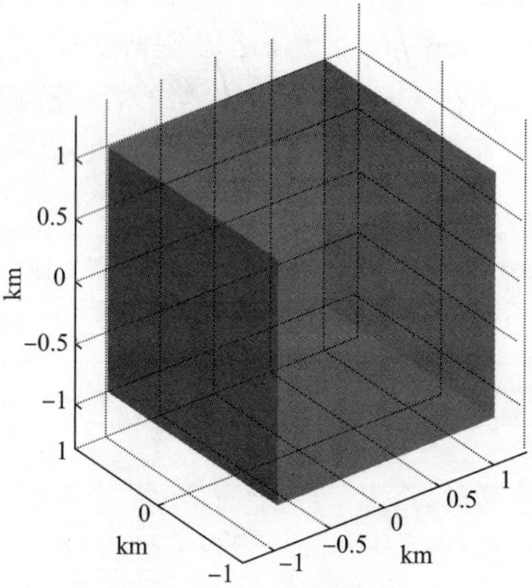

图 4－4 立方体模型

使用本章前面的理论，可以得出平衡点特征值的分布，如图 4－7 所示。在 xy 平面里，平衡点 E1、E3、E5 和 E7 附近各有两族周期轨道，而平衡点 E2、E4、E6 和 E8 附近各有一族周期轨道。这和 Liu 等[11]发现的旋转均质立方体平衡点附近的周期轨道族个数的结

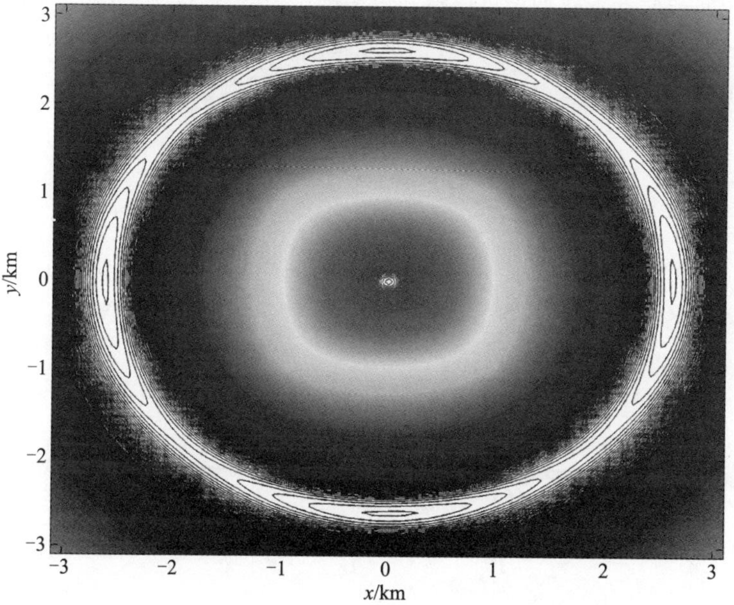

图 4-5　立方体在 xy 平面的有效势的密集等高线图

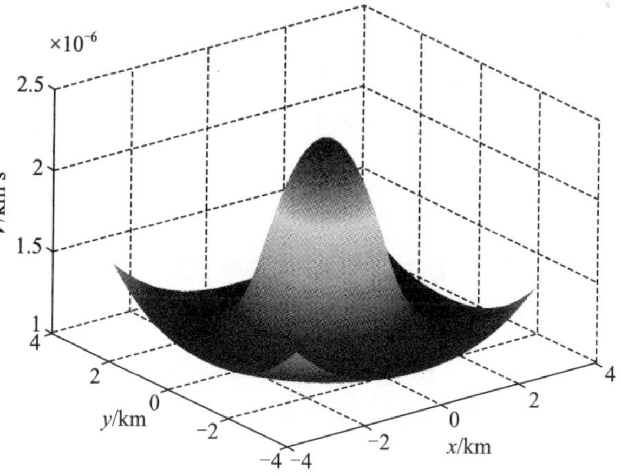

图 4-6　立方体在 xy 平面的有效势

果相同。此外，我们还可以得到更多的结论：在 xy 平面里，平衡点 E1、E3、E5 和 E7 附近各有一族在 2 维环面 T^2 上的拟周期轨道。在平衡点 E1、E3、E5 和 E7 附近的子流形维数满足

$$\dim\{\overline{W}^s_{xy}(\boldsymbol{S}),\ \overline{W}^u_{xy}(\boldsymbol{S}),\ \widetilde{W}^s_{xy}(\boldsymbol{S}),\ \widetilde{W}^u_{xy}(\boldsymbol{S}),\ W^c_{xy}(\boldsymbol{S});\ W^r_{xy}(\boldsymbol{S}),\ W^f_{xy}(\boldsymbol{S})\}=(0,0,0,0,4,0,0)$$

在平衡点 E2、E4、E6 和 E8 附近的子流形维数满足

$$\dim\{\overline{W}^s_{xy}(\boldsymbol{S}),\ \overline{W}^u_{xy}(\boldsymbol{S}),\ \widetilde{W}^s_{xy}(\boldsymbol{S}),\ \widetilde{W}^u_{xy}(\boldsymbol{S}),\ W^c_{xy}(\boldsymbol{S});\ W^r_{xy}(\boldsymbol{S}),\ W^f_{xy}(\boldsymbol{S})\}=(1,1,0,0,1,0,0)$$

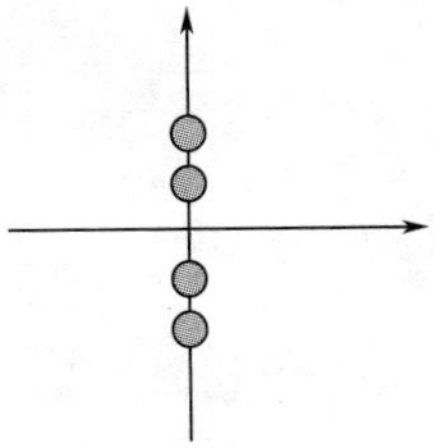

(a) 平衡点E1，E3，E5和E7的特征值分布

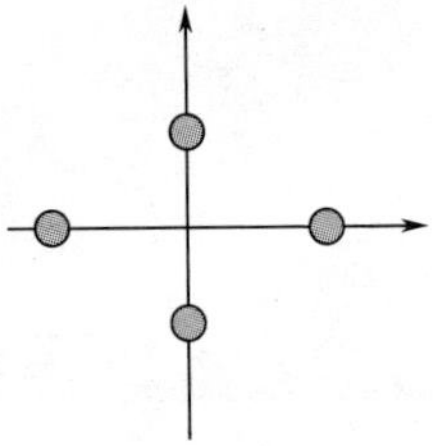

(b) 平衡点E2，E4，E6和E8的特征值分布

图 4-7　特征值的分布

值得注意的是，如果是旋转长方体，则相对平衡点个数不一定是 9 个，例如下面的长方体长、宽、高分别是 1.5km、1.2km 和 1.0km，绕最大惯量轴即长度为 1.0km 的轴的方向自旋，自旋速度同上面的旋转立方体，见图 4-8。图 4-9～图 4-11 分别给出了长方体在 xy 平面的有效势的等高线图、有效势等高线图与平衡点、有效势图。可见，该旋转的长方体共有 5 个相对平衡点，其中体外有 4 个相对平衡点，体内有 1 个相对平衡点，同上面的旋转的立方体的情况有所不同。值得注意的是，改变长方体或立方体的自旋速度，则计算出的有效势、平衡点位置等都有所不同。

4.7.2　平面圆形限制性三体问题的平衡点及其附近的运动

本节将关于旋转平面对称势场的理论结果应用到平面圆形限制

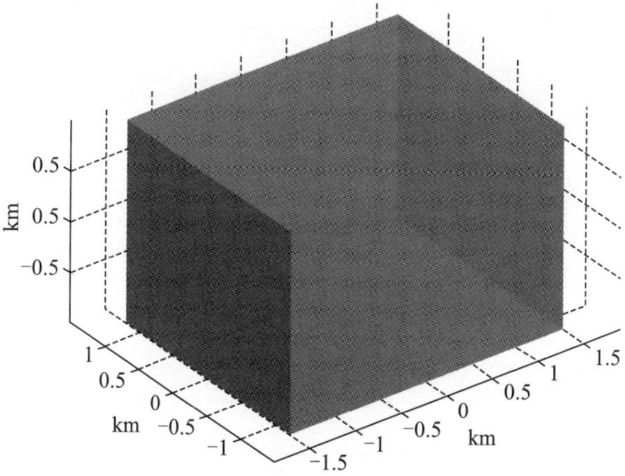

图 4 - 8　长方体模型

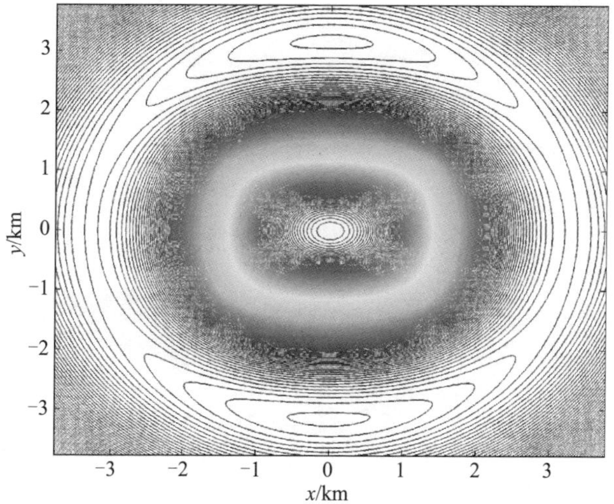

图 4 - 9　长方体在 xy 平面的有效势的等高线图

性三体问题中，平面圆形限制性三体问题是一般的旋转平面对称势场特例，因而相关的理论结果可以作为旋转平面对称势场的特殊情形得出。

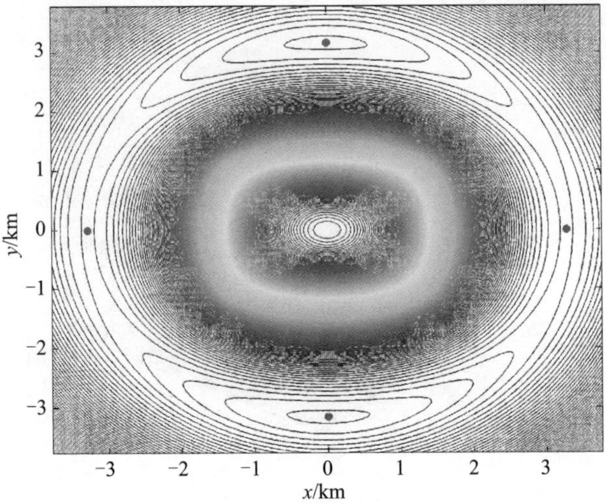

图 4-10 长方体在 xy 平面的有效势的等高线图与平衡点

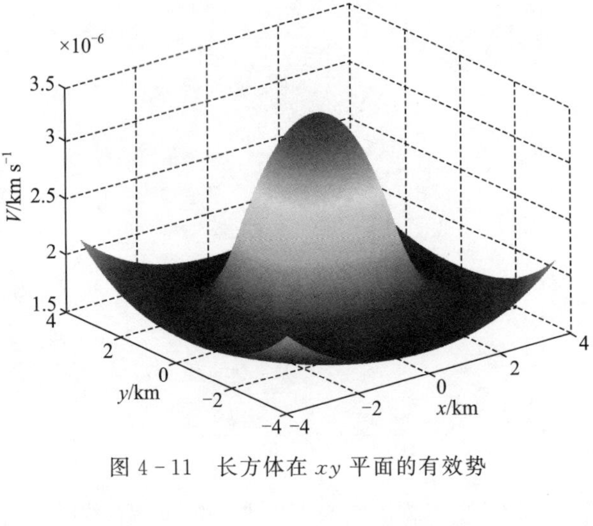

图 4-11 长方体在 xy 平面的有效势

平面圆形限制性三体问题考虑两个大的球形天体，限制为绕其公共质心的圆形的 Kepler 运动，第三个天体无质量，在两个大天体的引力场中运动[21]，在此假定下，第三个天体的动力学行为就是该问题的主要关注点。将 $\omega=1$ 代入方程（4-7）得到[21]

$$\begin{cases}\ddot{\xi}-2\dot{\eta}+V_{xx}\xi+V_{xy}\eta=0\\ \ddot{\eta}+2\dot{\xi}+V_{yx}\xi+V_{yy}\eta=0\\ \ddot{\zeta}+V_{zz}\zeta=0\end{cases} \tag{4-23}$$

其中

$$\begin{cases}V_{xy}(L_j)=V_{yx}(L_j)=0;\ j=1,\ 2,\ 3\\ V_{xx}(L_j)=1-2V_{zz}(L_j);\ j=1,\ 2,\ 3\\ V_{yy}(L_j)=1+2V_{zz}(L_j);\ j=1,\ 2,\ 3\\ V_{zz}=\dfrac{1-\mu}{r_1^3}+\dfrac{\mu}{r_2^3}>0\end{cases}$$

和

$$\begin{cases}V_{xy}(L_4)=V_{yx}(L_4)=-\dfrac{3\sqrt{3}}{4}(1-2\mu)\\ V_{xy}(L_5)=V_{yx}(L_5)=\dfrac{3\sqrt{3}}{4}(1-2\mu)\\ V_{zz}=\dfrac{1-\mu}{r_1^3}+\dfrac{\mu}{r_2^3}>0\\ V_{xx}(L_j)=-\dfrac{3}{4};\ j=4,\ 5\\ V_{yy}(L_j)=-\dfrac{9}{4};\ j=4,\ 5\end{cases} \tag{4-24}$$

应用前面的理论结果，对于三个共线平衡点 L1、L2 和 L3，将式（4－24）代入到式（4－9）得

$$(\lambda^2+V_{zz})[\lambda^4+6\lambda^2+(1-4V_{zz}^2)]=0 \tag{4-25}$$

其中 $\lambda^2+V_{zz}=0$ 确定了 z 轴向的特征值，而 $\lambda^4+6\lambda^2+(1-4V_{zz}^2)=0$ 确定了 xy 平面的特征值；$\lambda^2+V_{zz}=0$ 有一对纯虚根，而 $\lambda^4+6\lambda^2+(1-4V_{zz}^2)=0$ 有一对实根和一对纯虚根。根据本章理论，这说明三个共线平衡点属于本章情形 b，因此对三个共线平衡点 L1、L2 和 L3，附近各有两族周期轨道，其中一族在 xy 平面内，另一族在 z 轴上，共线平衡点附近线性化的方程如同情形 b 的方程，为

$$\begin{cases}\xi = A_{\xi1}e^{\alpha_1 t} + B_{\xi1}e^{-\alpha_1 t} + C_{\xi1}\cos\beta_1 t + S_{\xi1}\sin\beta_1 t \\ \eta = A_{\eta1}e^{\alpha_1 t} + B_{\eta1}e^{-\alpha_1 t} + C_{\eta1}\cos\beta_1 t + S_{\eta1}\sin\beta_1 t \\ \zeta = C_{\zeta2}\cos\beta_2 t + S_{\zeta2}\sin\beta_2 t\end{cases} \tag{4-26}$$

对于三角平衡点 L4 和 L5 来说，将式（4－24）代入到式（4－9）得

$$(\lambda^2 + V_{zz})\left[\lambda^4 + \lambda^2 + \frac{27\mu(1-\mu)}{4}\right] = 0 \tag{4-27}$$

其中$\lambda^2 + V_{zz} = 0$确定了z轴向的特征值，而$\lambda^4 + \lambda^2 + \frac{27\mu(1-\mu)}{4} = 0$确定了$xy$平面的特征值；$\lambda^2 + V_{zz} = 0$有一对纯虚根，对于方程$\lambda^4 + \lambda^2 + \frac{27\mu(1-\mu)}{4} = 0$的根的类型，则需要分情况讨论。

如若$\mu(1-\mu) < \frac{1}{27}$，则方程$\lambda^4 + \lambda^2 + \frac{27\mu(1-\mu)}{4} = 0$有2对纯虚根，此时两个三角平衡点属于情形 a，则它们都是线性稳定的，在平衡点 L4 和 L5 附近各存在 3 族周期轨道，三角平衡点附近线性化的方程如同情形 a 的方程，为

$$\begin{cases}\xi = C_{\xi1}\cos\beta_1 t + S_{\xi1}\sin\beta_1 t + C_{\xi2}\cos\beta_2 t + S_{\xi2}\sin\beta_2 t \\ \eta = C_{\eta1}\cos\beta_1 t + S_{\eta1}\sin\beta_1 t + C_{\eta2}\cos\beta_2 t + S_{\eta2}\sin\beta_2 t \\ \zeta = C_{\zeta3}\cos\beta_3 t + S_{\zeta3}\sin\beta_3 t\end{cases} \tag{4-28}$$

如若$\mu(1-\mu) = \frac{1}{27}$，则方程$\lambda^4 + \lambda^2 + \frac{27\mu(1-\mu)}{4} = 0$有两对重合的纯虚根，为$\left(\frac{i\sqrt{2}}{2}, -\frac{i\sqrt{2}}{2}, \frac{i\sqrt{2}}{2}, -\frac{i\sqrt{2}}{2}\right)$，此时两个三角平衡点属于情形 k，则它们都是共振的，在平衡点 L4 和 L5 附近各存在 2 族周期轨道，其中一族在xy平面内，另外一族在z轴上。三角平衡点附近线性化的方程如同情形 k 的方程，为

$$\begin{cases}\xi = C_{\xi1}\cos\beta_1 t + S_{\xi1}\sin\beta_1 t + P_{\xi1}t\cos\beta_1 t + Q_{\xi1}t\sin\beta_1 t \\ \eta = C_{\eta1}\cos\beta_1 t + S_{\eta1}\sin\beta_1 t + P_{\eta1}t\cos\beta_1 t + Q_{\eta1}t\sin\beta_1 t \\ \zeta = C_{\zeta3}\cos\beta_3 t + S_{\zeta3}\sin\beta_3 t\end{cases} \tag{4-29}$$

如若 $\mu(1-\mu)>\frac{1}{27}$，则方程 $\lambda^4+\lambda^2+\frac{27\mu(1-\mu)}{4}=0$ 有 4 个复根， 此时两个三角平衡点属于情形e，则它们都是不稳定的且非共振的，在平衡点 L4 和 L5 附近各存在 1 族周期轨道，且该族在 z 轴上。三角平衡点附近线性化的方程如同情形 e 的方程，为

$$\begin{cases}\xi=E_{\xi}e^{\sigma t}\cos\tau t+F_{\xi}e^{\sigma t}\sin\tau t+G_{\xi}e^{-\sigma t}\cos\tau t+H_{\xi}e^{-\sigma t}\sin\tau t\\ \eta=E_{\eta}e^{\sigma t}\cos\tau t+F_{\eta}e^{\sigma t}\sin\tau t+G_{\eta}e^{-\sigma t}\cos\tau t+H_{\eta}e^{-\sigma t}\sin\tau t\\ \zeta=C_{\zeta 1}\cos\beta_1 t+S_{\zeta 1}\sin\beta_1 t\end{cases} \tag{4-30}$$

令 $\eta=\mu(1-\mu)$，则当 η 从小于$\frac{1}{27}$逐渐变化到大于$\frac{1}{27}$时，xy 平面的特征值的运动如图 4-12 所示。

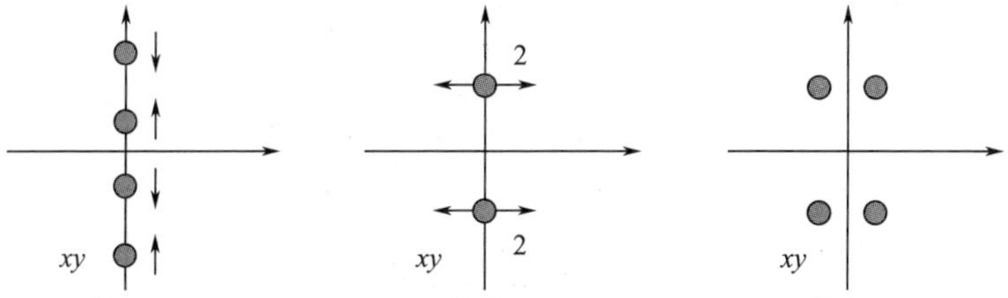

图 4-12　平面圆形限制性三体问题 xy 平面的特征值的运动

因此，本节应用本章的理论，仅用很小的篇幅就可直接得到平面圆形限制性三体问题平衡点附近动力学的主要结论[21]。这些结论包括平衡点的稳定性、线性化的运动方程、周期轨道族的个数等。平面圆形限制性三体问题的三个共线平衡点是不稳定的，而两个三角平衡点的稳定性则依赖于相关参数值的大小，即依赖于两个大天体的质量比[21]。关于平衡点附近周期轨道族的个数的结论也与已知的结论吻合[21,22]。

4.7.3　参数变化下旋转均质立方体引力场中的平衡点的运动

在参数变化下，平衡的位置、特征值、拓扑类型等都可能发生变化[23,24]。考虑旋转均质立方体，这是平面对称引力场的特例。记

G_g 为引力常数，ρ 为密度，$2a$ 为边长。Liu 等[11]发现了立方体引力场中的 8 个平衡点，使用的初值为 $G_g=1$，$\rho=1$，$a=1$ 和 $\omega=1$。本节，我们令 $G_g=1$，$\rho=1$，$a=1$，而 ω 在区间 [0.5，2.0] 逐渐增大，步长为 0.05。图 4-13 给出了旋转均质立方体的转速在区间[0.5，2.0]变化时，平衡点的运动。图中可见旋转均质立方体转速增大时，平衡点逐渐向内部集中，并且集中的速度经历了逐渐减慢，再逐渐增大的过程。对称的平衡点的位置和变化速度相同。

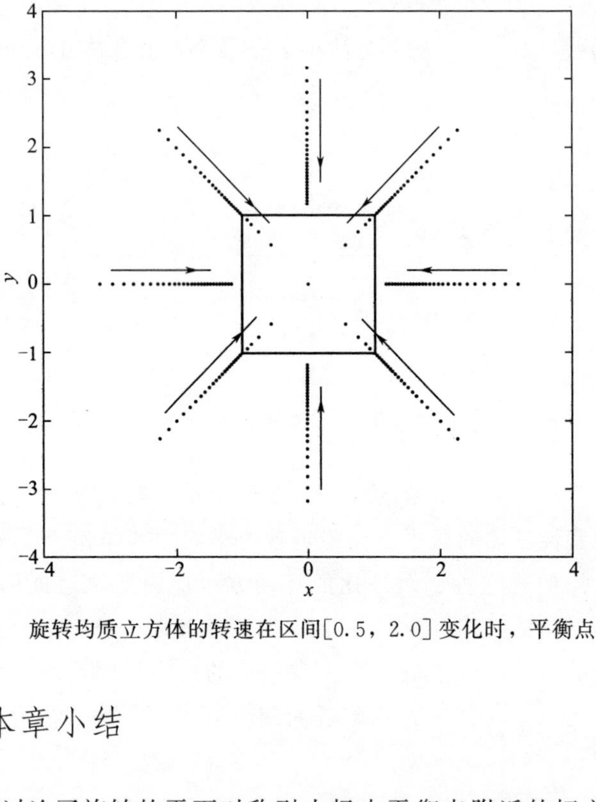

图 4-13　旋转均质立方体的转速在区间[0.5，2.0]变化时，平衡点的运动

4.8　本章小结

本章讨论了旋转的平面对称引力场中平衡点附近的切空间的动力学方程与特征方程以及平衡点的稳定性。此外还给出了平衡点附近周期轨道族的个数，子流形与子空间的结构，介绍了共振平衡点及其附近的混沌行为。给出非退化平衡点有 12 种不同的拓扑情形。

介绍了平衡点线性稳定、非共振不稳定、共振的充分必要条件。共振平衡点是 Hopf 分岔点，它将导致一般的旋转平面对称势场中共振平衡点附近的混沌运动。不仅如此，系统参数变化时，共振平衡点附近的局部运动是初值敏感和拓扑混合的；此外，在系统参数变化下，共振平衡点附近会出现周期轨道族的产生与消失现象。

本章的理论还应用到两个特例中，即用来分析旋转均质立方体平衡点附近的运动和平面圆形限制性三体问题平衡点附近的运动。在旋转均质立方体的引力场中，平衡点 E1、E3、E5 和 E7 附近各有两族周期轨道，各有一族在 2 维环面 T^2 上的拟周期轨道；而平衡点 E2、E4、E6 和 E8 附近各有一族周期轨道。使用本章理论，仅用很小的篇幅就可直接得到旋转均质立方体平衡点附近的运动和平面圆形限制性三体问题平衡点附近动力学的主要结论。此外，在参数变化下，匀速旋转的立方体的相对平衡点的位置会发生变化。

参 考 文 献

［1］ Alberti A, Vidal C. Dynamics of a particle in a gravitational field of a homogeneous annulus disk ［J］. Celestial Mechanics and Dynamical Astronomy, 2007, 98 (98): 75 - 93.

［2］ Arribas M, Elipe A. Non - integrability of the motion of a particle around a massive straight segment ［J］. Physics Letters A, 2001, 281 (s 2 - 3): 142 - 148.

［3］ Blesa F, Periodic orbits around simple shaped bodies ［J］. Monogr. Semin. Mat. García Galdeano, 2006, 33: 67 - 74.

［4］ Broucke R A, Sánchez A E. The dynamics of orbits in a potential field of a solid circular ring ［J］. Regular and Chaotic Dynamics, 2005, 10 (2): 341 - 347.

［5］ Chappell J M, Chappell M J, Iqbal A, Abbott D, The gravity field of a cube. Physics International, 2012, 3: 50 - 57.

［6］ Eckhardt D H, Pestana J L G. Technique for modeling the gravitational field of a galactic disk ［J］. Astrophysical Journal, 2008, 572 (2), 135 -137.

［7］ Elipe A, Lara M. A simple model for the chaotic motion around (433) Eros ［J］. Journal of the Astronautical Sciences, 2004, 51 (4): 391 -404.

［8］ Elipe A, Riaguas A, Nonlinear stability under a logarithmic gravity field. Int. Math. J. 2003, 3: 435 - 453.

［9］ Fukushima T. Precise computation of acceleration due to uniform ring or disk ［J］. Celestial Mechanics and Dynamical Astronomy, 2010, 108 (4): 339 - 356.

［10］ Lindner J F, Lynn J, King F W, et al. Order and chaos in the rotation and revolution of a line segment and a point mass ［J］. Physical Review

E，2010，81 (2)：036208.

[11] Liu X，Baoyin H，Ma X. Equilibria，periodic orbits around equilibria，and heteroclinic connections in the gravity field of a rotating homogeneous cube [J] . Astrophysics and Space Science，2011，333 (2)：409 - 418.

[12] Najid N E，Elourabi E H，Zegoumou M. Potential generated by a massive inhomogeneous straight segment [J] . Research in Astronomy and Astrophysics，2011，11 (3)：345 - 352.

[13] Najid N E，Zegoumou M，Elourabi E H. Dynamical behavior in the vicinity of a circular anisotropic ring [J] . Open Astronomy Journal，2012，5 (5)：54 - 60.

[14] Riaguas A，Elipe A，Lara M. Periodic orbits around a massive straight segment [J] . Celestial Mechanics and Dynamical Astronomy，1998，73 (1)：169 - 178.

[15] Riaguas A，Elipe A，López - Moratalla T. Non - linear stability of the equilibria in the gravity field of a finite straight segment [J] . Celestial Mechanics and Dynamical Astronomy，2001，81 (3)：235 - 248.

[16] Romero S G，Palacián J F，Yanguas P，The invariant manifolds of a finite straight segment. Monografías de la Real Academia de Ciencias de Zaragoza. 2004，25：137 - 148.

[17] Jiang Y，Baoyin H，Li J，et al. Orbits and manifolds near the equilibrium points around a rotating asteroid [J] . Astrophysics and Space Science，2014，349 (1)：83 - 106.

[18] Poincaré H. Méthodes nouvelles，Vol. 1，Gauthier - Villars，Paris. 1892.

[19] Schwarzschild K. Ueber eine Classe periodischer Loesungen des Dreikoerper problems [J] . Astron. Nachr. 1898，147 (2)：17 - 24.

[20] Gómez G，Llibre J. A note on a conjecture of Poincaré [J] . Celestial Mechanics，1981，24 (4)：335 - 343.

[21] Szebehely V. Theory of orbits：the restricted problem of three bodies [M] . Academic Press. 1967，556 - 646.

[22] Subbarao P V，Sharma R K. A note on the stability of the triangular points of equilibrium in the restricted three - body problem [J] . Astronomy and Astrophysics，1975，43 (43)：381 - 383.

[23] Jiang Y, Baoyin H, Li H. Collision and annihilation of relative equilibrium points around asteroids with a changing parameter [J]. Monthly Notices of the Royal Astronomical Society, 2015, 452 (4): 3924-3931.

[24] Jiang Y, Baoyin H, Wang X, et al. Order and chaos near equilibrium points in the potential of rotating highly irregular-shaped celestial bodies [J]. Nonlinear Dynamics, 2016, 83 (1): 231-252.

第 5 章　强不规则小行星引力场中平衡点局部的动力学

5.1　引言

太阳系的小天体如小行星、彗核等由于尺寸较小，引力不足以克服应力从而达到流体静力学平衡，故绝大多数都属于强不规则的天体。而矮行星大到其质量足以克服应力从而达到流体静力平衡，具有球状外形，包括谷神星（1）Ceres 等。本章主要研究强不规则小行星引力场中平衡点附近的动力学。强不规则小行星引力场中的动力学问题按照运动的范围大致可分为平衡点局部的动力学和大范围动力学。平衡点局部的动力学问题主要包括平衡点附近的动力学方程、平衡点的稳定性与拓扑类型、平衡点附近的周期轨道的拓扑类型、平衡点附近周期轨道族的延拓、平衡点附近的几乎周期轨道、平衡点的位置与个数、共振平衡点的初值敏感性、参数变化下平衡点的 Hopf 分岔等。

本章从平衡点附近的动力学方程出发，逐步展开对其他平衡局部动力学问题的论述。相关理论结果对于其他类型的小天体如彗核和大行星的不规则卫星也是成立的。对于太阳系中尺寸在 100 m 以上的小天体来说，其平衡点的研究都有其科学研究与工程应用价值。

5.2　平衡点附近的动力学方程

令 ω 表示矢量 $\boldsymbol{\omega}$ 的模，由表达式 $\boldsymbol{\omega}=\omega\boldsymbol{e}_z$ 定义单位矢量 $\boldsymbol{e}_z$。本

书中，若无特别说明，参考坐标系均选为小行星体坐标系。

质点运动的平衡点是有效势 $V(\boldsymbol{r})$ 的临界点，因而满足下面的条件

$$\frac{\partial V(x, y, z)}{\partial x}=\frac{\partial V(x, y, z)}{\partial y}=\frac{\partial V(x, y, z)}{\partial z}=0 \tag{5-1}$$

其中(x, y, z) 为 $\boldsymbol{r}$ 在体坐标系的分量，令$(x_L, y_L, z_L)^{\mathrm{T}}$ 表示平衡点的坐标，则有效势 $V(x, y, z)$ 可以在平衡点$(x_L, y_L, z_L)^{\mathrm{T}}$ 附近进行 Taylor 展开。为了研究平衡点的稳定性，将质点相对平衡点的运动在平衡点附近线性化，导出相应的特征方程，通过特征方程解的分布来判断平衡点的稳定性。

有效势 $V(x, y, z)$ 在平衡点$(x_L, y_L, z_L)^{\mathrm{T}}$ 处可以展开。定义

$$\begin{array}{l} \xi=x-x_L \\ \eta=y-y_L, \\ \zeta=z-z_L \end{array} \begin{array}{ll} V_{xx}=\left(\dfrac{\partial^2 V}{\partial x^2}\right)_L & V_{xy}=\left(\dfrac{\partial^2 V}{\partial x \partial y}\right)_L \\ V_{yy}=\left(\dfrac{\partial^2 V}{\partial y^2}\right)_L \text{ 及 } & V_{yz}=\left(\dfrac{\partial^2 V}{\partial y \partial z}\right)_L \\ V_{zz}=\left(\dfrac{\partial^2 V}{\partial z^2}\right)_L & V_{xz}=\left(\dfrac{\partial^2 V}{\partial x \partial z}\right)_L \end{array} \tag{5-2}$$

将上式代入小行星附近的动力学方程中，得出平衡点附近的线性化运动方程[1]如下

$$\begin{aligned} &\ddot{\xi}-2\omega\dot{\eta}+V_{xx}\xi+V_{xy}\eta+V_{xz}\zeta=0 \\ &\ddot{\eta}+2\omega\dot{\xi}+V_{xy}\xi+V_{yy}\eta+V_{yz}\zeta=0 \\ &\ddot{\zeta}+V_{xz}\xi+V_{yz}\eta+V_{zz}\zeta=0 \end{aligned} \tag{5-3}$$

特征方程为

$$\begin{vmatrix} \lambda^2+V_{xx} & -2\omega\lambda+V_{xy} & V_{xz} \\ 2\omega\lambda+V_{xy} & \lambda^2+V_{yy} & V_{yz} \\ V_{xz} & V_{yz} & \lambda^2+V_{zz} \end{vmatrix}=0 \tag{5-4}$$

展开写为

$$\lambda^6+(V_{xx}+V_{yy}+V_{zz}+4\omega^2)\lambda^4+(V_{xx}V_{yy}+V_{yy}V_{zz}+V_{zz}V_{xx}-V_{xy}^2-V_{yz}^2-V_{xz}^2+4\omega^2V_{zz})\lambda^2+(V_{xx}V_{yy}V_{zz}+2V_{xy}V_{yz}V_{xz}-V_{xx}V_{yz}^2-V_{yy}V_{xz}^2-V_{zz}V_{xy}^2)=0 \quad (5-5)$$

其中 λ 表示线性化方程（5-3）的特征值，特征方程（5-5）是一个关于 λ 的 6 次方程，平衡点的稳定性可以通过分析（5-5）的 6 个根的分布来确定，令 $\lambda_i(i=1,2,\cdots,6)$ 表示方程(5-5) 的根。

5.3　平衡点的稳定性

本节讨论小行星相对平衡点的稳定性。首先分析平衡点特征方程的根，给出一个关于特征值特性的结论。此外，提出并证明一个关于平衡点稳定的充分条件，该充分条件仅依赖于有效势的 Hessian 矩阵；最后给出一个平衡点稳定的充分必要条件。

记

$$P(\lambda)=\lambda^6+(V_{xx}+V_{yy}+V_{zz}+4\omega^2)\lambda^4+(V_{xx}V_{yy}+V_{yy}V_{zz}+V_{zz}V_{xx}-V_{xy}^2-V_{yz}^2-V_{xz}^2+4\omega^2V_{zz})\lambda^2+(V_{xx}V_{yy}V_{zz}+2V_{xy}V_{yz}V_{xz}-V_{xx}V_{yz}^2-V_{yy}V_{xz}^2-V_{zz}V_{xy}^2)$$

则有 $P(\lambda)=P(-\lambda)$

性质 1　若 λ 是匀速旋转小行星势场中一个平衡点的特征值，则 $-\lambda$，$\bar{\lambda}$ 和 $-\bar{\lambda}$ 也是该平衡点的特征值。即，平衡点的所有特征值具有形式 $\pm\alpha(\alpha\in\mathbf{R},\alpha\geqslant 0)$，$\pm\mathrm{i}\beta(\beta\in\mathbf{R},\beta>0)$ 和 $\pm\sigma\pm\mathrm{i}\tau(\sigma,\tau\in\mathbf{R};\sigma,\tau>0)$。

定理 1　若小行星平衡点的有效势的 Hessian 矩阵 $\begin{pmatrix} V_{xx} & V_{xy} & V_{xz} \\ V_{xy} & V_{yy} & V_{yz} \\ V_{xz} & V_{yz} & V_{zz} \end{pmatrix}$ 正定，则该平衡点线性稳定。

证明　式（5-3）可以表示为

$$\boldsymbol{M}\ddot{\boldsymbol{X}}+\boldsymbol{G}\dot{\boldsymbol{X}}+\boldsymbol{K}\boldsymbol{X}=0 \quad (5-6)$$

其中

$$\boldsymbol{X}=[\xi \quad \eta \quad \zeta]^{\mathrm{T}},\ \boldsymbol{M}=\begin{pmatrix}1 & 0 & 0\\ 0 & 1 & 0\\ 0 & 0 & 1\end{pmatrix}$$

$$\boldsymbol{G}=\begin{pmatrix}0 & -2\omega & 0\\ 2\omega & 0 & 0\\ 0 & 0 & 0\end{pmatrix},\ \boldsymbol{K}=\begin{pmatrix}V_{xx} & V_{xy} & V_{xz}\\ V_{xy} & V_{yy} & V_{yz}\\ V_{xz} & V_{yz} & V_{zz}\end{pmatrix}$$

矩阵$\boldsymbol{M}$，$\boldsymbol{G}$和$\boldsymbol{K}$满足$\boldsymbol{M}^{\mathrm{T}}=\boldsymbol{M}$且$\boldsymbol{M}>0$，$\boldsymbol{G}^{\mathrm{T}}=-\boldsymbol{G}$，$\boldsymbol{K}^{\mathrm{T}}=\boldsymbol{K}$。陀螺系统$\boldsymbol{M}\ddot{\boldsymbol{X}}+\boldsymbol{G}\dot{\boldsymbol{X}}+\boldsymbol{K}\boldsymbol{X}=0$是稳定的，若$\boldsymbol{K}=\begin{pmatrix}V_{xx} & V_{xy} & V_{xz}\\ V_{xy} & V_{yy} & V_{yz}\\ V_{xz} & V_{yz} & V_{zz}\end{pmatrix}$正定。

定理 1 是小行星相对平衡点稳定的充分条件。下面给出的定理 2 是小行星相对平衡点稳定的充分必要条件。

定理 2 小行星相对平衡点线性稳定当且仅当

$$\begin{cases}V_{xx}+V_{yy}+V_{zz}+4\omega^2>0\\ V_{xx}V_{yy}+V_{yy}V_{zz}+V_{zz}V_{xx}+4\omega^2V_{zz}>V_{xy}^2+V_{yz}^2+V_{xz}^2\\ V_{xx}V_{yy}V_{zz}+2V_{xy}V_{yz}V_{xz}>V_{xx}V_{yz}^2+V_{yy}V_{xz}^2+V_{zz}V_{xy}^2\\ A^2+18ABC>4A^3C+4B^3+27C^2\end{cases} \tag{5-7}$$

其中

$$\begin{cases}A=V_{xx}+V_{yy}+V_{zz}+4\omega^2\\ B=V_{xx}V_{yy}+V_{yy}V_{zz}+V_{zz}V_{xx}-V_{xy}^2-V_{yz}^2-V_{xz}^2+4\omega^2V_{zz}\\ C=V_{xx}V_{yy}V_{zz}+2V_{xy}V_{yz}V_{xz}-V_{xx}V_{yz}^2-V_{yy}V_{xz}^2-V_{zz}V_{xy}^2\end{cases}$$

证明

考虑平衡点附近的线性化运动方程

$$\boldsymbol{M}\ddot{\boldsymbol{X}}+\boldsymbol{G}\dot{\boldsymbol{X}}+\boldsymbol{K}\boldsymbol{X}=0$$

矩阵$\boldsymbol{M}$，$\boldsymbol{G}$和$\boldsymbol{K}$满足$\boldsymbol{M}^{\mathrm{T}}=\boldsymbol{M}$且$\boldsymbol{M}>0$，$\boldsymbol{G}^{\mathrm{T}}=-\boldsymbol{G}$，$\boldsymbol{K}^{\mathrm{T}}=\boldsymbol{K}$。因此该线性化方程表示了一个陀螺保守系统。该陀螺保守系统的特征方程为

$$P(\lambda)=\lambda^6+(V_{xx}+V_{yy}+V_{zz}+4\omega^2)\lambda^4+(V_{xx}V_{yy}+V_{yy}V_{zz}+$$

$$V_{zz}V_{xx}-V_{xy}^2-V_{yz}^2-V_{xz}^2+4\omega^2V_{zz})\lambda^2+(V_{xx}V_{yy}V_{zz}+$$
$$2V_{xy}V_{yz}V_{xz}-V_{xx}V_{yz}^2-V_{yy}V_{xz}^2-V_{zz}V_{xy}^2)=0$$

使用陀螺保守系统的稳定条件[172]，立即得到结论。

从定理 2 可知，小行星相对平衡点稳定的充分必要条件取决于有效势和小行星的旋转角速度。

5.4　轨道与度量

在上一章中已经假定 $\boldsymbol{A}^3$ 是由 (x, y, z) 所生成的拓扑空间，并给 $\boldsymbol{A}^3$ 上赋予了度量 $d\rho^2$，记 $M=(\boldsymbol{A}^3, d\rho^2)$。下面的定理找到了一个度量 $d\rho^2$，使得测地线与轨道相联系。

定理 3　记 $d\rho^2=2m(h-U)[\dot{\boldsymbol{r}}\cdot\dot{\boldsymbol{r}}-(\boldsymbol{\omega}\times\boldsymbol{r})\cdot(\boldsymbol{\omega}\times\boldsymbol{r})]dt$，则质点相对强不规则体的轨道是流形 M 的在等能量超曲面 $H=h$ 上赋予了度量 $d\rho^2$ 的测地线，反之，流形 M 的在等能量超曲面 $H=h$ 上赋予了度量 $d\rho^2$ 的测地线是质点相对强不规则体的轨道。

证明　运动方程如式（3－1）所示，而 Jacobi 积分如式（3－2）所示。令

$$J=\int_{t_1}^{t_2}[\dot{\boldsymbol{r}}\cdot\dot{\boldsymbol{r}}-(\boldsymbol{\omega}\times\boldsymbol{r})\cdot(\boldsymbol{\omega}\times\boldsymbol{r})]dt \tag{5-8}$$

则在等能量超曲面 $H=h$ 上，Jacobi 积分的变分为零

$$\delta J=0 \tag{5-9}$$

在等能量超曲面 $H=h$ 上，有下面的方程

$$\frac{d\boldsymbol{r}}{dt}\cdot\frac{d\boldsymbol{r}}{dt}-(\boldsymbol{\omega}\times\boldsymbol{r})\cdot(\boldsymbol{\omega}\times\boldsymbol{r})=2(h-U) \tag{5-10}$$

代入方程（5－8）得到

$$J=\int_{r_1}^{r_2}d\rho \tag{5-11}$$

由此可见变分 δJ 在轨道上一直为零。因此质点相对强不规则体的轨道是流形 M 的在等能量超曲面 $H=h$ 上赋予了度量 $d\rho^2$ 的测地线，反之，流形 M 的在等能量超曲面 $H=h$ 上赋予了度量 $d\rho^2$ 的测

地线是质点相对强不规则体的轨道。

取定了平衡点 $L \in M$，平衡点处的切空间为 $T_L M$，光滑流形 M 的切丛和光滑流形 M 上平衡点处的充分小的开领域 Ξ 的切丛为

$$TM = \bigcup_{p \in M} T_p M = \{(p, q) \mid p \in M, q \in T_p M\} \quad (5-12)$$

和

$$T\Xi = \bigcup_{p \in \Xi} T_p \Xi = \{(p, q) \mid p \in \Xi, q \in T_p \Xi\} \quad (5-13)$$

满足 $\dim TM = \dim T\Xi = 6$。同上一章相同，记号$(\boldsymbol{S}, \Omega)$仍表示平衡点附近的 6 维辛流形，使得 $\boldsymbol{S}$ 和 $T\Xi$ 是拓扑同胚的但不是微分同胚的，其中 Ω 是一个非退化反对称双线性二次型。

5.5 平衡点附近的流形与几乎周期轨道

为了确定平衡点附近的运动状态、流形、周期轨道、拟周期轨道和几乎周期轨道，需要分析平衡点的稳定性和特征值的分布。

5.5.1 特征值与子流形

非退化平衡点的特征值具有形式$\pm\alpha_j$ ($\alpha \in \mathbf{R}$, $\alpha > 0$; $j = 1, 2, 3$)，$\pm\mathrm{i}\beta_j$ ($\beta \in \mathbf{R}$, $\beta > 0$; $j = 1, 2, 3$) 和$\pm\sigma \pm \mathrm{i}\tau$ ($\sigma, \tau \in \mathbf{R}$; $\sigma, \tau > 0$)。$H(L)$ 为平衡点处的 Jacobi 常数，特征值 λ_j 对应的特征矢量为 $\boldsymbol{u}_j$，平衡点附近等能量流形 $H = h$ 上的一条轨道，可以定义渐近稳定流形 $W^s(\boldsymbol{S})$、渐近不稳定流形 $W^u(\boldsymbol{S})$ 以及中心流形 $W^c(\boldsymbol{S})$，其中 $h = H(L) + \varepsilon^2$，ε^2 充分小使得在流形$(\boldsymbol{S}, \Omega)$上平衡点 L 的邻域内不存在另外一个平衡点$\tilde{L}$ 满足 $H(L) \leqslant H(\tilde{L}) \leqslant h$，其中 $H(\tilde{L})$ 为$\tilde{L}$ 点处的 Jacobi 常数。相应地，还有渐近稳定子空间 $E^s(L)$、渐近不稳定子空间 $E^u(L)$ 以及中心子空间 $E^c(L)$。

其中

$$E^s(L) = \mathrm{span}\{\boldsymbol{u}_j \mid \mathrm{Re}\lambda_j < 0\}$$
$$E^c(L) = \mathrm{span}\{\boldsymbol{u}_j \mid \mathrm{Re}\lambda_j = 0\}$$
$$E^u(L) = \mathrm{span}\{\boldsymbol{u}_j \mid \mathrm{Re}\lambda_j > 0\}$$

记

$$\begin{cases}\bar{E}^s(L)=\operatorname{span}\{\boldsymbol{u}_j \mid \lambda_j \in C_\lambda,\ \operatorname{Re}\lambda_j<0,\ \operatorname{Im}\lambda_j=0\} \\ \widetilde{E}^s(L)=\operatorname{span}\{\boldsymbol{u}_j \mid \lambda_j \in C_\lambda,\ \operatorname{Re}\lambda_j<0,\ \operatorname{Im}\lambda_j \neq 0\}\end{cases}$$

和

$$\begin{cases}\bar{E}^u(L)=\operatorname{span}\{\boldsymbol{u}_j \mid \lambda_j \in C_\lambda,\ \operatorname{Re}\lambda_j>0,\ \operatorname{Im}\lambda_j=0\} \\ \widetilde{E}^u(L)=\operatorname{span}\{\boldsymbol{u}_j \mid \lambda_j \in C_\lambda,\ \operatorname{Re}\lambda_j>0,\ \operatorname{Im}\lambda_j \neq 0\}\end{cases}。$$

则渐近稳定流形 $\bar{W}^s(\boldsymbol{S})$ 和 $\widetilde{W}^s(\boldsymbol{S})$ 分别与渐近稳定子空间 $\bar{E}^s(L)$ 和 $\widetilde{E}^s(L)$ 在平衡点处相切。渐近不稳定流形 $\bar{W}^u(\boldsymbol{S})$ 和 $\widetilde{W}^u(\boldsymbol{S})$ 分别与渐近不稳定子空间 $\bar{E}^u(L)$ 和 $\widetilde{E}^u(L)$ 在平衡点处相切。为了对共振行为进行刻画，记 $W^r(\boldsymbol{S})$ 为共振流形，与共振子空间 $E^r(L)=\operatorname{span}\{\boldsymbol{u}_j \mid \exists\lambda_k,\ s.t. \operatorname{Re}\lambda_j=\operatorname{Re}\lambda_k=0,\ \operatorname{Im}\lambda_j=\operatorname{Im}\lambda_k,\ j\neq k\}$ 相切，显然有 $E^r(L)\subseteq E^c(L)$ 和 $W^r(\boldsymbol{S})\subseteq W^c(\boldsymbol{S})$。记 $W^f(\boldsymbol{S})$ 为等同流形，它与等同子空间 $E^f(L)=\operatorname{span}\{\boldsymbol{u}_j \mid \lambda_j\in C_\lambda,\ \exists\lambda_k,\ s.t. \operatorname{Re}\lambda_j=\operatorname{Re}\lambda_k\neq 0,\ \operatorname{Im}\lambda_j=\operatorname{Im}\lambda_k=0,\ j\neq k\}$ 相切。当 $\dim E^f(L)\neq 0$ 时，特征值 λ_j 和 λ_k 对应的子空间和子流形是等同的，相图完全一致。

记 $E^l(L)=\operatorname{span}\{\boldsymbol{u}_j \mid \operatorname{Re}\lambda_j=0,\ \operatorname{Im}\lambda_j\neq 0,\ s.t.\ \forall\lambda_k\in C_\lambda,\ \lambda_k \neq\lambda_j\}$ 为线性稳定子空间，其中 J 为 λ_j 的个数，满足 $\begin{cases}\operatorname{Re}\lambda_j=0\\ \operatorname{Im}\lambda_j\neq 0\end{cases}$，记 $W^l(\boldsymbol{S})$ 为线性稳定流形，与线性稳定子空间相切，于是有 $E^l(L)\subseteq E^c(L)$ 和 $W^l(\boldsymbol{S})\subseteq W^c(\boldsymbol{S})$。此外，当纯虚特征值重合时，产生共振流形。

由此可见 $(\boldsymbol{S},\ \Omega)\simeq T\Xi\cong W^s(\boldsymbol{S})\oplus W^c(\boldsymbol{S})\oplus W^u(\boldsymbol{S})$，且有 $E^r(L)\subseteq E^c(L)$，$W^r(\boldsymbol{S})\subseteq W^c(\boldsymbol{S})$。流形 $(\boldsymbol{S},\ \Omega)$ 在平衡点处的切空间为 $T_L\boldsymbol{S}$，于是切空间的微分同胚满足 $T_L\boldsymbol{S}\cong E^s(L)\oplus E^c(L)\oplus E^u(L)$。考虑流形与子空间的维数，则下列表达式成立：

$$\dim W^s(\boldsymbol{S})+\dim W^c(\boldsymbol{S})+\dim W^u(\boldsymbol{S})=\dim(\boldsymbol{S},\ \Omega)=\dim T\Xi=6$$

$$\dim E^s(L)+\dim E^c(L)+\dim E^u(L)=\dim T_L\boldsymbol{S}=6$$

$$\dim E^r(L)=\dim W^r(\boldsymbol{S})\leqslant\dim E^c(L)=\dim W^c(\boldsymbol{S})$$

综合以上讨论，有下面的定理：

定理 4　旋转强不规则体势场中的平衡点可分为以下 21 种不同的拓扑情形，特征值的分布见图 5-1。

（1）非退化非共振的普通情形（ordinary cases）

情形 O1：特征值两两不同且具有形式 $\pm \mathrm{i}\beta_j (\beta_j \in \mathbf{R}, \beta_j > 0; j=1, 2, 3)$，子流形的结构为 $(\boldsymbol{S}, \Omega) \simeq T\Xi \cong W^c(\boldsymbol{S})$，满足 $\dim W^r(\boldsymbol{S}) = 0$；

情形 O2：特征值两两不同且具有形式 $\pm \alpha_j (\alpha_j \in \mathbf{R}, \alpha_j > 0, j=1)$ 和 $\pm \mathrm{i}\beta_j (\beta_j \in \mathbf{R}, \beta_j > 0; j=1, 2)$，子流形的结构为 $(\boldsymbol{S}, \Omega) \simeq T\Xi \cong \overline{W}^s(\boldsymbol{S}) \oplus W^c(\boldsymbol{S}) \oplus \overline{W}^u(\boldsymbol{S})$，满足 $\dim W^c(\boldsymbol{S}) = 4$，$\dim \overline{W}^s(\boldsymbol{S}) = \dim \overline{W}^u(\boldsymbol{S}) = 1$，$\dim W^r(\boldsymbol{S}) = 0$；

情形 O3：特征值两两不同且具有形式 $\pm \alpha_j (\alpha_j \in \mathbf{R}, \alpha_j > 0; j=1, 2)$ 和 $\pm \mathrm{i}\beta_j (\beta_j \in \mathbf{R}, \beta_j > 0, j=1)$，子流形的结构为 $(\boldsymbol{S}, \Omega) \simeq T\Xi \cong \overline{W}^s(\boldsymbol{S}) \oplus W^c(\boldsymbol{S}) \oplus \overline{W}^u(\boldsymbol{S})$，满足 $\dim \overline{W}^s(\boldsymbol{S}) = \dim W^c(\boldsymbol{S}) = \dim \overline{W}^u(\boldsymbol{S}) = 2$，$\dim W^r(\boldsymbol{S}) = 0$；

情形 O4：特征值具有形式 $\pm \mathrm{i}\beta_j (\beta_j \in \mathbf{R}, \beta_j > 0, j=1)$ 和 $\pm \sigma \pm \mathrm{i}\tau (\sigma, \tau \in \mathbf{R}; \sigma, \tau > 0)$，子流形的结构为 $(\boldsymbol{S}, \Omega) \simeq T\Xi \cong \widetilde{W}^s(\boldsymbol{S}) \oplus W^c(\boldsymbol{S}) \oplus \widetilde{W}^u(\boldsymbol{S})$，满足 $\dim W^r(\boldsymbol{S}) = 0$，$\dim \widetilde{W}^s(\boldsymbol{S}) = \dim W^c(\boldsymbol{S}) = \dim \widetilde{W}^u(\boldsymbol{S}) = 2$；

情形 O5：特征值具有形式 $\pm \alpha_j (\alpha_j \in \mathbf{R}, \alpha_j > 0, j=1)$ 和 $\pm \sigma \pm i\tau (\sigma, \tau \in \mathbf{R}; \sigma, \tau > 0)$，子流形的结构为 $(\boldsymbol{S}, \Omega) \simeq T\Xi \cong \overline{W}^s(\boldsymbol{S}) \oplus \overline{W}^u(\boldsymbol{S}) \oplus \widetilde{W}^s(\boldsymbol{S}) \oplus \widetilde{W}^u(\boldsymbol{S})$，满足 $\dim \overline{W}^s(\boldsymbol{S}) = \dim \overline{W}^u(\boldsymbol{S}) = 1$，$\dim \widetilde{W}^s(\boldsymbol{S}) = \dim \widetilde{W}^u(\boldsymbol{S}) = 2$；

情形 O6：特征值具有形式 $\pm \alpha_j (\alpha_j \in \mathbf{R}, \alpha_j > 0, j=1, 2, 3)$，子流形的结构为 $(\boldsymbol{S}, \Omega) \simeq T\Xi \cong \overline{W}^s(\boldsymbol{S}) \oplus \overline{W}^u(\boldsymbol{S})$，满足 $\dim \overline{W}^s(\boldsymbol{S}) = \dim \overline{W}^u(\boldsymbol{S}) = 3$。

（2）共振情形（resonant cases）

情形 R1：特征值具有形式 $\pm \mathrm{i}\beta_j (\beta_j \in \mathbf{R}, \beta_1 = \beta_2 = \beta_3 > 0; j =$

1，2，3)，子流形的结构为$(\boldsymbol{S}, \Omega) \simeq T\Xi \simeq W^{c}(\boldsymbol{S}) \simeq W^{r}(\boldsymbol{S})$，满足$\dim W^{r}(\boldsymbol{S}) = \dim W^{c}(\boldsymbol{S}) = 6$；

情形 R2：特征值具有形式$\pm \mathrm{i}\beta_j (\beta_j \in \mathbf{R}, \beta_j > 0, \beta_1 = \beta_2 \neq \beta_3; j = 1, 2, 3)$，子流形的结构为$(\boldsymbol{S}, \Omega) \simeq T\Xi \cong W^{c}(\boldsymbol{S})$，满足$\dim W^{r}(\boldsymbol{S}) = 4$；

情形 R3：特征值具有形式$\pm \alpha_j (\alpha_j \in \mathbf{R}, \alpha_j > 0, j = 1)$和$\pm \mathrm{i}\beta_j (\beta_j \in \mathbf{R}, \beta_1 = \beta_2 > 0; j = 1, 2)$，子流形的结构为$(\boldsymbol{S}, \Omega) \simeq T\Xi \cong \overline{W}^{s}(\boldsymbol{S}) \oplus W^{c}(\boldsymbol{S}) \oplus \overline{W}^{u}(\boldsymbol{S})$，满足$\dim W^{r}(\boldsymbol{S}) = \dim W^{c}(\boldsymbol{S}) = 4$，$\dim \overline{W}^{s}(\boldsymbol{S}) = \dim \overline{W}^{u}(\boldsymbol{S}) = 1$。

(3) 退化实鞍情形 (degenerate real saddle cases)

情形 DRS1：特征值具有形式$\pm \alpha_j (\alpha_j \in \mathbf{R}, \alpha_j > 0, j = 1, 2, 3 | \alpha_1 = \alpha_2 \neq \alpha_3)$，子流形的结构为$(\boldsymbol{S}, \Omega) \simeq T\Xi \cong \overline{W}^{s}(\boldsymbol{S}) \oplus \overline{W}^{u}(\boldsymbol{S})$，满足$\dim \overline{W}^{s}(\boldsymbol{S}) = \dim \overline{W}^{u}(\boldsymbol{S}) = 3$。

情形 DRS2：特征值具有形式$\pm \alpha_j (\alpha_j \in \mathbf{R}, \alpha_j > 0, j = 1, 2, 3 | \alpha_1 = \alpha_2 = \alpha_3)$，子流形的结构为$(\boldsymbol{S}, \Omega) \simeq T\Xi \cong \overline{W}^{s}(\boldsymbol{S}) \oplus \overline{W}^{u}(\boldsymbol{S})$，满足$\dim \overline{W}^{s}(\boldsymbol{S}) = \dim \overline{W}^{u}(\boldsymbol{S}) = 3$。

情形 DRS3：特征值具有形式$\pm \mathrm{i}\beta_j (\beta_j \in \mathbf{R}, \beta_j > 0, j = 1)$和$\pm \alpha_j (\alpha_j \in \mathbf{R}, \alpha_j > 0, j = 1, 2 | \alpha_1 = \alpha_2)$，子流形的结构为$(\boldsymbol{S}, \Omega) \simeq T\Xi \cong \overline{W}^{s}(\boldsymbol{S}) \oplus W^{c}(\boldsymbol{S}) \oplus \overline{W}^{u}(\boldsymbol{S})$，满足$\dim \overline{W}^{s}(\boldsymbol{S}) = \dim \overline{W}^{u}(\boldsymbol{S}) = 2$。

(4) 退化平衡情形 (degenerate equilibrium cases)

情形 DE1：特征值具有形式$\gamma_j (\gamma_j = 0; j = 1, 2)$和$\pm \sigma \pm \mathrm{i}\tau (\sigma, \tau \in \mathbf{R}; \sigma, \tau > 0)$，子流形的结构为$(\boldsymbol{S}, \Omega) \simeq T\Xi \cong W^{e}(\boldsymbol{S}) \oplus \widetilde{W}^{s}(\boldsymbol{S}) \oplus \widetilde{W}^{u}(\boldsymbol{S})$，满足$\dim W^{e}(\boldsymbol{S}) = \dim \widetilde{W}^{s}(\boldsymbol{S}) = \dim \widetilde{W}^{u}(\boldsymbol{S}) = 2$。

情形 DE2：特征值具有形式$\gamma_j (\gamma_j = 0; j = 1, 2)$和$\pm \mathrm{i}\beta_j (\beta_j \in \mathbf{R}, \beta_j > 0; j = 1, 2 | \beta_1 \neq \beta_2)$，子流形的结构为$(\boldsymbol{S}, \Omega) \simeq T\Xi \cong W^{e}(\boldsymbol{S}) \oplus W^{c}(\boldsymbol{S})$，满足$\dim W^{e}(\boldsymbol{S}) = 2$，$\dim W^{c}(\boldsymbol{S}) = 4$和$\dim W^{r}(\boldsymbol{S}) = 0$。

情形 DE3：特征值具有形式$\gamma_j (\gamma_j = 0; j = 1, 2)$和$\pm \alpha_j (\alpha_j \in$

$\mathbf{R}$，$\alpha_j>0$，$j=1$，$2|\alpha_1\neq\alpha_2$)，子流形的结构为$(\boldsymbol{S}, \Omega)\simeq T\Xi\cong W^e(\boldsymbol{S})\oplus\overline{W}^s(\boldsymbol{S})\oplus\overline{W}^u(\boldsymbol{S})$，满足 $\dim W^s(\boldsymbol{S})=\dim\overline{W}^s(\boldsymbol{S})=\dim\overline{W}^u(\boldsymbol{S})=2$。

情形 DE4：特征值具有形式 $\gamma_j(\gamma_j=0$；$j=1$，$2)$，$\pm \mathrm{i}\beta_1(\beta_1\in\mathbf{R}$，$\beta_1>0)$ 和 $\pm\alpha_1(\alpha_1\in\mathbf{R}$，$\alpha_1>0)$，子流形的结构为$(\boldsymbol{S}, \Omega)\simeq T\Xi\cong W^e(\boldsymbol{S})\oplus\overline{W}^s(\boldsymbol{S})\oplus W^c(\boldsymbol{S})\oplus\overline{W}^u(\boldsymbol{S})$，满足 $\dim W^e(\boldsymbol{S})=\dim W^c(\boldsymbol{S})=2$，$\dim W^s(\boldsymbol{S})=\dim W^u(\boldsymbol{S})=1$ 和 $\dim W^r(\boldsymbol{S})=0$。

情形 DE5：特征值具有形式 $\gamma_j(\gamma_j=0$；$j=1$，2，3，4) 和 $\pm\mathrm{i}\beta_1(\beta_1\in\mathbf{R}$，$\beta_1>0)$，子流形的结构为$(\boldsymbol{S}, \Omega)\simeq T\Xi\cong W^e(\boldsymbol{S})\oplus W^c(\boldsymbol{S})$，满足 $\dim W^c(\boldsymbol{S})=4$，$\dim W^e(\boldsymbol{S})=2$ 和 $\dim W^r(\boldsymbol{S})=0$。

情形 DE6：特征值具有形式 $\gamma_j(\gamma_j=0$；$j=1$，2，3，4) 和 $\pm\alpha_1(\alpha_1\in\mathbf{R}$，$\alpha_1>0)$，子流形的结构为$(\boldsymbol{S}, \Omega)\simeq T\Xi\cong W^e(\boldsymbol{S})\oplus\overline{W}^s(\boldsymbol{S})\oplus\overline{W}^u(\boldsymbol{S})$，满足 $\dim W^e(\boldsymbol{S})=4$，$\dim\overline{W}^s(\boldsymbol{S})=\dim\overline{W}^u(\boldsymbol{S})=1$。

情形 DE7：特征值具有形式 $\gamma_j(\gamma_j=0$；$j=1$，2，3，4，5，6)，子流形的结构为$(\boldsymbol{S}, \Omega)\simeq T\Xi\cong W^e(\boldsymbol{S})$，满足 $\dim W^e(\boldsymbol{S})=6$。

(5) 退化平衡兼共振情形（degenerate - equilibrium and resonant case)

情形 DER1：特征值具有形式 $\gamma_j(\gamma_j=0$；$j=1$，2) 和 $\pm\mathrm{i}\beta_j(\beta_j\in\mathbf{R}$，$\beta_1=\beta_2>0$；$j=1$，2)，子流形的结构为$(\boldsymbol{S}, \Omega)\simeq T\Xi\cong W^e(\boldsymbol{S})\oplus W^c(\boldsymbol{S})\cong W^e(\boldsymbol{S})\oplus W^r(\boldsymbol{S})$，满足 $\dim W^e(\boldsymbol{S})=2$，$\dim W^c(\boldsymbol{S})=\dim W^r(\boldsymbol{S})=4$。

(6) 退化平衡兼退化实鞍情形（degenerate - equilibrium and degenerate real saddle case)

情形 DEDRS1：特征值具有形式 $\gamma_j(\gamma_j=0$；$j=1$，2) 和 $\pm\alpha_j(\alpha_j\in\mathbf{R}$，$\alpha_j>0$，$j=1$，$2|\alpha_1=\alpha_2$)，子流形的结构为$(\boldsymbol{S}, \Omega)\simeq T\Xi\cong W^e(\boldsymbol{S})\oplus\overline{W}^s(\boldsymbol{S})\oplus\overline{W}^u(\boldsymbol{S})$，满足 $\dim W^e(\boldsymbol{S})=2$，$\dim\overline{W}^s(\boldsymbol{S})=\dim\overline{W}^u(\boldsymbol{S})=2$。

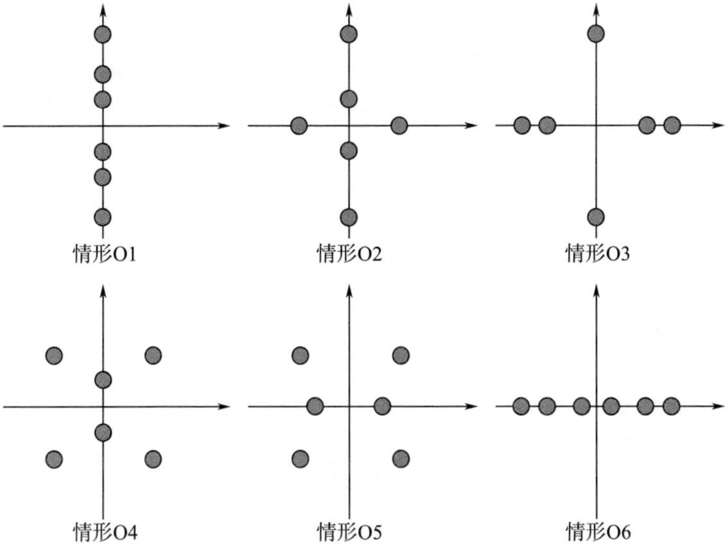

(a) 非退化非共振的普通情形

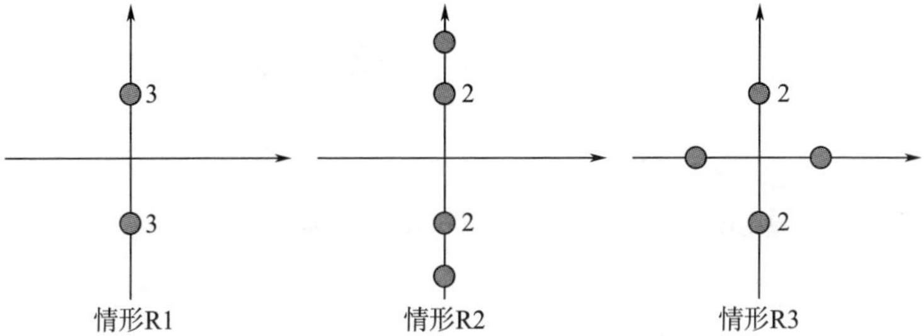

(b) 共振情形

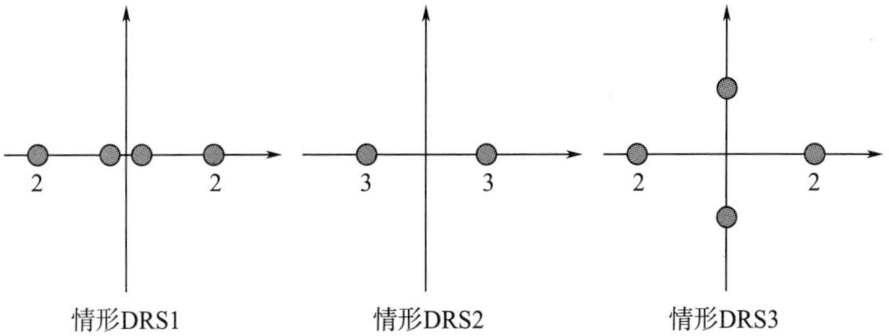

(c) 退化实鞍情形

图 5-1　平衡点拓扑分类

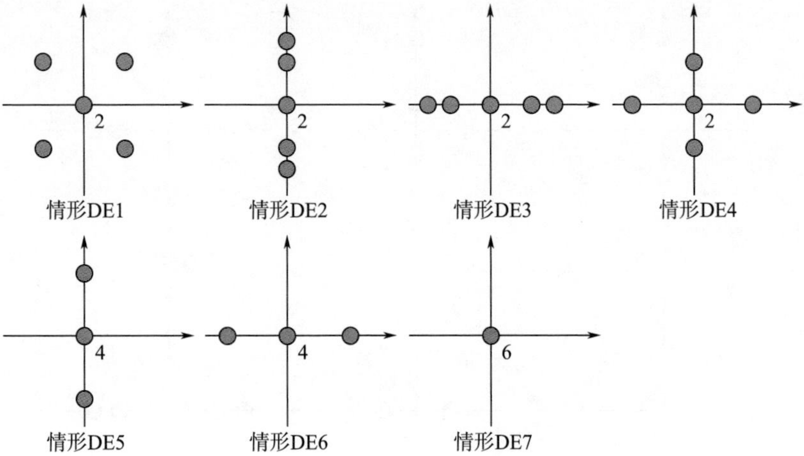

（d）退化平衡情形

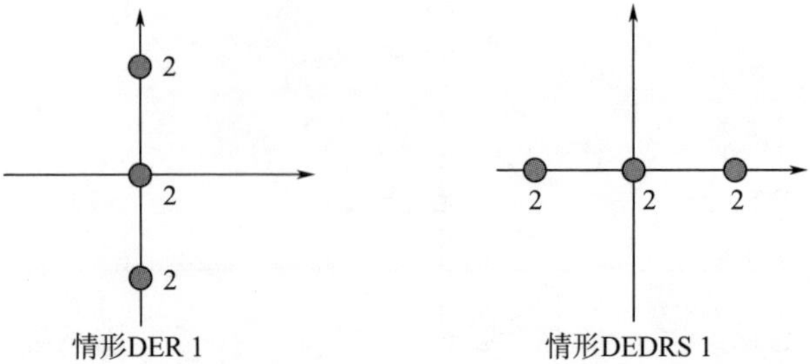

（e）退化平衡兼共振情形　　　（f）退化平衡兼退化实鞍情形

图 5-1　平衡点拓扑分类（续）

定理 4 描述了平衡点附近的子流形结构及质点运动的稳定与不稳定行为。对于情形 R1～情形 R3 来说，由于共振流形与共振子空间的存在，平衡点附近的运动是共振的，考虑到子流形与子空间的结构是由平衡点的内在特性决定的，因此可以说具有共振流形的平衡点是共振平衡点。只有情形 O1 对应稳定平衡点，而情形 O2～情形 O5 对应不稳定平衡点，因此得到

推论 1　对于强不规则体引力场中的非退化平衡点来说，有：平衡点是线性稳定的当且仅当它属于情形 O1；平衡点是不稳定的且非

共振的当且仅当它属于情形 O2～情形 O5 的一个；平衡点是共振的当且仅当它属于情形 R1～情形 R3 的一个。

平衡点附近的轨道包括：周期轨道，Lissajous 轨道，拟周期轨道，几乎周期轨道等。令 T^k 表示一个 k 维环面，则周期轨道在 1 维环面 T^1 上，而 Lissajous 轨道在 2 维环面 T^2 上，拟周期轨道在 k 维环面 $T^k(k \geqslant 1)$ 上。

5.5.2　线性稳定平衡点

定理 4 和推论 1 说明线性稳定平衡点仅对应于情形 O1，本节将讨论更多关于平衡点属于情形 O1 时的质点运动规律。

在情形 O1，平衡点存在 3 对纯虚根，质点相对平衡点的运动是拟周期的，可以表示为

$$\begin{cases} \xi = C_{\xi 1}\cos\beta_1 t + S_{\xi 1}\sin\beta_1 t + C_{\xi 2}\cos\beta_2 t + S_{\xi 2}\sin\beta_2 t + \\ \quad C_{\xi 3}\cos\beta_3 t + S_{\xi 3}\sin\beta_3 t \\ \eta = C_{\eta 1}\cos\beta_1 t + S_{\eta 1}\sin\beta_1 t + C_{\eta 2}\cos\beta_2 t + S_{\eta 2}\sin\beta_2 t + \\ \quad C_{\eta 3}\cos\beta_3 t + S_{\eta 3}\sin\beta_3 t \\ \zeta = C_{\zeta 1}\cos\beta_1 t + S_{\zeta 1}\sin\beta_1 t + C_{\zeta 2}\cos\beta_2 t + S_{\zeta 2}\sin\beta_2 t + \\ \quad C_{\zeta 3}\cos\beta_3 t + S_{\zeta 3}\sin\beta_3 t \end{cases} \tag{5-14}$$

存在 3 族周期轨道，对应的特征周期为

$$T_1 = \frac{2\pi}{\beta_1},\ T_2 = \frac{2\pi}{\beta_2},\ T_3 = \frac{2\pi}{\beta_3} \tag{5-15}$$

当系数满足条件

$$C_{\xi 2} = C_{\eta 2} = C_{\zeta 2} = S_{\xi 2} = S_{\eta 2} = S_{\zeta 2} = C_{\xi 3} = C_{\eta 3} = C_{\zeta 3} = S_{\xi 3} = S_{\eta 3} = S_{\zeta 3} = 0 \tag{5-16}$$

时，第一族周期轨道具有形式

$$\begin{cases} \xi = C_{\xi 1}\cos\beta_1 t + S_{\xi 1}\sin\beta_1 t \\ \eta = C_{\eta 1}\cos\beta_1 t + S_{\eta 1}\sin\beta_1 t \\ \zeta = C_{\zeta 1}\cos\beta_1 t + S_{\zeta 1}\sin\beta_1 t \end{cases} \tag{5-17}$$

对应的特征周期为 $T_1=\dfrac{2\pi}{\beta_1}$。

记 t_0 为初始时刻，则初始状态可以记为

$$\begin{cases}\xi(t_0)=\xi_0,\ \dot{\xi}(t_0)=\dot{\xi}_0\\ \eta(t_0)=\eta_0,\ \dot{\eta}(t_0)=\dot{\eta}_0\\ \zeta(t_0)=\zeta_0,\ \dot{\zeta}(t_0)=\dot{\zeta}_0\end{cases}\tag{5-18}$$

系数满足条件

$$\begin{cases}C_{\xi1}=\xi_0\cos\beta_1 t_0-\dfrac{\dot{\xi}_0}{\beta_1}\sin\beta_1 t\\ S_{\xi1}=\xi_0\sin\beta_1 t_0+\dfrac{\dot{\xi}_0}{\beta_1}\cos\beta_1 t\\ C_{\eta1}=\eta_0\cos\beta_1 t_0-\dfrac{\dot{\eta}_0}{\beta_1}\sin\beta_1 t\\ S_{\eta1}=\eta_0\sin\beta_1 t_0+\dfrac{\dot{\eta}_0}{\beta_1}\cos\beta_1 t\\ C_{\zeta1}=\zeta_0\cos\beta_1 t_0-\dfrac{\dot{\zeta}_0}{\beta_1}\sin\beta_1 t\\ S_{\zeta1}=\zeta_0\sin\beta_1 t_0+\dfrac{\dot{\zeta}_0}{\beta_1}\cos\beta_1 t\end{cases}\tag{5-19}$$

通过式（5-19），可以在已知初始状态的情况下计算第一族周期轨道对应的系数。其他两族周期轨道分别满足条件

$$\begin{aligned}C_{\xi1}&=C_{\eta1}=C_{\zeta1}=S_{\xi1}=S_{\eta1}=S_{\zeta1}=C_{\xi3}=C_{\eta3}=C_{\zeta3}\\&=S_{\xi3}=S_{\eta3}=S_{\zeta3}=0\end{aligned}\tag{5-20}$$

和

$$\begin{aligned}C_{\xi1}&=C_{\eta1}=C_{\zeta1}=S_{\xi1}=S_{\eta1}=S_{\zeta1}=C_{\xi2}=C_{\eta2}=C_{\zeta2}\\&=S_{\xi2}=S_{\eta2}=S_{\zeta2}=0\end{aligned}\tag{5-21}$$

此外，它们和第一族周期轨道具有类似的运动方程和系数所满足的条件。

定理 5 对于旋转强不规则体势场中的平衡点，下列条件相互

等价：

1）平衡点是线性稳定的；

2）特征方程 $P(\lambda)$ 的根具有形式 $\pm \mathrm{i}\beta_j$（$\beta_j \in \mathbf{R}$，$\beta_j > 0$；$j = 1$，2，3），且若 $j \neq k$（$j = 1$，2，3；$k = 1$，2，3）则 $\beta_j \neq \beta_k$；

3）质点相对平衡点的运动是一条拟周期轨道，可以表示为

$$\begin{cases} \xi = C_{\xi 1}\cos\beta_1 t + S_{\xi 1}\sin\beta_1 t + C_{\xi 2}\cos\beta_2 t + S_{\xi 2}\sin\beta_2 t + \\ \qquad C_{\xi 3}\cos\beta_3 t + S_{\xi 3}\sin\beta_3 t \\ \eta = C_{\eta 1}\cos\beta_1 t + S_{\eta 1}\sin\beta_1 t + C_{\eta 2}\cos\beta_2 t + S_{\eta 2}\sin\beta_2 t + \\ \qquad C_{\eta 3}\cos\beta_3 t + S_{\eta 3}\sin\beta_3 t \\ \zeta = C_{\zeta 1}\cos\beta_1 t + S_{\zeta 1}\sin\beta_1 t + C_{\zeta 2}\cos\beta_2 t + S_{\zeta 2}\sin\beta_2 t + \\ \qquad C_{\zeta 3}\cos\beta_3 t + S_{\zeta 3}\sin\beta_3 t \end{cases}$$

4）在平衡点的切空间里存在 4 族拟周期轨道，分别可以表示为

$$\begin{cases} \xi = C_{\xi 1}\cos\beta_1 t + S_{\xi 1}\sin\beta_1 t + C_{\xi 2}\cos\beta_2 t + S_{\xi 2}\sin\beta_2 t \\ \eta = C_{\eta 1}\cos\beta_1 t + S_{\eta 1}\sin\beta_1 t + C_{\eta 2}\cos\beta_2 t + S_{\eta 2}\sin\beta_2 t \\ \zeta = C_{\zeta 1}\cos\beta_1 t + S_{\zeta 1}\sin\beta_1 t + C_{\zeta 2}\cos\beta_2 t + S_{\zeta 2}\sin\beta_2 t \end{cases}$$

$$\begin{cases} \xi = C_{\xi 1}\cos\beta_1 t + S_{\xi 1}\sin\beta_1 t + C_{\xi 3}\cos\beta_3 t + S_{\xi 3}\sin\beta_3 t \\ \eta = C_{\eta 1}\cos\beta_1 t + S_{\eta 1}\sin\beta_1 t + C_{\eta 3}\cos\beta_3 t + S_{\eta 3}\sin\beta_3 t \\ \zeta = C_{\zeta 1}\cos\beta_1 t + S_{\zeta 1}\sin\beta_1 t + C_{\zeta 3}\cos\beta_3 t + S_{\zeta 3}\sin\beta_3 t \end{cases}$$

$$\begin{cases} \xi = C_{\xi 2}\cos\beta_2 t + S_{\xi 2}\sin\beta_2 t + C_{\xi 3}\cos\beta_3 t + S_{\xi 3}\sin\beta_3 t \\ \eta = C_{\eta 2}\cos\beta_2 t + S_{\eta 2}\sin\beta_2 t + C_{\eta 3}\cos\beta_3 t + S_{\eta 3}\sin\beta_3 t \\ \zeta = C_{\zeta 2}\cos\beta_2 t + S_{\zeta 2}\sin\beta_2 t + C_{\zeta 3}\cos\beta_3 t + S_{\zeta 3}\sin\beta_3 t \end{cases}$$

$$\begin{cases} \xi = C_{\xi 1}\cos\beta_1 t + S_{\xi 1}\sin\beta_1 t + C_{\xi 2}\cos\beta_2 t + S_{\xi 2}\sin\beta_2 t + \\ \qquad C_{\xi 3}\cos\beta_3 t + S_{\xi 3}\sin\beta_3 t \\ \eta = C_{\eta 1}\cos\beta_1 t + S_{\eta 1}\sin\beta_1 t + C_{\eta 2}\cos\beta_2 t + S_{\eta 2}\sin\beta_2 t + \\ \qquad C_{\eta 3}\cos\beta_3 t + S_{\eta 3}\sin\beta_3 t \\ \zeta = C_{\zeta 1}\cos\beta_1 t + S_{\zeta 1}\sin\beta_1 t + C_{\zeta 2}\cos\beta_2 t + S_{\zeta 2}\sin\beta_2 t + \\ \qquad C_{\zeta 3}\cos\beta_3 t + S_{\zeta 3}\sin\beta_3 t \end{cases}$$

5）在平衡点附近存在 4 族拟周期轨道，它们在 k 维环面 T^k（$k = 2$，3）上；

6）在平衡点的切空间存在 3 族周期轨道，周期为 $T_1=\frac{2\pi}{\beta_1}$，$T_2=\frac{2\pi}{\beta_2}$，$T_3=\frac{2\pi}{\beta_3}$；

7）平衡点附近存在 3 族周期轨道；

8）平衡点附近不存在渐近稳定流形，并且特征方程 $P(\lambda)$ 的根满足条件：若 $j\neq k(j=1, 2, \cdots, 6; k=1, 2, \cdots, 6)$，则 $\lambda_j\neq\lambda_k$；

9）平衡点附近不存在不稳定流形，并且特征方程 $P(\lambda)$ 的根满足条件：若 $j\neq k(j=1, 2, \cdots, 6; k=1, 2, \cdots, 6)$，则 $\lambda_j\neq\lambda_k$；

10）中心流形 $W^c(\boldsymbol{S})$ 和共振流形 $W^r(\boldsymbol{S})$ 的维数分别满足 $\dim W^c(\boldsymbol{S})=6$ 和 $\dim W^r(\boldsymbol{S})=0$；

11）中心子空间 $E^c(L)$ 和共振子空间 $E^r(L)$ 的维数分别满足 $\dim E^c(L)=6$ 和 $\dim E^r(L)=0$；

12）子流形的结构满足$(\boldsymbol{S}, \Omega)\simeq T\Xi\cong W^c(\boldsymbol{S})$ 和 $W^r(\boldsymbol{S})=\varnothing$，其中 $\varnothing$ 是一个空集；

13）子空间的结构满足 $T_L\boldsymbol{S}\cong E^c(L)$ 和 $E^r(L)=\varnothing$。

证明

1）⇒2)：使用定理 4，显然。

4）⇒3)：使用常微分方程解的理论可以得到。

3）⇒4)：显然。

4）⇒5)：在 4）中的 4 族拟周期轨道，前 3 族在 2 维环面 T^2 上，最后一族在 3 维环面 T^3 上。

5）⇒6)：根据平衡点附近存在 4 族拟周期轨道，可以排除情形 O2－O6，因此平衡点只能属于情形 O1，即线性稳定的，考虑到 1）和 2)，可知在平衡点的切空间存在 3 族周期轨道，周期为 $T_1=\frac{2\pi}{\beta_1}$，$T_2=\frac{2\pi}{\beta_2}$和 $T_3=\frac{2\pi}{\beta_3}$。

6）⇒7）：显然。

7）⇒1）：根据平衡点附近存在 3 族周期轨道，可排除情形 O2－O6，知平衡点线性稳定。

1）⇒9）：由于平衡点线性稳定，则在平衡点附近不存在不稳定流形与共振流形，得到 9）。

8）⇔9）⇔10）⇔11）⇔12）⇔13）：显然。

13）⇒1）：子空间结构为 $T_L\boldsymbol{S}\cong E^c(L)$ 和 $E^r(L)=\varnothing$，因此平衡点附近的不稳定流形和共振流形的维数都是零，特征值具有形式 $\pm \mathrm{i}\beta_j(\beta_j\in\mathbf{R}，\beta_j>0；j=1，2，3)$，并且倘若 $j\neq k(j=1，2，3；k=1，2，3)$，则 $\beta_j\neq\beta_k$，得到 1）。

严格地说，方程（5－14）是质点在平衡点附近切空间的投影运动，是运动的近似表达式。由于定理 5 是强不规则体平衡点线性稳定的充分必要条件，因此对于平衡点的线性不稳定性，有下面的推论：

推论 2　对于强不规则体势场中的平衡点，下列条件相互等价：

1）平衡点是线性不稳定的；

2）特征方程 $P(\lambda)$ 的根不具有形式 $\pm \mathrm{i}\beta_j(\beta_j\in\mathbf{R}，\beta_j>0；\beta_j\neq\beta_k；j，k=1，2，3，j\neq k)$；

3）在 k 维环面 $T^k(k=2，3)$ 上，平衡点附近有少于 4 族拟周期轨道；

4）平衡点附近的切空间有少于 3 族周期轨道；

5）平衡点附近存在渐近稳定流形，或者情形 R1－R3 的一个成立；

6）平衡点附近存在渐近不稳定流形，或者情形 R1－R3 的一个成立；

7）$\dim W^c(\boldsymbol{S})<6$ 或者 $\begin{cases}\dim W^c(\boldsymbol{S})=6\\ \dim W^r(\boldsymbol{S})>0\end{cases}$ 成立；

8）$\dim E^c(L)<6$ 或者 $\begin{cases}\dim E^c(L)=6\\ \dim E^r(L)>0\end{cases}$ 成立。

5.5.3 非共振的不稳定平衡点

本节讨论非共振的不稳定平衡点附近的质点运动，这类平衡点可以分为 5 种类型，如同本章定理 4 所给出的那样。一个平衡点属于非共振的不稳定平衡点当且仅当 $\dim W^u(\boldsymbol{S}) \geqslant 1$，$\dim W^r(\boldsymbol{S})=0$ 成立，其中情形 O2 对应于 $\dim W^u(\boldsymbol{S})=1$ 和 $\dim W^r(\boldsymbol{S})=0$，情形 O3 和 O5 对应于 $\dim W^u(\boldsymbol{S})=2$ 和 $\dim W^r(\boldsymbol{S})=0$，情形 O4 对应于 $\dim W^u(\boldsymbol{S})=3$ 和 $\dim W^r(\boldsymbol{S})=0$。

情形 O2

此情形下，该平衡点是不稳定的，存在 2 对纯虚特征值和 1 对实特征值，平衡点附近的质点相对平衡点的运动可以表示为

$$\begin{cases}\xi = A_{\xi 1}\mathrm{e}^{\alpha_1 t} + B_{\xi 1}\mathrm{e}^{-\alpha_1 t} + C_{\xi 1}\cos\beta_1 t + S_{\xi 1}\sin\beta_1 t + \\ \quad C_{\xi 2}\cos\beta_2 t + S_{\xi 2}\sin\beta_2 t \\ \eta = A_{\eta 1}\mathrm{e}^{\alpha_1 t} + B_{\eta 1}\mathrm{e}^{-\alpha_1 t} + C_{\eta 1}\cos\beta_1 t + S_{\eta 1}\sin\beta_1 t + \\ \quad C_{\eta 2}\cos\beta_2 t + S_{\eta 2}\sin\beta_2 t \\ \zeta = A_{\zeta 1}\mathrm{e}^{\alpha_1 t} + B_{\zeta 1}\mathrm{e}^{-\alpha_1 t} + C_{\zeta 1}\cos\beta_1 t + S_{\zeta 1}\sin\beta_1 t + \\ \quad C_{\zeta 2}\cos\beta_2 t + S_{\zeta 2}\sin\beta_2 t \end{cases} \tag{5-22}$$

平衡点附近的几乎周期轨道可以表示为

$$\begin{cases}\xi = B_{\xi 1}\mathrm{e}^{-\alpha_1 t} + C_{\xi 1}\cos\beta_1 t + S_{\xi 1}\sin\beta_1 t + C_{\xi 2}\cos\beta_2 t + S_{\xi 2}\sin\beta_2 t \\ \eta = B_{\eta 1}\mathrm{e}^{-\alpha_1 t} + C_{\eta 1}\cos\beta_1 t + S_{\eta 1}\sin\beta_1 t + C_{\eta 2}\cos\beta_2 t + S_{\eta 2}\sin\beta_2 t \\ \zeta = B_{\zeta 1}\mathrm{e}^{-\alpha_1 t} + C_{\zeta 1}\cos\beta_1 t + S_{\zeta 1}\sin\beta_1 t + C_{\zeta 2}\cos\beta_2 t + S_{\zeta 2}\sin\beta_2 t \end{cases} \tag{5-23}$$

中心流形是 4 维的光滑流形，满足 $A_{\xi 1}=B_{\xi 1}=A_{\eta 1}=B_{\eta 1}=A_{\zeta 1}=B_{\zeta 1}=0$，中心流形上质点的运动是一个 Lissajous 轨道。在中心流形上有 2 族周期轨道，其中第一族周期轨道由条件 $\begin{cases}A_{\xi 1}=B_{\xi 1}=A_{\eta 1}=B_{\eta 1}=A_{\zeta 1}=B_{\zeta 1}=0 \\ C_{\xi 2}=S_{\xi 2}=C_{\eta 2}=S_{\eta 2}=C_{\zeta 2}=S_{\zeta 2}=0\end{cases}$ 确定，周期为 $T_1=\dfrac{2\pi}{\beta_1}$；第二族周期轨道由条件 $\begin{cases}A_{\xi 1}=B_{\xi 1}=A_{\eta 1}=B_{\eta 1}=A_{\zeta 1}=B_{\zeta 1}=0 \\ C_{\xi 1}=S_{\xi 1}=C_{\eta 1}=S_{\eta 1}=C_{\zeta 1}=S_{\zeta 1}=0\end{cases}$ 确定，周

期为 $T_2=\dfrac{2\pi}{\beta_2}$。

渐近稳定流形由下式所表示的一个 1 维的光滑流形确定

$$\begin{cases}\xi=B_{\xi1}\mathrm{e}^{-\alpha_1 t}\\ \eta=B_{\eta1}\mathrm{e}^{-\alpha_1 t}\\ \zeta=B_{\zeta1}\mathrm{e}^{-\alpha_1 t}\end{cases}\tag{5-24}$$

渐近稳定流形与式（5-24）所表示的 1 维曲线不同，但却和后者存在一一对应关系，因而可由该 1 维曲线确定。同理渐近不稳定流形由下式所表示的一个 1 维的光滑流形确定

$$\begin{cases}\xi=A_{\xi1}\mathrm{e}^{\alpha_1 t}\\ \eta=A_{\eta1}\mathrm{e}^{\alpha_1 t}\\ \zeta=A_{\zeta1}\mathrm{e}^{\alpha_1 t}\end{cases}\tag{5-25}$$

情形 O2 的一般结果由下面的定理 6 给出。

定理 6　对于旋转强不规则体势场中的平衡点，下列条件相互等价：

1）特征方程 $P(\lambda)$ 的根具有形式 $\pm\alpha_j(\alpha_j\in\mathbf{R},\ \alpha_j>0,\ j=1)$ 和 $\pm\mathrm{i}\beta_j(\beta_j\in\mathbf{R},\ \beta_j>0;\ j=1,\ 2)$，其中 $\beta_1\neq\beta_2$；

2）平衡点附近质点相对平衡点的运动可以表示为

$$\begin{cases}\xi=A_{\xi1}\mathrm{e}^{\alpha_1 t}+B_{\xi1}\mathrm{e}^{-\alpha_1 t}+C_{\xi1}\cos\beta_1 t+S_{\xi1}\sin\beta_1 t+\\ \qquad C_{\xi2}\cos\beta_2 t+S_{\xi2}\sin\beta_2 t\\ \eta=A_{\eta1}\mathrm{e}^{\alpha_1 t}+B_{\eta1}\mathrm{e}^{-\alpha_1 t}+C_{\eta1}\cos\beta_1 t+S_{\eta1}\sin\beta_1 t+\\ \qquad C_{\eta2}\cos\beta_2 t+S_{\eta2}\sin\beta_2 t\\ \zeta=A_{\zeta1}\mathrm{e}^{\alpha_1 t}+B_{\zeta1}\mathrm{e}^{-\alpha_1 t}+C_{\zeta1}\cos\beta_1 t+S_{\zeta1}\sin\beta_1 t+\\ \qquad C_{\zeta2}\cos\beta_2 t+S_{\zeta2}\sin\beta_2 t\end{cases}$$

3）特征根两两相异，且在平衡点的切空间只有一族拟周期轨道，可以表示为

$$\begin{cases}\xi=C_{\xi1}\cos\beta_1 t+S_{\xi1}\sin\beta_1 t+C_{\xi2}\cos\beta_2 t+S_{\xi2}\sin\beta_2 t\\ \eta=C_{\eta1}\cos\beta_1 t+S_{\eta1}\sin\beta_1 t+C_{\eta2}\cos\beta_2 t+S_{\eta2}\sin\beta_2 t\\ \zeta=C_{\zeta1}\cos\beta_1 t+S_{\zeta1}\sin\beta_1 t+C_{\zeta2}\cos\beta_2 t+S_{\zeta2}\sin\beta_2 t\end{cases}$$

4）特征根两两相异，平衡点附近只有一族拟周期轨道，在 2 维环面 T^2 上；

5）平衡点附近的切空间有 2 族周期轨道，周期为 $T_1=\frac{2\pi}{\beta_1}$，$T_2=\frac{2\pi}{\beta_2}$；

6）平衡点附近存在 2 族周期轨道；

7）子流形的结构满足 $(\boldsymbol{S},\ \Omega)\simeq T\Xi\cong W^s(\boldsymbol{S})\oplus W^c(\boldsymbol{S})\oplus W^u(\boldsymbol{S})$，维数满足 $\dim W^c(\boldsymbol{S})=4$，$\dim W^s(\boldsymbol{S})=\dim W^u(\boldsymbol{S})=1$ 和 $\dim W^r(\boldsymbol{S})=0$；

8）子空间的结构满足 $T_L\boldsymbol{S}\cong E^s(L)\oplus E^c(L)\oplus E^u(L)$，维数满足 $\dim E^c(L)=4$，$\dim E^s(L)=\dim E^u(L)=1$ 和 $\dim W^r(S)=0$。

证明 定理 6 的证明类似于定理 5 的证明。

情形 O3

此情形下，该平衡点是不稳定的，平衡点的特征值具有形式 $\pm\alpha_j(\alpha_j\in\mathbf{R},\ \alpha_j>0;\ j=1,\ 2)$ 和 $\pm \mathrm{i}\beta_j(\beta_j\in\mathbf{R},\ \beta_j>0,\ j=1)$。平衡点附近的质点相对平衡点的运动可以表示为

$$\begin{cases}\xi=A_{\xi1}\mathrm{e}^{\alpha_1 t}+B_{\xi1}\mathrm{e}^{-\alpha_1 t}+A_{\xi2}\mathrm{e}^{\alpha_2 t}+B_{\xi2}\mathrm{e}^{-\alpha_2 t}+C_{\xi1}\cos\beta_1 t+S_{\xi1}\sin\beta_1 t\\ \eta=A_{\eta1}\mathrm{e}^{\alpha_1 t}+B_{\eta1}\mathrm{e}^{-\alpha_1 t}+A_{\eta2}\mathrm{e}^{\alpha_2 t}+B_{\eta2}\mathrm{e}^{-\alpha_2 t}+C_{\eta1}\cos\beta_1 t+S_{\eta1}\sin\beta_1 t\\ \zeta=A_{\zeta1}\mathrm{e}^{\alpha_1 t}+B_{\zeta1}\mathrm{e}^{-\alpha_1 t}+A_{\zeta2}\mathrm{e}^{\alpha_2 t}+B_{\zeta2}\mathrm{e}^{-\alpha_2 t}+C_{\zeta1}\cos\beta_1 t+S_{\zeta1}\sin\beta_1 t\end{cases}\tag{5-26}$$

平衡点附近的几乎周期轨道具有形式

$$\begin{cases}\xi=B_{\xi1}\mathrm{e}^{-\alpha_1 t}+B_{\xi2}\mathrm{e}^{-\alpha_2 t}+C_{\xi1}\cos\beta_1 t+S_{\xi1}\sin\beta_1 t\\ \eta=B_{\eta1}\mathrm{e}^{-\alpha_1 t}+B_{\eta2}\mathrm{e}^{-\alpha_2 t}+C_{\eta1}\cos\beta_1 t+S_{\eta1}\sin\beta_1 t\\ \zeta=B_{\zeta1}\mathrm{e}^{-\alpha_1 t}+B_{\zeta2}\mathrm{e}^{-\alpha_2 t}+C_{\zeta1}\cos\beta_1 t+S_{\zeta1}\sin\beta_1 t\end{cases}\tag{5-27}$$

中心流形是 2 维的光滑流形，满足 $\begin{cases}A_{\xi1}=B_{\xi1}=A_{\eta1}=B_{\eta1}=A_{\zeta1}=B_{\zeta1}=0\\ A_{\xi2}=B_{\xi2}=A_{\eta2}=B_{\eta2}=A_{\zeta2}=B_{\zeta2}=0\end{cases}$。

中心流形上的轨道是周期轨道，周期为 $T_1=\frac{2\pi}{\beta_1}$。

渐近稳定流形由下式所表示的一个 2 维的光滑流形确定

$$\begin{cases}\xi = B_{\xi1}\mathrm{e}^{-\alpha_1 t} + B_{\xi2}\mathrm{e}^{-\alpha_2 t}\\ \eta = B_{\eta1}\mathrm{e}^{-\alpha_1 t} + B_{\eta2}\mathrm{e}^{-\alpha_2 t}\\ \zeta = B_{\zeta1}\mathrm{e}^{-\alpha_1 t} + B_{\zeta2}\mathrm{e}^{-\alpha_2 t}\end{cases} \tag{5-28}$$

同理渐近不稳定流形由下式所表示的一个 2 维的光滑流形确定

$$\begin{cases}\xi = A_{\xi1}\mathrm{e}^{\alpha_1 t} + A_{\xi2}\mathrm{e}^{\alpha_2 t}\\ \eta = A_{\eta1}\mathrm{e}^{\alpha_1 t} + A_{\eta2}\mathrm{e}^{\alpha_2 t}\\ \zeta = A_{\zeta1}\mathrm{e}^{\alpha_1 t} + A_{\zeta2}\mathrm{e}^{\alpha_2 t}\end{cases} \tag{5-29}$$

情形 O3 的一般结果由下面的定理 7 给出。

定理 7　对于旋转强不规则体势场中的平衡点，下列条件相互等价：

1）特征方程 $P(\lambda)$ 的根具有形式 $\pm\alpha_j(\alpha_j \in \mathbf{R}, \alpha_j > 0; j=1, 2)$ 和 $\pm \mathrm{i}\beta_j(\beta_j \in \mathbf{R}, \beta_j > 0, j=1)$；

2）平衡点附近质点相对平衡点的运动可以表示为

$$\begin{cases}\xi = A_{\xi1}\mathrm{e}^{\alpha_1 t} + B_{\xi1}\mathrm{e}^{-\alpha_1 t} + A_{\xi2}\mathrm{e}^{\alpha_2 t} + B_{\xi2}\mathrm{e}^{-\alpha_2 t} + C_{\xi1}\cos\beta_1 t + S_{\xi1}\sin\beta_1 t\\ \eta = A_{\eta1}\mathrm{e}^{\alpha_1 t} + B_{\eta1}\mathrm{e}^{-\alpha_1 t} + A_{\eta2}\mathrm{e}^{\alpha_2 t} + B_{\eta2}\mathrm{e}^{-\alpha_2 t} + C_{\eta1}\cos\beta_1 t + S_{\eta1}\sin\beta_1 t\\ \zeta = A_{\zeta1}\mathrm{e}^{\alpha_1 t} + B_{\zeta1}\mathrm{e}^{-\alpha_1 t} + A_{\zeta2}\mathrm{e}^{\alpha_2 t} + B_{\zeta2}\mathrm{e}^{-\alpha_2 t} + C_{\zeta1}\cos\beta_1 t + S_{\zeta1}\sin\beta_1 t\end{cases}$$

3）平衡点附近的切空间有一族周期轨道，周期为 $T_1 = \dfrac{2\pi}{\beta_1}$，不稳定流形的维数满足 $\dim W^u(\boldsymbol{S}) = 2$，实轴上至少有 1 个根；

4）平衡点附近有一族周期轨道，不稳定流形的维数满足 $\dim W^u(\boldsymbol{S}) = 2$，实轴上至少有 1 个根；

5）渐近稳定流形由下式确定

$$\begin{cases}\xi = B_{\xi1}\mathrm{e}^{-\alpha_1 t} + B_{\xi2}\mathrm{e}^{-\alpha_2 t}\\ \eta = B_{\eta1}\mathrm{e}^{-\alpha_1 t} + B_{\eta2}\mathrm{e}^{-\alpha_2 t}\\ \zeta = B_{\zeta1}\mathrm{e}^{-\alpha_1 t} + B_{\zeta2}\mathrm{e}^{-\alpha_2 t}\end{cases}$$

6）渐近不稳定流形由下式确定

$$\begin{cases}\xi = A_{\xi1}\mathrm{e}^{\alpha_1 t} + A_{\xi2}\mathrm{e}^{\alpha_2 t}\\ \eta = A_{\eta1}\mathrm{e}^{\alpha_1 t} + A_{\eta2}\mathrm{e}^{\alpha_2 t}\\ \zeta = A_{\zeta1}\mathrm{e}^{\alpha_1 t} + A_{\zeta2}\mathrm{e}^{\alpha_2 t}\end{cases}$$

7）子流形结构为 $(\boldsymbol{S},\Omega)\simeq T\Xi\cong W^s(\boldsymbol{S})\oplus W^c(\boldsymbol{S})\oplus W^u(\boldsymbol{S})$，维数满足 $\dim W^s(\boldsymbol{S})=\dim W^c(\boldsymbol{S})=\dim W^u(\boldsymbol{S})=2$，实轴上至少有 1 个特征根；

8）子空间结构为 $T_L\boldsymbol{S}\cong E^s(L)\oplus E^c(L)\oplus E^u(L)$，维数满足 $\dim E^s(L)=\dim E^c(L)=\dim E^u(L)=2$，实轴上至少有 1 个特征根。

情形 O4

此情形下平衡点不稳定，特征值具有形式 $\pm \mathrm{i}\beta_j(\beta_j\in\mathbf{R},\beta_j>0,j=1)$ 和 $\pm\sigma\pm\mathrm{i}\tau(\sigma,\tau\in\mathbf{R};\sigma,\tau>0)$。平衡点附近质点相对平衡点的运动满足

$$\begin{cases}\xi=C_{\xi1}\cos\beta_1t+S_{\xi1}\sin\beta_1t+E_\xi\mathrm{e}^{\sigma t}\cos\tau t+F_\xi\mathrm{e}^{\sigma t}\sin\tau t+\\ \quad G_\xi\mathrm{e}^{-\sigma t}\cos\tau t+H_\xi\mathrm{e}^{-\sigma t}\sin\tau t\\ \eta=C_{\eta1}\cos\beta_1t+S_{\eta1}\sin\beta_1t+E_\eta\mathrm{e}^{\sigma t}\cos\tau t+F_\eta\mathrm{e}^{\sigma t}\sin\tau t+\\ \quad G_\eta\mathrm{e}^{-\sigma t}\cos\tau t+H_\eta\mathrm{e}^{-\sigma t}\sin\tau t\\ \zeta=C_{\zeta1}\cos\beta_1t+S_{\zeta1}\sin\beta_1t+E_\zeta\mathrm{e}^{\sigma t}\cos\tau t+F_\zeta\mathrm{e}^{\sigma t}\sin\tau t+\\ \quad G_\zeta\mathrm{e}^{-\sigma t}\cos\tau t+H_\zeta\mathrm{e}^{-\sigma t}\sin\tau t\end{cases}\tag{5-30}$$

平衡点附近的几乎周期轨道可以表示为

$$\begin{cases}\xi=C_{\xi1}\cos\beta_1t+S_{\xi1}\sin\beta_1t+G_\xi\mathrm{e}^{-\sigma t}\cos\tau t+H_\xi\mathrm{e}^{-\sigma t}\sin\tau t\\ \eta=C_{\eta1}\cos\beta_1t+S_{\eta1}\sin\beta_1t+G_\eta\mathrm{e}^{-\sigma t}\cos\tau t+H_\eta\mathrm{e}^{-\sigma t}\sin\tau t\\ \zeta=C_{\zeta1}\cos\beta_1t+S_{\zeta1}\sin\beta_1t+G_\zeta\mathrm{e}^{-\sigma t}\cos\tau t+H_\zeta\mathrm{e}^{-\sigma t}\sin\tau t\end{cases}\tag{5-31}$$

中心流形是一个 2 维的光滑流形，由下式确定

$$\begin{cases}E_\xi=F_\xi=G_\xi=H_\xi=0\\ E_\eta=F_\eta=G_\eta=H_\eta=0\\ E_\zeta=F_\zeta=G_\zeta=H_\zeta=0\end{cases}\tag{5-32}$$

渐近稳定流形是一个 2 维的光滑流形，由下式确定

$$\begin{cases}\xi = G_{\xi}\mathrm{e}^{-\sigma t}\cos\tau t + H_{\xi}\mathrm{e}^{-\sigma t}\sin\tau t\\ \eta = G_{\eta}\mathrm{e}^{-\sigma t}\cos\tau t + H_{\eta}\mathrm{e}^{-\sigma t}\sin\tau t\\ \zeta = G_{\zeta}\mathrm{e}^{-\sigma t}\cos\tau t + H_{\zeta}\mathrm{e}^{-\sigma t}\sin\tau t\end{cases} \tag{5-33}$$

不稳定流形也是一个 2 维的光滑流形，由下式确定

$$\begin{cases}\xi = E_{\xi}\mathrm{e}^{\sigma t}\cos\tau t + F_{\xi}\mathrm{e}^{\sigma t}\sin\tau t\\ \eta = E_{\eta}\mathrm{e}^{\sigma t}\cos\tau t + F_{\eta}\mathrm{e}^{\sigma t}\sin\tau t\\ \zeta = E_{\zeta}\mathrm{e}^{\sigma t}\cos\tau t + F_{\zeta}\mathrm{e}^{\sigma t}\sin\tau t\end{cases} \tag{5-34}$$

情形 O4 的一般结果由下面的定理 8 给出。

定理 8　对于旋转强不规则体势场中的平衡点，下列条件相互等价：

1）特征方程 $P(\lambda)$ 的根具有形式 $\pm \mathrm{i}\beta_j$（$\beta_j \in \mathbf{R}$，$\beta_j > 0$，$j = 1$）和 $\pm\sigma\pm\mathrm{i}\tau$（$\sigma$，$\tau\in\mathbf{R}$；$\sigma$，$\tau > 0$）；

2）平衡点附近质点相对平衡点的运动可以表示为

$$\begin{cases}\xi = C_{\xi 1}\cos\beta_1 t + S_{\xi 1}\sin\beta_1 t + E_{\xi}\mathrm{e}^{\sigma t}\cos\tau t + F_{\xi}\mathrm{e}^{\sigma t}\sin\tau t +\\ \quad G_{\xi}\mathrm{e}^{-\sigma t}\cos\tau t + H_{\xi}\mathrm{e}^{-\sigma t}\sin\tau t\\ \eta = C_{\eta 1}\cos\beta_1 t + S_{\eta 1}\sin\beta_1 t + E_{\eta}\mathrm{e}^{\sigma t}\cos\tau t + F_{\eta}\mathrm{e}^{\sigma t}\sin\tau t +\\ \quad G_{\eta}\mathrm{e}^{-\sigma t}\cos\tau t + H_{\eta}\mathrm{e}^{-\sigma t}\sin\tau t\\ \zeta = C_{\zeta 1}\cos\beta_1 t + S_{\zeta 1}\sin\beta_1 t + E_{\zeta}\mathrm{e}^{\sigma t}\cos\tau t + F_{\zeta}\mathrm{e}^{\sigma t}\sin\tau t +\\ \quad G_{\zeta}\mathrm{e}^{-\sigma t}\cos\tau t + H_{\zeta}\mathrm{e}^{-\sigma t}\sin\tau t\end{cases}$$

3）平衡点附近切空间上仅存在 1 族周期轨道，且具有周期 $T_1 = \dfrac{2\pi}{\beta_1}$，不稳定子流形的维数满足 $\dim W^u(\boldsymbol{S}) = 2$，实轴上无特征根；

4）平衡点附近仅存在 1 族周期轨道，且具有周期 $T_1 = \dfrac{2\pi}{\beta_1}$，不稳定子流形的维数满足 $\dim W^u(\boldsymbol{S}) = 2$，实轴上无特征根；

5）渐近稳定流形由下式确定

$$\begin{cases}\xi = G_{\xi}\mathrm{e}^{-\sigma t}\cos\tau t + H_{\xi}\mathrm{e}^{-\sigma t}\sin\tau t\\ \eta = G_{\eta}\mathrm{e}^{-\sigma t}\cos\tau t + H_{\eta}\mathrm{e}^{-\sigma t}\sin\tau t\\ \zeta = G_{\zeta}\mathrm{e}^{-\sigma t}\cos\tau t + H_{\zeta}\mathrm{e}^{-\sigma t}\sin\tau t\end{cases}$$

6）不稳定流形由下式确定

$$\begin{cases}\xi = E_{\xi}\mathrm{e}^{\sigma t}\cos\tau t + F_{\xi}\mathrm{e}^{\sigma t}\sin\tau t \\ \eta = E_{\eta}\mathrm{e}^{\sigma t}\cos\tau t + F_{\eta}\mathrm{e}^{\sigma t}\sin\tau t \\ \zeta = E_{\zeta}\mathrm{e}^{\sigma t}\cos\tau t + F_{\zeta}\mathrm{e}^{\sigma t}\sin\tau t\end{cases}$$

7）子流形的结构满足$(\boldsymbol{S},\ \Omega) \simeq T\Xi \cong W^{s}(\boldsymbol{S}) \oplus W^{c}(\boldsymbol{S}) \oplus W^{u}(\boldsymbol{S})$，维数满足 $\dim W^{s}(\boldsymbol{S}) = \dim W^{c}(\boldsymbol{S}) = \dim W^{u}(\boldsymbol{S}) = 2$，且在实轴上无特征值；

子空间的结构满足 $T_{L}\boldsymbol{S} \cong E^{s}(L) \oplus E^{c}(L) \oplus E^{u}(L)$，维数满足 $\dim E^{s}(L) = \dim E^{c}(L) = \dim E^{u}(L) = 2$，且在实轴上无特征值。

情形 O5

此情形下，平衡点不稳定，且特征值具有形式 $\begin{cases}\pm\alpha_{j}(\alpha_{j} \in \mathbf{R},\ \alpha_{j} > 0,\ j = 1) \\ \pm\sigma \pm \mathrm{i}\tau(\sigma,\ \tau \in \mathbf{R};\ \sigma,\ \tau > 0)\end{cases}$。平衡点附近质点相对平衡点的运动可以表示为

$$\begin{cases}\xi = A_{\xi 1}\mathrm{e}^{\alpha_{1}t} + B_{\xi 1}\mathrm{e}^{-\alpha_{1}t} + E_{\xi}\mathrm{e}^{\sigma t}\cos\tau t + F_{\xi}\mathrm{e}^{\sigma t}\sin\tau t + \\ \qquad G_{\xi}\mathrm{e}^{-\sigma t}\cos\tau t + H_{\xi}\mathrm{e}^{-\sigma t}\sin\tau t \\ \eta = A_{\eta 1}\mathrm{e}^{\alpha_{1}t} + B_{\eta 1}\mathrm{e}^{-\alpha_{1}t} + E_{\eta}\mathrm{e}^{\sigma t}\cos\tau t + F_{\eta}\mathrm{e}^{\sigma t}\sin\tau t + \\ \qquad G_{\eta}\mathrm{e}^{-\sigma t}\cos\tau t + H_{\eta}\mathrm{e}^{-\sigma t}\sin\tau t \\ \zeta = A_{\zeta 1}\mathrm{e}^{\alpha_{1}t} + B_{\zeta 1}\mathrm{e}^{-\alpha_{1}t} + E_{\zeta}\mathrm{e}^{\sigma t}\cos\tau t + F_{\zeta}\mathrm{e}^{\sigma t}\sin\tau t + \\ \qquad G_{\zeta}\mathrm{e}^{-\sigma t}\cos\tau t + H_{\zeta}\mathrm{e}^{-\sigma t}\sin\tau t\end{cases} \tag{5-35}$$

渐近稳定流形是 3 维的光滑流形，由下式确定

$$\begin{cases}\xi = B_{\xi 1}\mathrm{e}^{-\alpha_{1}t} + G_{\xi}\mathrm{e}^{-\sigma t}\cos\tau t + H_{\xi}\mathrm{e}^{-\sigma t}\sin\tau t \\ \eta = B_{\eta 1}\mathrm{e}^{-\alpha_{1}t} + G_{\eta}\mathrm{e}^{-\sigma t}\cos\tau t + H_{\eta}\mathrm{e}^{-\sigma t}\sin\tau t \\ \zeta = B_{\zeta 1}\mathrm{e}^{-\alpha_{1}t} + G_{\zeta}\mathrm{e}^{-\sigma t}\cos\tau t + H_{\zeta}\mathrm{e}^{-\sigma t}\sin\tau t\end{cases} \tag{5-36}$$

渐近不稳定流形也是 3 维的光滑流形，由下式确定

$$\begin{cases}\xi = A_{\xi 1}\mathrm{e}^{\alpha_{1}t} + E_{\xi}\mathrm{e}^{\sigma t}\cos\tau t + F_{\xi}\mathrm{e}^{\sigma t}\sin\tau t \\ \eta = A_{\eta 1}\mathrm{e}^{\alpha_{1}t} + E_{\eta}\mathrm{e}^{\sigma t}\cos\tau t + F_{\eta}\mathrm{e}^{\sigma t}\sin\tau t \\ \zeta = A_{\zeta 1}\mathrm{e}^{\alpha_{1}t} + E_{\zeta}\mathrm{e}^{\sigma t}\cos\tau t + F_{\zeta}\mathrm{e}^{\sigma t}\sin\tau t\end{cases} \tag{5-37}$$

情形 O5 的一般结果由下面的定理 9 给出。

定理 9　对于旋转强不规则体势场中的平衡点，下列条件相互等价：

1）特征方程 $P(\lambda)$ 具有形式 $\begin{cases}\pm\alpha_j(\alpha_j\in\mathbf{R},\ \alpha_j>0,\ j=1)\\ \pm\sigma\pm\mathrm{i}\tau(\sigma,\ \tau\in\mathbf{R};\ \sigma,\ \tau>0)\end{cases}$；

2）平衡点附近质点相对平衡点的运动可以表示为

$$\begin{cases}\xi=A_{\xi1}\mathrm{e}^{\alpha_1 t}+B_{\xi1}\mathrm{e}^{-\alpha_1 t}+E_{\xi}\mathrm{e}^{\sigma t}\cos\tau t+F_{\xi}\mathrm{e}^{\sigma t}\sin\tau t+\\ \qquad G_{\xi}\mathrm{e}^{-\sigma t}\cos\tau t+H_{\xi}\mathrm{e}^{-\sigma t}\sin\tau t\\ \eta=A_{\eta1}\mathrm{e}^{\alpha_1 t}+B_{\eta1}\mathrm{e}^{-\alpha_1 t}+E_{\eta}\mathrm{e}^{\sigma t}\cos\tau t+F_{\eta}\mathrm{e}^{\sigma t}\sin\tau t+\\ \qquad G_{\eta}\mathrm{e}^{-\sigma t}\cos\tau t+H_{\eta}\mathrm{e}^{-\sigma t}\sin\tau t\\ \zeta=A_{\zeta1}\mathrm{e}^{\alpha_1 t}+B_{\zeta1}\mathrm{e}^{-\alpha_1 t}+E_{\zeta}\mathrm{e}^{\sigma t}\cos\tau t+F_{\zeta}\mathrm{e}^{\sigma t}\sin\tau t+\\ \qquad G_{\zeta}\mathrm{e}^{-\sigma t}\cos\tau t+H_{\zeta}\mathrm{e}^{-\sigma t}\sin\tau t\end{cases}$$

3）渐近稳定流形由下式确定

$$\begin{cases}\xi=B_{\xi1}\mathrm{e}^{-\alpha_1 t}+G_{\xi}\mathrm{e}^{-\sigma t}\cos\tau t+H_{\xi}\mathrm{e}^{-\sigma t}\sin\tau t\\ \eta=B_{\eta1}\mathrm{e}^{-\alpha_1 t}+G_{\eta}\mathrm{e}^{-\sigma t}\cos\tau t+H_{\eta}\mathrm{e}^{-\sigma t}\sin\tau t\\ \zeta=B_{\zeta1}\mathrm{e}^{-\alpha_1 t}+G_{\zeta}\mathrm{e}^{-\sigma t}\cos\tau t+H_{\zeta}\mathrm{e}^{-\sigma t}\sin\tau t\end{cases}$$

4）渐近不稳定流形由下式确定

$$\begin{cases}\xi=A_{\xi1}\mathrm{e}^{\alpha_1 t}+E_{\xi}\mathrm{e}^{\sigma t}\cos\tau t+F_{\xi}\mathrm{e}^{\sigma t}\sin\tau t\\ \eta=A_{\eta1}\mathrm{e}^{\alpha_1 t}+E_{\eta}\mathrm{e}^{\sigma t}\cos\tau t+F_{\eta}\mathrm{e}^{\sigma t}\sin\tau t\\ \zeta=A_{\zeta1}\mathrm{e}^{\alpha_1 t}+E_{\zeta}\mathrm{e}^{\sigma t}\cos\tau t+F_{\zeta}\mathrm{e}^{\sigma t}\sin\tau t\end{cases}$$

5）子流形结构满足 $(\boldsymbol{S},\ \Omega)\simeq T\Xi\cong\overline{W}^{s}(\boldsymbol{S})\oplus\overline{W}^{u}(\boldsymbol{S})\oplus\widetilde{W}^{s}(\boldsymbol{S})\oplus\widetilde{W}^{u}(\boldsymbol{S})$；

6）不稳定子流形的维数满足 $\dim\overline{W}^{u}(\boldsymbol{S})=1$，$\dim\widetilde{W}^{u}(\boldsymbol{S})=2$；

7）渐近稳定子流形的维数满足 $\dim\overline{W}^{s}(\boldsymbol{S})=1$，$\dim\widetilde{W}^{s}(\boldsymbol{S})=2$；

8）子空间结构满足 $T_L\boldsymbol{S}\cong\overline{E}^{s}(L)\oplus\overline{E}^{u}(L)\oplus\widetilde{E}^{s}(L)\oplus\widetilde{E}^{u}(L)$；

9）不稳定子空间的维数满足 $\dim\overline{E}^{u}(L)=1$，$\dim\widetilde{E}^{u}(L)=2$；

10）渐近稳定子空间的维数满足 $\dim\overline{E}^{s}(L)=1$，$\dim\widetilde{E}^{s}(L)=$

2。

情形 O6

此情形下，平衡点不稳定，且特征值具有形式 $\pm\alpha_j(\alpha_j\in\mathbf{R},\ \alpha_j>0,\ j=1,2,3)$。平衡点附近质点相对平衡点的运动可以表示为

$$\begin{cases}\xi=A_{\xi1}e^{\alpha_1 t}+B_{\xi1}e^{-\alpha_1 t}+A_{\xi2}e^{\alpha_2 t}+B_{\xi2}e^{-\alpha_2 t}+A_{\xi3}e^{\alpha_3 t}+B_{\xi3}e^{-\alpha_3 t}\\ \eta=A_{\eta1}e^{\alpha_1 t}+B_{\eta1}e^{-\alpha_1 t}+A_{\eta2}e^{\alpha_2 t}+B_{\eta2}e^{-\alpha_2 t}+A_{\eta3}e^{\alpha_3 t}+B_{\eta3}e^{-\alpha_3 t}\\ \zeta=A_{\zeta1}e^{\alpha_1 t}+B_{\zeta1}e^{-\alpha_1 t}+A_{\zeta2}e^{\alpha_2 t}+B_{\zeta2}e^{-\alpha_2 t}+A_{\zeta3}e^{\alpha_3 t}+B_{\zeta3}e^{-\alpha_3 t}\end{cases} \tag{5-31}$$

渐近稳定流形是 3 维的光滑流形，由下式确定

$$\begin{cases}\xi=B_{\xi1}e^{-\alpha_1 t}+B_{\xi2}e^{-\alpha_2 t}+B_{\xi3}e^{-\alpha_3 t}\\ \eta=B_{\eta1}e^{-\alpha_1 t}+B_{\eta2}e^{-\alpha_2 t}+B_{\eta3}e^{-\alpha_3 t}\\ \zeta=B_{\zeta1}e^{-\alpha_1 t}+B_{\zeta2}e^{-\alpha_2 t}+B_{\zeta3}e^{-\alpha_3 t}\end{cases} \tag{5-32}$$

渐近不稳定流形也是 3 维的光滑流形，由下式确定

$$\begin{cases}\xi=A_{\xi1}e^{\alpha_1 t}+A_{\xi2}e^{\alpha_2 t}+A_{\xi3}e^{\alpha_3 t}\\ \eta=A_{\eta1}e^{\alpha_1 t}+A_{\eta2}e^{\alpha_2 t}+A_{\eta3}e^{\alpha_3 t}\\ \zeta=A_{\zeta1}e^{\alpha_1 t}+A_{\zeta2}e^{\alpha_2 t}+A_{\zeta3}e^{\alpha_3 t}\end{cases} \tag{5-33}$$

情形 O6 的一般结果由下面的定理 10 给出。

定理 10　对于旋转强不规则体势场中的平衡点，下列条件相互等价：

11）特征方程 $P(\lambda)$ 具有形式 $\pm\alpha_j(\alpha_j\in\mathbf{R},\ \alpha_j>0,\ j=1,2,3)$；

12）平衡点附近质点相对平衡点的运动可以表示为

$$\begin{cases}\xi=A_{\xi1}e^{\alpha_1 t}+B_{\xi1}e^{-\alpha_1 t}+A_{\xi2}e^{\alpha_2 t}+B_{\xi2}e^{-\alpha_2 t}+A_{\xi3}e^{\alpha_3 t}+B_{\xi3}e^{-\alpha_3 t}\\ \eta=A_{\eta1}e^{\alpha_1 t}+B_{\eta1}e^{-\alpha_1 t}+A_{\eta2}e^{\alpha_2 t}+B_{\eta2}e^{-\alpha_2 t}+A_{\eta3}e^{\alpha_3 t}+B_{\eta3}e^{-\alpha_3 t}\\ \zeta=A_{\zeta1}e^{\alpha_1 t}+B_{\zeta1}e^{-\alpha_1 t}+A_{\zeta2}e^{\alpha_2 t}+B_{\zeta2}e^{-\alpha_2 t}+A_{\zeta3}e^{\alpha_3 t}+B_{\zeta3}e^{-\alpha_3 t}\end{cases}$$

13）渐近稳定流形由下式确定

$$\begin{cases}\xi=B_{\xi1}e^{-\alpha_1 t}+B_{\xi2}e^{-\alpha_2 t}+B_{\xi3}e^{-\alpha_3 t}\\ \eta=B_{\eta1}e^{-\alpha_1 t}+B_{\eta2}e^{-\alpha_2 t}+B_{\eta3}e^{-\alpha_3 t}\\ \zeta=B_{\zeta1}e^{-\alpha_1 t}+B_{\zeta2}e^{-\alpha_2 t}+B_{\zeta3}e^{-\alpha_3 t}\end{cases}$$

14）渐近不稳定流形由下式确定

$$\begin{cases}\xi = A_{\xi 1}\mathrm{e}^{\alpha_1 t} + A_{\xi 2}\mathrm{e}^{\alpha_2 t} + A_{\xi 3}\mathrm{e}^{\alpha_3 t} \\ \eta = A_{\eta 1}\mathrm{e}^{\alpha_1 t} + A_{\eta 2}\mathrm{e}^{\alpha_2 t} + A_{\eta 3}\mathrm{e}^{\alpha_3 t} \\ \zeta = A_{\zeta 1}\mathrm{e}^{\alpha_1 t} + A_{\zeta 2}\mathrm{e}^{\alpha_2 t} + A_{\zeta 3}\mathrm{e}^{\alpha_3 t}\end{cases}$$

15）子流形结构满足$(\boldsymbol{S}, \Omega) \simeq T\Xi \cong \overline{W}^s(\boldsymbol{S}) \oplus \overline{W}^u(\boldsymbol{S})$；

16）不稳定子流形的维数满足 $\dim \overline{W}^u(\boldsymbol{S}) = 3$；

17）渐近稳定子流形的维数满足 $\dim \overline{W}^s(\boldsymbol{S}) = 3$；

18）子空间结构满足 $T_L\boldsymbol{S} \cong \bar{E}^s(L) \oplus \bar{E}^u(L)$；

19）不稳定子空间的维数满足 $\dim \bar{E}^u(L) = 3$；

20）渐近稳定子空间的维数满足 $\dim \bar{E}^s(L) = 3$。

5.5.4　共振平衡点

共振流形及共振轨道存在当且仅当情形 R1～情形 R3 之一满足。平衡点是共振的当且仅当 $\dim W^r(\boldsymbol{S}) > 0$，其中情形 R1 对应于$(\boldsymbol{S}, \Omega) \simeq T\Xi \simeq W^c(\boldsymbol{S}) \simeq W^r(\boldsymbol{S})$ 和 $\dim W^r(\boldsymbol{S}) = \dim W^c(\boldsymbol{S}) = 6$；情形 R2 对应于$(\boldsymbol{S}, \Omega) \simeq T\Xi \simeq W^c(\boldsymbol{S})$，$\dim W^c(\boldsymbol{S}) = 6$ 和 $\dim W^r(\boldsymbol{S}) = 4$；情形 R3 对应于$(\boldsymbol{S}, \Omega) \simeq T\Xi \simeq W^s(\boldsymbol{S}) \oplus W^c(\boldsymbol{S}) \oplus W^u(\boldsymbol{S})$，$\dim W^r(\boldsymbol{S}) = \dim W^c(\boldsymbol{S}) = 4$ 和 $\dim W^s(\boldsymbol{S}) = \dim W^u(\boldsymbol{S}) = 1$。

情形 R1

此情形下，平衡点附近质点相对于平衡点的运动在一个 1∶1∶1 共振流形上，该运动可以表示为

$$\begin{cases}\xi = C_{\xi 1}\cos\beta_1 t + S_{\xi 1}\sin\beta_1 t + P_{\xi 1} t\cos\beta_1 t + Q_{\xi 1} t\sin\beta_1 t + \\ \quad P_{\xi 2} t^2\cos\beta_1 t + Q_{\xi 2} t^2\sin\beta_1 t \\ \eta = C_{\eta 1}\cos\beta_1 t + S_{\eta 1}\sin\beta_1 t + P_{\eta 1} t\cos\beta_1 t + Q_{\eta 1} t\sin\beta_1 t + \\ \quad P_{\eta 2} t^2\cos\beta_1 t + Q_{\eta 2} t^2\sin\beta_1 t \\ \zeta = C_{\zeta 1}\cos\beta_1 t + S_{\zeta 1}\sin\beta_1 t + P_{\zeta 1} t\cos\beta_1 t + Q_{\zeta 1} t\sin\beta_1 t + \\ \quad P_{\zeta 2} t^2\cos\beta_1 t + Q_{\zeta 2} t^2\sin\beta_1 t\end{cases} \tag{5-34}$$

共振流形是一个 6 维的光滑流形，仅存在 1 族周期轨道，该族周期轨道由 $\begin{cases} P_{\xi 1}=Q_{\xi 1}=P_{\xi 2}=Q_{\xi 2}=0 \\ P_{\eta 1}=Q_{\eta 1}=P_{\eta 2}=Q_{\eta 2}=0 \\ P_{\zeta 1}=Q_{\zeta 1}=P_{\zeta 2}=Q_{\zeta 2}=0 \end{cases}$ 确定，周期为 $T_1=\dfrac{2\pi}{\beta_1}$。不存在 2 维或 3 维环面上的拟周期轨道。

情形 R1 的一般结果由下面的定理 11 给出。

定理 11 对于旋转强不规则体势场中的平衡点，下列条件相互等价：

1）特征方程 $P(\lambda)$ 的根具有形式 $\pm \mathrm{i}\beta_j$（$\beta_j \in \mathbf{R}$，$\beta_1=\beta_2=\beta_3>0$；$j=1，2，3$）；

2）平衡点附近质点相对平衡点的运动可以表示为

$$\begin{cases} \xi = C_{\xi 1}\cos\beta_1 t + S_{\xi 1}\sin\beta_1 t + P_{\xi 1} t\cos\beta_1 t + Q_{\xi 1} t\sin\beta_1 t + \\ \quad P_{\xi 2} t^2\cos\beta_1 t + Q_{\xi 2} t^2\sin\beta_1 t \\ \eta = C_{\eta 1}\cos\beta_1 t + S_{\eta 1}\sin\beta_1 t + P_{\eta 1} t\cos\beta_1 t + Q_{\eta 1} t\sin\beta_1 t + \\ \quad P_{\eta 2} t^2\cos\beta_1 t + Q_{\eta 2} t^2\sin\beta_1 t \\ \zeta = C_{\zeta 1}\cos\beta_1 t + S_{\zeta 1}\sin\beta_1 t + P_{\zeta 1} t\cos\beta_1 t + Q_{\zeta 1} t\sin\beta_1 t + \\ \quad P_{\zeta 2} t^2\cos\beta_1 t + Q_{\zeta 2} t^2\sin\beta_1 t \end{cases}$$

3）子流形的结构满足 $(\boldsymbol{S}, \Omega) \simeq T\Xi \cong W^c(\boldsymbol{S}) \cong W^r(\boldsymbol{S})$；

4）共振流形是一个 6 维的流形：$\dim W^r(\boldsymbol{S}) = \dim W^c(\boldsymbol{S}) = 6$；

5）子空间的结构满足 $T_L\boldsymbol{S} \cong E^c(L) \cong E^r(L)$；

6）共振子空间是一个 6 维的空间：$\dim E^c(L)=\dim E^r(L)=6$。

情形 R2

此情形下，平衡点附近质点相对于平衡点的运动可以表示为

$$\begin{cases} \xi = C_{\xi 1}\cos\beta_1 t + S_{\xi 1}\sin\beta_1 t + P_{\xi 1} t\cos\beta_1 t + Q_{\xi 1} t\sin\beta_1 t + \\ \quad C_{\xi 3}\cos\beta_3 t + S_{\xi 3}\sin\beta_3 t \\ \eta = C_{\eta 1}\cos\beta_1 t + S_{\eta 1}\sin\beta_1 t + P_{\eta 1} t\cos\beta_1 t + Q_{\eta 1} t\sin\beta_1 t + \\ \quad C_{\eta 3}\cos\beta_3 t + S_{\eta 3}\sin\beta_3 t \\ \zeta = C_{\zeta 1}\cos\beta_1 t + S_{\zeta 1}\sin\beta_1 t + P_{\zeta 1} t\cos\beta_1 t + Q_{\zeta 1} t\sin\beta_1 t + \\ \quad C_{\zeta 3}\cos\beta_3 t + S_{\zeta 3}\sin\beta_3 t \end{cases} \tag{5-35}$$

存在一个 1∶1 的共振流形，由下式确定

$$\begin{cases}\xi = C_{\xi 1}\cos\beta_1 t + S_{\xi 1}\sin\beta_1 t + P_{\xi 1} t\cos\beta_1 t + Q_{\xi 1} t\sin\beta_1 t \\ \eta = C_{\eta 1}\cos\beta_1 t + S_{\eta 1}\sin\beta_1 t + P_{\eta 1} t\cos\beta_1 t + Q_{\eta 1} t\sin\beta_1 t \\ \zeta = C_{\zeta 1}\cos\beta_1 t + S_{\zeta 1}\sin\beta_1 t + P_{\zeta 1} t\cos\beta_1 t + Q_{\zeta 1} t\sin\beta_1 t\end{cases} \tag{5-36}$$

共振流形是一个 4 维的光滑流形，存在 2 族周期轨道，其中 1 族在共振流形上，另外 1 族不在共振流形上。在共振流形上的周期轨道满足 $\begin{cases}P_{\xi 1} = Q_{\xi 1} = C_{\xi 3} = S_{\xi 3} = 0 \\ P_{\eta 1} = Q_{\eta 1} = C_{\eta 3} = S_{\eta 3} = 0 \\ P_{\zeta 1} = Q_{\zeta 1} = C_{\zeta 3} = S_{\zeta 3} = 0\end{cases}$，周期为 $T_1 = \dfrac{2\pi}{\beta_1}$。不在共振流形上的周期轨道满足 $\begin{cases}P_{\xi 1} = Q_{\xi 1} = C_{\xi 1} = S_{\xi 1} = 0 \\ P_{\eta 1} = Q_{\eta 1} = C_{\eta 1} = S_{\eta 1} = 0 \\ P_{\zeta 1} = Q_{\zeta 1} = C_{\zeta 1} = S_{\zeta 1} = 0\end{cases}$，周期为 $T_3 = \dfrac{2\pi}{\beta_3}$。

情形 R2 的一般结果由下面的定理 12 给出。

定理 12　对于旋转强不规则体势场中的平衡点，下列条件相互等价：

1）特征方程 $P(\lambda)$ 的根具有形式 $\pm \mathrm{i}\beta_j$（$\beta_j \in \mathbf{R}$，$\beta_j > 0$，$\beta_1 = \beta_2 \neq \beta_3$；$j = 1, 2, 3$）；

2）平衡点附近质点相对平衡点的运动可以表示为

$$\begin{cases}\xi = C_{\xi 1}\cos\beta_1 t + S_{\xi 1}\sin\beta_1 t + P_{\xi 1} t\cos\beta_1 t + Q_{\xi 1} t\sin\beta_1 t + \\ \qquad C_{\xi 3}\cos\beta_3 t + S_{\xi 3}\sin\beta_3 t \\ \eta = C_{\eta 1}\cos\beta_1 t + S_{\eta 1}\sin\beta_1 t + P_{\eta 1} t\cos\beta_1 t + Q_{\eta 1} t\sin\beta_1 t + \\ \qquad C_{\eta 3}\cos\beta_3 t + S_{\eta 3}\sin\beta_3 t \\ \zeta = C_{\zeta 1}\cos\beta_1 t + S_{\zeta 1}\sin\beta_1 t + P_{\zeta 1} t\cos\beta_1 t + Q_{\zeta 1} t\sin\beta_1 t + \\ \qquad C_{\zeta 3}\cos\beta_3 t + S_{\zeta 3}\sin\beta_3 t\end{cases}$$

3）平衡点附近的切空间存在 2 族周期轨道，并且共振流形维数为 $\dim W^r(\boldsymbol{S}) = 4$；

4）子流形的结构为 $(\boldsymbol{S}, \Omega) \simeq T\Xi \cong W^c(\boldsymbol{S})$，并且共振流形维数为 $\dim W^r(\boldsymbol{S}) = 4$；

5) $\dim W^c(\boldsymbol{S})=6$ 和 $\dim W^r(\boldsymbol{S})=4$；

6) 子空间的结构为 $T_L\boldsymbol{S} \cong E^c(L)$，并且共振子空间维数为 $\dim E^r(L)=4$；

7) $\dim E^c(L)=6$ 和 $\dim E^r(L)=4$。

情形 R3

此情形下，平衡点附近质点相对于平衡点的运动可以表示为

$$\begin{cases}\xi=A_{\xi1}\mathrm{e}^{\alpha_1 t}+B_{\xi1}\mathrm{e}^{-\alpha_1 t}+C_{\xi1}\cos\beta_1 t+S_{\xi1}\sin\beta_1 t+\\ \quad P_{\xi1}t\cos\beta_1 t+Q_{\xi1}t\sin\beta_1 t\\ \eta=A_{\eta1}\mathrm{e}^{\alpha_1 t}+B_{\eta1}\mathrm{e}^{-\alpha_1 t}+C_{\eta1}\cos\beta_1 t+S_{\eta1}\sin\beta_1 t+\\ \quad P_{\eta1}t\cos\beta_1 t+Q_{\eta1}t\sin\beta_1 t\\ \zeta=A_{\zeta1}\mathrm{e}^{\alpha_1 t}+B_{\zeta1}\mathrm{e}^{-\alpha_1 t}+C_{\zeta1}\cos\beta_1 t+S_{\zeta1}\sin\beta_1 t+\\ \quad P_{\zeta1}t\cos\beta_1 t+Q_{\zeta1}t\sin\beta_1 t\end{cases} \tag{5-37}$$

存在一个 1∶1 的共振流形，由下式确定

$$\begin{cases}\xi=C_{\xi1}\cos\beta_1 t+S_{\xi1}\sin\beta_1 t+P_{\xi1}t\cos\beta_1 t+Q_{\xi1}t\sin\beta_1 t\\ \eta=C_{\eta1}\cos\beta_1 t+S_{\eta1}\sin\beta_1 t+P_{\eta1}t\cos\beta_1 t+Q_{\eta1}t\sin\beta_1 t\\ \zeta=C_{\zeta1}\cos\beta_1 t+S_{\zeta1}\sin\beta_1 t+P_{\zeta1}t\cos\beta_1 t+Q_{\zeta1}t\sin\beta_1 t\end{cases} \tag{5-38}$$

共振流形是一个 4 维的光滑流形，仅存在 1 族周期轨道，该族周期轨道在共振流形上。该族周期轨道满足 $\begin{cases}A_{\xi1}=B_{\xi1}=P_{\xi1}=Q_{\xi1}=0\\ A_{\eta1}=B_{\eta1}=P_{\eta1}=Q_{\eta1}=0\\ A_{\zeta1}=B_{\zeta1}=P_{\zeta1}=Q_{\zeta1}=0\end{cases}$，周期为 $T_1=\dfrac{2\pi}{\beta_1}$。

渐近稳定流形是一个 1 维的光滑流形，由下式确定

$$\begin{cases}\xi=B_{\xi1}\mathrm{e}^{-\alpha_1 t}\\ \eta=B_{\eta1}\mathrm{e}^{-\alpha_1 t}\\ \zeta=B_{\zeta1}\mathrm{e}^{-\alpha_1 t}\end{cases} \tag{5-39}$$

不稳定流形也是一个 1 维的光滑流形，由下式确定

$$\begin{cases}\xi = A_{\xi 1}e^{\alpha_1 t} \\ \eta = A_{\eta 1}e^{\alpha_1 t} \\ \zeta = A_{\zeta 1}e^{\alpha_1 t}\end{cases} \tag{5-40}$$

情形 R3 的一般结果由下面的定理 13 给出。

定理 13　对于旋转强不规则体势场中的平衡点，下列条件相互等价：

1）特征方程 $P(\lambda)$ 的根具有形式 $\pm\alpha_j(\alpha_j \in \mathbf{R},\ \alpha_j > 0,\ j=1)$ 和 $\pm i\beta_j(\beta_j \in \mathbf{R},\ \beta_1=\beta_2>0;\ j=1,\ 2)$；

2）平衡点附近质点相对平衡点的运动可以表示为

$$\begin{cases}\xi = A_{\xi 1}e^{\alpha_1 t} + B_{\xi 1}e^{-\alpha_1 t} + C_{\xi 1}\cos\beta_1 t + S_{\xi 1}\sin\beta_1 t + \\ \qquad P_{\xi 1}t\cos\beta_1 t + Q_{\xi 1}t\sin\beta_1 t \\ \eta = A_{\eta 1}e^{\alpha_1 t} + B_{\eta 1}e^{-\alpha_1 t} + C_{\eta 1}\cos\beta_1 t + S_{\eta 1}\sin\beta_1 t + \\ \qquad P_{\eta 1}t\cos\beta_1 t + Q_{\eta 1}t\sin\beta_1 t \\ \zeta = A_{\zeta 1}e^{\alpha_1 t} + B_{\zeta 1}e^{-\alpha_1 t} + C_{\zeta 1}\cos\beta_1 t + S_{\zeta 1}\sin\beta_1 t + \\ \qquad P_{\zeta 1}t\cos\beta_1 t + Q_{\zeta 1}t\sin\beta_1 t\end{cases}$$

3）平衡点附近的切空间仅存在 1 族周期轨道，且共振流形的维数满足 $\dim W^r(\boldsymbol{S})=4$；

4）子流形的结构满足 $(\boldsymbol{S},\ \boldsymbol{\Omega}) \simeq T\Xi \cong \overline{W}^s(\boldsymbol{S}) \oplus W^c(\boldsymbol{S}) \oplus \overline{W}^u(\boldsymbol{S})$ 和 $\dim W^r(\boldsymbol{S})=4$；

5）$\dim W^c(\boldsymbol{S})=\dim W^r(\boldsymbol{S})=4$；

6）$\dim W^c(\boldsymbol{S})=\dim W^r(\boldsymbol{S})=4$ 和 $\dim\overline{W}^s(\boldsymbol{S})=\dim\overline{W}^u(\boldsymbol{S})=1$；

7）子空间的结构满足 $T_L\boldsymbol{S} \cong \bar{E}^s(L) \oplus E^c(L) \oplus \bar{E}^u(L)$ 和 $\dim E^r(L)=4$；

8）$\dim E^c(L)=\dim E^r(L)=4$；

9）$\dim E^c(L)=\dim E^r(L)=4$ 和 $\dim\bar{E}^s(L)=\dim\bar{E}^u(L)=1$。

5.5.5　退化平衡点

退化平衡点有零特征值[2-4]，一般来说，小行星的平衡点绝大多数都是非退化的，因此本节不像前面几节一样展开论述。仅给出一个退化情形的平衡点附近质点相对于平衡点的运动，其余情形类似。

情形 DE1：特征值具有形式 $\gamma_j(\gamma_j=0;\ j=1,\ 2)$ 和 $\pm\sigma\pm$ $\mathrm{i}\tau(\sigma,\ \tau\in\mathbf{R};\ \sigma,\ \tau>0)$。平衡点附近质点相对于平衡点的运动为

$$\begin{cases}\xi=C_{\xi1}+S_{\xi1}+E_{\xi}\mathrm{e}^{\sigma t}\cos\tau t+F_{\xi}\mathrm{e}^{\sigma t}\sin\tau t+G_{\xi}\mathrm{e}^{-\sigma t}\cos\tau t+H_{\xi}\mathrm{e}^{-\sigma t}\sin\tau t\\ \eta=C_{\eta1}+S_{\eta1}+E_{\eta}\mathrm{e}^{\sigma t}\cos\tau t+F_{\eta}\mathrm{e}^{\sigma t}\sin\tau t+G_{\eta}\mathrm{e}^{-\sigma t}\cos\tau t+H_{\eta}\mathrm{e}^{-\sigma t}\sin\tau t\\ \zeta=C_{\zeta1}+S_{\zeta1}+E_{\zeta}\mathrm{e}^{\sigma t}\cos\tau t+F_{\zeta}\mathrm{e}^{\sigma t}\sin\tau t+G_{\zeta}\mathrm{e}^{-\sigma t}\cos\tau t+H_{\zeta}\mathrm{e}^{-\sigma t}\sin\tau t\end{cases}\tag{5-41}$$

其余情形类似，只要注意到零特征值对应的项为常数项即可。

5.6 小行星平衡点的位置与稳定性分析

5.6.1 小行星平衡点的个数与稳定性

本节我们将上述有关平衡点位置和稳定性的结果应用到若干小行星的计算中，分析计算结果。表 5－1 给出了计算的 15 个小行星的引力场中平衡点的数量及其位置与稳定性个数情况。这 15 个小行星是目前有精确引力场及几何外形数据的所有小行星，包括（4）Vesta、（216）Kleopatra、（243）Ida、（433）Eros、（951）Gaspra、（1620）Geographos、1996 HW_1、1998 KY_{26}、（2063）Bacchus、（2867）Steins、（4769）Castalia、（6489）Golevka、（25143）Itokawa、（52760）1998ML14 和（101955）Bennu。其中，（101955）Bennu 的平衡点个数最多，有 9 个，而 1998 KY_{26} 的平衡点个数最少，只有 1 个。除了 1998 KY_{26} 以外，平衡点个数最少的小行星有 5 个平衡点，而这样的小行星占大多数。也就是说，尚未发现平衡点个数是 2、3、4 的小行星。小行星（216）Kleopatra 有 7 个平衡点。其中（216）Kleopatra 和（1580）Betulia 是目前仅有的两个被发现有 7 个平衡点的小行星，而（101955）Bennu 是目前唯一的一个被发现有 9 个平衡点的小行星。其中（216）Kleopatra 共有 7 个平衡点和（101955）Bennu 共有 9 个平衡点由 Wang et al.（2014）[5] 于 2014 年发现。

(1580) Betulia 共有 7 个平衡点由本书首次发现。

除了小行星（216）Kleopatra 以外，其余小行星的内部都只有 1 个平衡点，而小行星（216）Kleopatra 的内部有 3 个平衡点。目前发现的小行星平衡点的总数都是奇数，而外部平衡点的个数都是偶数，内部平衡点的个数都是奇数，我们有理由猜测这种现象对于所有的小行星都成立[5]。此外，除了（216）Kleopatra 以外，其余小行星的线性稳定的平衡点的个数是奇数，而不稳定的平衡点的个数是偶数[4]。表 5-1 给出了若干个小行星的平衡点总数、内部和外部数量、稳定性[4]。

表 5-1　不规则天体引力场中的平衡点个数

序号	名称	平衡点总数	外部	内部	线性稳定	不稳定
1	(4) Vesta	5	4	1	3	2
2	(216) Kleopatra	7	4	3	2	5
3	(243) Ida	5	4	1	1	4
4	(433) Eros	5	4	1	1	4
5	(951) Gaspra	5	4	1	1	4
6	(1620) Geographos	5	4	1	1	4
7	1996 HW_1	5	4	1	1	4
8	1998 KY_{26}	1	0	1	1	0
9	(2063) Bacchus	5	4	1	1	4
10	(2867) Steins	5	4	1	3	2
11	(4769) Castalia	5	4	1	1	4
12	(6489) Golevka	5	4	1	3	2
13	(25143) Itokawa	5	4	1	1	4
14	(52760) 1998ML14	5	4	1	3	2
15	(101955) Bennu	9	8	1	1	8

5.6.2　一般的小行星的平衡点位置与平面内有效势

这里的一般的小行星指不属于双小行星系统和三小行星系统，且不属于连接双小行星的那些小行星。表 5-2 给出了 11 个一般的小行星的平衡点位置，包括小行星（4）Vesta、（433）Eros、（951）Gaspra、（1580）Betulia、（1620）Geographos、（3103）Eger、1998 KY_{26}、（2867）Steins、（6489）Golevka、（54509）YORP 和（101955）Bennu，表 5－3 列出了计算采用的这些小行星的基本物理量的值，包括密度与自旋周期。图 5－2 给出了这些小行星的平衡点位置在 xy 平面的投影和 xy 平面内的有效势，并给出了体外的平衡点和本体的位置关系图，其中（1580）Betulia、（6489）Golevka 的有效势单位为 $m^2 \cdot s^{-2}$，其余小行星的有效势的单位均为 $km^2 \cdot s^{-2}$。其中较为特殊的是小行星（1580）Betulia、1998 KY_{26}、（54509）YORP 和（101955）Bennu。1998 KY_{26} 和（54509）YORP 都只有一个相对平衡点，且这一个相对平衡点在小行星体内，而在体外无平衡。而小行星（101955）Bennu 的体外的 8 个相对平衡点中有 4 个是线性稳定的，另外 4 个是不稳定的。

表 5－2 小行星平衡点位置

名称	平衡点	x/km	y/km	z/km
（4）Vesta	E1	558.306	−30.0411	−1.63343
	E2	−20.0372	555.912	−0.639814
	E3	−558.428	−20.2773	−0.900566
	E4	14.0415	−555.736	−0.527252
	E5	−0.330992	−0.047349	0.722361
（433）Eros	E1	19.1560	−2.65188	0.142979
	E2	0.484065	14.7247	−0.0631628
	E3	−19.72858	−3.38644	0.132368
	E4	−0.461655	−13.9664	−0.0743819
	E5	0.549115	0.749273	−0.182043
（951）Gaspra	E1	14.7323	−0.0379469	0.102217
	E2	1.90075	13.0387	0.0112930
	E3	−14.21262	−0.118726	0.0259255
	E4	1.98791	−13.0444	0.0150812
	E5	−0.692996	−0.00584606	−0.0511414

续表

名称	平衡点	x/km	y/km	z/km
(1580) Betulia	E1	4.85052	1.52939	−0.0387454
	E2	0.0152853	4.85361	0.0848420
	E3	−4.76561	1.75133	−0.0899391
	E4	−3.11324	−3.83537	0.0482413
	E5	−0.586624	−4.93742	0.0617973
	E6	2.88338	−3.99380	−0.0125036
	E7	−0.00937047	−0.0331185	0.00961445
(1620) Geographos	E1	2.67070	−0.0398694	0.0888751
	E2	−0.142220	2.08092	−0.0220647
	E3	−2.81851	−0.0557316	0.144376
	E4	−0.125676	−2.04747	−0.0263415
	E5	0.228201	0.0367998	−0.0315138
1998 KY_{26}	E1	0.00000007094	−0.00000032002	−0.0000109550
(2867) Steins	E1	6.02496	−0.778495	0.0194957
	E2	−0.350453	5.93496	−0.0389495
	E3	−6.09443	−0.556101	0.0108389
	E4	−0.258662	−5.91204	−0.0328477
	E5	0.0465217	0.0118791	0.00862801
(3103) Eger	E1	−0.159869	−0.00337951	−0.00988982
	E2	0.164887	0.851196	−0.00277407
	E3	−1.03211	0.0650482	0.0254430
	E4	0.217539	−0.850579	0.000903244
	E5	−0.159869	−0.00337965	−0.00988974
(6489) Golevka	E1	0.564128	−0.023416	−0.002882
	E2	−0.571527	0.035808	−0.006081
	E3	−0.021647	0.537470	−0.001060
	E4	−0.026365	−0.546646	−0.000182
	E5	0.002330	−0.003329	0.002198

续表

名称	平衡点	x/km	y/km	z/km
(54509) YORP	E1	−0.164197E−08	−0.310152E−08	−0.905072E−06
(101955) Bennu	E1	0.302254	0.0207971	−0.00325871
	E2	0.119921	0.263907	−0.00250975
	E3	−0.133380	0.265869	−0.0108739
	E4	−0.211138	0.204168	−0.00979061
	E5	−0.288326	−0.884228	−0.00262675
	E6	−0.00230678	−0.290888	0.00159251
	E7	0.133622	−0.265726	−0.00161864
	E8	0.217825	−0.196538	−0.00365738
	E9	0.000149629	0.00020317	0.00004969

表 5-3 计算采用的一般的小行星基本物理性质

序号	名称	体密度/ (g/cm^3)	旋转周期/h
1	(4) Vesta	3.456	5.342
2	(433) Eros	2.67	5.27
3	(951) Gaspra	2.71	7.042
4	(1580) Betulia	2.0	6.13836
5	(1620) Geographos	2.0	5.223
6	(3103) Eger	1.0	5.706
7	1998 KY_{26}	2.8	0.1784
8	(2867) Steins	1.8	6.04679
9	(6489) Golevka	2.7	6.026
10	(54509) YORP (2000 PH5)	3.4	0.2029
11	(101955) Bennu	0.97	4.288

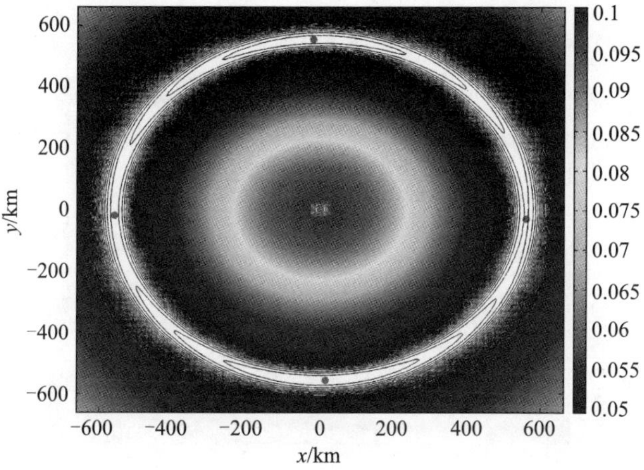

(4)Vesta

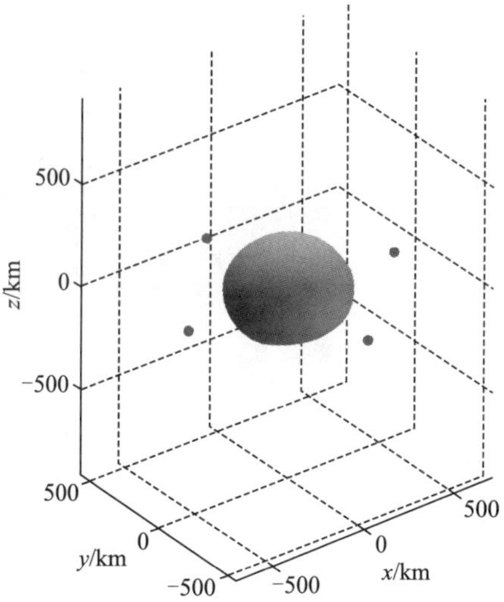

(4) Vesta

图 5-2　一般的小行星的平衡点位置在 xy 平面的投影和 xy 平面内的有效势以及平衡点和本体位置关系

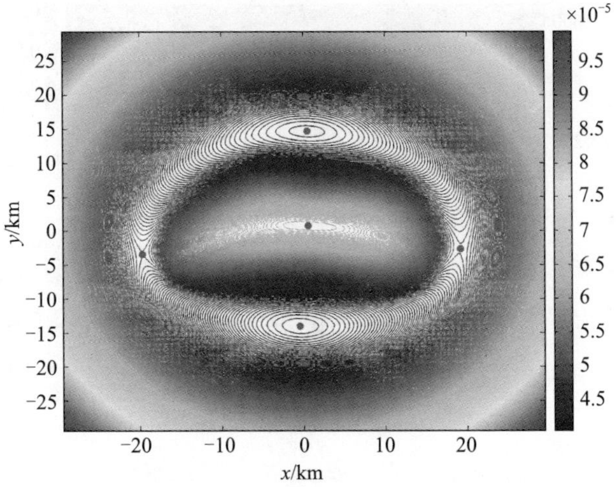

(433) Eros

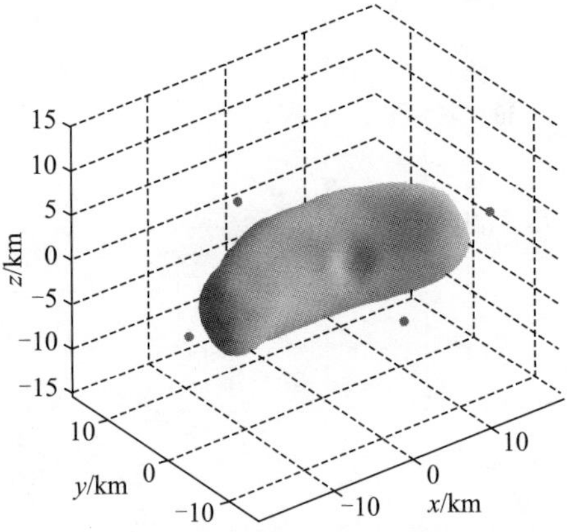

(433)Eros

图 5-2 一般的小行星的平衡点位置在 xy 平面的投影和 xy 平面内的有效势以及平衡点和本体位置关系（续一）

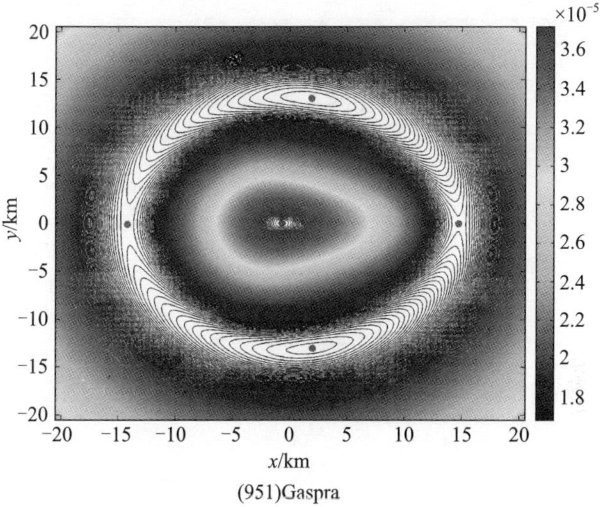

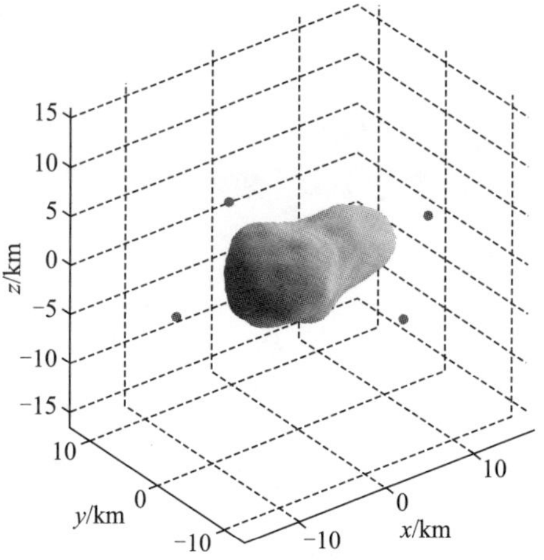

图 5-2　一般的小行星的平衡点位置在 xy 平面的投影和 xy 平面内的有效势以及平衡点和本体位置关系（续二）

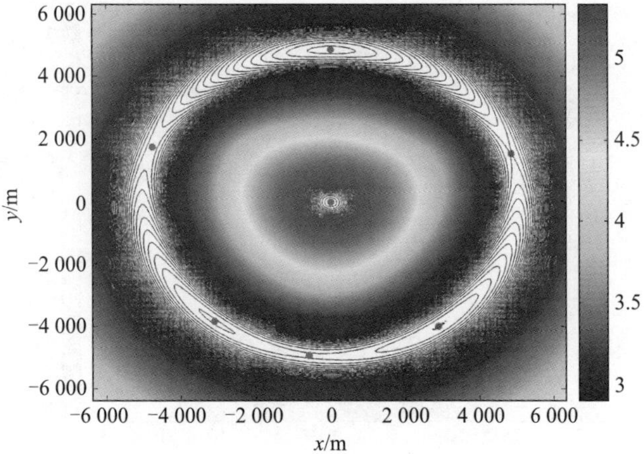

(1580)Betulia

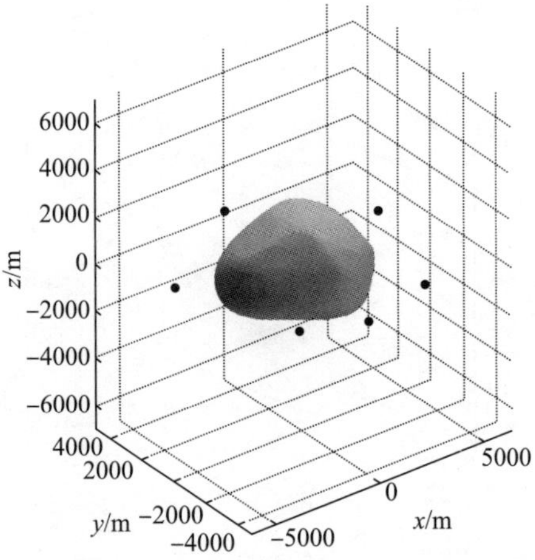

(1580)Betulia

图 5-2　一般的小行星的平衡点位置在 xy 平面的投影和 xy 平面内的有效势以及平衡点和本体位置关系（续三）

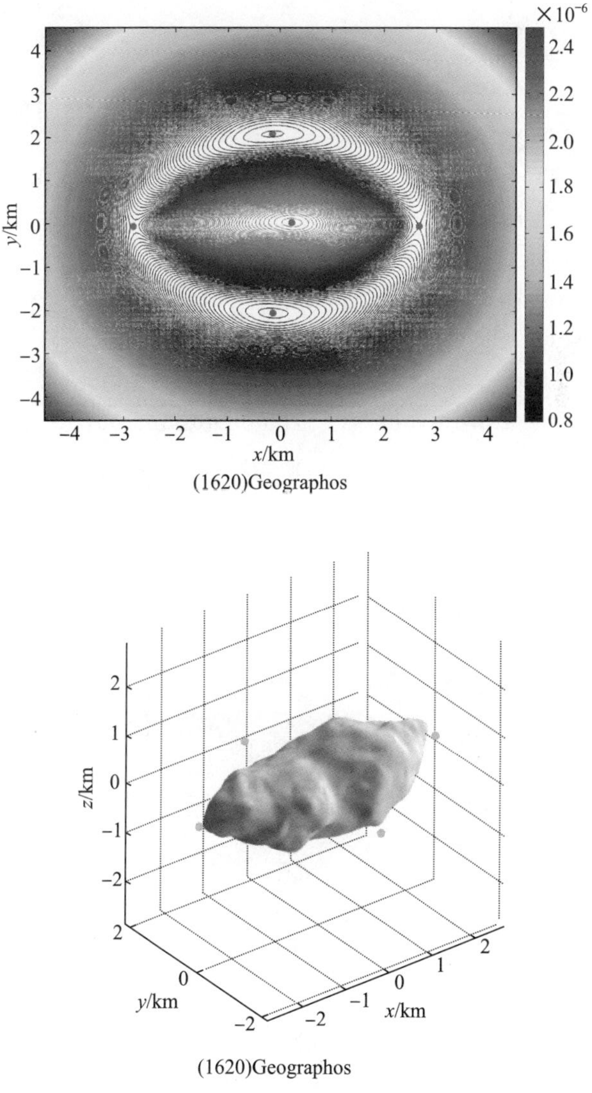

图 5-2　一般的小行星的平衡点位置在 xy 平面的投影和 xy 平面内的有效势以及平衡点和本体位置关系（续四）

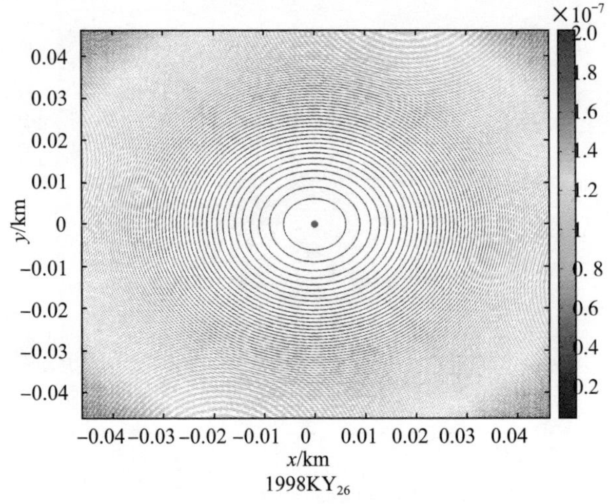

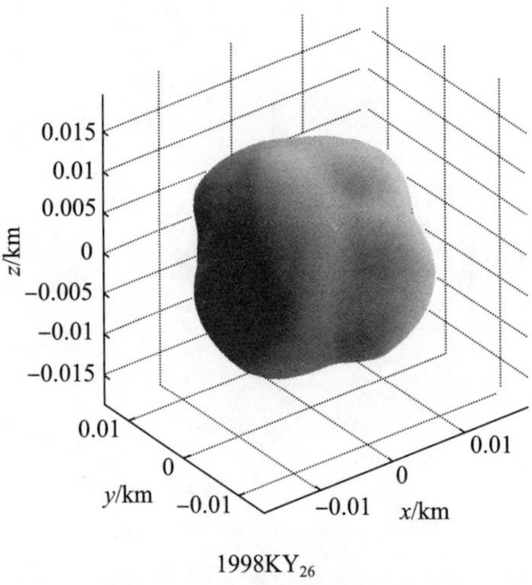

图 5-2　一般的小行星的平衡点位置在 xy 平面的投影和 xy 平面内的有效势以及平衡点和本体位置关系（续五）

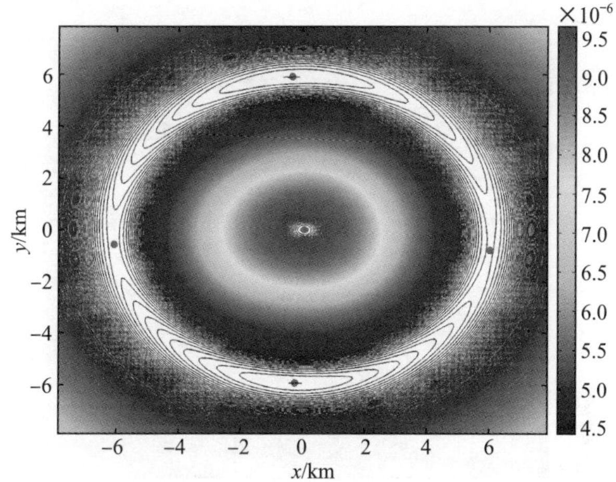

(2867)Steins

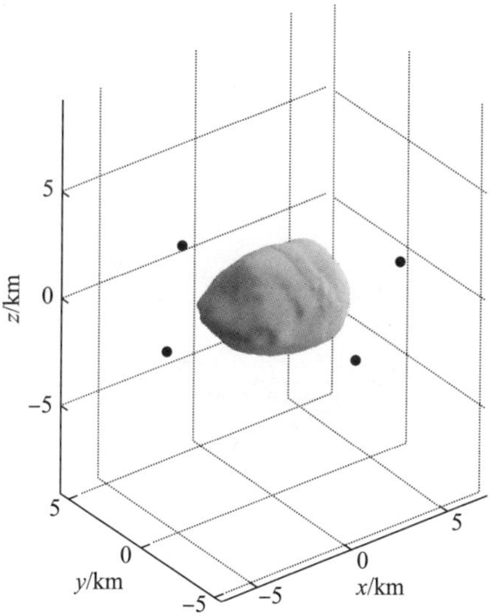

(2687)Steins

图 5-2　一般的小行星的平衡点位置在 xy 平面的投影和 xy 平面内的有效势以及平衡点和本体位置关系（续六）

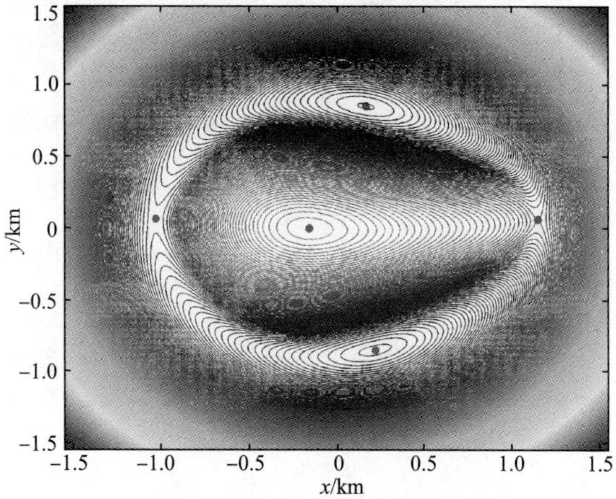

(3103)Eger

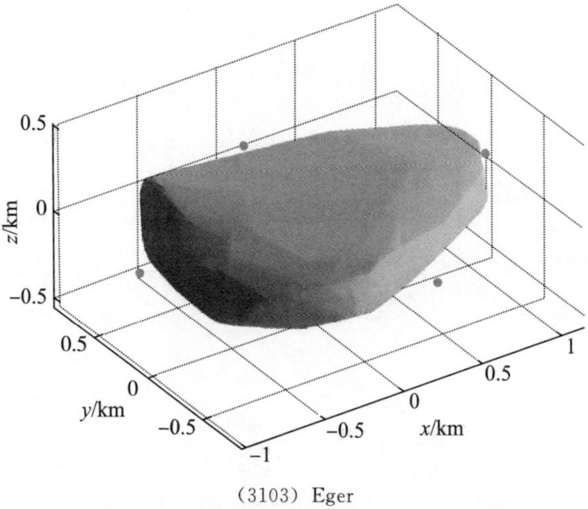

(3103) Eger

图 5-2　一般的小行星的平衡点位置在 xy 平面的投影和 xy 平面内的有效势以及平衡点和本体位置关系（续七）

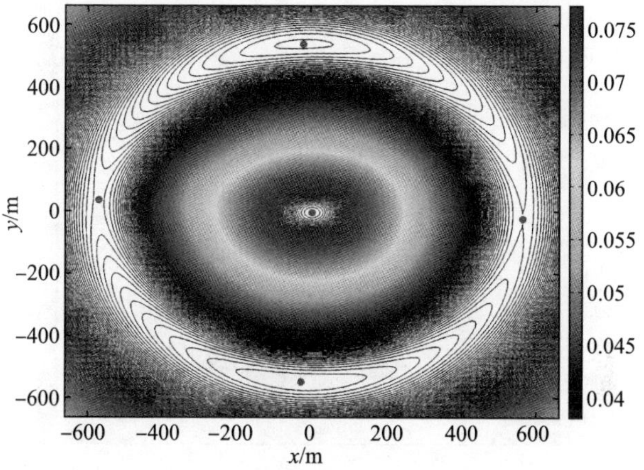

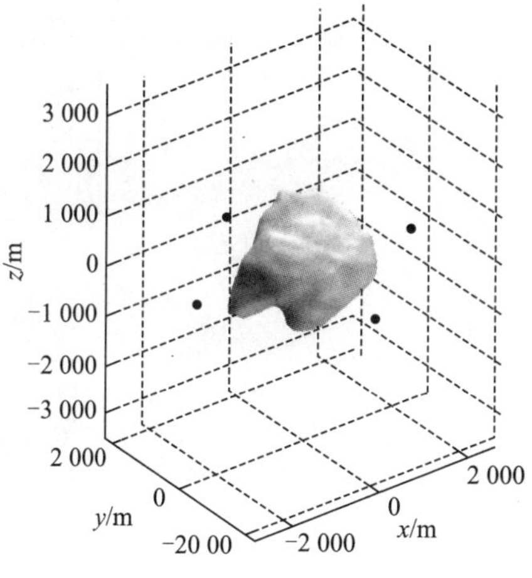

图 5－2　一般的小行星的平衡点位置在 xy 平面的投影和 xy 平面内的有效势以及平衡点和本体位置关系（续八）

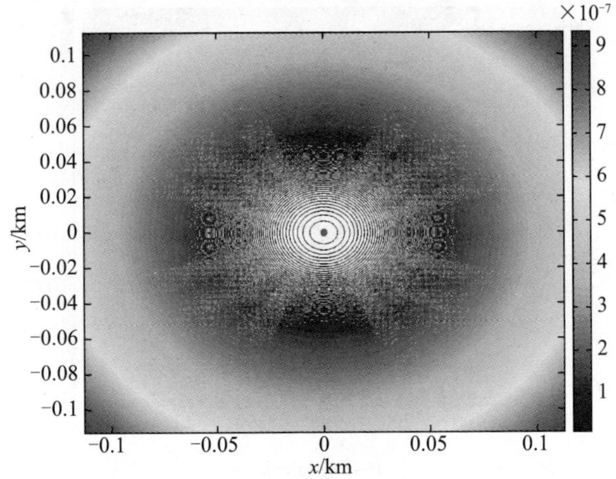

(54509)YORP

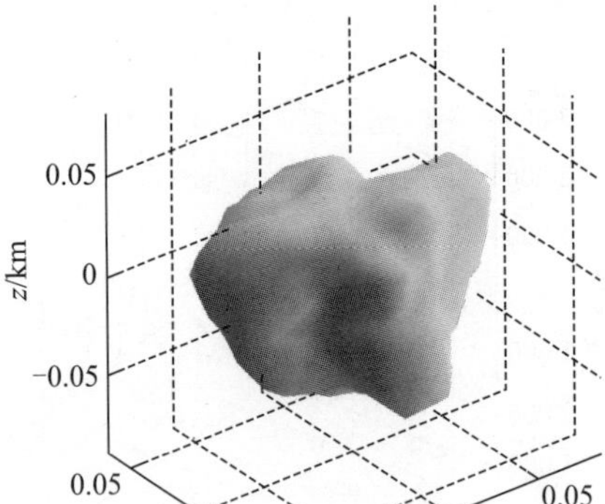

(54509)YORP

图 5-2　一般的小行星的平衡点位置在 xy 平面的投影和 xy 平面内的有效势以及平衡点和本体位置关系（续九）

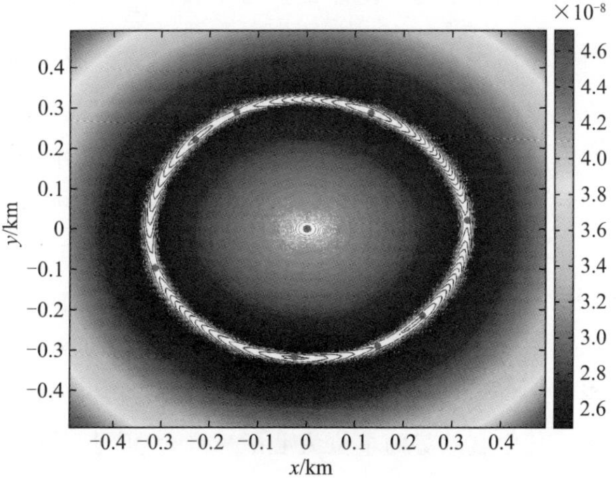

(101955)Bennu

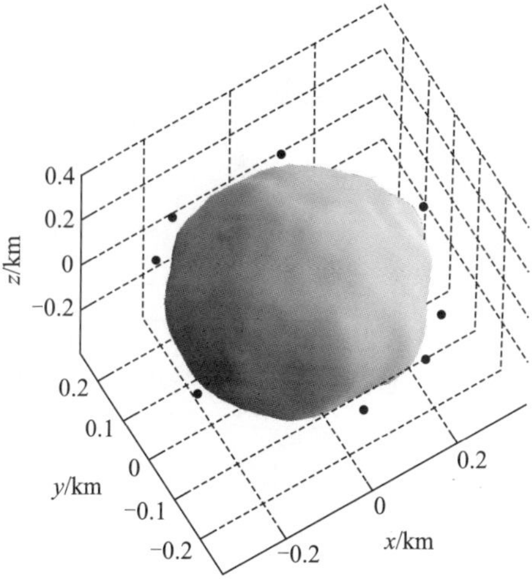

(101955)Bennu

图 5-2　一般的小行星的平衡点位置在 xy 平面的投影和 xy 平面内的有效势以及平衡点和本体位置关系（续十，见彩图）

5.6.3 连接双小行星的平衡点位置与平面内有效势

本节研究连接双小行星的平衡点位置与平面内的有效势。连接双小行星不是双小行星系统，只是在形状上由两瓣通过一个脖颈连接，因此叫做连接双小行星，其实仍然是单个的旋转小天体。表5-4给出了5个连接双小行星的平衡点位置，包括1996 HW_1、(2063) Bacchus、(4486) Mithra、(4769) Castalia和(25143) Itokawa。表5-5列出了计算采用的这些小行星的基本物理量的值，包括密度与自旋周期。图5-3给出了这些连接双小行星的平衡点位置在xy平面的投影和xy平面内的有效势，并给出了体外的平衡点和本体的位置关系图，其中有效势的单位为$km^2 \cdot s^{-2}$。可见，这5个连接双小行星都只有5个相对平衡点。

表5-4 连接双小行星的平衡点位置

名称	平衡点	x/km	y/km	z/km
1996 HW_1	E1	3.21197	0.133831	−0.00232722
	E2	−0.150078	2.80789	0.000515378
	E3	−3.26866	0.0841431	−0.00103271
	E4	−0.181051	−2.82605	0.000146216
	E5	0.452595	−0.0291869	0.00302067
(2063) Bacchus	E1	1.14738	0.0227972	−0.000861348
	E2	0.0314276	1.07239	0.000711379
	E3	−1.14129	0.00806235	−0.00141486
	E4	0.0203102	−1.07409	0.000849894
	E5	−0.0362491	−0.00393237	0.00222295
(4486) Mithra	E1	6.36226	−0.247097	0.000743339
	E2	0.128976	6.30718	−0.000358101
	E3	−6.35645	−0.276777	0.000417746
	E4	0.103547	−6.30426	−0.000416108
	E5	−0.147534	0.0439324	−0.0140895
(4769) Castalia	E1	0.910109	0.0228648	0.0345927
	E2	−0.0427816	0.736033	0.00312877
	E3	−0.953021	0.128707	0.0300658
	E4	−0.0399531	−0.744131	0.00876237
	E5	0.157955	−0.00144811	−0.0129416

续表

名称	平衡点	x/km	y/km	z/km
(25143) Itokawa	E1	0.554478	−0.00433107	−0.000061
	E2	−0.0120059	0.523829	−0.000201
	E3	−0.555624	−0.0103141	−0.000274
	E4	−0.0158721	−0.523204	0.000246
	E5	0.00346405	0.00106939	0.000105

表 5-5　计算采用的连接双小行星基本物理性质

序号	名称	体密度/（g/cm^3）	旋转周期/h
1	1996 HW_1	3.56	8.757
2	(2063) Bacchus	2.0	14.9
3	(4486) Mithra	1.0	67.5
4	(4769) Castalia	2.1	4.095
5	(25143) Itokawa	1.95	12.132

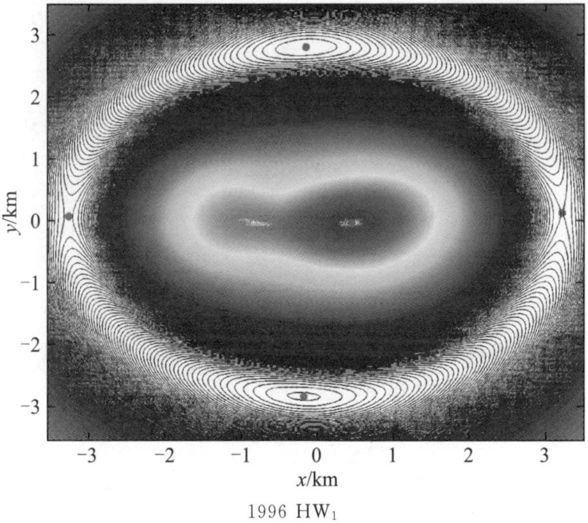

图 5-3　连接双小行星的平衡点位置在 xy 平面的投影和 xy 平面内的有效势以及平衡点和本体位置关系（见彩图）

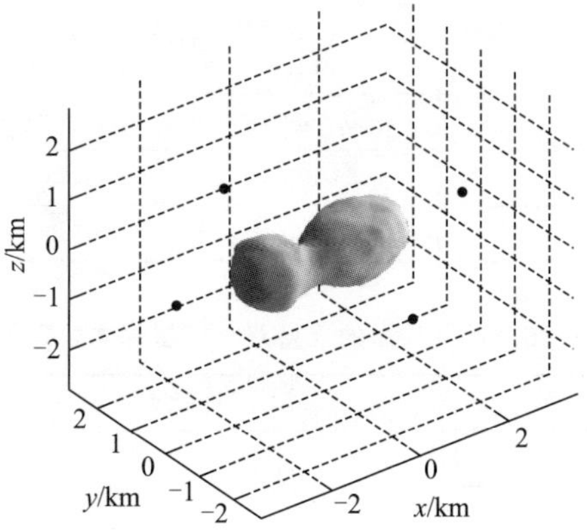

1996 HW_1

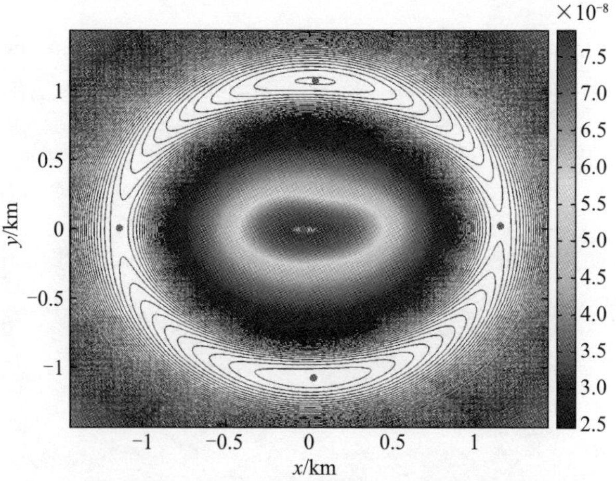

(2063)Bacchus

图 5-3　连接双小行星的平衡点位置在 xy 平面的投影和 xy 平面内的有效势以及平衡点和本体位置关系（续一）

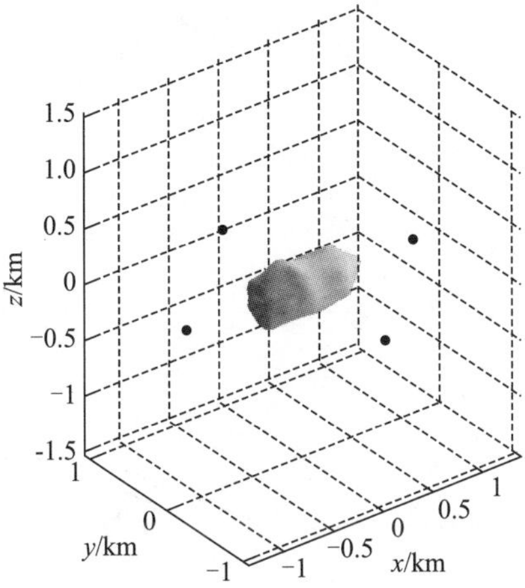

(2063)Bacchus

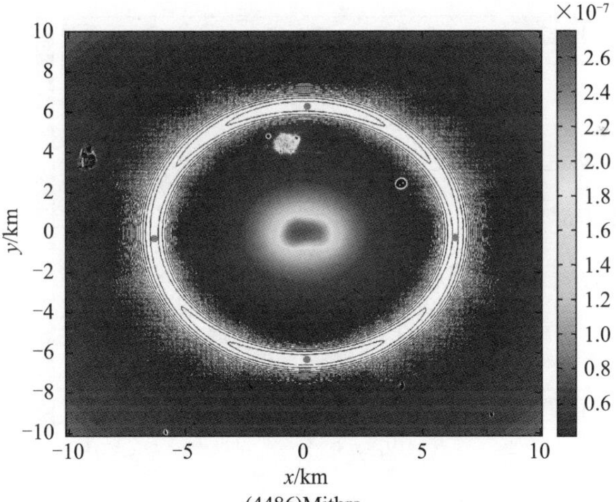

(4486)Mithra

图 5-3　连接双小行星的平衡点位置在 xy 平面的投影和 xy 平面内的有效势以及平衡点和本体位置关系（续二，见彩图）

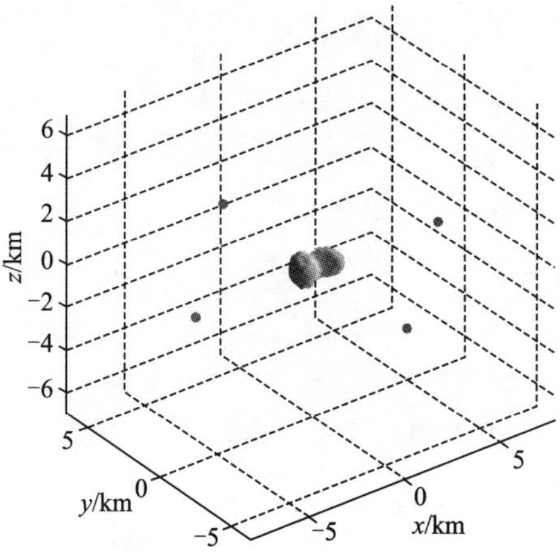

(4486)Mithra

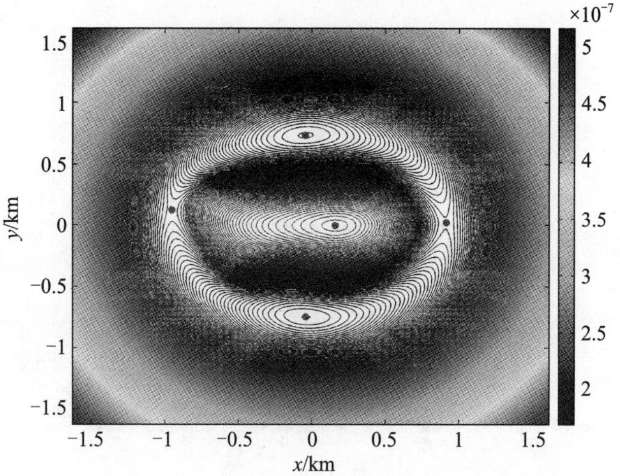

(4769)Castalia

图 5-3　连接双小行星的平衡点位置在 xy 平面的投影和 xy 平面内的有效势以及平衡点和本体位置关系（续三）

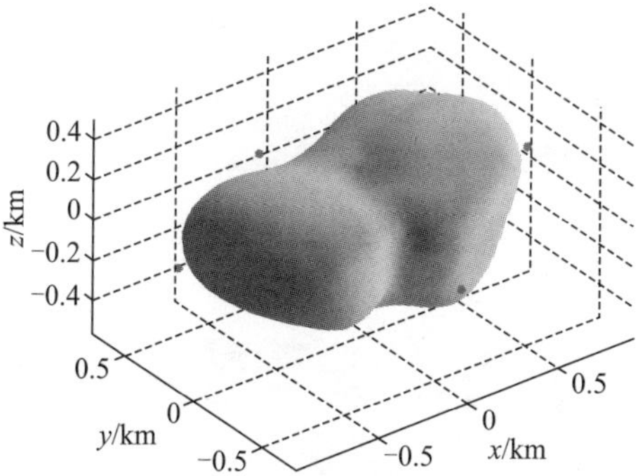

(4769)Castalia

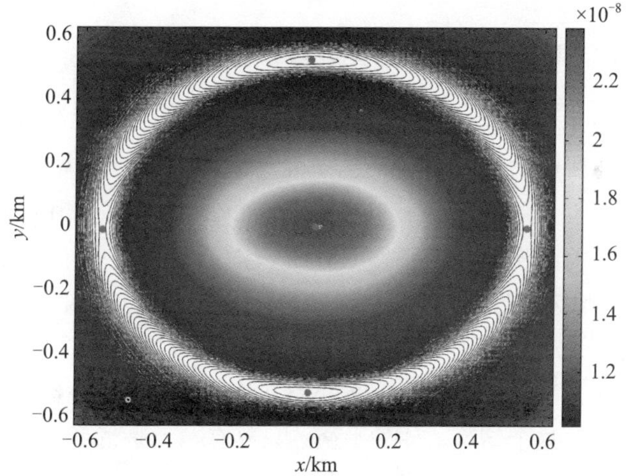

(25143)Itokawa

图 5-3　连接双小行星的平衡点位置在 xy 平面的投影和 xy 平面内的有效势以及平衡点和本体位置关系（续四）

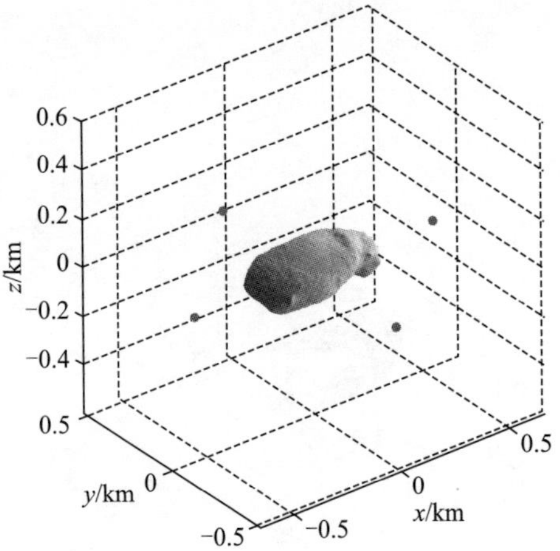

(25143)Itokawa

图 5-3 连接双小行星的平衡点位置在 xy 平面的投影和 xy 平面内的有效势以及平衡点和本体位置关系（续五）

5.6.4 小行星平衡点的拓扑类型与分布

我们进一步分析小行星平衡点的拓扑类型与分布。表 5-6 给出了小行星平衡点的拓扑类型、稳定性与平衡点处有效势 Hessian 矩阵的正定性。从表中可见，除了小行星（216）Kleopatra 以外，其余小行星的内部仅有一个平衡点，且该内部平衡点的拓扑类型均属于情形 1，均为线性稳定的，且 Hessian 矩阵都是正定的。体外平衡点无论是 4 个的，还是如（101955）Bennu 一样有 8 个的，体外平衡点的拓扑类型都是相间分布；小行星 1998 KY_{26} 体外没有平衡点，因此也不违反这个结论。体外平衡点只要有一个是情形 1，就还有另外一个体外平衡点属于情形 1；体外平衡点只要有一个是情形 2，就还有另外一个体外平衡点属于情形 2；体外平衡点只要有一个是情形 5，就还有另外一个体外平衡点属于情形 5。对于小行星（4）Vesta、（2867）Steins、（6489）Golevka 和（52760）1998ML14 来说，体外平衡点都属于情形 1 和情形 2，属于情形 1 和情形 2 的平衡点相间分布。对于小行星（216）Kleopatra、（243）Ida、（433）Eros、（951）

Gaspra、（1620）Geographos、1996 HW_1、（2063）Bacchus、（4769）Castalia、（25143）Itokawa 和（101955）Bennu 来说，体外平衡点都属于情形 2 和情形 5，属于情形 2 和情形 5 的平衡点相间分布。

表 5－6　小行星平衡点拓扑类型与稳定性

名称	平衡点	拓扑类型	稳定性	$\nabla^2 V$
（4）Vesta	E1	2	U	N
	E2	1	LS	P
	E3	2	U	N
	E4	1	LS	P
	E5	1	LS	P
（216）Kleopatra	E1	2	U	N
	E2	5	U	N
	E3	2	U	N
	E4	5	U	N
	E5	1	LS	P
	E6	1	LS	P
	E7	2	U	N
（243）Ida	E1	2	U	N
	E2	5	U	N
	E3	2	U	N
	E4	5	U	N
	E5	1	LS	P
（433）Eros	E1	2	U	N
	E2	5	U	N
	E3	2	U	N
	E4	5	U	N
	E5	1	LS	P

续表

名称	平衡点	拓扑类型	稳定性	$\nabla^2 V$
(951) Gaspra	E1	2	U	N
	E2	5	U	N
	E3	2	U	N
	E4	5	U	N
	E5	1	LS	P
(1620) Geographos	E1	2	U	N
	E2	5	U	N
	E3	2	U	N
	E4	5	U	N
	E5	1	LS	P
1996 HW_1	E1	2	U	N
	E2	5	U	N
	E3	2	U	N
	E4	5	U	N
	E5	1	LS	P
1998 KY_{26}	E1	1	LS	P
(2063) Bacchus	E1	2	U	N
	E2	5	U	N
	E3	2	U	N
	E4	5	U	N
	E5	1	LS	P
(2867) Steins	E1	2	U	N
	E2	1	LS	P
	E3	2	U	N
	E4	1	LS	P
	E5	1	LS	P
(4769) Castalia	E1	2	U	N
	E2	5	U	N

续表

名称	平衡点	拓扑类型	稳定性	$\nabla^2 V$
(4769) Castalia	E3	2	U	N
	E4	5	U	N
	E5	1	LS	P
(6489) Golevka	E1	2	U	N
	E2	1	LS	N
	E3	2	U	N
	E4	1	LS	N
	E5	1	LS	P
(25143) Itokawa	E1	2	U	N
	E2	5	U	N
	E3	2	U	N
	E4	5	U	N
	E5	1	LS	P
(52760) 1998ML14	E1	2	U	N
	E2	1	LS	P
	E3	2	U	N
	E4	1	LS	P
	E5	1	LS	P
(101955) Bennu	E1	2	U	N
	E2	5	U	N
	E3	2	U	N
	E4	5	U	N
	E5	2	U	N
	E6	5	U	N
	E7	2	U	N
	E8	5	U	N
	E9	1	LS	P

注：LS—线性稳定（linearly stable）；U—不稳定（unstable）；P—正定（positive definite）；N—非正定（non - positive definite）。

图 5-2 给出了小行星（2867）Steins 的有效势在小行星赤道面的等高线图，小行星（2867）Steins[17,18]的密度为 1.8 g·cm^{-3}，自旋周期为6.04679 h，三维尺寸为6.67 km×5.81 km×4.47 km。其外形与引力场物理模型由参考文献[19]的观测数据建立。

由图 5-2 可见，在赤道面上，小行星（2867）Steins 的有效势在不同点上的数值随着该点距离质心的距离的增大，先逐渐减小又逐渐增大。在小行星（2867）Steins 的内部，有效势的数值可大于 9.5 m^2·s^{-2}，随着质点的质心距的逐渐增大，有效势减小至 4.5 m^2·s^{-2}以下，随后当质点的质心距继续增大时，有效势逐渐增大。这说明在此过程中有效势可取到极小值。有效势取到极小值的点的坐标就是在惯性参考系中的小行星附近的 1∶1 共振，同时是小行星固连坐标系中的平衡点。此外，该极小值仅是质点在小行星固连坐标系 xy 平面上变化时取得的，不一定是三维空间的极小值，因此通过在赤道面上计算有效势的等高线图得到的有效势在 xy 平面的极小值点不一定是稳定的。此外，有效势的极值点一定是临界点，而有效势的临界点一般不全是极值点。因此要计算小行星附近的所有 1∶1 共振轨道，需要通过计算有效势的临界点得到，而不是通过计算有效势在赤道面上的等高线图得到。

小行星（2867）Steins 引力场[18]中存在 4 个 1∶1 共振轨道即平衡点，如图 5-2 所示，此处不包括小行星体内的平衡点。其中红色圆点表示不稳定的共振轨道，而绿色星号点表示稳定的共振轨道。为了便于观察其三维外形，在 $+x$ 轴方向添加了光源，可见小行星（2867）Steins 不仅外形不规则，其表面也凹凸不平。表 5-7 给出了小行星（2867）Steins 的 4 个外部平衡点的特征值。通过计算，发现特征值仅保留 2 至 3 位有效数字时，计算出的平衡点 E4 的特征值为 3 对纯虚数，而提高计算精度时，发现平衡点 E4 的特征值为 1 对纯虚数和 4 个共轭复数，这 4 个共轭复数的实部比虚部要小得多。由表 5-7 的计算结果可知，小行星（2867）Steins 的外部平衡点 E1、E3、E4 都是不稳定的，也就是说，从惯性空间来看，这 3 个点所代表的所有 1∶1 共振轨道都是不稳定的；而外部平衡点 E2 是稳定的，同理，E2 代表的所有 1∶1 共振轨道都是稳定的。固连坐标系中的每一个平衡点附近的局部的周期轨道或者拟周期轨道，都代表一条惯性坐标系中的 1∶1 共振轨道[5]；而这些局部的周期轨道及拟周期轨道如果存在，必然有无穷多条，因此，对应于同一个平衡点的 1∶1 共振轨道如果存在，就有无穷多条。对于小行星（2867）Steins 来说，平衡点 E1、E2、E3、E4 分别对应 2、3、2、1 类 1∶1 共振轨道，其中每一类共振轨道都有无穷多条。

表 5-7　小行星（2867）Steins 体外平衡点的特征值

$\times 10^{-3}\,s^{-1}$	λ_1	λ_2	λ_3	λ_4	λ_5	λ_6
E1	0.30339i	−0.30339i	0.29342i	−0.29342i	0.10814	−0.10814
E2	0.29850i	−0.29850i	0.25548i	−0.25548i	0.10989i	−0.10989i
E3	0.31023i	−0.31023i	0.29656i	−0.29656i	0.13320	−0.13320
E4	0.29737i	−0.29737i	0.00359 +0.19754i	0.00359 −0.19754i	−0.00359 +0.19754i	−0.00359 −0.19754i

5.7　参数变化下平衡点位置与特征值的变化及 Hopf 分岔

本节首先介绍共振平衡点的初值敏感性与分岔，然后介绍平衡点的 Hopf 分岔和分岔导致的平衡点附近周期轨道的产生与消失。

5.7.1　小行星共振平衡点的初值敏感性与分岔

如果小行星引力场中的非退化平衡点 $\boldsymbol{r}_0=\boldsymbol{\tau}(\boldsymbol{\mu}_0)=\boldsymbol{\tau}_0$ 是非共振的，则在点 $\boldsymbol{\mu}_0$ 附近存在一个充分小的开领域，使得参数在该开领域内取值时，平衡点的稳定性同参数取 $\boldsymbol{\mu}_0$ 时的平衡点的稳定性相同。然而，如果非退化平衡点是共振的，则结论有所不同，即如果小行星引力场中的非退化平衡点 $\boldsymbol{r}_0=\boldsymbol{\tau}(\boldsymbol{\mu}_0)=\boldsymbol{\tau}_0$ 是共振的，则在点 $\boldsymbol{\mu}_0$ 附近的任意一个开领域中取参数值，都有使得平衡点稳定性保持和参

数值为 $\boldsymbol{\mu}_0$ 时的平衡点稳定性相同的参数值，也有使得平衡点稳定性同参数值为 $\boldsymbol{\mu}_0$ 时的平衡点稳定性不同的参数值。对于平衡点来说，在参数 $\boldsymbol{\mu}=\boldsymbol{\mu}_0$ 时，发生了 Hopf 分岔。

换句话说，共振平衡点的拓扑结构和其附近的动力学行为是初值敏感的。共振平衡点的拓扑类型一般会随着参数的变化而发生变化。图 5－4 给出了包含共振情形 R2 的特征值的运动，对应的拓扑类型的变化为情形 O1→情形 R2→情形 O4 和情形 O4→情形 R2→情形 O1，在特征值发生碰撞时，Hopf 分岔产生。图 5－5 给出了包含退化实鞍情形 DRS3 的特征值的运动，对应的拓扑类型的变化为情形 O4→情形 DRS3→情形 O3 和情形 O3→情形 DRS3→情形 O4。图 5－6 给出情形 DE7→情形 O4 和情形 O4→情形 DE7 的拓扑类型变化对应的特征值的运动。图 5－7 给出了情形 O2→情形 DE4→情形 O3 和情形 O3→情形 DE4→情形 O2 对应的特征值的运动。图 5－8 给出了情形 O1→情形 O2 对应的特征值的运动。

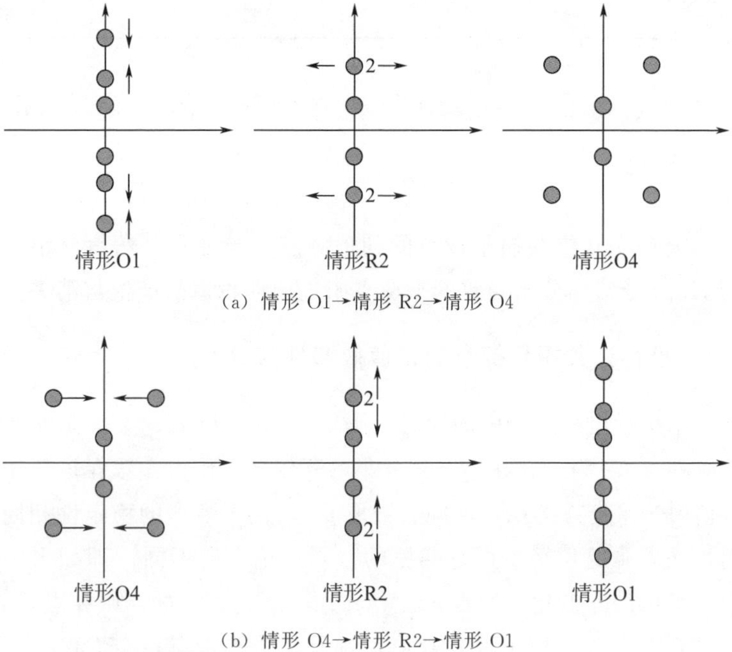

(a) 情形 O1→情形 R2→情形 O4

(b) 情形 O4→情形 R2→情形 O1

图 5－4　小行星的属于共振情形 R2 的共振平衡点在参数变化下附近的拓扑类型的变化

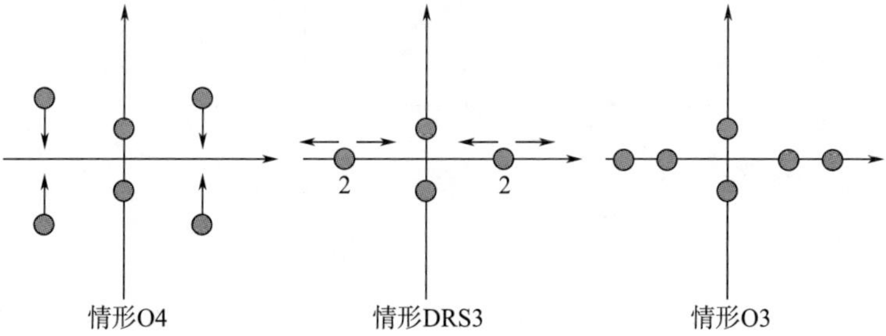

（a）情形 O4→情形 DRS3→情形 O3

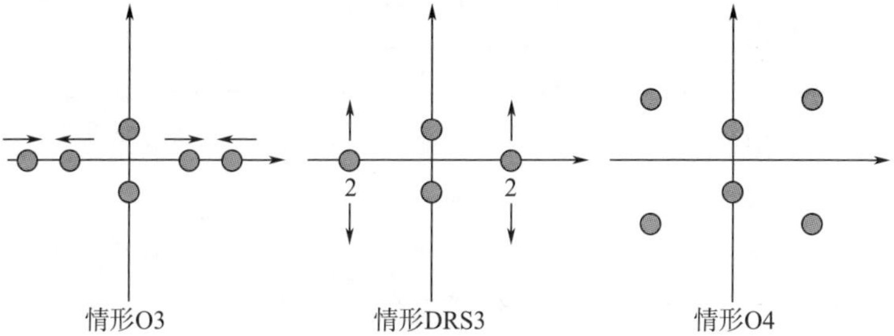

（b）情形 O3→情形 DRS3→情形 O4

图 5－5　小行星的属于退化实鞍情形 DRS3 的共振平衡点在参数变化下附近的拓扑类型的变化

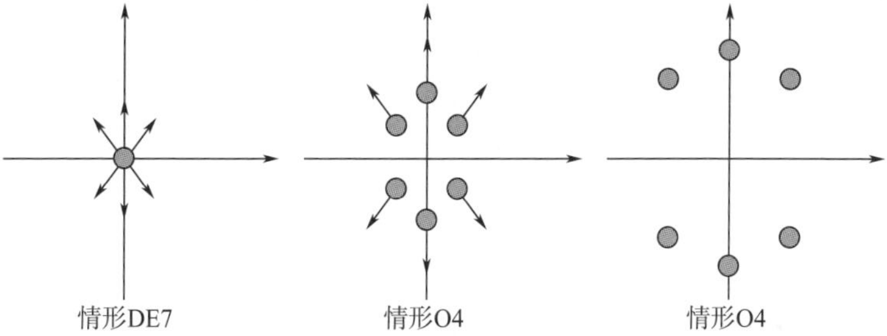

图 5－6a　拓扑类型变化情形 DE7→情形 O4 对应的特征值运动

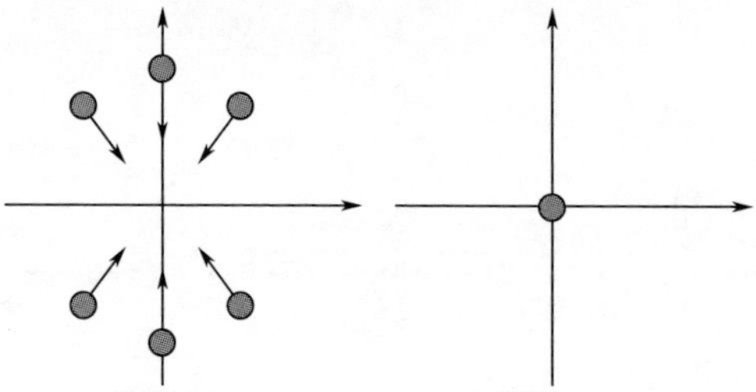

图 5－6b　拓扑类型变化情形 O4→情形 DE7 对应的特征值运动

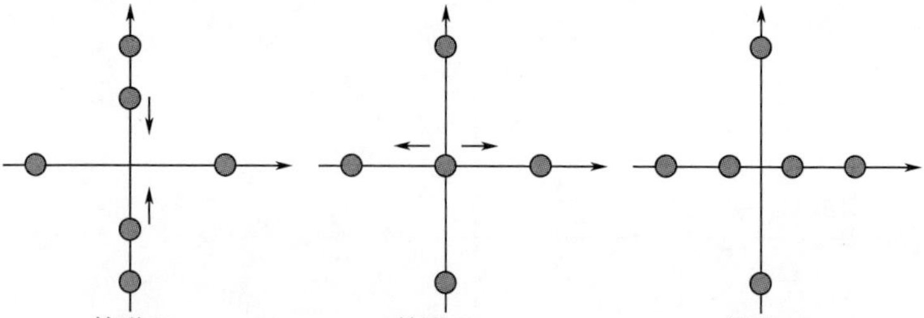

图 5－7a　拓扑类型变化情形 O2→情形 DE4→情形 O3 对应的特征值运动

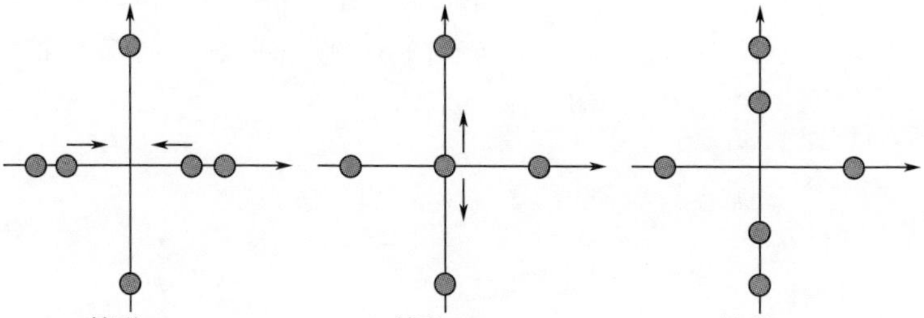

图 5－7b　拓扑类型变化情形 O3→情形 DE4→情形 O2 对应的特征值运动

5.7.2　小行星平衡点的 Hopf 分岔的发现

本节将上述理论应用到研究小行星（2063）Bacchus 和（25143）Itokawa 在参数变化下平衡点的 Hopf 分岔的寻找中，这两个小行星都是连接双星。小行星的几何外形和物理模型采用多面体模型构建。

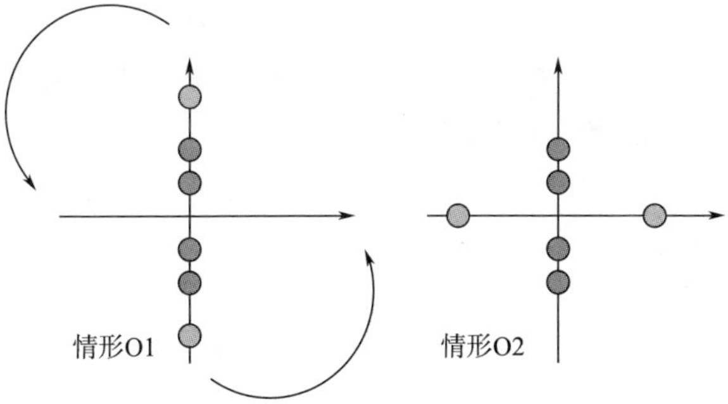

图 5 - 8　特征值运动$+\beta i \to \infty \to +\alpha$（$\alpha$，$\beta \in \mathbf{R}$）
导致的拓扑类型变化情形 O1→情形 O2

我们采用改变小行星自旋速度的方法来研究小行星相对平衡点的变化，设 ω 为小行星的当前的自旋速度，在上百万年量级的演化中，小行星的自旋速度发生变化，而自旋速度的不同导致相对平衡点和引力场结构的不同，这对于小行星引力场中的动力学行为、引力场中的尘埃的运动、被捕获的其他较小的小行星的运动等都具有重要的影响，因此研究小行星自旋速度变化下的平衡点特性的变化，具有重要的科学价值。5.6 节已经给出了这两个小行星的平衡点位置。

这里唯一的变化参数为自旋角速度 ω 的大小，它的变化将导致 $V(\boldsymbol{\mu}, \boldsymbol{r})$ 的变化。小行星（2063）Bacchus 的自旋周期为 14.904 h，三轴长度为 1.11 km×0.53 km×0.50 km，密度为 2.0 g · cm^{-3}，总质量为 3.3×10^{12} kg。小行星（25143）Itokawa 的总质量为 $4.5^{+2.0}_{-1.8}\times 10^{10}$ kg，密度为 1.95 ± 0.14 g · cm^{-3}，自旋周期为 12.132 h，三轴长度为 535 km×294 km×209 km。

图 5 - 9 给出了小行星（2063）Bacchus 在自旋角速度在区间 $[0.5\omega, 2.0\omega]$ 以步长 0.075ω 变化时的平衡点的运动。从图中可见，当平衡点距离小行星本体越远时，在相同步长下，平衡点的移动距离越大。图 5 - 10 给出了小行星（2063）Bacchus 的平衡点 E3 在自旋角速度变化下的特征值的变化情况。可见，平衡点 E3 在参数变化下出现了 Hopf 分岔。对应的平衡点拓扑类型的转移为情形 O1→情

形 R2→情形 O4。特征值在虚轴上发生了碰撞，发生碰撞时，小行星的自旋角速度为 1.56ω，也就是说在小行星的自旋角速度为 1.56ω 时，平衡点 E3 出现了 Hopf 分岔。

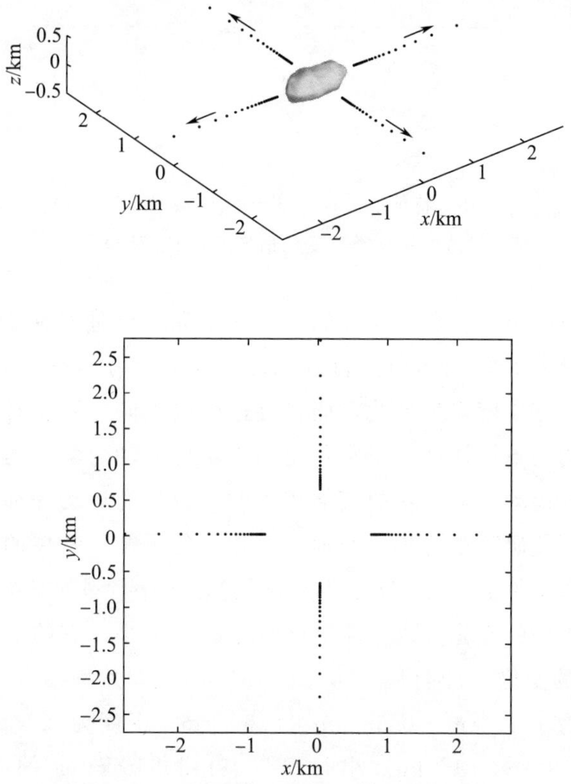

图 5-9　小行星（2063）Bacchus 在自旋角速度在区间［0.5ω，2.0ω］以步长 0.075ω 变化时的平衡点的运动

图 5-11 给出了小行星（25143）Itokawa 在自旋角速度在区间［0.5ω，2.0ω］以步长 0.075ω 变化时的平衡点的运动。同小行星（2063）Bacchus 的情况一样，当平衡点距离小行星本体越远时，在相同步长下，平衡点的移动距离越大。图 5-12 给出了小行星（25143）Itokawa 的平衡点 E3 在自旋角速度变化下的特征值的变化

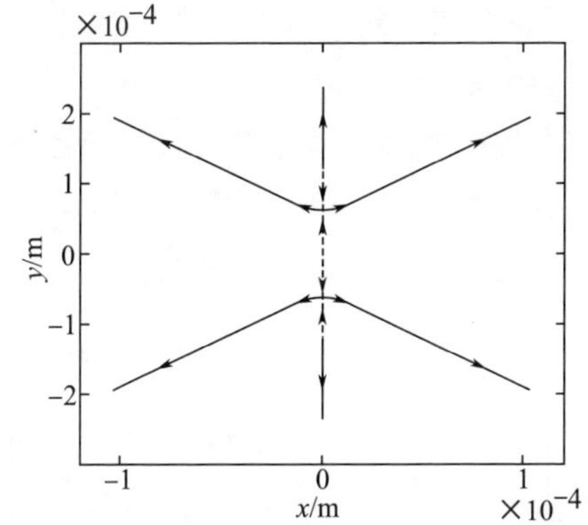

图 5-10　小行星（2063）Bacchus 的平衡点 E3 在自旋角速度变化下的特征值的变化与 Hopf 分岔的产生

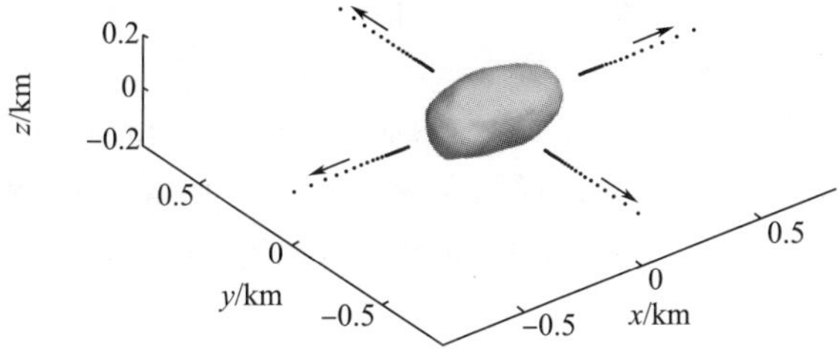

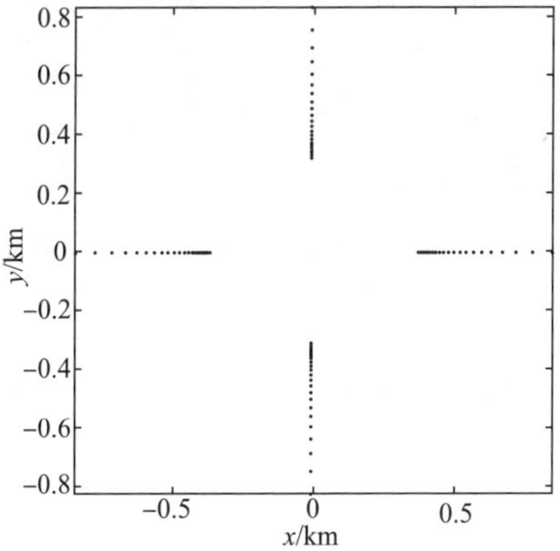

图 5-11　小行星（25143）Itokawa 在自旋角速度在区间[0.5ω，2.0ω]以步长 0.075ω 变化时的平衡点的运动

情况。可见，平衡点 E3 在参数变化下出现了 Hopf 分岔。对应的平衡点拓扑类型的转移也是情形 O1→情形 R2→情形 O4。特征值在虚轴上发生了碰撞，发生碰撞时，小行星的自旋角速度为 0.785ω，即当小行星的自旋角速度为 0.785ω 时，平衡点 E3 出现了 Hopf 分岔。

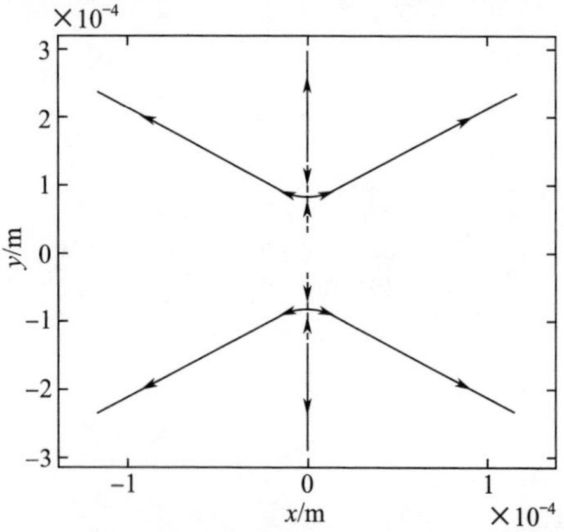

图 5－12 小行星（25143）Itokawa 的平衡点 E3 在自旋角速度变化下的特征值的变化与 Hopf 分岔的产生

5.8 小行星平衡点附近的动力学应用与分析

本节将本章以上内容应用到小行星（216）Kleopatra、（1620）Geographos、（4769）Castalia 和（6489）Golevka 中，研究这些小行星平衡点及平衡点附近的运动。这 4 个小行星的物理模型使用了参考文献［95］的雷达观测数据。

5.8.1 小行星（216）Kleopatra 的平衡点及其附近的运动

小行星（216）Kleopatra 有 2 个小月亮，分别为 Alexhelios（S/2008（216）1）和 Cleoselene（S/2008（216）2）[6]。表 5－8 给出了小行星（216）Kleopatra 固连坐标系中的体外平衡点位置坐标，表 5－9给出了各平衡点的特征值。可见，平衡点 E1 和 E3 属于情形

O2，而平衡点 E2 和 E4 属于情形 O4。

表 5-8　小行星（216）Kleopatra 体外平衡点的位置

平衡点	x/km	y/km	z/km
E1	142.852	2.45436	1.18008
E2	−1.16396	100.738	−0.541516
E3	−144.684	5.18855	−0.282998
E4	2.21701	−102.102	0.279703

表 5-9　小行星（216）Kleopatra 体外平衡点的特征值

$\times 10^{-3}\mathrm{s}^{-1}$	λ_1	λ_2	λ_3	λ_4	λ_5	λ_6
E1	0.376	−0.376	0.413i	−0.413i	0.425i	−0.425i
E2	0.323i	−0.323i	0.202 +0.306i	0.202 −0.306i	−0.202 +0.306i	−0.202 −0.306i
E3	0.422	−0.422	0.414i	−0.414i	0.466i	−0.466i
E4	0.327i	−0.327i	0.202 +0.304i	0.202 −0.304i	−0.202 +0.304i	−0.202 −0.304i

图 5-13a 给出了小行星（216）Kleopatra 平衡点 E1 附近的一条拟周期轨道，对应的系数为 $\begin{cases} C_{\xi 1}=C_{\zeta 1}=S_{\eta 1}=C_{\eta 2}=10 \\ S_{\zeta 2}=2 \end{cases}$，其余系数取零，质点的飞行时间为 12 天。图 5-13b 给出了小行星（216）Kleopatra 平衡点 E1 附近的一条周期轨道，对应的系数为 $C_{\xi 1}=C_{\zeta 1}=S_{\eta 1}=10$，其余系数取零。小行星（216）Kleopatra 的平衡点 E1 属于情形 O2，在 E1 附近仅存在 1 族在 2 维环面 T^2 上的拟周期轨道。图 5-13 中的轨道就是该拟周期轨道族中的轨道。对于小行星（216）Kleopatra 的平衡点 E3，图 5-14 给出了小行星（216）Kleopatra 平衡点 E3 附近的一条拟周期轨道，对应的系数为 $\begin{cases} C_{\xi 1}=C_{\zeta 1}=S_{\eta 1}=C_{\eta 2}=10 \\ S_{\zeta 2}=2 \end{cases}$，其余系数取零，质点的飞行时间为 12

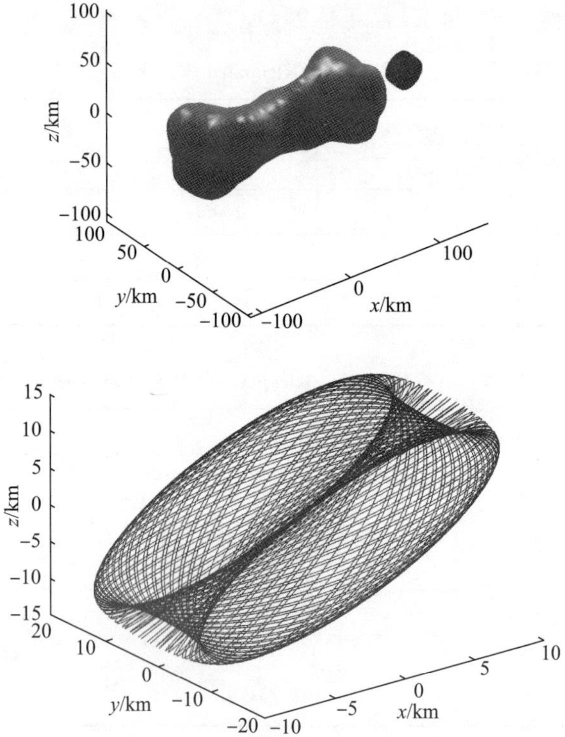

图 5 - 13a　小行星（216）Kleopatra 平衡点 E1 附近的一条拟周期轨道

天。该平衡点 E3 也属于情形 O2，在 E3 附近仅存在 1 族在 2 维环面 T^2 上的拟周期轨道。由于小行星（216）Kleopatra 平衡点 E3 和 E1 属于相同的拓扑情形，因此平衡点 E3 附近的轨道和平衡点 E1 附近的轨道是类似的。

图 5 - 15 给出了小行星（216）Kleopatra 平衡点 E4 附近的一条几乎周期轨道，在平衡点 E4 附近仅存在 1 族周期轨道。图 5 - 16 给出了小行星（216）Kleopatra 平衡点 E2 附近的一条几乎周期轨道，在平衡点 E2 附近也仅存在 1 族周期轨道。由于小行星（216）Kleopatra 平衡点 E2 和 E4 属于相同的拓扑情形，即情形 O4，因此平衡点 E2 附近的轨道和平衡点 E4 附近的轨道是类似的。

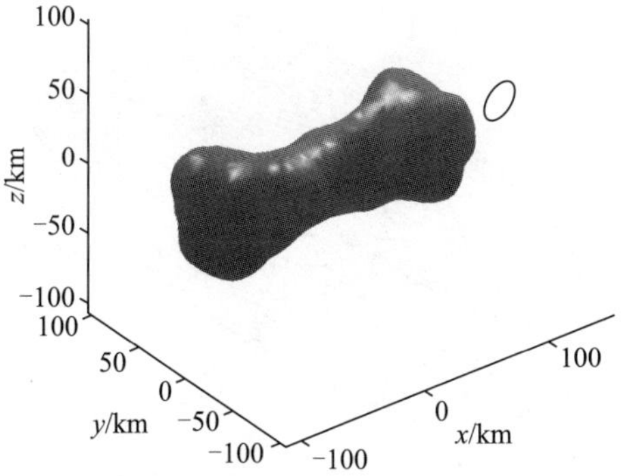

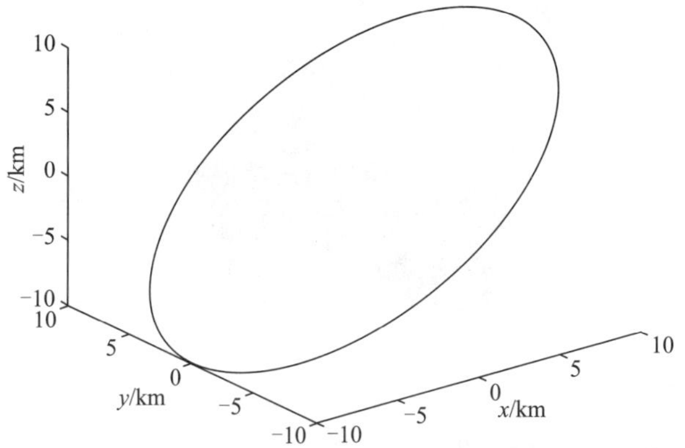

图 5-13b　小行星（216）Kleopatra 平衡点 E1 附近的一条周期轨道

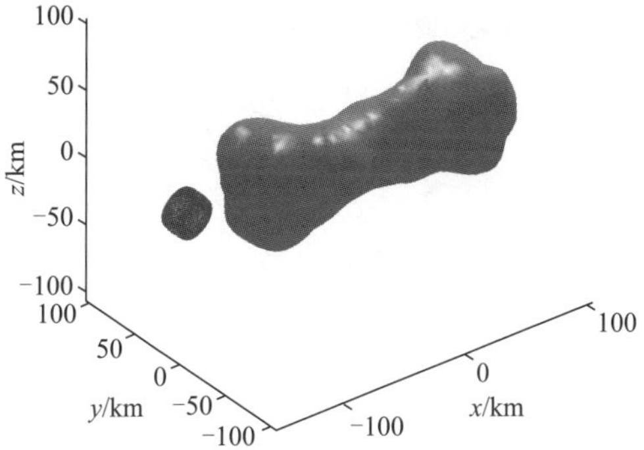

图 5-14　小行星（216）Kleopatra 平衡点 E3 附近的一条拟周期轨道

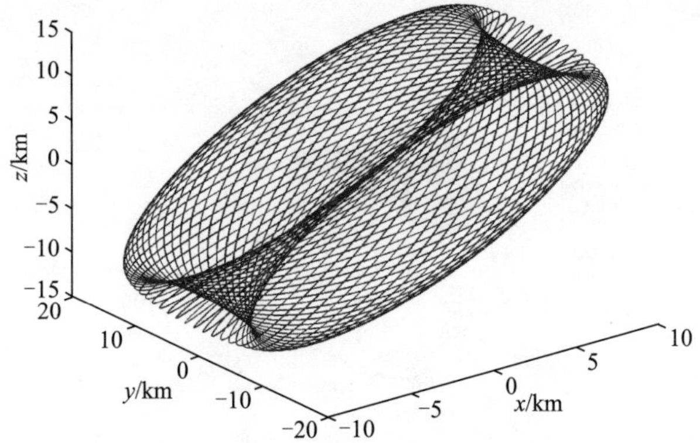

图 5-14 小行星（216）Kleopatra 平衡点 E3 附近的拟周期轨道（续）

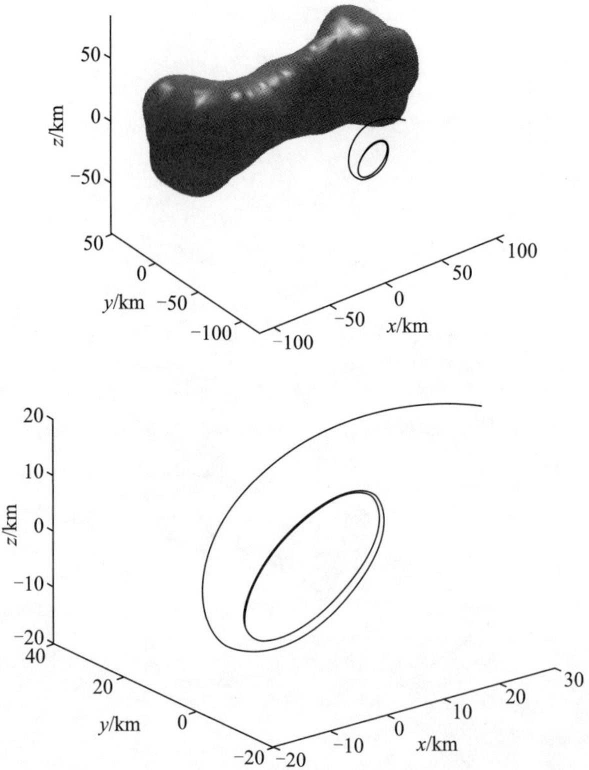

图 5-15 小行星（216）Kleopatra 平衡点 E4 附近的一条几乎周期轨道

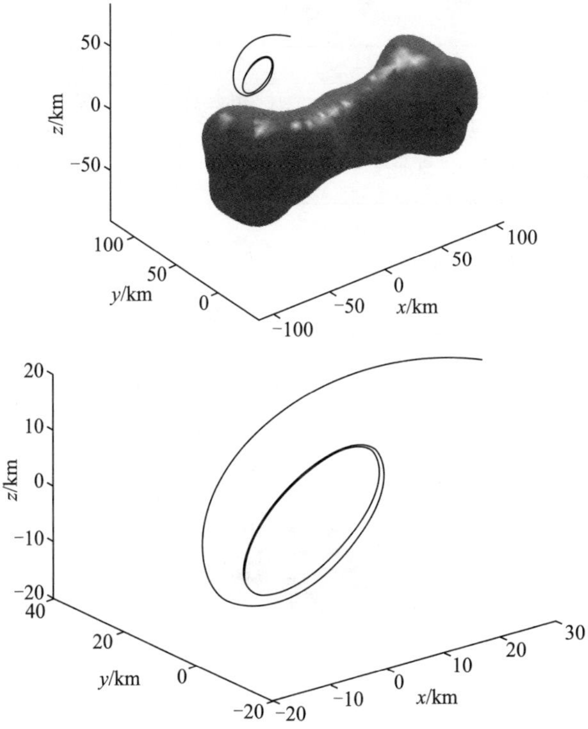

图 5 - 16　小行星（216）Kleopatra 平衡点 E2 附近的一条几乎周期轨道

5.8.2　小行星（1620）Geographos 的平衡点及其附近的运动

小行星（1620）Geographos 的密度为 2.0 g · cm^{-3}，其旋转周期为 5.222 h，其外形尺寸为（5.0×2.0×2.1）±0.15km[7]。小行星（1620）Geographos 的平衡点位置见 5.6 节。表 5 - 10 给出了小行星（1620）Geographos 体外各平衡点的特征值。可见，平衡点 E1 和 E3 属于情形 O2，而平衡点 E2 和 E4 属于情形 O4。

表 5 - 10　小行星（1620）Geographos 体外平衡点的特征值

$\times 10^{-3}\,s^{-1}$	λ_1	λ_2	λ_3	λ_4	λ_5	λ_6
E1	0.455	−0.455	0.427i	−0.427i	0.487i	−0.487i
E2	0.334i	−0.334i	0.174 +0.284i	0.175 −0.284i	−0.174 +0.284i	−0.175 −0.284i

续表

$\times10^{-3}\mathrm{s}^{-1}$	λ_1	λ_2	λ_3	λ_4	λ_5	λ_6
E3	0.608	−0.608	0.511i	−0.511i	0.566i	−0.566i
E4	0.334i	−0.334i	0.152 +0.271i	0.152 −0.271i	−0.152 +0.271i	−0.152 −0.271i

图 5-17 给出了小行星（1620）Geographos 平衡点 E1 附近的一条拟周期轨道，对应的系数为 $\begin{cases} C_{\xi1}=C_{\zeta1}=S_{\eta1}=C_{\eta2}=0.01 \\ S_{\zeta2}=0.02 \end{cases}$，其余系数取零，质点的飞行时间为 12 天。小行星（1620）Geographos

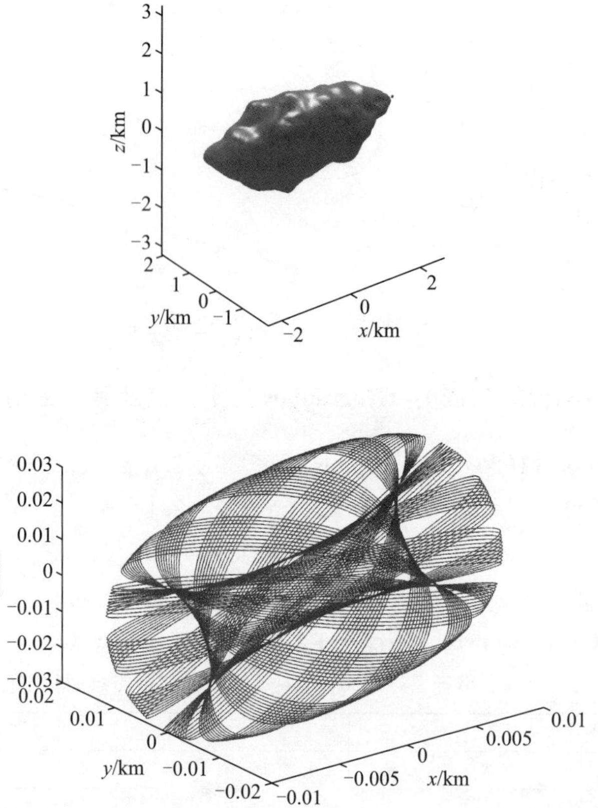

图 5-17　小行星（1620）Geographos 平衡点 E1 附近的一条拟周期轨道

的平衡点 E1 属于情形 O2，在 E1 附近仅存在 1 族在 2 维环面 T^2 上的拟周期轨道。图 5 - 17 中的轨道就是该拟周期轨道族中的轨道。对于小行星（1620）Geographos 的平衡点 E3，图 5 - 18 给出了小行星（1620）Geographos 平衡点 E3 附近的一条拟周期轨道，对应的系数为 $\begin{cases} C_{\xi 1}=C_{\zeta 1}=S_{\eta 1}=C_{\eta 2}=0.1 \\ S_{\zeta 2}=0.2 \end{cases}$，其余系数取零，质点的飞行时间为 12 天。该平衡点 E3 也属于情形 O2，在 E3 附近仅存在 1 族在 2 维环面 T^2 上的拟周期轨道。由于小行星（1620）Geographos 平衡点 E3 和 E1 属于相同的拓扑情形，因此平衡点 E3 附近的轨道和平衡点 E1 附近的轨道是类似的。

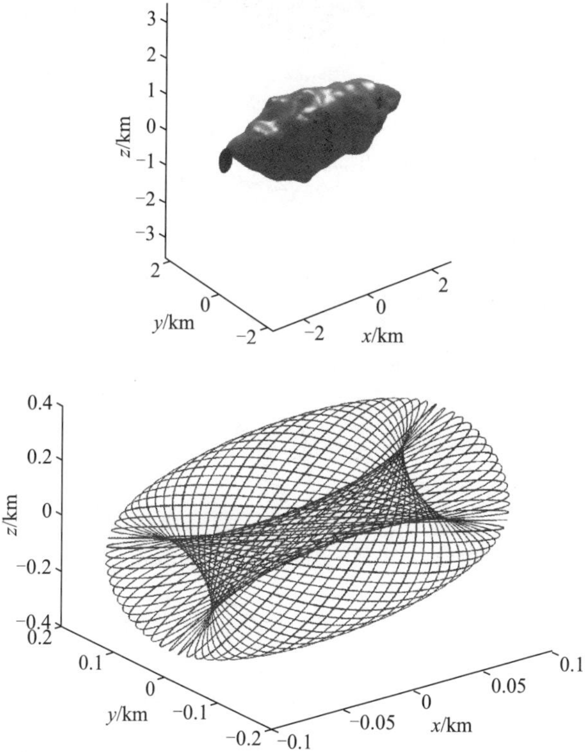

图 5 - 18　小行星（1620）Geographos 平衡点 E3 附近的一条拟周期轨道

图 5-19 给出了小行星（1620）Geographos 平衡点 E2 附近的一条几乎周期轨道，在平衡点 E2 附近仅存在 1 族周期轨道。图 5-20 给出了小行星（1620）Geographos 平衡点 E4 附近的一条几乎周期轨道，在平衡点 E4 附近也仅存在 1 族周期轨道。由于小行星（1620）Geographos 平衡点 E2 和 E4 属于相同的拓扑情形，即情形 O4，因此平衡点 E4 附近的轨道和平衡点 E2 附近的轨道是类似的。

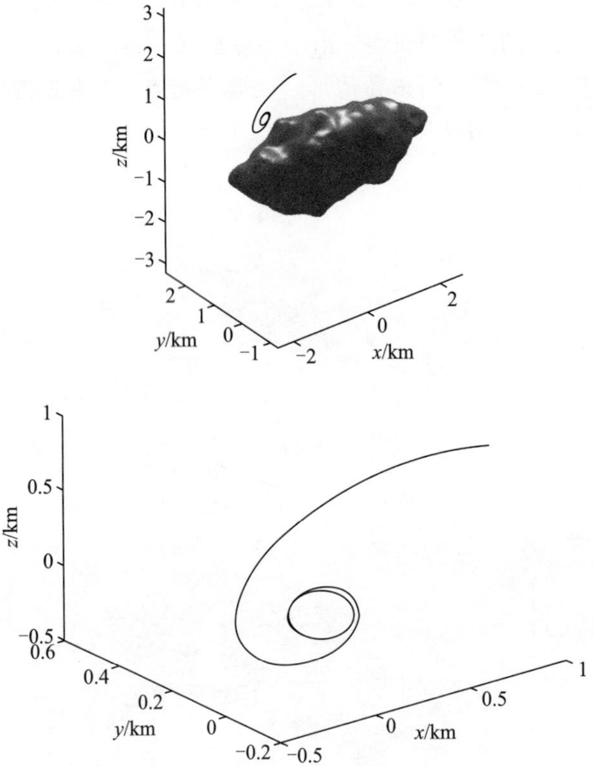

图 5-19 小行星（1620）Geographos 平衡点 E2 附近的一条几乎周期轨道

5.8.3 小行星（4769）Castalia 的平衡点及其附近的运动

小行星（4769）Castalia 的密度为 2.1 g · cm^{-3}，其旋转周期为 4.095 h。其最小半径约为 0.3 km，最大半径约为 0.8 km，平均半

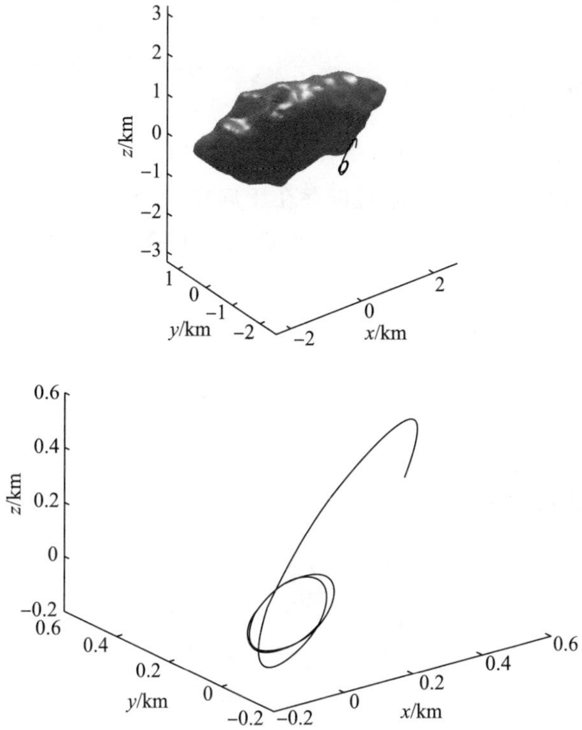

图 5-20　小行星（1620）Geographos 平衡点 E4 附近的一条几乎周期轨道

径为 0.543 km[8]。小行星（4769）Castalia 固连坐标系中的平衡点位置坐标见本章 5.6 节，表 5-11 给出了各平衡点的特征值。可见，平衡点 E1 和 E3 属于情形 O2，而平衡点 E2 和 E4 属于情形 O4。

表 5-11　小行星（4769）Castalia 体外平衡点的特征值

$\times 10^{-3}s^{-1}$	λ_1	λ_2	λ_3	λ_4	λ_5	λ_6
E1	0.341	−0.341	0.416i	−0.416i	0.470i	−0.470i
E2	0.386i	−0.386i	0.197 +0.322i	0.197 −0.322i	−0.197 +0.322i	−0.197 −0.322i
E3	0.423	−0.423	0.467i	−0.467i	0.490i	−0.490i
E4	0.380i	−0.380i	0.195 +0.324i	0.195 −0.324i	−0.195 +0.324i	−0.195 −0.324i

图 5-21 给出了小行星（4769）Castalia 平衡点 E1 附近的一条拟周期轨道，对应的系数为$\begin{cases} C_{\xi 1}=C_{\zeta 1}=S_{\eta 1}=C_{\eta 2}=0.04 \\ S_{\zeta 2}=0.08 \end{cases}$，其余系数取零，质点的飞行时间为 4 天。小行星（4769）Castalia 的平衡点 E1 属于情形 O2，在 E1 附近仅存在 1 族在 2 维环面 T^2 上的拟周期轨道。图 5-21 中的轨道就是该拟周期轨道族中的轨道。对于小行星（4769）Castalia 的平衡点 E3，图 5-22 给出了小行星（4769）Castalia 平衡点 E3 附近的一条拟周期轨道，对应的系数为 $\begin{cases} C_{\xi 1}=C_{\zeta 1}=S_{\eta 1}=C_{\eta 2}=0.04 \\ S_{\zeta 2}=0.08 \end{cases}$，其余系数取零，质点的飞行时间为 4 天。该平衡点 E3 也属于情形 O2，在 E3 附近仅存在 1 族在 2 维环面 T^2 上的拟周期轨道。由于小行星（4769）Castalia 平衡点 E3 和

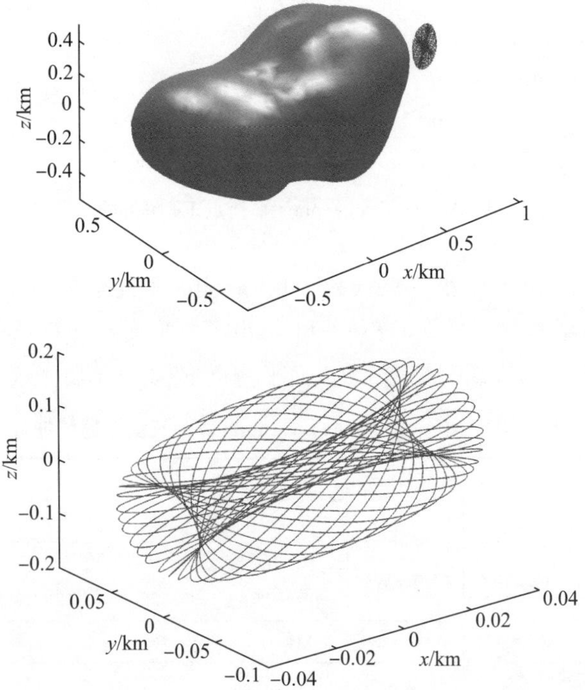

图 5-21　小行星（4769）Castalia 平衡点 E1 附近的一条拟周期轨道

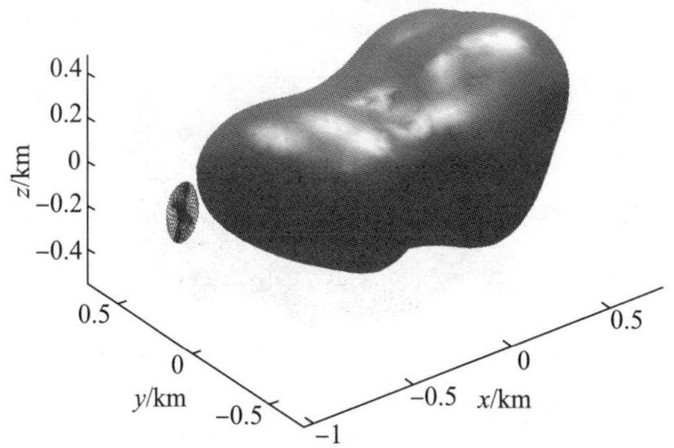

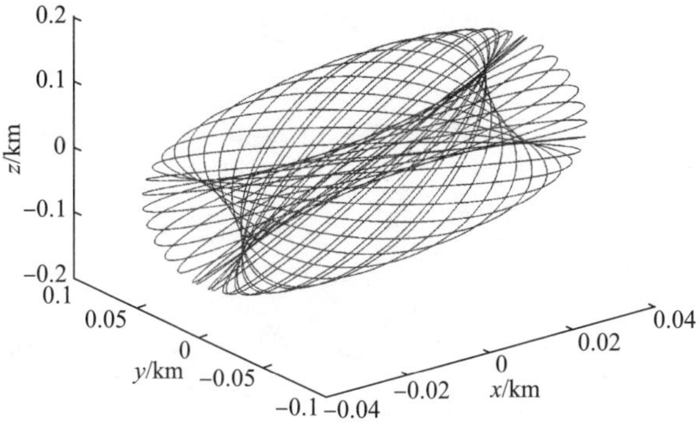

图 5－22　小行星（4769）Castalia 平衡点 E3 附近的一条拟周期轨道

E1 属于相同的拓扑情形，因此平衡点 E3 附近的轨道和平衡点 E1 附近的轨道是类似的。

图 5－23 给出了小行星（4769）Castalia 平衡点 E2 附近的一条几乎周期轨道，在平衡点 E2 附近仅存在 1 族周期轨道。图 5－24 给出了小行星（4769）Castalia 平衡点 E4 附近的一条几乎周期轨道，在平衡点 E4 附近也仅存在 1 族周期轨道。由于小行星（4769）Castalia 平衡点 E4 和 E2 属于相同的拓扑情形，即情形 O4，因此平衡点 E4 附近的轨道和平衡点 E2 附近的轨道是类似的。

5.8.4　小行星（6489）Golevka 的平衡点及其附近的运动

小行星（6489）Golevka 的密度为 2.7 g · cm^{-3}，其旋转周期为

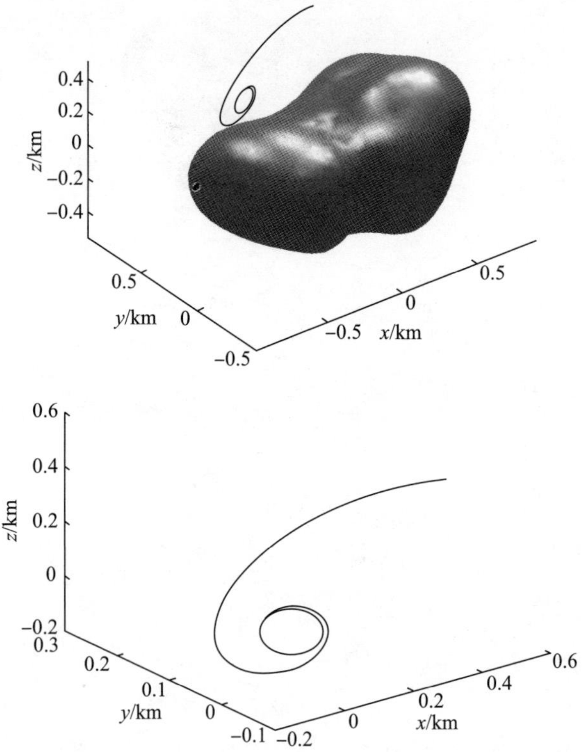

图 5－23　小行星（4769）Castalia 平衡点 E2 附近的一条几乎周期轨道

6.026 h，而外形尺寸为 0.35 km×0.25 km×0.25 km[9]。小行星（6489）Golevka 固连坐标系中的平衡点位置坐标已经由 5.6 节给出，表 5－12 给出了各平衡点的特征值。可见，平衡点 E1 和 E3 属于情形 O2，而平衡点 E2 和 E4 属于情形 O1。

表 5－12　小行星（6489）Golevka 平衡点的特征值

$\times 10^{-3}\,s^{-1}$	λ_1	λ_2	λ_3	λ_4	λ_5	λ_6
E1	0.125	−0.125	0.297i	−0.297i	0.309i	−0.309i
E2	0.185i	−0.185i	0.213i	−0.213i	0.297i	−0.297i
E3	0.181	−0.181	0.304i	−0.304i	0.329i	−0.329i
E4	0.207i	−0.207i	0.216i	−0.216i	0.280i	−0.280i

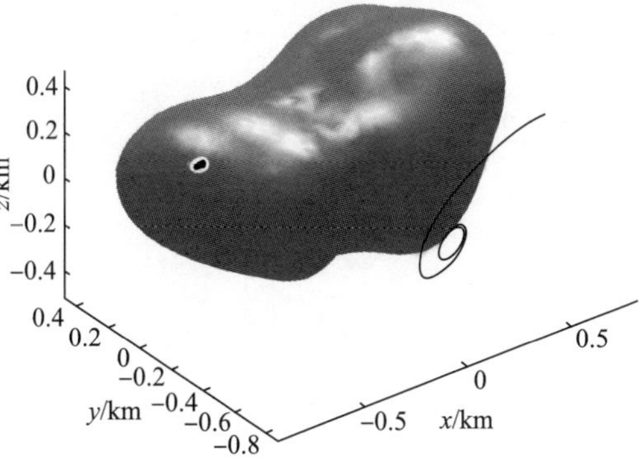

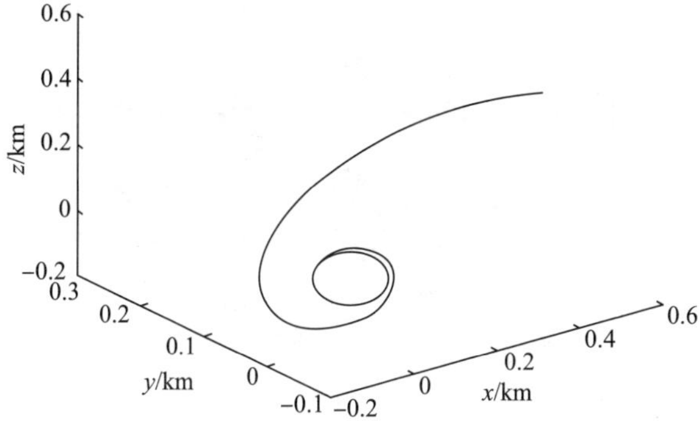

图 5－24　小行星（4769）Castalia 平衡点 E4 附近的一条几乎周期轨道

图 5－25 给出了小行星（6489）Golevka 平衡点 E1 附近的一条拟周期轨道，对应的系数为 $\begin{cases}C_{\xi1}=C_{\zeta1}=S_{\eta1}=C_{\eta2}=0.01\\ S_{\zeta2}=0.02\end{cases}$，其余系数取零，质点的飞行时间为 4 天。小行星（6489）Golevka 的平衡点 E1 属于情形 O2，在 E1 附近仅存在 1 族在 2 维环面 T^2 上的拟周期轨道，图 5－25 中的轨道就是该拟周期轨道族中的轨道。对于小行星（6489）Golevka 的平衡点 E3，图 5－26 给出了小行星（6489）Golevka 平衡点 E3 附近的一条拟周期轨道，对应的系数为 $\begin{cases}C_{\xi1}=C_{\zeta1}=S_{\eta1}=C_{\eta2}=0.01\\ S_{\zeta2}=0.02\end{cases}$，其余系数取零，质点的飞行时间为

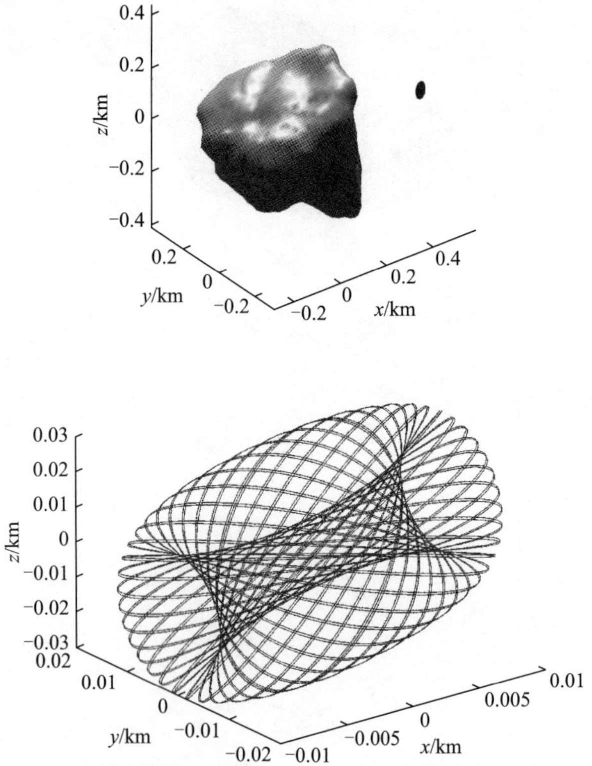

图 5-25　小行星（6489）Golevka 平衡点 E1 附近的一条拟周期轨道

4 天。该平衡点 E3 也属于情形 O2，在 E3 附近仅存在 1 族在 2 维环面 T^2 上的拟周期轨道。由于小行星（6489）Golevka 平衡点 E3 和 E1 属于相同的拓扑情形，因此平衡点 E3 附近的轨道和平衡点 E1 附近的轨道是类似的。

图 5-27 给出了小行星（6489）Golevka 平衡点 E2 附近的一条拟周期轨道，对应的系数为 $\begin{cases}C_{\xi1}=0.03\\S_{\eta1}=0.04\\C_{\zeta1}=0.01\end{cases}$，$\begin{cases}C_{\eta2}=0.005\\S_{\zeta2}=0.006\end{cases}$，$\begin{cases}C_{\eta3}=0.003\\S_{\zeta3}=0.002\end{cases}$，其余系数取零，质点的飞行时间为 12 天。小行星

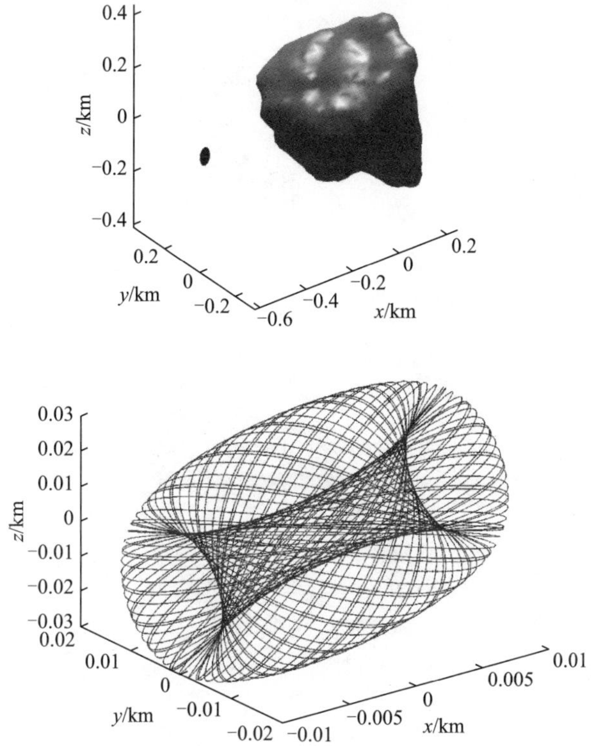

图 5-26　小行星（6489）Golevka 平衡点 E3 附近的一条拟周期轨道

（6489）Golevka 的平衡点 E2 属于情形 O1，在 E2 附近存在 4 族在 3 维环面 T^3 上的拟周期轨道，其中 3 族也在 2 维环面 T^2 上，图 5-27 中的轨道就是在 3 维环面 T^3 上的拟周期轨道。对于小行星（6489）Golevka 的平衡点 E4，图 5-28 给出了小行星（6489）Golevka 平衡点 E4 附近的一条拟周期轨道，对应的系数为 $\begin{cases} C_{\xi 1}=0.03 \\ S_{\eta 1}=0.04 \\ C_{\zeta 1}=0.01 \end{cases}$，$\begin{cases} C_{\eta 2}=0.005 \\ S_{\zeta 2}=0.006 \end{cases}$，$\begin{cases} C_{\eta 3}=0.003 \\ S_{\zeta 3}=0.002 \end{cases}$，其余系数取零，质点的飞行时间为 12 天。该平衡点 E4 也属于情形 O1，在 E4 附近存在 4 族在 3 维环

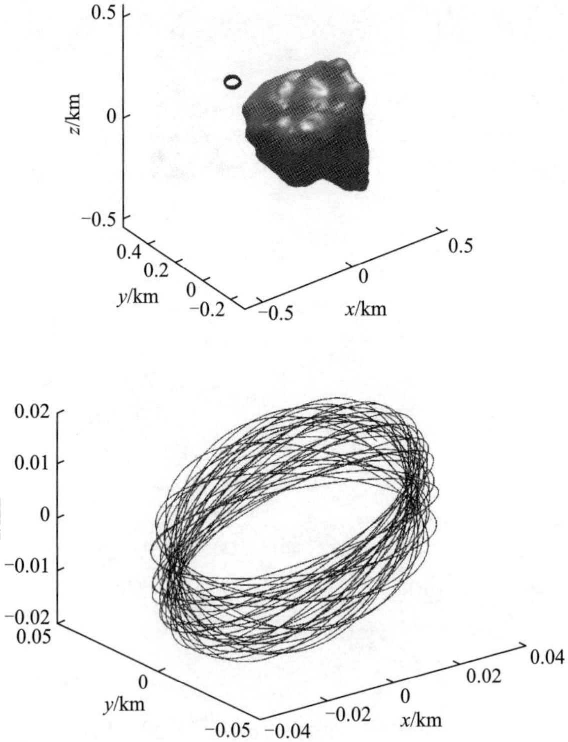

图 5-27 小行星（6489）Golevka 平衡点 E2 附近的一条拟周期轨道

面 T^3 上的拟周期轨道，其中 3 族也在 2 维环面 T^2 上，图 5-28 中的轨道就是在 3 维环面 T^3 上的拟周期轨道。由于小行星（6489）Golevka 平衡点 E4 和 E2 属于相同的拓扑情形，因此平衡点 E4 附近的轨道和平衡点 E2 附近的轨道是类似的。

5.8.5 应用结果分析

在 5.8 节中，本章的相关理论应用到 4 个小行星（216）Kleopatra、（1620）Geographos、（4769）Castalia 和（6489）Golevka 中。

对于小行星（216）Kleopatra、（1620）Geographos 和（4769）Castalia，其平衡点 E1 和 E3 属于情形 O2，而平衡点 E2 和 E4 属于

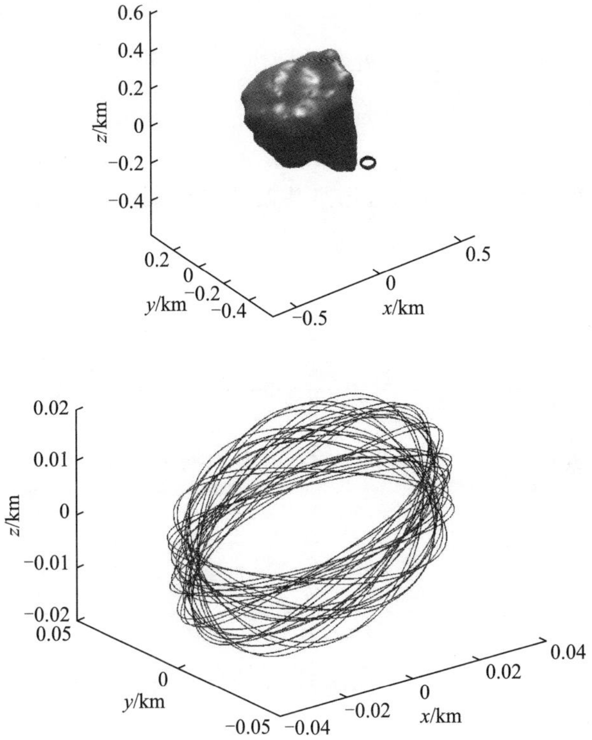

图 5-28　小行星（6489）Golevka 平衡点 E4 附近的一条拟周期轨道

情形 O4，也就是说，这 3 个小行星的星体外的所有平衡点都是不稳定的。在平衡点 E1 和 E3 的每一个附近都存在 2 族周期轨道和 1 族在 2 维环面 T^2 上的拟周期轨道，都在中心流形上；而在平衡点 E2 和 E4 的每一个附近都存在 1 族周期轨道，也在中心流形上。

而对于小行星（6489）Golevka，其平衡点 E1 和 E3 属于情形 O2，而平衡点 E2 和 E4 属于情形 O1。也就是说小行星（6489）Golevka 的平衡点 E2 和 E4 是线性稳定的。在平衡点 E1 和 E3 的每一个附近都存在 2 族周期轨道和 1 族在 2 维环面 T^2 上的拟周期轨道，都在中心流形上；而在平衡点 E2 和 E4 的每一个附近都存在 3 族周期轨道、3 族在 2 维环面 T^2 上的拟周期轨道以及 1 族在 3 维环面 T^3 上的拟周期轨道，这些周期轨道和拟周期轨道都在中心流形上。

5.9 平衡点与其附近衍生出的周期轨道的拓扑类型之间的对应关系

对于小行星附近的非退化非共振平衡点来说，其拓扑类型有 5 种可能的情形，如图 5 - 29 所示。

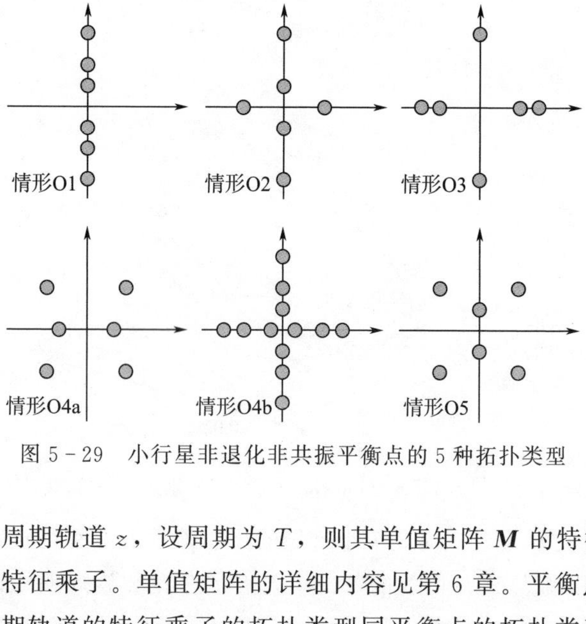

图 5 - 29　小行星非退化非共振平衡点的 5 种拓扑类型

对于周期轨道 z，设周期为 T，则其单值矩阵 $\boldsymbol{M}$ 的特征值是周期轨道的特征乘子。单值矩阵的详细内容见第 6 章。平衡点附近衍生出的周期轨道的特征乘子的拓扑类型同平衡点的拓扑类型具有一一对应的特性。图 5 - 30 给出了小行星非退化非共振平衡点附近衍生出的周期轨道的拓扑类型，共 4 种可能的情形。图 5 - 29 中的情形 O4a 与情形 O4b 因为所有的特征值都不在纵轴上，故其附近无衍生出的周期轨道族。其余的拓扑类型，图 5 - 29 中的各个平衡点的拓扑类型与图 5 - 30 中平衡点附近周期轨道的拓扑类型一一对应。小行星附近的非退化非共振平衡点的拓扑类型有 5 种可能的情形，但只有 4 种情形的平衡点附近有衍生出来的周期轨道族，包括情形 O1、情形 O2、情形 O3 和 情形 O5。这些平衡点附近的周期轨道族

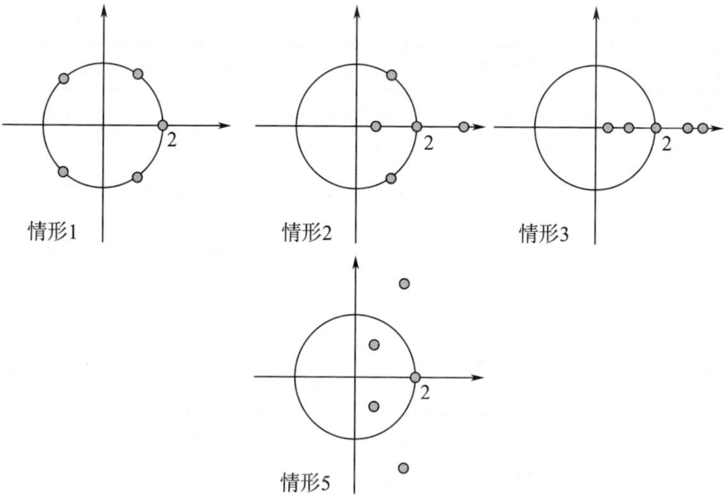

图 5 - 30　小行星平衡点附近衍生出的周期轨道的拓扑类型

的拓扑类型也只有 4 种情形，即情形 O1、情形 O2、情形 O3 和 情形 O5。如果平衡点的拓扑类型属于情形 O1，则该平衡点是线性稳定的，其附近衍生出来的 3 族周期轨道的拓扑类型都属于情形 O1。表 5 - 13 给出了平衡点拓扑类型与其附近衍生出来的周期轨道的拓扑类型的表达式的对应关系。

表 5 - 13　小行星平衡点拓扑类型与其附近衍生出来的周期轨道的拓扑类型的对应关系

拓扑类型	平衡点特征值	平衡点附近周期轨道的特征乘子
情形 O1	$\pm \mathrm{i}\beta_j(\beta_j \in \mathbf{R}, \beta_j > 0; j = 1, 2, 3 \mid \forall k \neq j, k = 1, 2, 3, s.t. \beta_k \neq \beta_j)$	$\begin{cases} \tilde{\gamma}_j(\tilde{\gamma}_j = 1; j = 1, 2) \\ \mathrm{e}^{\pm \mathrm{i}\beta_j}(\tilde{\beta}_j \in (0, \pi); \\ \quad j = 1, 2 \mid \tilde{\beta}_1 \neq \tilde{\beta}_2) \end{cases}$
情形 O2	$\begin{cases} \pm \mathrm{i}\beta_j(\beta_j \in \mathbf{R}, \beta_j > 0; \\ \quad j = 1, 2 \mid \tilde{\beta}_1 \neq \tilde{\beta}_2) \\ \pm \alpha(\alpha_j \in \mathbf{R}, \alpha_j > 0, j = 1) \end{cases}$	$\begin{cases} \tilde{\gamma}_j(\tilde{\gamma}_j = 1; j = 1, 2) \\ \mathrm{e}^{\pm \mathrm{i}\beta_j}(\tilde{\beta}_j \in (0, \pi); j = 1) \\ \mathrm{sgn}(\tilde{\alpha}_j)\mathrm{e}^{\pm \tilde{\alpha}_j}(\tilde{\beta}_j \in \mathbf{R}, \\ \quad \lvert \tilde{\alpha}_j \rvert \in (0, 1), j = 1) \end{cases}$

续表

拓扑类型	平衡点特征值	平衡点附近周期轨道的特征乘子
情形 O3	$\begin{cases}\pm \mathrm{i}\beta_j(\beta_j \in \mathbf{R},\ \beta_j > 0;\ j=1)\\ \pm\alpha(\alpha_j \in \mathbf{R},\ \alpha_j > 0,\\ \quad j=1,2 \mid \alpha_1 \neq \alpha_2)\end{cases}$	$\begin{cases}\tilde{\gamma}_j(\tilde{\gamma}_j = 1;\ j=1,2)\\ \mathrm{sgn}(\tilde{\alpha}_j)e^{\pm\tilde{\alpha}_j}(\tilde{\alpha}_j \in \mathbf{R},\ \lvert\tilde{\alpha}_j\rvert \in (0,1);\\ \quad j=1,2 \mid \lvert\tilde{\alpha}_1\rvert \neq \tilde{\alpha}_2)\end{cases}$
情形 O5	$\begin{cases}\pm \mathrm{i}\beta_j(\beta_j \in \mathbf{R},\ \beta_j > 0;\ j=1)\\ \pm\sigma \pm \mathrm{i}\tau(\sigma,\tau \in \mathbf{R},\ \sigma,\tau > 0)\end{cases}$	$\begin{cases}\tilde{\gamma}_j(\tilde{\gamma}_j = 1;\ j=1,2)\\ \mathrm{e}^{\pm\tilde{\sigma}\pm\mathrm{i}\tilde{\tau}}(\tilde{\sigma},\tilde{\tau} \in \mathbf{R};\ \tilde{\sigma} > 0,\ \tilde{\tau} \in (0,\pi))\end{cases}$

根据本章此前的内容，小行星（216）Kleopatra 的平衡点 E1 的拓扑类型属于情形 O2。平衡点 E1 的特征值此前已经给出，其附近有 2 族周期轨道。此前所画出的周期轨道是使用解析方法所画，是周期轨道的一阶近似。如果要精确地计算周期轨道，解析方法的精度远远不够，纵然使用级数展开，由于截断误差的影响，对于平衡点附近周期轨道族中幅值较大的周期轨道，其误差也是很大的。因此为了精确地计算平衡点附近的周期轨道，这里抛弃解析的方法，而是采用数值的方法计算平衡点附近的周期轨道。

小行星（216）Kleopatra 的平衡点 E1 附近有 2 族周期轨道，图 5－31 给出了第一族周期轨道，该族周期轨道对应的平衡点的特征值是$\pm 0.413\times 10^{-3}\mathrm{i}$。图 5－32 给出了第二族周期轨道，该族周期轨道对应的平衡点的特征值是$\pm 0.425\times 10^{-3}\mathrm{i}$。表 5－14 给出了第一族周期轨道的周期的变化情况，其特征周期为 4.10569 h。表 5－15 给出了第二族周期轨道的周期的变化情况，其特征周期为 4.106657 h。从表 5－14 和表 5－15 中可见，平衡点 E1 附近的这 2 族周期轨道的周期是很接近的。

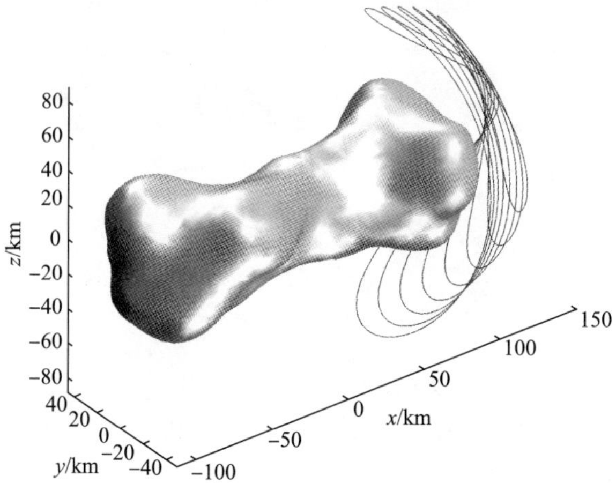

图 5－31　小行星（216）Kleopatra 平衡点 E1 附近的第一族周期轨道

表 5－14　小行星（216）Kleopatra 平衡点 E1 附近的第一族周期轨道的周期变化（特征周期 4.10569 h）

轨道序号	T/h
1	4.18927
2	4.18145
3	4.18535
4	4.20040
5	4.22822
6	4.27043
7	4.32870
8	4.40425

表 5－15　小行星（216）Kleopatra 平衡点 E1 附近的第二族周期轨道的周期变化（特征周期 4.106657h）

轨道序号	T/h
1	4.10581
2	4.10309
3	4.09945

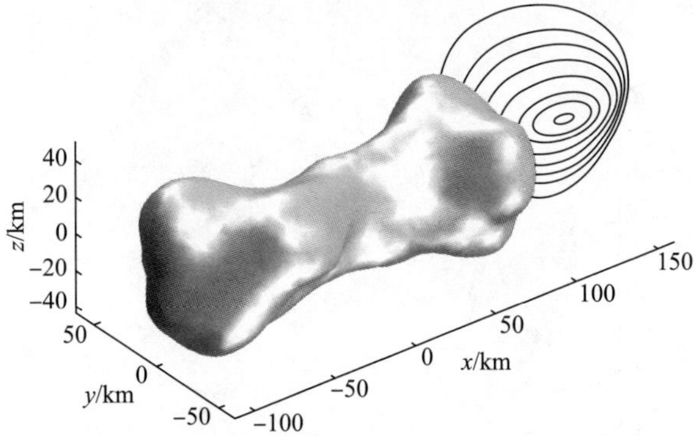

图 5－32　小行星（216）Kleopatra 平衡点 E1 附近的第二族周期轨道

续表

轨道序号	T/h
4	4.08941
5	4.07552
6	4.05795
7	4.03754
8	3.98919

平衡点 E1 和 E3 属于情形 O2，而平衡点 E2 和 E4 属于情形 O5。因此这 4 个平衡点附近共有 6 族周期轨道。选择每一族周期轨道中的一条周期轨道，共得到 6 条周期轨道，如图 5－33 所示。轨道 1 和 2 属于平衡点 E1 附近的，具有相同的特征乘子。从表 5－13 和表 5－16 可见轨道 1 和 2 的特征乘子分布对应于平衡点 E1 的特征值分布。其他的周期轨道和平衡点的拓扑类型的对应关系是类似的。因此我们得到结论：小行星平衡点的特征值分布和平衡点附近周期轨道的特征乘子分布是一一对应的，即平衡点的拓扑类型与平衡点附近周期轨道的拓扑类型是一一对应的。

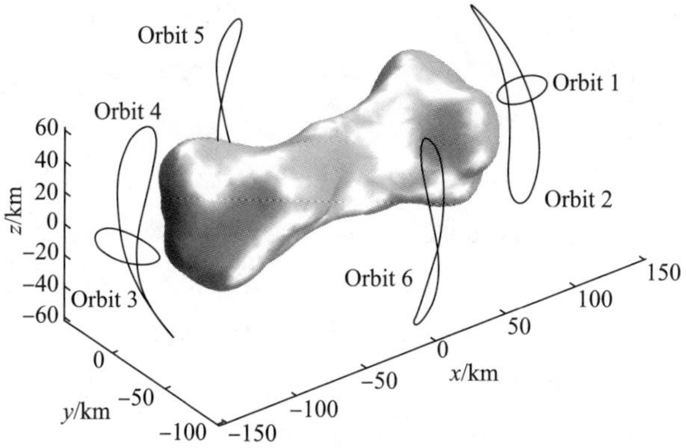

图 5-33　小行星（216）Kleopatra 平衡点附近的 6 条周期轨道

表 5-16　小行星（216）Kleopatra 平衡点附近 6 条周期轨道的特征乘子

	$\tilde{\lambda}_1$	$\tilde{\lambda}_2$	$\tilde{\lambda}_3$	$\tilde{\lambda}_4$	$\tilde{\lambda}_5$	$\tilde{\lambda}_6$
轨道 1（E1）	253.479	0.003945	0.98537+0.17041i	0.98537−0.17041i	1	1
轨道 2（E1）	224.867	0.004447	0.96700+0.25478i	0.96700−0.25478i	1	1
轨道 3（E3）	257.858	0.003878	0.76679+0.64189i	0.76679−0.64189i	1	1
轨道 4（E3）	362.411	0.002759	0.76763+0.64090i	0.76763−0.64090i	1	1
轨道 5（E2）	31.662+11.980i	31.662−11.980i	0.02763+0.01045i	0.02763−0.01045i	1	1
轨道 6（E4）	35.122+8.3453i	35.122−8.3453i	0.02695+0.00640i	0.02695−0.00640i	1	1

5.10　本章小结

本章介绍了旋转强不规则天体势场中平衡点附近无质量质点的动力学规律，包括质点相对平衡点的线性化运动方程与特征方程、轨道与测地线的关系、平衡点的稳定性与局部流形及子空间的结构、周期轨道族等的数量等。此外，还展现了平衡点稳定性的一个充分条件和一个充分必要条件。

此外，存在一个度量，在该度量下质点相对强不规则体的轨道是流形在等能量超曲面上赋予了该度量的测地线，反之，流形在等能量超曲面上赋予了该度量的测地线是质点相对强不规则体的轨道。根据平衡点附近的流形结构对非退化平衡点进行了分类，包括 1 种线性稳定情形、4 种非共振的不稳定情形和 3 种共振情形。平衡点附近的子流形和子空间结构、质点的动力学规律以及平衡点的特征值分布存在一一对应关系。在线性稳定平衡点附近，存在 3 族周期轨道和 4 族拟周期轨道。线性稳定平衡点附近的子流形结构和子空间结构与不稳定平衡点附近的子流形结构和子空间结构完全不同。此时平衡点附近仅有中心流形，不存在渐近稳定流形和不稳定流形。在非共振不稳定平衡点附近，不稳定流形的维数大于 0，此时平衡点附近的质点运动是不稳定的。在共振平衡点附近，至少存在 1 族周期轨道，且共振流形的维数大于 4。

介绍了 11 个一般的小行星（4）Vesta、（433）Eros、（951）Gaspra、（1580）Betulia、（1620）Geographos、（3103）Eger、1998 KY_{26}、（2867）Steins、（6489）Golevka、（54509）YORP 和（101955）Bennu 的有效势、平衡点的位置、平衡点的分布和数量。其中（1580）Betulia 有 7 个平衡点，（101955）Bennu 有 9 个平衡点，1998 KY_{26} 和（54509）YORP 都只有 1 个平衡点，其余（4）Vesta、（433）Eros、（951）Gaspra、（1620）Geographos、（3103）Eger、（2867）Steins 和（6489）Golevka 都有 5 个平衡点。还进一步给出了 5 个连接双小行星 1996 HW_1、（2063）Bacchus、（4486）Mithra、（4769）Castalia 和（25143）Itokawa 的有效势、平衡点的位置、平衡点的分布和数量，它们都有 5 个平衡点。

本章的相关理论应用到 4 个小行星（216）Kleopatra、（1620）Geographos、（4769）Castalia 和（6489）Golevka 中。对于小行星

(216) Kleopatra、(1620) Geographos 和 (4769) Castalia 来说，其星体外的所有平衡点都是不稳定的，这3个小行星的每一个的平衡点 E1 和 E3 属于情形 O2，而平衡点 E2 和 E4 都属于情形 O4。对于小行星 (6489) Golevka，其平衡点 E1 和 E3 属于情形 O2，而平衡点 E2 和 E4 属于情形 O1，即小行星 (6489) Golevka 的平衡点 E2 和 E4 是线性稳定的。

在小行星的自旋角速度、形状等参数变化时，小行星的平衡点位置、特征值都会发生变化，甚至会出现 Hopf 分岔。在小行星 (2063) Bacchus 和 (25143) Itokawa 的自旋角速度变化时，出现了平衡点的 Hopf 分岔。

本章5.9节的唯象研究发现小行星平衡点的特征值分布和平衡点附近周期轨道的特征乘子分布是一一对应的，也就是说，平衡点的拓扑类型与平衡点附近周期轨道的拓扑类型是一一对应的。

参考文献

[1] Jiang Y, Baoyin H, Li J, et al. Orbits and manifolds near the equilibrium points around a rotating asteroid [J]. Astrophysics and Space Science, 2014, 349 (1): 83-106.

[2] Jiang Y, Baoyin H, Wang X, et al. Order and chaos near equilibrium points in the potential of rotating highly irregular-shaped celestial bodies [J]. Nonlinear Dynamics, 2016, 83 (1): 231-252.

[3] Jiang Y. Equilibrium points and periodic orbits in the vicinity of asteroids with an Application to 216 Kleopatra [J]. Earth, Moon, and Planets, 2015, 115 (1-4): 31-44.

[4] Jiang Y, Baoyin H, Li H. Collision and annihilation of relative equilibrium points around asteroids with a changing parameter [J]. Monthly Notices of the Royal Astronomical Society, 2015, 452 (4): 3924-3931.

[5] Wang X, Jiang Y, Gong S. Analysis of the potential field and equilibrium points of irregular-shaped minor celestial bodies [J]. Astrophysics and Space Science, 2014, 353 (1): 105-121.

[6] Descamps P, Marchis F, Berthier J, et al. Triplicity and physical characteristics of Asteroid (216) Kleopatra [J]. Icarus, 2011, 211 (2): 1022-1033.

[7] Hudson R S, Ostro S J. Physical model of asteroid 1620 Geographos from radar and optical data [J]. Icarus, 1999, 140 (2): 369-378.

[8] Werner R A, Scheeres D J. Exterior gravitation of a polyhedron derived and compared with harmonic and mascon gravitation representations of asteroid 4769 Castalia [J]. Celestial Mechanics and Dynamical Astronomy, 1996, 65 (3): 313-344.

[9] Mottola S, Erikson A, Harris A W, et al. Physical model of near-earth asteroid 6489 golevka (1991 JX) from optical and infrared observations [J]. Astronomical Journal, 1997, 114 (3): 1234.

第 6 章　强不规则小行星引力场中的大范围周期轨道及分岔

6.1　引言

小行星引力场中的大范围动力学问题主要包括大范围周期轨道的拓扑类型与稳定性、周期轨道的延拓与分岔、稳定域、混沌轨道等。本章主要介绍强不规则小行星引力场中周期轨道的拓扑类型、稳定性、分岔、多重分岔，以及混沌运动的相关研究结果。

这些研究内容对于研究和理解大尺度比双小行星系统的动力学，小行星探测任务轨道设计等都有重要的意义。自 1993 年首次发现太阳系存在双小行星系统以来，有关双小行星系统动力学机制的研究成为国际宇航动力学界的重要内容。对于大尺度比的双小行星系统和三小行星系统来说，较小的小行星作为较大的小行星的小月亮，其相对较大的小行星的轨道是大范围轨道。此外，有的太空任务要求小行星探测器相对小行星的轨道是大范围的轨道。因而研究强不规则体引力场中的大范围轨道乃至大范围周期轨道，就有其重要的科学与工程价值。

本章首先从周期轨道的基本概念引出，然后介绍大范围周期轨道的拓扑类型，以及周期轨道的倍周期分岔、切分岔、实鞍分岔和 Neimark - Sacker 分岔。在此基础上介绍多参数延拓和多重分岔的相关结论，最后对于混沌轨道做一简单的描述性介绍。

6.2 辛结构与强不规则体势场中的周期轨道

考虑辛流形上的动力学方程[1-2]

$$\boldsymbol{J}\dot{\boldsymbol{z}}+\nabla H(\boldsymbol{z})=0 \tag{6-1}$$

令 $\boldsymbol{S}$ 为 $\boldsymbol{z}=[\boldsymbol{p}\quad \boldsymbol{q}]^{\mathrm{T}}$ 生成的光滑流形，$\boldsymbol{S}^*$ 为 $\boldsymbol{S}$ 的对偶空间。定义 $\Omega^{\#}$：$\boldsymbol{S}^*\rightarrow\boldsymbol{S}$：$\nabla H\rightarrow X_H$ 为

$$\nabla H(\boldsymbol{z})=\left(\frac{\partial H}{\partial \boldsymbol{p}},\ \frac{\partial H}{\partial \boldsymbol{q}}\right)^{\mathrm{T}}\rightarrow\left(-\frac{\partial H}{\partial \boldsymbol{q}},\ \frac{\partial H}{\partial \boldsymbol{p}}\right)^{\mathrm{T}} \tag{6-2}$$

其中 $\left(-\frac{\partial H}{\partial \boldsymbol{q}},\ \frac{\partial H}{\partial \boldsymbol{p}}\right)^{\mathrm{T}}\triangleq X_H(\boldsymbol{z})$，$X_H$ 为全局的光滑 Hamilton 矢量场。则辛结构 Ω 由下式确定

$$\Omega(\boldsymbol{v},\ \boldsymbol{w})=\boldsymbol{v}^{\mathrm{T}}\boldsymbol{J}\boldsymbol{w} \tag{6-3}$$

动力学方程可以表示为

$$\Omega[X_H(\boldsymbol{z}),\ \boldsymbol{v}]=\mathrm{d}H(\boldsymbol{z})\cdot\boldsymbol{v} \tag{6-4}$$

上式对任意 $\boldsymbol{z}$，$\boldsymbol{v}\in\boldsymbol{S}$ 均成立。($\boldsymbol{S}$，Ω) 是一个辛流形，满足 $\dim(\boldsymbol{S},\Omega)=6$。

轨道 $\boldsymbol{z}(t)=\boldsymbol{f}(t,\ \boldsymbol{z}_0)$，$\boldsymbol{f}(0,\ \boldsymbol{z}_0)=\boldsymbol{z}_0$ 是方程(6-4)的解。记 $\boldsymbol{f}^t$：$\boldsymbol{z}\rightarrow\boldsymbol{f}(t,\ \boldsymbol{z})$，则由 $\boldsymbol{f}^t$ 和 $(\boldsymbol{f}^t)^{-1}$ 生成的集合是一个单参数微分同胚群，$\boldsymbol{f}^t$ 是质点在旋转强不规则天体引力场中的运动的动力系统的一个流。在辛流形($\boldsymbol{S}$，Ω) 上，轨道 $\boldsymbol{z}(t)=\boldsymbol{f}(t,\ \boldsymbol{z}_0)$ 是一个点，记为 p。

记 $S_p(T)$ 为具有周期 T 的周期轨道，对任意的周期轨道 $p\in S_p(T)$，考虑 6×6 的矩阵 $\nabla\boldsymbol{f}:=\frac{\partial\boldsymbol{f}(\boldsymbol{z})}{\partial\boldsymbol{z}}$，则状态转移矩阵为

$$\boldsymbol{\Phi}(t)=\int_0^t\frac{\partial\boldsymbol{f}}{\partial\boldsymbol{z}}[p(\tau)]\mathrm{d}\tau \tag{6-5}$$

周期轨道 $p\in S_p$ 的单值矩阵为

$$\boldsymbol{M}=\boldsymbol{\Phi}(T) \tag{6-6}$$

单值矩阵的特征值是周期轨道的特征乘子，由周期轨道 p 确定，与初值 $\boldsymbol{z}_0\in(\boldsymbol{S},\ \Omega)$ 无关。单值矩阵 $\boldsymbol{M}$ 是一个辛矩阵，倘若 λ 是单值

矩阵的一个特征值，则 λ^{-1}，$\bar{\lambda}$ 和 $\bar{\lambda}^{-1}$ 也是该单值矩阵的特征值；换句话说，所有的特征乘子具有形式 1，-1，$e^{\pm\sigma\pm i\tau}[\sigma, \tau \in \mathbf{R}; \sigma > 0, \tau \in (0, \pi)]$，$\mathrm{sgn}(\alpha)e^{\pm\alpha}[\alpha \in R, |\alpha| \in (0, 1)]$ 和 $e^{\pm i\beta}[\beta \in (0, \pi)]$，其中 $\mathrm{sgn}(\alpha)=\begin{cases}1(\text{if } \alpha>0)\\ -1(\text{if } \alpha<0)\end{cases}$。此外，周期轨道必有 1 作为其特征乘子，且该特征乘子的重数为偶数，即至少有 2 个特征乘子等于 1。Krein 碰撞意味着两对特征乘子重合且具有形式 $e^{\pm i\beta}[\beta \in (0, \pi)]$。

6.3　特征值的分布以及大范围周期轨道与子流形的分类

本节讨论强不规则体势场中的轨道的辛流形的子流形以及对应的子空间。令 $C_\lambda=\{\lambda \in \boldsymbol{C} \mid \lambda$ 是周期轨道 p 的特征乘子$\}$，记Jacobi常数 $H=c$，特征乘子 λ_j 对应的特征矢量为 $\boldsymbol{u}_j$，记点 p 处的切空间为 $T_p\boldsymbol{S}=T_p(\boldsymbol{S}, \Omega)$。记辛流形$(\boldsymbol{S}, \Omega)$在点 p 处的切空间为$E(p)$，即 $T_p\boldsymbol{S}=E(p)$，则 $E(p)=\mathrm{span}\{\boldsymbol{u}_j \mid \lambda_j \in C_\lambda\}$。令 $\Omega|_p$ 为切空间 $T_p\boldsymbol{S}$ 上的非退化反对称双线性 2 形式，则$(T_p\boldsymbol{S}, \Omega|_p)=[E(p), \Omega|_p]$是一个辛空间。

定义渐近稳定子空间为 $E^s(p)$，渐近不稳定子空间为 $E^u(p)$，中心子空间为 $E^c(p)$，周期子空间为 $E^e(p)$，倍周期子空间 $E^d(p)$，则

$$
\begin{aligned}
E^s(p)&=\mathrm{span}\{\boldsymbol{u}_j \mid \lambda_j \in C_\lambda, |\lambda_j|<1\}\\
E^c(p)&=\mathrm{span}\{\boldsymbol{u}_j \mid \lambda_j \in C_\lambda, |\lambda_j|=1\}\\
E^u(p)&=\mathrm{span}\{\boldsymbol{u}_j \mid \lambda_j \in C_\lambda, |\lambda_j|>1\}\\
E^e(p)&=\mathrm{span}\{\boldsymbol{u}_j \mid \lambda_j \in C_\lambda, \lambda_j=1\}\\
E^d(p)&=\mathrm{span}\{\boldsymbol{u}_j \mid \lambda_j \in C_\lambda, \lambda_j=-1\}
\end{aligned}
$$

定义渐近稳定子空间 $\bar{E}^s(p)$ 和 $\tilde{E}^s(p)$ 以及渐近不稳定子空间 $\bar{E}^u(p)$ 和 $\tilde{E}^u(p)$ 为

$$\begin{cases}\bar{E}^s(p)=\mathrm{span}\{\boldsymbol{u}_j \mid \lambda_j \in C_\lambda,\ |\lambda_j|<1,\ \mathrm{Im}\lambda_j=0\} \\ \widetilde{E}^s(p)=\mathrm{span}\{\boldsymbol{u}_j \mid \lambda_j \in C_\lambda,\ |\lambda_j|<1,\ \mathrm{Im}\lambda_j \neq 0\}\end{cases}$$

$$\begin{cases}\bar{E}^u(p)=\mathrm{span}\{\boldsymbol{u}_j \mid \lambda_j \in C_\lambda,\ |\lambda_j|>1,\ \mathrm{Im}\lambda_j=0\} \\ \widetilde{E}^u(p)=\mathrm{span}\{\boldsymbol{u}_j \mid \lambda_j \in C_\lambda,\ |\lambda_j|>1,\ \mathrm{Im}\lambda_j \neq 0\}\end{cases}$$

轨道 p 作为 6 维辛流形的一个点，其渐近稳定流形 $W^s(\boldsymbol{S})$，渐近不稳定流形 $W^u(\boldsymbol{S})$，中心流形 $W^c(\boldsymbol{S})$，周期流形 $W^e(\boldsymbol{S})$ 以及倍周期流形 $W^d(\boldsymbol{S})$ 分别与渐近稳定子空间 $E^s(p)$，渐近不稳定子空间 $E^u(p)$，中心子空间 $E^c(p)$，周期子空间 $E^e(p)$ 以及倍周期子空间 $E^d(p)$ 相切。

而渐近稳定流形 $\bar{W}^s(\boldsymbol{S})$ 和 $\widetilde{W}^s(\boldsymbol{S})$ 分别与渐近稳定子空间 $\bar{E}^s(p)$ 和 $\widetilde{E}^s(p)$ 相切。渐近不稳定流形 $\bar{W}^u(\boldsymbol{S})$ 和 $\widetilde{W}^u(\boldsymbol{S})$ 分别与渐近不稳定子空间 $\bar{E}^u(p)$ 和 $\widetilde{E}^u(p)$ 相切。

记 $\simeq$ 为拓扑同胚，$\cong$ 为微分同胚，$\oplus$ 为直和。则子流形和子空间满足关系$(\boldsymbol{S},\Omega)\cong W^s(\boldsymbol{S})\oplus W^c(\boldsymbol{S})\oplus W^u(\boldsymbol{S})$，$T_p\boldsymbol{S}\cong E^s(p)\oplus E^c(p)\oplus E^u(p)$。

特征乘子的 Krein 碰撞导致碰撞流形与碰撞子空间的出现，记 $W^r(\boldsymbol{S})$ 为碰撞流形，它与碰撞子空间 $E^r(p)=\mathrm{span}\{\boldsymbol{u}_j \,\|\, \lambda_j|=1,\ \mathrm{Im}\lambda_j\neq 0,\ \exists\lambda_k,\ s.t.\lambda_k=\lambda_j,\ j\neq k\}$ 相切。显然有 $E^r(p)\subseteq E^c(p)$ 和 $W^r(\boldsymbol{S})\subseteq W^c(\boldsymbol{S})$。记 $W^f(\boldsymbol{S})$ 为一致流形，它与一致子空间 $E^f(p)=\mathrm{span}\{\boldsymbol{u}_j \mid \lambda_j\in C_\lambda,\ \exists\lambda_k,\ s.t.\mathrm{Re}\lambda_j=\mathrm{Re}\lambda_k\neq 0,\ \mathrm{Im}\lambda_j=\mathrm{Im}\lambda_k=0,\ j\neq k\}$ 相切。当 $\dim E^f(p)\neq 0$ 时，λ_j 和 λ_k 对应的子流形与子空间是一致的，此时相图是重合的。

记 $E^l(p)=\mathrm{span}\{\boldsymbol{u}_j \,\|\, \lambda_j|=1,\ \mathrm{Im}\lambda_j\neq 0,\ s.t.\ \forall\lambda_k\in C_\lambda,\ \lambda_k\neq\lambda_j\}$ 为强稳定子空间，其中 J 是特征乘子 λ_j 的个数，满足 $\begin{cases}|\lambda_j|=1 \\ \mathrm{Im}\lambda_j\neq 0\end{cases}$，$\mathbf{Z}$ 为整数集。记 $W^l(\boldsymbol{S})$ 为强稳定流形，它与强稳定子空间相切。显然有 $E^c(p)=E^e(p)\oplus E^d(p)\oplus E^r(p)\oplus E^l(p)$，$W^c(\boldsymbol{S})=W^e(\boldsymbol{S})\oplus W^d(\boldsymbol{S})\oplus W^r(\boldsymbol{S})\oplus W^l(\boldsymbol{S})$ 以及

$(\boldsymbol{S}, \Omega) \cong W^s(\boldsymbol{S}) \oplus W^c(\boldsymbol{S}) \oplus W^u(\boldsymbol{S}) \cong \overline{W}^s(\boldsymbol{S}) \oplus \widetilde{W}^s(\boldsymbol{S}) \oplus W^e(\boldsymbol{S}) \oplus W^d(\boldsymbol{S}) \oplus W^r(\boldsymbol{S}) \oplus W^l(\boldsymbol{S}) \oplus \overline{W}^u(\boldsymbol{S}) \oplus \widetilde{W}^u(\boldsymbol{S})$

$T_p\boldsymbol{S} \cong E^s(p) \oplus E^c(p) \oplus E^u(p) \cong \bar{E}^s(p) \oplus \widetilde{E}^s(p) \oplus E^e(p) \oplus E^d(p) \oplus E^r(p) \oplus E^l(p) \oplus \bar{E}^u(p) \oplus \widetilde{E}^u(p)$

此外，子空间与子流形的维数满足

$\dim\overline{W}^s(\boldsymbol{S}) + \dim\widetilde{W}^s(\boldsymbol{S}) + \dim W^e(\boldsymbol{S}) + \dim W^d(\boldsymbol{S}) + \dim W^r(\boldsymbol{S}) + \dim W^l(\boldsymbol{S}) + \dim\overline{W}^u(\boldsymbol{S}) + \dim\widetilde{W}^u(\boldsymbol{S}) = \dim W^s(\boldsymbol{S}) + \dim W^c(\boldsymbol{S}) + \dim W^u(\boldsymbol{S}) = \dim(\boldsymbol{S}, \Omega) = 6$

和

$\dim\bar{E}^s(p) + \dim\widetilde{E}^s(p) + \dim E^e(p) + \dim E^d(p) + \dim E^r(p) + \dim E^l(p) + \dim\bar{E}^u(p) + \dim\widetilde{E}^u(p) = \dim E^s(p) + \dim E^c(p) + \dim E^u(p) = \dim T_p\boldsymbol{S} = 6$

子流形的拓扑结构确定了运动的相图。

根据上面的讨论，得到下面关于旋转强不规则体引力场中周期轨道子流形拓扑分类的定理。

定理 1　考虑旋转强不规则体引力场中轨道的拓扑分类，存在 6 种普通情形，3 种纯碰撞情形，3 种纯退化实鞍情形，7 种纯周期情形，7 种纯倍周期情形，1 种周期兼碰撞情形，1 种周期兼退化实鞍情形，1 种倍周期兼碰撞情形，1 种倍周期兼退化实鞍情形以及 4 种周期兼倍周期情形。各种情形对应的特征值如图 6－1 所示，分类对应的拓扑性质如表 6－1 所示，其中：

1）纯普通情形包含情形 O1～情形 O6，并满足 $\dim W^r(\boldsymbol{S}) = \dim W^f(\boldsymbol{S}) = \dim W^e(\boldsymbol{S}) = \dim W^d(\boldsymbol{S}) = 0$；

2）纯碰撞情形包含情形 K1～情形 K3，并满足 $\dim W^r(\boldsymbol{S}) \geqslant 4$，$\dim W^f(\boldsymbol{S}) = \dim W^e(\boldsymbol{S}) = \dim W^d(\boldsymbol{S}) = 0$；

3）纯退化实鞍情形包含情形 DRS1～情形 DRS3，满足 $\dim W^f(\boldsymbol{S}) \geqslant 4$，$\dim W^r(\boldsymbol{S}) = \dim W^e(\boldsymbol{S}) = \dim W^d(\boldsymbol{S}) = 0$；

4）纯周期情形包含情形 P1～情形 P7，满足 $\dim W^e(\boldsymbol{S}) \geqslant 2$，$\dim W^r(\boldsymbol{S}) = \dim W^f(\boldsymbol{S}) = \dim W^d(\boldsymbol{S}) = 0$；

5）纯倍周期情形包含情形 PD1～情形 PD7，满足 $\dim W^d(\boldsymbol{S}) \geqslant 2$，$dimW^r(\boldsymbol{S}) = \dim W^f(\boldsymbol{S}) = \dim W^e(\boldsymbol{S}) = 0$；

6）周期兼碰撞情形包含情形 PK1，满足 $\dim W^e(\boldsymbol{S}) = 2$，$\dim W^r(\boldsymbol{S}) = 4$，$\dim W^f(\boldsymbol{S}) = \dim W^d(\boldsymbol{S}) = 0$；

7）周期兼退化实鞍情形包含情形 PDKS1，满足 $\dim W^e(\boldsymbol{S}) = 2$，$\dim W^f(\boldsymbol{S}) = 4$，$\dim W^r(\boldsymbol{S}) = \dim W^d(\boldsymbol{S}) = 0$；

8）倍周期兼碰撞情形包含情形 PDK1，满足 $\dim W^d(\boldsymbol{S}) = 2$，$\dim W^r(\boldsymbol{S}) = 4$，$\dim W^f(\boldsymbol{S}) = \dim W^e(\boldsymbol{S}) = 0$；

9）倍周期兼退化实鞍情形包含情形 PDDRS1，满足 $\dim W^d(\boldsymbol{S}) = 2$，$\dim W^f(\boldsymbol{S}) = 4$，$\dim W^r(\boldsymbol{S}) = \dim W^e(\boldsymbol{S}) = 0$；

10）周期兼倍周期情形包含情形 PPD1～情形 PPD4，满足 $\dim W^e(\boldsymbol{S}) \geqslant 2$，$\dim W^d(\boldsymbol{S}) \geqslant 2$，$\dim W^e(\boldsymbol{S}) + \dim W^d(\boldsymbol{S}) = 6$，$\dim W^r(\boldsymbol{S}) = \dim W^d(\boldsymbol{S}) = 0$。

图 6－1 给出了不同拓扑分类对应的 6 个特征乘子的分布，表 6－1 给出了各类的性质。

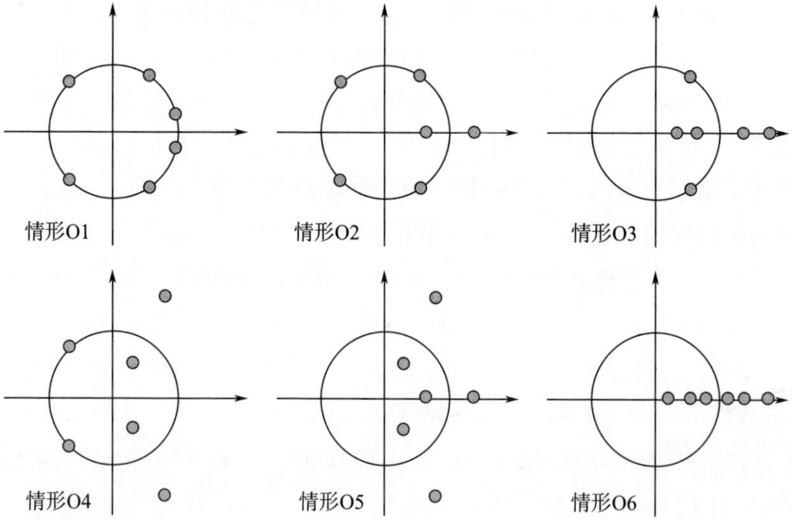

（a）普通情形

图 6－1　轨道的拓扑分类对应的复平面上特征乘子的分布

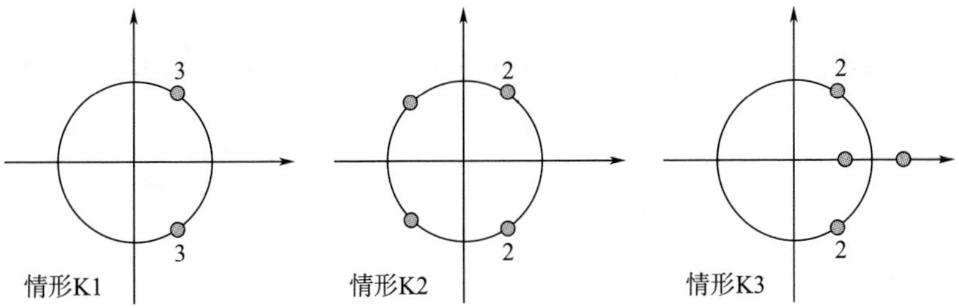

（b）碰撞情形

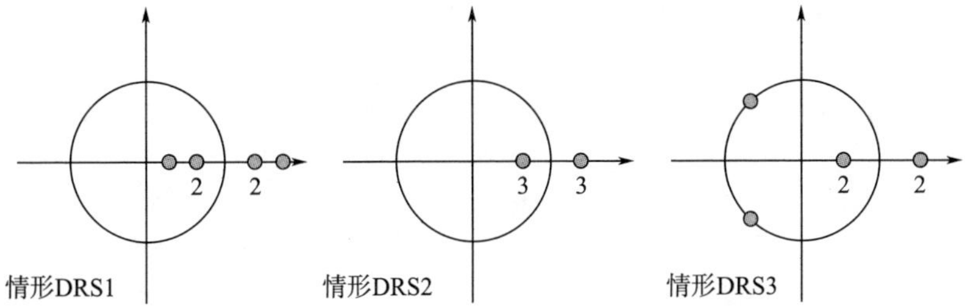

（c）退化实鞍情形

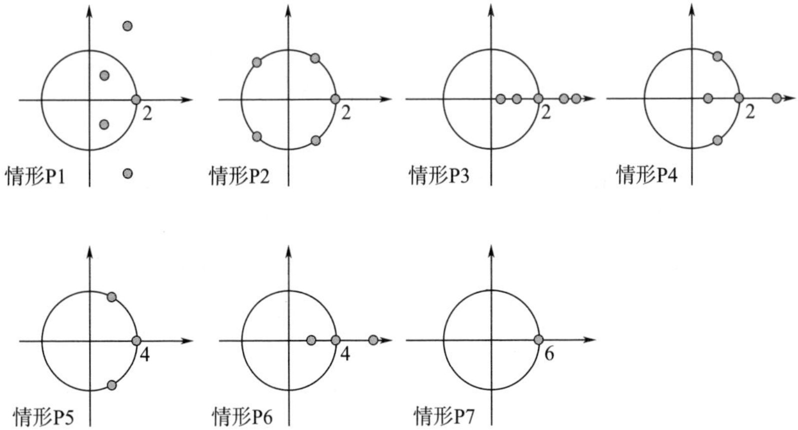

（d）周期情形

图 6－1　轨道的拓扑分类对应的复平面上特征乘子的分布（续一）

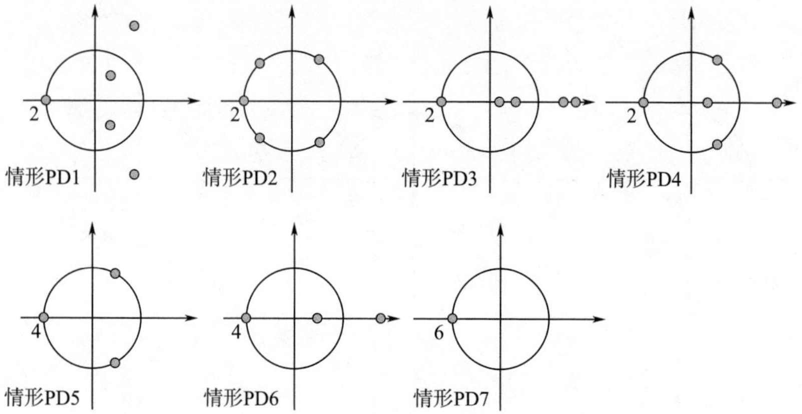

(e) 倍周期情形

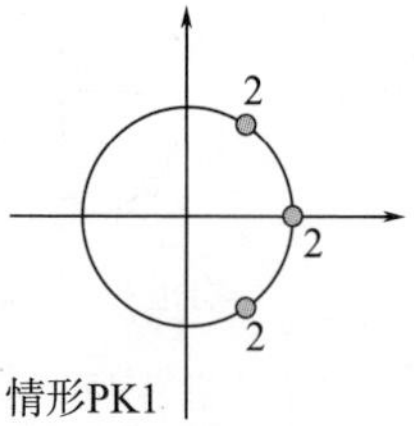

(f) 周期兼碰撞情形

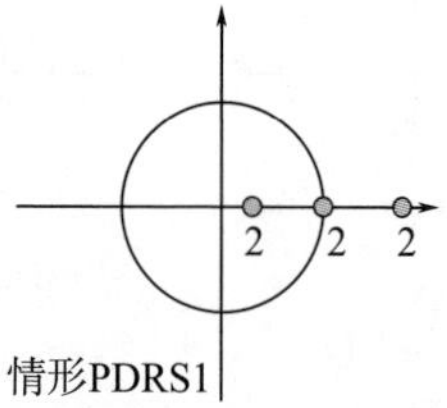

(g) 周期兼退化实鞍情形

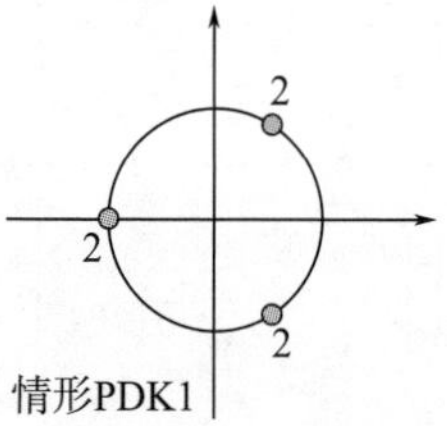

(h) 倍周期兼碰撞情形

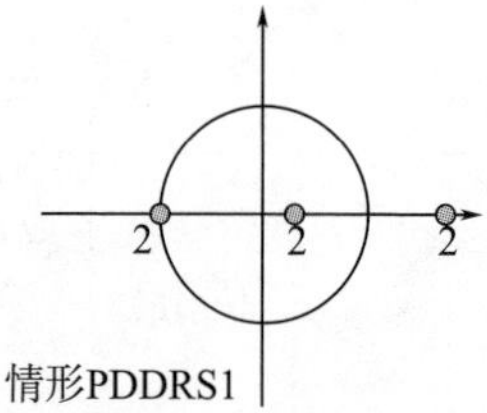

(i) 倍周期兼退化实鞍情形

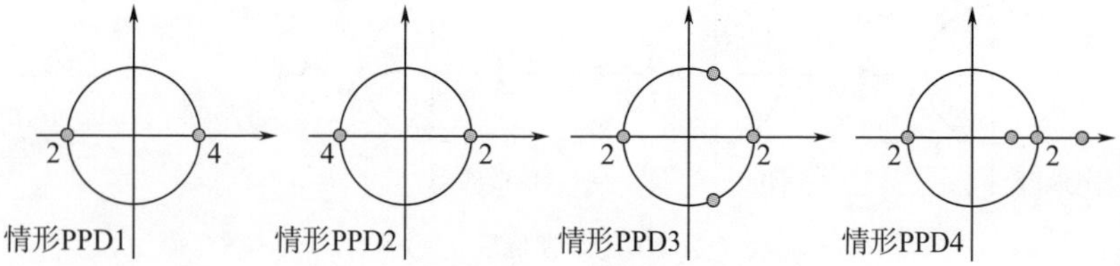

(j) 周期兼倍周期情形

图 6-1 轨道的拓扑分类对应的复平面上特征乘子的分布（续二）

考虑辛流形中的一个点，它是一条轨道，则渐近稳定流形 $\overline{W}^s(\boldsymbol{S})$ 上的相图是接近汇的运动，而渐近稳定流形 $\widetilde{W}^s(\boldsymbol{S})$ 上的相图是接近汇的螺旋运动。渐近不稳定流形 $\overline{W}^u(\boldsymbol{S})$ 上的相图是远离源的运动，而渐近不稳定流形 $\widetilde{W}^u(\boldsymbol{S})$ 上的相图是远离源的螺旋运动。中心流形 $W^c(\boldsymbol{S})$ 上的相图是围绕中心点的运动。此外，流形 $\overline{W}^s(\boldsymbol{S}) \oplus \overline{W}^u(\boldsymbol{S})$ 上的相图是实鞍点附近的运动，而流形 $\widetilde{W}^s(\boldsymbol{S}) \oplus \widetilde{W}^u(\boldsymbol{S})$ 上的相图是螺旋鞍点附近的运动。

表 6-1a　不同拓扑分类的动力学性质——普通情形

情形	特征乘子	稳定性	相图上的运动
O1	$e^{\pm i\beta_j}\begin{bmatrix}\beta_j \in (0, \pi);\ j=1, 2, 3 \\ \mid \forall k \neq j,\ k=1, 2, 3,\ s.t.\ \beta_k \neq \beta_j\end{bmatrix}$	S	椭圆点
O2	$\operatorname{sgn}(\alpha_j)e^{\pm\alpha_j}[\alpha_j \in \mathbf{R},\ \lvert\alpha_j\rvert \in (0, 1),\ j=1]$ $e^{\pm i\beta_j}[\beta_j \in (0, \pi);\ j=1, 2 \mid \beta_1 \neq \beta_2]$	U	混合点：$W^c(\boldsymbol{S})$ 上的椭圆点；$\overline{W}^s(\boldsymbol{S}) \oplus \overline{W}^u(\boldsymbol{S})$ 上的指数鞍点
O3	$\operatorname{sgn}(\alpha_j)e^{\pm\alpha_j}\begin{bmatrix}\alpha_j \in \mathbf{R},\ \lvert\alpha_j\rvert \in (0, 1); \\ j=1, 2 \mid \alpha_1 \neq \alpha_2\end{bmatrix}$ $e^{\pm i\beta_j}[\beta_j \in (0, \pi),\ j=1]$	U	混合点：$W^c(\boldsymbol{S})$ 上的椭圆点；$\overline{W}^s(\boldsymbol{S}) \oplus \overline{W}^u(\boldsymbol{S})$ 上的指数鞍点
O4	$e^{\pm i\beta_j}[\beta_j \in (0, \pi),\ j=1]$ $e^{\pm\sigma\pm i\tau}[\sigma, \tau \in \mathbf{R};\ \sigma > 0,\ \tau \in (0, \pi)]$	U	混合点：$W^c(\boldsymbol{S})$ 上的椭圆点；$\widetilde{W}^s(\boldsymbol{S}) \oplus \widetilde{W}^u(\boldsymbol{S})$ 上的螺旋鞍点
O5	$\operatorname{sgn}(\alpha_j)e^{\pm\alpha_j}[\alpha_j \in \mathbf{R},\ \lvert\alpha_j\rvert \in (0, 1),\ j=1]$ $e^{\pm\sigma\pm i\tau}[\sigma, \tau \in \mathbf{R};\ \sigma > 0,\ \tau \in (0, \pi)]$	U	混合点：$\overline{W}^s(\boldsymbol{S}) \oplus \overline{W}^u(\boldsymbol{S})$ 上的指数鞍点；$\widetilde{W}^s(\boldsymbol{S}) \oplus \widetilde{W}^u(\boldsymbol{S})$ 上的螺旋鞍点
O6	$\operatorname{sgn}(\alpha_j)e^{\pm\alpha_j}\begin{bmatrix}\alpha_j \in \mathbf{R},\ \lvert\alpha_j\rvert \in (0, 1),\ j=1, 2, 3 \\ \mid \forall k \neq j,\ k=1, 2, 3,\ s.t.\ \alpha_k \neq \alpha_j\end{bmatrix}$	U	指数鞍点

注：S—稳定；U—不稳定；K—Krein 碰撞。

表 6-1b　不同拓扑分类的动力学性质——周期情形

情形	特征乘子	稳定性	相图上的运动
P1	$\gamma_j(\gamma_j = 1;\ j=1, 2)$ $e^{\pm\sigma\pm i\tau}[\sigma, \tau \in \mathbf{R};\ \sigma > 0,\ \tau \in (0, \pi)]$	U	混合点：$W^e(\boldsymbol{S})$ 上的 Krein 碰撞点；$\widetilde{W}^s(\boldsymbol{S}) \oplus \widetilde{W}^u(\boldsymbol{S})$ 上的螺旋鞍点

续表

情形	特征乘子	稳定性	相图上的运动
P2	$\gamma_j(\gamma_j=1;\ j=1,\ 2)$ $e^{\pm i\beta_j}[\beta_j\in(0,\ \pi);\ j=1,\ 2\mid\beta_1\neq\beta_2]$	K	混合点：$W^e(\boldsymbol{S})$ 上的 Krein 碰撞点；$W^c(\boldsymbol{S})$ 上的椭圆点
P3	$\gamma_j(\gamma_j=1;\ j=1,\ 2)$ $\mathrm{sgn}(\alpha_j)e^{\pm\alpha_j}\begin{bmatrix}\alpha_j\in\mathbf{R},\ \mid\alpha_j\mid\in(0,\ 1);\\ j=1,\ 2\mid\alpha_1\neq\alpha_2\end{bmatrix}$	K	混合点：$W^e(\boldsymbol{S})$ 上的 Krein 碰撞点；$\overline{W}^s(\boldsymbol{S})\oplus\overline{W}^u(\boldsymbol{S})$ 上的退化指数鞍点
P4	$\gamma_j(\gamma_j=1;\ j=1,\ 2)$ $e^{\pm i\beta_j}[\beta_j\in(0,\ \pi),\ j=1]$ $\mathrm{sgn}(\alpha_j)e^{\pm\alpha_j}[\alpha_j\in\mathbf{R},\ \mid\alpha_j\mid\in(0,\ 1),\ j=1]$	K	混合点：$W^e(\boldsymbol{S})$ 上的 Krein 碰撞点；$W^c(\boldsymbol{S})$ 上的椭圆点；$\overline{W}^s(\boldsymbol{S})\oplus\overline{W}^u(\boldsymbol{S})$ 上的指数鞍点
P5	$\gamma_j(\gamma_j=1;\ j=1,\ 2,\ 3,\ 4)$ $e^{\pm i\beta_j}[\beta_j\in(0,\ \pi),\ j=1]$	K	混合点：$W^e(\boldsymbol{S})$ 上的 Krein 碰撞点；$W^c(\boldsymbol{S})$ 上的椭圆点
P6	$\gamma_j(\gamma_j=1;\ j=1,\ 2,\ 3,\ 4)$ $\mathrm{sgn}(\alpha_j)e^{\pm\alpha_j}[\alpha_j\in\mathbf{R},\ \mid\alpha_j\mid\in(0,\ 1),\ j=1]$	K	混合点：$W^e(\boldsymbol{S})$ 上的 Krein 碰撞点；$\overline{W}^s(\boldsymbol{S})\oplus\overline{W}^u(\boldsymbol{S})$ 上的指数鞍点
P7	$\gamma_j(\gamma_j=1;\ j=1,\ 2,\ \cdots,\ 6)$	K	碰撞点

注：S—稳定；U—不稳定；K—Krein 碰撞。

表 6-1c 不同拓扑分类的动力学性质——倍周期情形

情形	特征乘子	稳定性	相图上的运动
PD1	$\gamma_j(\gamma_j=-1;\ j=1,\ 2)$ $e^{\pm\sigma\pm i\tau}[\sigma,\ \tau\in\mathbf{R};\ \sigma>0,\ \tau\in(0,\ \pi)]$	U	混合点：$W^e(\boldsymbol{S})$ 上的 Krein 碰撞点；$\widetilde{W}^s(\boldsymbol{S})\oplus\widetilde{W}^u(\boldsymbol{S})$ 上的螺旋鞍点
PD2	$\gamma_j(\gamma_j=-1;\ j=1,\ 2)$ $e^{\pm i\beta_j}[\beta_j\in(0,\ \pi);\ j=1,\ 2\mid\beta_1\neq\beta_2]$	K	混合点：$W^e(\boldsymbol{S})$ 上的 Krein 碰撞点；$W^c(\boldsymbol{S})$ 上的椭圆点
PD3	$\gamma_j(\gamma_j=-1;\ j=1,\ 2)$ $\mathrm{sgn}(\alpha_j)e^{\pm\alpha_j}\begin{bmatrix}\alpha_j\in\mathbf{R},\ \mid\alpha_j\mid\in(0,\ 1);\\ j=1,\ 2\mid\alpha_1\neq\alpha_2\end{bmatrix}$	K	混合点：$W^e(\boldsymbol{S})$ 上的 Krein 碰撞点；$\overline{W}^s(\boldsymbol{S})\oplus\overline{W}^u(\boldsymbol{S})$ 上的退化指数鞍点
PD4	$\gamma_j(\gamma_j=-1;\ j=1,\ 2)$ $e^{\pm i\beta_j}[\beta_j\in(0,\ \pi),\ j=1]$ $\mathrm{sgn}(\alpha_j)e^{\pm\alpha_j}[\alpha_j\in\mathbf{R},\ \mid\alpha_j\mid\in(0,\ 1),\ j=1]$	K	混合点：$W^e(\boldsymbol{S})$ 上的 Krein 碰撞点；$W^c(\boldsymbol{S})$ 上的椭圆点；$\overline{W}^s(\boldsymbol{S})\oplus\overline{W}^u(\boldsymbol{S})$ 上的指数鞍点

续表

情形	特征乘子	稳定性	相图上的运动
PD5	$\gamma_j(\gamma_j=-1;\ j=1,2,3,4)$ $e^{\pm i\beta_j}[\beta_j\in(0,\pi),\ j=1]$	K	混合点 $W^e(S)$ 上的 Krein 碰撞点；$W^c(S)$ 上的椭圆点
PD6	$\gamma_j(\gamma_j=-1;\ j=1,2,3,4)$ $\operatorname{sgn}(\alpha_j)e^{\pm\alpha_j}[\alpha_j\in\mathbf{R},\ \lvert\alpha_j\rvert\in(0,1),\ j=1]$	K	混合点：$W^e(S)$ 上的 Krein 碰撞点；$\overline{W}_S(S)\oplus\overline{W}^u(S)$ 上的指数鞍点
PD7	$\gamma_j(\gamma_j=-1;\ j=1,2,\cdots,6)$	K	Krein 碰撞点

注：S—稳定；U—不稳定；K—Krein 碰撞。

表 6-1d　不同拓扑分类的动力学性质——碰撞情形

情形	特征乘子	稳定性	相图上的运动
K1	$e^{\pm i\beta_j}[\beta_j\in(0,\pi),\ \beta_1=\beta_2=\beta_3;\ j=1,2,3]$	K	Krein 碰撞点
K2	$e^{\pm i\beta_j}[\beta_j\in(0,\pi),\ \beta_1=\beta_2\neq\beta_3;\ j=1,2,3]$	K	Krein 碰撞点
K3	$\operatorname{sgn}(\alpha_j)e^{\pm\alpha_j}[\alpha_j\in\mathbf{R},\ \lvert\alpha_j\rvert\in(0,1),\ j=1]$ $e^{\pm i\beta_j}[\beta_j\in(0,\pi),\ \beta_1=\beta_2;\ j=1,2]$	K	Krein 碰撞点

注：S—稳定；U—不稳定；K—Krein 碰撞。

表 6-1e　不同拓扑分类的动力学性质——退化实鞍情形

情形	特征乘子	稳定性	相图上的运动
DRS1	$\operatorname{sgn}(\alpha_j)e^{\pm\alpha_j}\begin{bmatrix}\alpha_j\in\mathbf{R},\ \lvert\alpha_j\rvert\in(0,1),\ j=1,2,3\\ \alpha_1=\alpha_2\neq\alpha_3\end{bmatrix}$	U	退化实鞍点
DRS2	$\operatorname{sgn}(\alpha_j)e^{\pm\alpha_j}\begin{bmatrix}\alpha_j\in\mathbf{R},\ \lvert\alpha_j\rvert\in(0,1),\ j=1,2,3\\ \alpha_1=\alpha_2=\alpha_3\end{bmatrix}$	U	退化实鞍点
DRS3	$e^{\pm i\beta_j}[\beta_j\in(0,\pi);\ j=1]$ $\operatorname{sgn}(\alpha_j)e^{\pm\alpha_j}\begin{bmatrix}\alpha_j\in\mathbf{R},\ \lvert\alpha_j\rvert\in(0,1),\ j=1,2\\ \alpha_1=\alpha_2\end{bmatrix}$	U	混合点：$W^c(S)$ 上的椭圆点；$\overline{W}^s(S)\oplus\overline{W}^u(S)$ 上的退化实鞍点

注：S—稳定；U—不稳定；K—Krein 碰撞。

表 6-1f 不同拓扑分类的动力学性质——混合情形

情形	特征乘子	稳定性	相图上的运动
PK1	$\gamma_j(\gamma_j=1;\ j=1,\ 2)$ $e^{\pm i\beta_j}[\beta_j\in(0,\ \pi),\ \beta_1=\beta_2;\ j=1,\ 2]$	S	混合点：$W^e(\boldsymbol{S})$ 上的不动点；$W^c(\boldsymbol{S})$ 上的椭圆点
PDRS1	$\gamma_j(\gamma_j=1;\ j=1,\ 2)$ $\mathrm{sgn}(\alpha_j)e^{\pm\alpha_j}\begin{bmatrix}\alpha_j\in\mathbf{R},\ \lvert\alpha_j\rvert\in(0,\ 1),\ j=1,\ 2\\ \alpha_1=\alpha_2\end{bmatrix}$	U	混合点：$W^e(\boldsymbol{S})$ 上的不动点；$\bar{W}^s(\boldsymbol{S})\oplus\bar{W}^u(\boldsymbol{S})$ 上的退化指数鞍点
PDK1	$\gamma_j(\gamma_j=-1;\ j=1,\ 2)$ $e^{\pm i\beta_j}[\beta_j\in(0,\ \pi),\ \beta_1=\beta_2;\ j=1,\ 2]$	S	混合点：$W^d(\boldsymbol{S})$ 上的翻转点；$W^c(\boldsymbol{S})$ 上的椭圆点
PDD RS1	$\gamma_j(\gamma_j=-1;\ j=1,\ 2)$ $\mathrm{sgn}(\alpha_j)e^{\pm\alpha_j}\begin{bmatrix}\alpha_j\in\mathbf{R},\ \lvert\alpha_j\rvert\in(0,\ 1),\ j=1,\ 2\\ \alpha_1=\alpha_2\end{bmatrix}$	U	混合点：$W^d(\boldsymbol{S})$ 上的翻转点；$\bar{W}^s(\boldsymbol{S})\oplus\bar{W}^u(\boldsymbol{S})$ 上的退化指数鞍点
PPD1	$\gamma_j(\gamma_j=1;\ j=1,\ 2,\ 3,\ 4)$ $\gamma_j(\gamma_j=-1;\ j=5,\ 6)$	S	混合点：$W^e(\boldsymbol{S})$ 上的不动点；$W^d(\boldsymbol{S})$ 上的翻转点
PPD2	$\gamma_j(\gamma_j=-1;\ j=1,\ 2,\ 3,\ 4)$ $\gamma_j(\gamma_j=1;\ j=5,\ 6)$	S	混合点：$W^e(\boldsymbol{S})$ 上的不动点；$W^d(\boldsymbol{S})$ 上的翻转点
PPD3	$\gamma_j(\gamma_j=-1;\ j=1,\ 2)$ $\gamma_j(\gamma_j=1;\ j=3,\ 4)$ $e^{\pm i\beta_j}[\beta_j\in(0,\ \pi),\ j=1]$	S	混合点：$W^e(\boldsymbol{S})$ 上的不动点；$W^d(\boldsymbol{S})$ 上的翻转点；$W^c(\boldsymbol{S})$ 上的椭圆点
PPD4	$\gamma_j(\gamma_j=-1;\ j=1,\ 2)$ $\gamma_j(\gamma_j=1;\ j=3,\ 4)$ $\mathrm{sgn}(\alpha_j)e^{\pm\alpha_j}[\alpha_j\in\mathbf{R},\ \lvert\alpha_j\rvert\in(0,\ 1),\ j=1]$	U	混合点：$W^e(\boldsymbol{S})$ 上的不动点；$W^d(\boldsymbol{S})$ 上的翻转点；$\bar{W}^s(\boldsymbol{S})\oplus\bar{W}^u(\boldsymbol{S})$ 上的退化指数鞍点

注：S—稳定；U—不稳定；K—Krein 碰撞。

6.4　大范围轨道对应的不同拓扑结构

6.4.1　普通情形

普通情形即非周期、非倍周期、非碰撞且非退化实鞍的情形，共有 6 种不同的拓扑类型，对应于图 6－1（a）和表 6－1a 所述情形。

情形 O1　特征乘子形如 $e^{\pm i\beta_j}[\beta_j \in (0,\ \pi);\ j=1,\ 2,\ 3 \mid \forall k \neq j,\ k=1,\ 2,\ 3,\ s.t.\ \beta_k \neq \beta_j]$，子流形的结构为 $(\boldsymbol{S},\ \Omega) \cong W^c(\boldsymbol{S}) \cong W^l(\boldsymbol{S})$，维数满足 $\dim W^c(\boldsymbol{S}) = \dim W^l(\boldsymbol{S}) = 6$。

情形 O2　特征乘子形如 $\operatorname{sgn}(\alpha_j)e^{\pm\alpha_j}[\alpha_j \in \mathbf{R},\ |\alpha_j| \in (0,\ 1),\ j=1]$ 和 $e^{\pm i\beta_j}[\beta_j \in (0,\ \pi);\ j=1,\ 2 \mid \beta_1 \neq \beta_2]$，子流形的结构为 $(\boldsymbol{S},\ \Omega) \cong \overline{W}^s(\boldsymbol{S}) \oplus W^c(\boldsymbol{S}) \oplus \overline{W}^u(\boldsymbol{S})$，维数满足 $\dim W^c(\boldsymbol{S}) = \dim W^l(\boldsymbol{S}) = 4$ 和 $\dim \overline{W}^s(\boldsymbol{S}) = \dim \overline{W}^u(\boldsymbol{S}) = 1$。

情形 O3　特征乘子形如 $\operatorname{sgn}(\alpha_j)e^{\pm\alpha_j}[\alpha_j \in \mathbf{R},\ |\alpha_j| \in (0,\ 1);\ j=1,\ 2 \mid \alpha_1 \neq \alpha_2]$ 和 $e^{\pm i\beta_j}[\beta_j \in (0,\ \pi),\ j=1]$，子流形的结构为 $(\boldsymbol{S},\ \Omega) \cong \overline{W}^s(\boldsymbol{S}) \oplus W^c(\boldsymbol{S}) \oplus \overline{W}^u(\boldsymbol{S})$，维数满足 $\dim \overline{W}^s(\boldsymbol{S}) = \dim W^c(\boldsymbol{S}) = \dim W^l(\boldsymbol{S}) = \dim \overline{W}^u(\boldsymbol{S}) = 2$。

情形 O4　特征乘子形如 $e^{\pm i\beta_j}[\beta_j \in (0,\ \pi),\ j=1]$ 和 $e^{\pm\sigma\pm i\tau}[\sigma,\ \tau \in \mathbf{R};\ \sigma > 0,\ \tau \in (0,\ \pi)]$，子流形的结构为 $(\boldsymbol{S},\ \Omega) \cong \widetilde{W}^s(\boldsymbol{S}) \oplus W^c(\boldsymbol{S}) \oplus \widetilde{W}^u(\boldsymbol{S})$，维数满足 $\dim \widetilde{W}^s(\boldsymbol{S}) = \dim W^l(\boldsymbol{S}) = \dim \widetilde{W}^u(\boldsymbol{S}) = 2$。

情形 O5　特征乘子形如 $\operatorname{sgn}(\alpha_j)e^{\pm\alpha_j}[\alpha_j \in \mathbf{R},\ |\alpha_j| \in (0,\ 1),\ j=1]$ 和 $e^{\pm\sigma\pm i\tau}[\sigma,\ \tau \in \mathbf{R};\ \sigma > 0,\ \tau \in (0,\ \pi)]$，子流形的结构为 $(\boldsymbol{S},\ \Omega) \cong \overline{W}^s(\boldsymbol{S}) \oplus \overline{W}^u(\boldsymbol{S}) \oplus \widetilde{W}^s(\boldsymbol{S}) \oplus \widetilde{W}^u(\boldsymbol{S})$，维数满足 $\dim \overline{W}^s(\boldsymbol{S}) = \dim \overline{W}^u(\boldsymbol{S}) = 1$ 和 $\dim \widetilde{W}^s(\boldsymbol{S}) = \dim \widetilde{W}^u(\boldsymbol{S}) = 2$。

情形 O6　特征乘子形如 $\operatorname{sgn}(\alpha_j)e^{\pm\alpha_j}[\alpha_j \in \mathbf{R},\ |\alpha_j| \in (0,\ 1),\ j = 1,\ 2,\ 3 \mid \forall k \neq j,\ k = 1,\ 2,\ 3,\ s.t.\ \alpha_k \neq \alpha_j]$，子流形的结构为

$(\boldsymbol{S},\ \Omega) \cong \overline{W}^s(\boldsymbol{S}) \oplus \overline{W}^u(\boldsymbol{S})$，维数满足 $\dim\overline{W}^s(\boldsymbol{S}) = \dim\overline{W}^u(\boldsymbol{S}) = 3$。

6.4.2 纯周期情形

纯周期情形有 7 种不同的拓扑类型，每种类型至少有 2 个特征乘子等于 1，子流形 $W^e(\boldsymbol{S})$ 的维数满足 $\dim W^e(\boldsymbol{S}) \geqslant 2$。这 7 种不同的类型都不是倍周期、碰撞以及退化实鞍的。具体的动力学性质分别讨论如下：

情形 P1 特征乘子形如 $\gamma_j(\gamma_j = 1;\ j = 1,\ 2)$ 和 $\mathrm{e}^{\pm\sigma\pm\mathrm{i}\tau}[\sigma,\ \tau \in \mathbf{R};\ \sigma > 0,\ \tau \in (0,\ \pi)]$，子流形的结构为 $(\boldsymbol{S},\ \Omega) \cong W^e(\boldsymbol{S}) \oplus \widetilde{W}^s(\boldsymbol{S}) \oplus \widetilde{W}^u(\boldsymbol{S})$，维数满足 $\dim W^e(\boldsymbol{S}) = \dim\widetilde{W}^s(\boldsymbol{S}) = \dim\widetilde{W}^u(\boldsymbol{S}) = 2$。

情形 P2 特征乘子形如 $\gamma_j(\gamma_j = 1;\ j = 1,\ 2)$ 和 $\mathrm{e}^{\pm\mathrm{i}\beta_j}[\beta_j \in (0,\ \pi);\ j = 1,\ 2 \mid \beta_1 \neq \beta_2]$，子流形的结构为 $(\boldsymbol{S},\ \Omega) \simeq T\Xi \cong W^e(\boldsymbol{S}) \oplus W^c(\boldsymbol{S})$，维数满足 $\dim W^e(\boldsymbol{S}) = 2$ 和 $\dim W^c(\boldsymbol{S}) = \dim W^l(\boldsymbol{S}) = 4$。

情形 P3 特征乘子形如 $\mathrm{sgn}(\alpha_j)\mathrm{e}^{\pm\alpha_j}[\alpha_j \in \mathbf{R},\ |\alpha_j| \in (0,\ 1);\ j = 1,\ 2 \mid \alpha_1 \neq \alpha_2]$ 和 $\gamma_j(\gamma_j = 1;\ j = 1,\ 2)$，子流形的结构为 $(\boldsymbol{S},\ \Omega) \cong W^e(\boldsymbol{S}) \oplus \overline{W}^s(\boldsymbol{S}) \oplus \overline{W}^u(\boldsymbol{S})$，维数满足 $\dim W^s(\boldsymbol{S}) = \dim\overline{W}^s(\boldsymbol{S}) = \dim\overline{W}^u(\boldsymbol{S}) = 2$。

情形 P4 特征乘子形如 $\gamma_j(\gamma_j = 1;\ j = 1,\ 2)$，$\mathrm{sgn}(\alpha_j)\mathrm{e}^{\pm\alpha_j}[\alpha_j \in \mathbf{R},\ |\alpha_j| \in (0,\ 1),\ j = 1]$ 和 $\mathrm{e}^{\pm\mathrm{i}\beta_j}[\beta_j \in (0,\ \pi),\ j = 1]$，子流形的结构为 $(\boldsymbol{S},\ \Omega) \cong W^e(\boldsymbol{S}) \oplus \overline{W}^s(\boldsymbol{S}) \oplus W^c(\boldsymbol{S}) \oplus \overline{W}^u(\boldsymbol{S})$，维数满足 $\dim W^e(\boldsymbol{S}) = \dim W^c(\boldsymbol{S}) = 2$ 和 $\dim W^s(\boldsymbol{S}) = \dim W^u(\boldsymbol{S}) = 1$。

情形 P5 特征乘子形如 $\gamma_j(\gamma_j = 1;\ j = 1,\ 2,\ 3,\ 4)$ 和 $\mathrm{e}^{\pm\mathrm{i}\beta_j}[\beta_j \in (0,\ \pi),\ j = 1]$，子流形的结构为 $(\boldsymbol{S},\ \Omega) \cong W^e(\boldsymbol{S}) \oplus W^c(\boldsymbol{S})$，维数满足 $\dim W^c(\boldsymbol{S}) = 4$ 和 $\dim W^e(\boldsymbol{S}) = 2$。

情形 P6 特征乘子形如 $\mathrm{sgn}(\alpha_j)\mathrm{e}^{\pm\alpha_j}[\alpha_j \in \mathbf{R},\ |\alpha_j| \in (0,\ 1),\ j = 1]$ 和 $\gamma_j(\gamma_j = 1;\ j = 1,\ 2,\ 3,\ 4)$，子流形的结构为 $(\boldsymbol{S},\ \Omega) \cong W^e(\boldsymbol{S}) \oplus \overline{W}^s(\boldsymbol{S}) \oplus \overline{W}^u(\boldsymbol{S})$，维数满足 $\dim W^e(\boldsymbol{S}) = 4$ 和 $\dim\overline{W}^s(\boldsymbol{S}) = \dim\overline{W}^u(\boldsymbol{S}) = 1$。

情形 P7　特征乘子形如 $\gamma_j(\gamma_j=1;\ j=1,2,3,4,5,6)$，子流形的结构为 $(\boldsymbol{S},\ \Omega)\cong W^e(\boldsymbol{S})$，维数满足 $\dim W^e(\boldsymbol{S})=6$。

6.4.3 纯倍周期情形

纯倍周期情形包含 7 种不同的拓扑类型，每种类型至少有 2 个特征乘子等于 -1，子流形 $W^d(\boldsymbol{S})$ 的维数满足 $\dim W^d(\boldsymbol{S})\geqslant 2$。这 7 种不同的类型都不是周期、碰撞以及退化实鞍的。

情形 PD1　特征乘子形如 $\gamma_j(\gamma_j=-1;\ j=1,2)$ 和 $e^{\pm\sigma\pm i\tau}[\sigma,\tau\in\mathbf{R};\ \sigma>0,\ \tau\in(0,\pi)]$，子流形的结构为 $(\boldsymbol{S},\ \Omega)\cong W^d(\boldsymbol{S})\oplus\widetilde{W}^s(\boldsymbol{S})\oplus\widetilde{W}^u(\boldsymbol{S})$，维数满足 $\dim W^d(\boldsymbol{S})=\dim\widetilde{W}^s(\boldsymbol{S})=\dim\widetilde{W}^u(\boldsymbol{S})=2$。

情形 PD2　特征乘子形如 $\gamma_j(\gamma_j=-1;\ j=1,2)$ 和 $e^{\pm i\beta_j}[\beta_j\in(0,\pi);\ j=1,2\mid\beta_1\neq\beta_2]$，子流形的结构为 $(\boldsymbol{S},\ \Omega)\simeq T\Xi\cong W^d(\boldsymbol{S})\oplus W^c(\boldsymbol{S})$，维数满足 $\dim W^d(\boldsymbol{S})=2$ 和 $\dim W^c(\boldsymbol{S})=\dim W^l(\boldsymbol{S})=4$。

情形 PD3　特征乘子形如 $\operatorname{sgn}(\alpha_j)e^{\pm\alpha_j}[\alpha_j\in\mathbf{R},\ |\alpha_j|\in(0,1);\ j=1,2\mid\alpha_1\neq\alpha_2]$ 和 $\gamma_j(\gamma_j=-1;\ j=1,2)$，子流形的结构为 $(\boldsymbol{S},\ \Omega)\cong W^d(\boldsymbol{S})\oplus\overline{W}^s(\boldsymbol{S})\oplus\overline{W}^u(\boldsymbol{S})$，维数满足 $\dim W^d(\boldsymbol{S})=\dim\overline{W}^s(\boldsymbol{S})=\dim\overline{W}^u(\boldsymbol{S})=2$。

情形 PD4　特征乘子形如 $\gamma_j(\gamma_j=-1;\ j=1,2)$，$\operatorname{sgn}(\alpha_j)e^{\pm\alpha_j}[\alpha_j\in\mathbf{R},\ |\alpha_j|\in(0,1),\ j=1]$ 和 $e^{\pm i\beta_j}[\beta_j\in(0,\pi),\ j=1]$，子流形的结构为 $(\boldsymbol{S},\ \Omega)\cong W^d(\boldsymbol{S})\oplus\overline{W}^s(\boldsymbol{S})\oplus W^c(\boldsymbol{S})\oplus\overline{W}^u(\boldsymbol{S})$，维数满足 $\dim W^d(\boldsymbol{S})=\dim W^c(\boldsymbol{S})=2$ 和 $\dim W^s(\boldsymbol{S})=\dim W^u(\boldsymbol{S})=1$。

情形 PD5　特征乘子形如 $\gamma_j(\gamma_j=-1;\ j=1,2,3,4)$ 和 $e^{\pm i\beta_j}[\beta_j\in(0,\pi),\ j=1]$，子流形的结构为 $(\boldsymbol{S},\ \Omega)\cong W^d(\boldsymbol{S})\oplus W^c(\boldsymbol{S})$，维数满足 $\dim W^c(\boldsymbol{S})=4$ 和 $\dim W^d(\boldsymbol{S})=2$。

情形 PD6　特征乘子形如 $\operatorname{sgn}(\alpha_j)e^{\pm\alpha_j}[\alpha_j\in\mathbf{R},\ |\alpha_j|\in(0,1),\ j=1]$ 和 $\gamma_j(\gamma_j=-1;\ j=1,2,3,4)$，子流形的结构为 $(\boldsymbol{S},$

$\Omega) \cong W^d(\boldsymbol{S}) \oplus \overline{W}^s(\boldsymbol{S}) \oplus \overline{W}^u(\boldsymbol{S})$，维数满足 $\dim W^d(\boldsymbol{S}) = 4$ 和 $\dim\overline{W}^s(\boldsymbol{S}) = \dim\overline{W}^u(\boldsymbol{S}) = 1$。

情形 PD7 特征乘子形如 $\gamma_j(\gamma_j = -1;\ j = 1, 2, 3, 4, 5, 6)$，子流形的结构为$(\boldsymbol{S}, \Omega) \cong W^d(\boldsymbol{S})$，维数满足 $\dim W^d(\boldsymbol{S}) = 6$。

6.4.4 纯碰撞情形

纯碰撞情形包含 3 种不同的拓扑类型，子流形 $W^r(\boldsymbol{S})$ 的维数满足 $\dim W^r(\boldsymbol{S}) \geqslant 4$。这 3 种不同的类型都不是周期、倍周期以及退化实鞍的。

情形 K1 特征乘子形如 $e^{\pm i\beta_j}[\beta_j \in (0, \pi),\ \beta_1 = \beta_2 = \beta_3;\ j = 1, 2, 3]$，子流形的结构为$(\boldsymbol{S}, \Omega) \simeq W^c(\boldsymbol{S}) \simeq W^r(\boldsymbol{S})$，维数满足 $\dim W^r(\boldsymbol{S}) = \dim W^c(\boldsymbol{S}) = 6$。

情形 K2 特征乘子形如 $e^{\pm i\beta_j}[\beta_j \in (0, \pi),\ \beta_1 = \beta_2 \neq \beta_3;\ j = 1, 2, 3]$，子流形的结构为$(\boldsymbol{S}, \Omega) \cong W^r(\boldsymbol{S}) \oplus W^l(\boldsymbol{S})$，维数满足 $\dim W^r(\boldsymbol{S}) = 4$ 和 $\dim W^l(\boldsymbol{S}) = 2$。

情形 K3 特征乘子形如 $\mathrm{sgn}(\alpha_j)e^{\pm\alpha_j}[\alpha_j \in \mathbf{R},\ |\alpha_j| \in (0, 1),\ j = 1]$ 和 $e^{\pm i\beta_j}[\beta_j \in (0, \pi),\ \beta_1 = \beta_2;\ j = 1, 2]$，子流形的结构为$(\boldsymbol{S}, \Omega) \cong \overline{W}^s(\boldsymbol{S}) \oplus W^r(\boldsymbol{S}) \oplus \overline{W}^u(\boldsymbol{S})$，维数满足 $\dim W^r(\boldsymbol{S}) = \dim W^c(\boldsymbol{S}) = 4$ 和 $\dim\overline{W}^s(\boldsymbol{S}) = \dim\overline{W}^u(\boldsymbol{S}) = 1$。

6.4.5 纯退化实鞍情形

纯退化实鞍情形包含 3 种不同的拓扑类型，子流形 $W^f(\boldsymbol{S})$ 的维数满足 $\dim W^f(\boldsymbol{S}) \geqslant 4$。这 3 种不同的类型都不是周期、倍周期以及碰撞的。具体的动力学性质分别讨论如下：

情形 DRS1 特征乘子形如 $\mathrm{sgn}(\alpha_j)e^{\pm\alpha_j}[\alpha_j \in \mathbf{R},\ |\alpha_j| \in (0, 1),\ j = 1, 2, 3;\ \alpha_1 = \alpha_2 \neq \alpha_3]$，子流形的结构为$(\boldsymbol{S}, \Omega) \simeq T\Xi \cong \overline{W}^s(\boldsymbol{S}) \oplus \overline{W}^u(\boldsymbol{S})$，维数满足 $\dim\overline{W}^s(\boldsymbol{S}) = \dim\overline{W}^u(\boldsymbol{S}) = 3$。

情形 DRS2 特征乘子形如 $\mathrm{sgn}(\alpha_j)e^{\pm\alpha_j}[\alpha_j \in \mathbf{R},\ |\alpha_j| \in (0, 1),\ j = 1, 2, 3;\ \alpha_1 = \alpha_2 = \alpha_3]$，子流形的结构为$(\boldsymbol{S}, \Omega) \simeq T\Xi \cong$

$\overline{W}^s(\boldsymbol{S}) \oplus \overline{W}^u(\boldsymbol{S})$，维数满足 $\dim\overline{W}^s(\boldsymbol{S}) = \dim\overline{W}^u(\boldsymbol{S}) = 3$。

情形 DRS3　特征乘子形如 $\mathrm{sgn}(\alpha_j)\mathrm{e}^{\pm\alpha_j}[\alpha_j \in \mathbf{R}, |\alpha_j| \in (0, 1), j=1, 2; \alpha_1=\alpha_2]$ 和 $\mathrm{e}^{\pm\mathrm{i}\beta_j}[\beta_j \in (0, \pi); j=1]$，子流形的结构为 $(\boldsymbol{S}, \Omega) \simeq T\Xi \cong \overline{W}^s(\boldsymbol{S}) \oplus W^l(\boldsymbol{S}) \oplus \overline{W}^u(\boldsymbol{S})$，维数满足 $\dim\overline{W}^s(\boldsymbol{S}) = \dim\overline{W}^u(\boldsymbol{S}) = \dim W^c(\boldsymbol{S}) = \dim W^l(\boldsymbol{S}) = 2$。

6.4.6　混合情形

混合情形包括：周期兼碰撞情形、周期兼退化实鞍情形、倍周期兼碰撞情形、倍周期兼退化实鞍情形以及周期兼倍周期情形。对于周期兼碰撞情形、周期兼退化实鞍情形、倍周期兼碰撞情形以及倍周期兼退化实鞍情形的每一种，都只有 1 个拓扑类型，对于周期兼倍周期情形，有 4 个拓扑类型。

（1）周期兼碰撞情形

情形 PK1　特征乘子形如 $\gamma_j(\gamma_j=1; j=1, 2)$ 和 $\mathrm{e}^{\pm\mathrm{i}\beta_j}[\beta_j \in (0, \pi), \beta_1=\beta_2; j=1, 2]$，子流形的结构为 $(\boldsymbol{S}, \Omega) \cong W^e(\boldsymbol{S}) \oplus W^r(\boldsymbol{S})$，维数满足 $\dim W^e(\boldsymbol{S}) = 2$ 和 $\dim W^r(\boldsymbol{S}) = 4$。

（2）周期兼退化实鞍情形

情形 PDRS1　特征乘子形如 $\mathrm{sgn}(\alpha_j)\mathrm{e}^{\pm\alpha_j}[\alpha_j \in \mathbf{R}, |\alpha_j| \in (0, 1), j=1, 2; \alpha_1=\alpha_2]$ 和 $\gamma_j(\gamma_j=1; j=1, 2)$，子流形的结构为 $(\boldsymbol{S}, \Omega) \cong W^e(\boldsymbol{S}) \oplus \overline{W}^s(\boldsymbol{S}) \oplus \overline{W}^u(\boldsymbol{S})$，维数满足 $\dim\overline{W}^s(\boldsymbol{S}) = \dim\overline{W}^u(\boldsymbol{S}) = \dim W^e(\boldsymbol{S}) = 2$。

（3）倍周期兼碰撞情形

情形 PDK1　特征乘子形如 $\mathrm{e}^{\pm\mathrm{i}\beta_j}[\beta_j \in (0, \pi), \beta_1=\beta_2; j=1, 2]$ 和 $\gamma_j(\gamma_j=-1; j=1, 2)$，子流形的结构为 $(\boldsymbol{S}, \Omega) \cong W^d(\boldsymbol{S}) \oplus W^r(\boldsymbol{S})$，维数满足 $\dim W^d(\boldsymbol{S}) = 2$ 和 $\dim W^r(\boldsymbol{S}) = 4$。

（4）倍周期兼退化实鞍情形

情形 PDDRS1　特征乘子形如 $\mathrm{sgn}(\alpha_j)\mathrm{e}^{\pm\alpha_j}[\alpha_j \in \mathbf{R}, |\alpha_j| \in (0, 1), j=1, 2; \alpha_1=\alpha_2]$ 和 $\gamma_j(\gamma_j=-1; j=1, 2)$，子流形的结构为 $(\boldsymbol{S}, \Omega) \cong W^d(\boldsymbol{S}) \oplus \overline{W}^s(\boldsymbol{S}) \oplus \overline{W}^u(\boldsymbol{S})$，维数满足 $\dim\overline{W}^s(\boldsymbol{S}) =$

$\dim\overline{W}^{u}(\boldsymbol{S})=\dim W^{d}(\boldsymbol{S})=2$。

（5）周期兼倍周期情形

情形 PPD1 特征乘子形如 $\gamma_j(\gamma_j=1;\ j=1,\ 2,\ 3,\ 4)$ 和 $\gamma_j(\gamma_j=-1;\ j=5,\ 6)$，子流形的结构为 $(\boldsymbol{S},\ \Omega)\cong W^{e}(\boldsymbol{S})\oplus W^{d}(\boldsymbol{S})$，维数满足 $\dim W^{e}(\boldsymbol{S})=4$ 和 $\dim W^{d}(\boldsymbol{S})=2$。

情形 PPD2 特征乘子形如 $\gamma_j(\gamma_j=1;\ j=1,\ 2)$ 和 $\gamma_j(\gamma_j=-1;\ j=3,\ 4,\ 5,\ 6)$，子流形的结构为 $(\boldsymbol{S},\ \Omega)\cong W^{e}(\boldsymbol{S})\oplus W^{d}(\boldsymbol{S})$，维数满足 $\dim W^{e}(\boldsymbol{S})=2$ 和 $\dim W^{d}(\boldsymbol{S})=4$。

情形 PPD3 特征乘子形如 $\gamma_j(\gamma_j=-1;\ j=1,\ 2)$，$\gamma_j(\gamma_j=1;\ j=3,\ 4)$ 和 $\mathrm{e}^{\pm\mathrm{i}\beta_j}[\beta_j\in(0,\ \pi),\ j=1]$，子流形的结构为 $(\boldsymbol{S},\ \Omega)\cong W^{e}(\boldsymbol{S})\oplus W^{d}(\boldsymbol{S})\oplus W^{c}(\boldsymbol{S})$，维数满足 $\dim W^{e}(\boldsymbol{S})=\dim W^{d}(\boldsymbol{S})=\dim W^{c}(\boldsymbol{S})=\dim W^{l}(\boldsymbol{S})=2$。

情形 PPD4 特征乘子形如 $\gamma_j(\gamma_j=-1;\ j=1,\ 2)$，$\gamma_j(\gamma_j=1;\ j=3,\ 4)$ 和 $\mathrm{sgn}(\alpha_j)\mathrm{e}^{\pm\alpha_j}[\alpha_j\in\mathbf{R},\ |\alpha_j|\in(0,\ 1),\ j=1]$，子流形的结构为 $(\boldsymbol{S},\ \Omega)\cong W^{e}(\boldsymbol{S})\oplus W^{d}(\boldsymbol{S})\oplus\overline{W}^{s}(\boldsymbol{S})\oplus\overline{W}^{u}(\boldsymbol{S})$，维数满足 $\dim W^{e}(\boldsymbol{S})=\dim W^{d}(\boldsymbol{S})=2$ 和 $\dim\overline{W}^{s}(\boldsymbol{S})=\dim\overline{W}^{u}(\boldsymbol{S})=2$。

6.4.7 周期轨道的 13 种拓扑类型

对于周期轨道来说，共有 13 种拓扑类型[2]，其中纯周期情形 7 种，周期兼倍周期情形 4 种，周期兼碰撞情形 1 种，周期兼退化实鞍情形 1 种。此前有文献认为小行星引力场中的周期轨道只有 7 种拓扑类型，这种观点是不对的。问题在于采用此前业界对于 4 维 Hamilton 系统轨道的认识，将 2 个特征乘子固定为 1，以为其余 4 个特征乘子的运动可以完全套用 4 维 Hamilton 的结果。首先，小行星引力场中质点的动力学系统是一个 6 维的 Hamilton 系统，6 维 Hamilton 系统和 4 维 Hamilton 系统的情况有所不同，周期轨道的可能拓扑类型是特征乘子的可能状态的组合，而不是套用 4 维 Hamilton 的结果可以直接得到的。

6.5　周期轨道族的分岔

本节讨论不规则小行星引力场中周期轨道族的分岔，首先给出一个关于特征乘子运动的引理。

引理 1　对于不规则小行星引力场中的轨道的特征乘子，单位圆上的特征乘子在碰撞以前不会离开单位圆，碰撞点可能为 1，-1 或者 $e^{\pm i\beta}[\beta \in (0,\pi)]$。实轴上的特征乘子在碰撞以前不会离开实轴，其中碰撞点可能为 1，-1 或者 $\operatorname{sgn}(\alpha)e^{\pm\alpha}[\alpha \in \mathbf{R},\ |\alpha| \in (0,1)]$。

证明　记 $\boldsymbol{M}$ 为状态转移矩阵，则若 λ_0 是轨道的特征乘子即 $\boldsymbol{M}$ 的特征值，那么 $1/\lambda_0$，$\bar{\lambda}_0$，$1/\bar{\lambda}_0$ 也是 $\boldsymbol{M}$ 的特征值。记 $q(\lambda)=\det(\boldsymbol{M}-\lambda\boldsymbol{I})$，则 $q(\lambda)$ 为 6 次多项式。假定存在一个单特征乘子 $\lambda_0=e^{i\beta}[\beta \in (0,\pi)]$ 在离开单位圆以前不会与其他特征乘子碰撞，那么 $\lambda_1=\bar{\lambda}_0=e^{-i\beta}[\beta \in (0,\pi)]$ 也在离开单位圆以前不会与其他特征乘子碰撞，特征乘子满足 $\lambda_0=e^{\sigma+i\beta}[\sigma,\beta \in \mathbf{R};\ \sigma>0,\ \beta \in (0,\pi)]$ 或 $\lambda_0=e^{-\sigma+i\beta}[\sigma,\beta \in \mathbf{R};\ \sigma>0,\ \beta \in (0,\pi)]$，倘若 $\lambda_0=e^{\sigma+i\beta}[\sigma,\beta \in \mathbf{R};\ \sigma>0,\ \beta \in (0,\pi)]$，则 $e^{-\sigma+i\beta}$，$e^{\sigma-i\beta}$，$e^{-\sigma-i\beta}[\sigma,\beta \in \mathbf{R};\ \sigma>0,\ \beta \in (0,\pi)]$ 也是 $\boldsymbol{M}$ 的特征值，也就是说，2 个新的特征乘子在无碰撞的情况下产生，于是 6 次多项式 $q(\lambda)$ 具有至少 8 个复根，与代数基本定理矛盾。因此假定错误，我们证明了单位圆上的特征乘子在碰撞以前不会离开单位圆。同理可证，实轴上的特征乘子在碰撞以前不会离开实轴。对于单位圆上的特征乘子来说，碰撞点永远在单位圆上；对于实轴上的特征乘子来说，碰撞点永远在实轴上。

周期轨道的分岔可以用这个引理来分析。

6.5.1　参数变化下周期轨道的存在性与连续性

周期轨道的延拓依赖于参数变化下周期轨道的存在性与连续性。不规则天体势场中的动力系统可以用依赖于参数的以下方程表示

$$\ddot{\boldsymbol{r}}+2\boldsymbol{\omega}(\boldsymbol{\mu}_{\omega})\times\dot{\boldsymbol{r}}+\frac{\partial V(\boldsymbol{\mu},\boldsymbol{r})}{\partial \boldsymbol{r}}=0 \tag{6-7}$$

其中$V(\boldsymbol{\mu},\boldsymbol{r})=-(1/2)[\boldsymbol{\omega}(\boldsymbol{\mu}_{\omega})\times\boldsymbol{r}][\boldsymbol{\omega}(\boldsymbol{\mu}_{\omega})\times\boldsymbol{r}]+U(\boldsymbol{\mu}_U,\boldsymbol{r})$；而$\boldsymbol{\mu}_{\omega}=\boldsymbol{\mu}_{\omega}(t)$，$\boldsymbol{\mu}_U=\boldsymbol{\mu}_U(t)$以及$\boldsymbol{\mu}=\boldsymbol{\mu}(t)=[\boldsymbol{\mu}_{\omega}(t),\boldsymbol{\mu}_U(t)]$是依赖于时间$t$的参数；$\boldsymbol{\mu}_{\omega}=\boldsymbol{\mu}_{\omega}(t)$是依赖于旋转角速度的参数，$\boldsymbol{\mu}_U=\boldsymbol{\mu}_U(t)$是依赖于引力势$U(\boldsymbol{r})$的参数。周期轨道$p\in S_p(T)$依赖于参数$\boldsymbol{\mu}$和Jacobi积分$H$。多种原因可以导致参数$\boldsymbol{\mu}_{\omega}$和$\boldsymbol{\mu}_U$变化，例如YORP效应[3-4]，表面颗粒运动[5-6]，尘埃颗粒的电动与旋转发射[7]，小天体的瓦解[8]，碎石堆小行星的能量碰撞与解体[9]，周期轨道族的延拓[10]等。

YORP效应是太阳光压对于小行星自旋的作用，它导致小行星自旋角速度的大小和方向发生变化[3]，即$\boldsymbol{\mu}_{\omega}$发生变化。例如引起小行星(54509)2000 PH5自旋角速度以$(2.0\pm0.2)\times10^{-4}(°)/\mathrm{d}^2$的速度变化。而表面颗粒运动[5，6]，尘埃颗粒的电动与旋转发射[7]，小天体的瓦解[8]和碎石堆小行星的能量碰撞与解体[9]引起参数$\boldsymbol{\mu}_{\omega}$和$\boldsymbol{\mu}_U$同步变化。周期轨道族的延拓[2，10，11]导致参数$\boldsymbol{\mu}_U$变化。

表面颗粒运动以及尘埃颗粒的电动与旋转发射引起参数$\boldsymbol{\mu}_{\omega}$和$\boldsymbol{\mu}_U$的微小变化，太阳光压与行星引力对小天体表面颗粒的作用导致颗粒在小天体表面运动及小天体质量分布的变化，太阳光压引起的表面带电荷颗粒的风车效应主要在彗核表面发生。小行星的瓦解和碎石堆小行星的能量碰撞与解体会引起参数$\boldsymbol{\mu}_{\omega}$和$\boldsymbol{\mu}_U$大幅度变化，例如主带小行星P/2013 R3的瓦解产生了不少于10个的可观测碎片及一个彗尾状的尘埃云，小行星的旋转速度和形状发生突变[9]。

下面的定理涉及到参数变化下周期轨道的存在性与连续性。

定理 2 属于拓扑情形P1，P2，P3，P4，PK1，PDRS1，PPD2，PPD3或PPD4的周期轨道在参数变化下是连续存在的。换句话说，如若一个周期轨道$p_0\in S_p(T)$属于以上提及到的某一个拓扑类型且对应参数$(\boldsymbol{\mu}_0,H_0)$，则存在$(\boldsymbol{\mu}_0,H_0)$的开邻域，记为$G_N(\boldsymbol{\mu}_0,H_0)$，满足$\forall(\boldsymbol{\mu}_1,H_1)\in G_N(\boldsymbol{\mu}_0,H_0)$，存在一个周期

轨道 $p_1 \in S_p(T+\Delta T)$ 具有参数$(\boldsymbol{\mu}_1, H_1) \in G_N(\boldsymbol{\mu}_0, H_0)$。

证明　对于上面提到的拓扑类型，周期轨道 $p_0 \in S_p(T)$ 只有2个特征乘子等于1。考虑Poincaré截面，与 $H=H_0$ 和周期轨道 $p_0 \in S_p(T)$ 相截，记 Poincaré 映射为 $P(\cdot)$，则截面为 4 维超曲面，$\dfrac{\partial P(\cdot)}{\partial z}$ 的特征值是轨道的特征乘子，这四个特征乘子记为 $\lambda_j(j=3, 4, 5, 6; \lambda_j \neq 1)$。应用隐函数定理于 Poincaré 映射，则对于任意的$(\boldsymbol{\mu}_1, H_1) \in G_N(\boldsymbol{\mu}_0, H_0)$，存在一个周期轨道 $p_1 \in S_p(T+\Delta T)$。因此，周期轨道在参数变化下是连续存在的。

定理 2 给出了参数变化下周期轨道连续存在的条件。

不规则小天体引力场中周期轨道的分岔包括切分岔、倍周期分岔、Neimark - Sacker 分岔和实鞍分岔。切分岔发生于特征乘子通过 1 时，此时特征乘子 1 的重数是 4 或者 6。倍周期分岔发生于特征乘子通过－1 时，此时特征乘子－1 的重数是 4 或者 6。Neimark - Sacker 分岔发生于轨道具有 2 个相等的在单位圆上（不包括 1 和－1）的特征乘子时，特征乘子为 $e^{i\beta}[\beta \in (0, \pi)]$ 和 $e^{-i\beta}[\beta \in (0, \pi)]$。

记 P 为 Poincaré 截面，则 $\dim P=4$。在流形 $H=c$ 上，记 $Q_0=(0, 0, 0, 0)$ 为周期轨道 $p_0 \in S_p(T)$ 与Poincaré截面 P 相交的点。则周期轨道 p_0 的渐近稳定流形 $W^s(p_0)$ 与渐近不稳定流形 $W^u(p_0)$ 可以表示为 $W^u(p_0)=\{p: \boldsymbol{f}(t, p) \rightarrow p_0, t \rightarrow +\infty\}$ 和 $W^s(p_0)=\{p: \boldsymbol{f}(t, p) \rightarrow p_0, t \rightarrow -\infty\}$。不变流形 $W^s(Q_0)$ 和 $W^u(Q_0)$ 满足 $W^s(Q_0)=W^s(p_0) \cap P$ 和 $W^u(Q_0)=W^u(p_0) \cap P$，分别是不动点 Q_0 的渐近稳定流形与渐近不稳定流形。

令 $Q_1=g(Q_0)$ 是周期轨道 $p \in S_p(T)$ 在时间 t_0 之后首次与截面 P 相交的点，满足 $Q_1=Q_0$。则若周期 T 的轨道在旋转天体 k 圈以后是周期的，则我们有 $g(Q_0)=P^k(Q_0)$。

6.5.2　倍周期分岔：Mobius 带与 Klein 瓶

令 P 为一个 Poincaré 截面，下面的定理给出了不规则天体引力场中无质量质点周期轨道在参数变化下出现倍周期分岔的一个条件。

定理 3 记 $Q_0=(0, 0, 0, 0)$ 为周期轨道 $p\in S_p(T)$ 相对 Poincaré 截面 P 在时刻 t_0 的相截点。令 $Q_1=g(Q_0)$ 是周期轨道 $p\in S_p(T)$ 在时间 t_0 之后首次与截面 P 相交的点，满足 $Q_1=Q_0$。函数 $g(Q)$ 满足条件 $Q_0=g(Q_0)$。周期轨道 $p\in S_p(T)$ 具有特征乘子形如 1 和 -1，且无其他特征乘子。$\left.\dfrac{\mathrm{d}^3 g[g(Q)]}{\mathrm{d}Q^3}\right|_{Q=Q_0}\neq 0$。令 $g(\mu, Q)$ 为一个以 μ 为参数的函数，满足条件：

1) $\begin{cases} g(\mu, Q_0)=g(Q_0)=Q_0 \\ g(0, Q)=g(Q) \end{cases}$

2) $\left.\dfrac{\partial g(\mu, Q)}{\partial Q}\right|_{Q=Q_0}=(1+\mu)\boldsymbol{J}_{4\times 4}$

其中 $\boldsymbol{J}_{4\times 4}=\mathrm{diag}(1, 1, -1, -1)$ 或 $\boldsymbol{J}_{4\times 4}=\mathrm{diag}(-1, -1, -1, -1)$ 是 4×4 对角矩阵。

则存在一个关于 $(0, Q_0)$ 的开邻域，记为 G，满足对任意的 $(\mu, Q)\in G$，倘若 $\mu\left\{\left.\dfrac{\mathrm{d}^3 g[g(Q)]}{\mathrm{d}Q^3}\right|_{Q=Q_0}\right\}>0$，则不存在最小周期为 $2T$ 的周期轨道；倘若 $\mu\left\{\left.\dfrac{\mathrm{d}^3 g[g(Q)]}{\mathrm{d}Q^3}\right|_{Q=Q_0}\right\}<0$，则对于任意的 $(\mu, Q)\in G$，存在唯一的周期轨道具有周期 $2T$，记为 $p^*\in S_p(2T)$，对应的 $(\mu^*, Q^*)\in G$。此外，周期 $2T$ 的轨道 p^* 是稳定的倘若周期轨道 $p\in S_p(T)$ 是稳定的，周期 $2T$ 的轨道 p^* 是不稳定的倘若周期轨道 $p\in S_p(T)$ 是不稳定的。

证明 此处我们仅证明拓扑类型属于情形 PPD1 和情形 PPD2，对其他情况，考虑限制在子流形 $W^d(\boldsymbol{S})\oplus W^e(\boldsymbol{S})$ 上，就可得到结论。

周期 $2T$ 的轨道满足

$$g\circ g(\mu, Q)=g[\mu, g(Q)]=Q \tag{6-8}$$

其中 $Q=Q_0$ 是方程(6-8)的一个根，具有周期 T。$g\circ g(\mu, Q)$ 的导数具有形式

$$\begin{cases}[g \circ g(\mu, Q)]' = g'[\mu, g(\mu, Q)]g'(\mu, Q) \\ [g \circ g(\mu, Q)]'' = g''[\mu, g(\mu, Q)][g'(\mu, Q)]^2 \\ \qquad + g'[\mu, g(\mu, Q)]g''(\mu, Q)\end{cases} \tag{6-9}$$

拓扑类型属于情形 PPD1 或者情形 PPD2 推出

$$\begin{cases}[g \circ g(0, Q_0)]' = [g \circ g(Q_0)]' = 1 \\ [g \circ g(0, Q_0)]'' = [g \circ g(Q_0)]'' = 0\end{cases} \tag{6-10}$$

$g \circ g(\mu, Q)$ 的 Taylor 展开为

$$g \circ g(\mu, Q) = (1+\mu)^2(Q-Q_0) + \frac{a_2(\mu)}{2}(Q-Q_0)^2 + \frac{a_3(\mu)}{6}(Q-Q_0)^3 + \cdots \tag{6-11}$$

其中 $a_2(0)=0$，$a_3(0)=[g \circ g(Q_0)]''' \neq 0$。

考虑表达式

$$\frac{g \circ g(\mu, Q) - (Q-Q_0)}{Q-Q_0} = \mu(\mu+2) + \frac{a_2(\mu)}{2}(Q-Q_0) + \frac{a_3(\mu)}{6}(Q-Q_0)^2 + \cdots \tag{6-12}$$

如果 $\mu\left\{\left.\frac{\mathrm{d}^3 g[g(Q)]}{\mathrm{d}Q^3}\right|_{Q=Q_0}\right\} > 0$，$\mu(\mu+2)$ 和 $a_3(\mu)$ 具有相同的符号。方程(6-12)无解，意味着对于参数 $(\mu, Q) \in G$ 来说不存在周期为 $2T$ 的周期轨道。

如果 $\mu\left\{\left.\frac{\mathrm{d}^3 g[g(Q)]}{\mathrm{d}Q^3}\right|_{Q=Q_0}\right\} < 0$，$\mu(\mu+2)$ 和 $a_3(\mu)$ 具有不同的符号。则方程 $\mu(\mu+2) + \frac{a_2(\mu)}{2}(Q-Q_0) + \frac{a_3(\mu)}{6}(Q-Q_0)^2 = 0$ 有 2 个根，对应于一个周期为 $2T$ 的轨道 $[Q^*, g(\mu^*, Q^*)]$。此外，$g \circ g(\mu, Q) - Q = 0$ 有 3 个解，分别为 Q_0，Q^* 和 $g(\mu^*, Q^*)$。

定理条件说明 T 不是该周期轨道的周期。如果 $\mu > 0$，则 $p \in S_p(T)$ 稳定，如果 $(1+\mu)^2 < 1$，则 $g \circ g(\mu, Q) - Q$ 的斜率小于 0，于是周期为 $2T$ 的周期轨道是稳定的。类似地，如果 $\mu < 0$，则

$p \in S_p(T)$ 是不稳定的，周期为 $2T$ 的周期轨道是不稳定的。

评论 1 假定周期为 $2T$ 的周期轨道存在，则如果周期为 T 的轨道是在绕小行星 k 圈以后为周期的，则周期为 $2T$ 的周期轨道是绕小行星 $2k$ 圈以后为周期的。

评论 2 当特征乘子穿过 -1 时，将导致倍周期分岔的产生。例如对于情形 PPD1 来说，倍周期分岔包括情形 P5→情形 PPD1→情形 P6、情形 PD2→情形 PPD1→情形 PD4、情形 PD2→情形 PPD1→情形 PD3 和情形 PPD3→情形 PPD1→情形 PPD4。图 6－2a 给出了情形 P2→情形 PPD3→情形 P4 对应的倍周期分岔产生过程，该过程会有 Mobius 带产生[2]。

记 $\lambda_1 = -1$ 为周期轨道 p_0 的一个特征乘子，记 $W^c(\boldsymbol{S})|_{\lambda_1}$ 为流形 $W^c(\boldsymbol{S})$ 被 λ_1 限制后的子流形。则 $\dim W^c(\boldsymbol{S})|_{\lambda_1} = 1$。记流形 $W^{(c)}(p_0)|_{\lambda_1}$ 为 $\dim W^c(\boldsymbol{S})|_{\lambda_1} = 1$ 衍生出使得周期轨道 p_0 从一个点变为一条 Jordan 曲线并使得 $W^{(c)}(p_0)|_{\lambda_1}$ 的维数变为 2。记 P_r 为投影平面，M_o 为 Mobius 带，∂ 为取边界算子，记 λ_1^{-1} 对应的流形为 $W^{(c)}(p_0)|_{\lambda_1^{-1}}$。

推论 1 流形 $W^{(c)}(p_0)|_{\lambda_1}$ 和 $W^{(c)}(p_0)|_{\lambda_1^{-1}}$ 都是 Mobius 带。这 2 个 Mobius 带满足 $W^{(c)}(p_0)|_{\lambda_1} \simeq W^{(c)}(p_0)|_{\lambda_1^{-1}} \simeq M_o$ 和 $\dim W^{(c)}(p_0)|_{\lambda_1} = \dim W^{(c)}(p_0)|_{\lambda_1^{-1}} = 2$。此外，流形 $W^{(u)}(p_0)|_{\lambda_1} \oplus W^{(s)}(p_0)|_{\lambda_1^{-1}}$ 的边界是一个 Klein 瓶，满足 $\partial[W^{(u)}(p_0)|_{\lambda_1} \oplus W^{(s)}(p_0)|_{\lambda_1^{-1}}] = 2P_r^2$ 和 $\dim[W^{(u)}(p_0)|_{\lambda_1} \oplus W^{(s)}(p_0)|_{\lambda_1^{-1}}] = 3$。

6.5.3 切分岔

切分岔发生于特征乘子在复平面上通过点（1，0）的时候。下面的定理给出了不规则天体引力场中无质量质点周期轨道在参数变化下出现切分岔的一个条件。

定理 4 考虑不规则天体引力场中无质量质点的运动。记 $Q_0 = (0, 0, 0, 0)$ 为周期轨道 $p \in S_p(T)$ 相对 Poincaré 截面 P 在时刻 t_0 的相截点。令 $Q_1 = g(Q_0)$ 是周期轨道 $p \in S_p(T)$ 在时间 t_0 之后首次

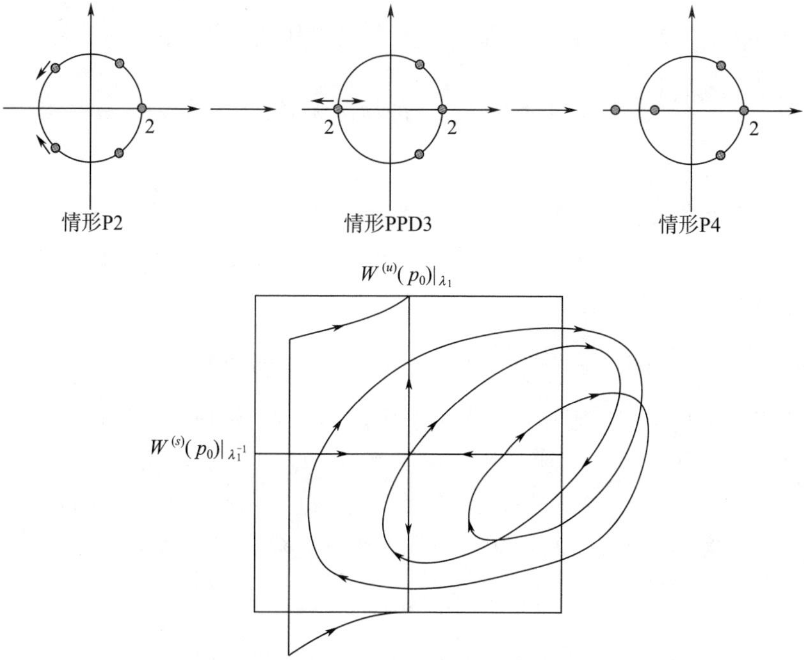

图 6-2a　情形 P2→情形 PPD3→情形 P4 对应的倍周期分岔产生过程及对应的 Mobius 带

与截面 P 相交的点，满足 $Q_1=Q_0$。函数 $g(Q)$ 满足条件 $Q_0=g(Q_0)$。周期轨道 $p\in S_p(T)$ 具有 m 个特征乘子等于 1，$m=4$ 或 6。令 $g(\mu, Q)$ 为一个以 μ 为参数的函数，满足条件：

1) $\begin{cases} g(\mu, Q_0)=g(Q_0)=Q_0 \\ g(0, Q)=g(Q) \end{cases}$；

2) $\left.\dfrac{\partial g(\mu, Q)}{\partial \mu}\right|_{\mu=0, Q=Q_0}\neq 0$；

3) $\left.\dfrac{\partial g(\mu, Q)}{\partial Q}\right|_{Q=Q_0}=(1+\mu)\boldsymbol{I}_{4\times4}$，其中 $\boldsymbol{I}_{4\times4}$ 是 4×4 单位矩阵。

则存在一个关于 $(0, Q_0)$ 的开邻域，记为 G，满足对任意的 $(\mu, Q)\in G$，倘若 $\dfrac{\partial g(\mu, Q)}{\partial \mu}\cdot\dfrac{\partial^2 g(\mu, Q)}{\partial Q^2}<0$，则对于 $\mu<0$ 的情况无

周期轨道，对于 $\mu>0$ 的情况有两条周期轨道；倘若 $\frac{\partial g(\mu, Q)}{\partial \mu}\cdot\frac{\partial^2 g(\mu, Q)}{\partial Q^2}>0$，则对于 $\mu>0$ 的情况无周期轨道，对于 $\mu<0$ 的情况有两条周期轨道。

证明　周期轨道是 Poincaré 截面 P 上的一个不动点。记 $\delta(\mu, Q)=g(\mu, Q)-Q$，则 $\delta(\mu, Q)=0$ 成立当且仅当 Q 是函数 $g(\mu, Q)$ 的不动点，并有

$$\frac{\partial \delta(0, Q_0)}{\partial \mu}=\left.\frac{\partial \delta(\mu, Q)}{\partial \mu}\right|_{\mu=0,\ Q=Q_0}=\left.\frac{\partial g(\mu, Q)}{\partial \mu}\right|_{\mu=0,\ Q=Q_0}\neq 0$$

使用隐函数定理，则存在一个关于 $(0, Q_0)$ 的开邻域，记为 G，存在定义于 G 上的函数 p 满足对于任意的 $(\mu, Q)\in G$，$\delta(\mu, Q)=0$ 蕴含着 $\mu=p(Q)$，$\mu=p(Q)$ 蕴含着 $\delta(\mu, Q)=0$。显然 $0=p(Q_0)$。

考虑函数 $\delta(p(Q), Q)=0$ 取值于 $(\mu, Q)=(0, Q_0)$，有

$$\left[\left.\frac{\partial \delta(\mu, Q)}{\partial \mu}\right|_{\mu=0,\ Q=Q_0}\right]\cdot\left[p'(Q)\,|_{Q=Q_0}\right]+\left[\left.\frac{\partial \delta(\mu, Q)}{\partial Q}\right|_{\mu=0,\ Q=Q_0}\right]=0$$

使用定理条件推出 $\left.\frac{\partial \delta(\mu, Q)}{\partial \mu}\right|_{\mu=0,\ Q=Q_0}=\left.\frac{\partial g(\mu, Q)}{\partial \mu}\right|_{\mu=0,\ Q=Q_0}\neq 0$ 和 $\left.\frac{\partial \delta(\mu, Q)}{\partial Q}\right|_{\mu=0,\ Q=Q_0}=\left.\frac{\partial g(\mu, Q)}{\partial Q}\right|_{\mu=0,\ Q=Q_0}-1=0$。因此 $p'(Q)\,|_{Q=Q_0}=0$。

此外，

$$\left.\frac{\partial^2 g(\mu, Q)}{\partial Q^2}\right|_{\mu=0,\ Q=Q_0}+\left[\left.\frac{\partial^2 g(\mu, Q)}{\partial \mu^2}\right|_{\mu=0,\ Q=Q_0}+\left.\frac{\partial^2 g(\mu, Q)}{\partial \mu\,\partial Q}\right|_{\mu=0,\ Q=Q_0}\right]p'(Q)\,|_{Q=Q_0}+\left[\left.\frac{\partial g(\mu, Q)}{\partial \mu}\right|_{\mu=0,\ Q=Q_0}\right]p''(Q)\,|_{Q=Q_0}=0$$

因而

$$p''(Q)\,|_{Q=Q_0}=-\frac{\left.\frac{\partial^2 g(\mu, Q)}{\partial Q^2}\right|_{\mu=0,\ Q=Q_0}}{\left.\frac{\partial g(\mu, Q)}{\partial \mu}\right|_{\mu=0,\ Q=Q_0}}$$

考虑 $0=p(Q_0)$，使用 Taylor 展开

$$\mu = p''(Q)\,\frac{Q^2}{2} = -\left(\frac{\dfrac{\partial^2 g(\mu,\ Q)}{\partial Q^2}}{\dfrac{\partial g(\mu,\ Q)}{\partial \mu}}\right)\frac{Q^2}{2}$$

于是，如果$\begin{cases}\mu<0\\ \dfrac{\partial g(\mu,\ Q)}{\partial \mu}\cdot\dfrac{\partial^2 g(\mu,\ Q)}{\partial Q^2}<0\end{cases}$或者$\begin{cases}\mu>0\\ \dfrac{\partial g(\mu,\ Q)}{\partial \mu}\cdot\dfrac{\partial^2 g(\mu,\ Q)}{\partial Q^2}>0\end{cases}$，则上述方程无解，因此无周期轨道。如果$\begin{cases}\mu>0\\ \dfrac{\partial g(\mu,\ Q)}{\partial \mu}\cdot\dfrac{\partial^2 g(\mu,\ Q)}{\partial Q^2}<0\end{cases}$或者$\begin{cases}\mu>0\\ \dfrac{\partial g(\mu,\ Q)}{\partial \mu}\cdot\dfrac{\partial^2 g(\mu,\ Q)}{\partial Q^2}<0\end{cases}$，则上述方程有 2 个解，对应有 2 条周期轨道。

切分岔附近的运动在参数变化下是初值敏感的。

评论 3　当特征乘子穿过 1 时，将导致切分岔的产生。例如对于情形 P5 来说，切分岔包括情形 P2→情形 P5→情形 P4 和情形 P4→情形 P5→情形 P2。图 6-2b 给出了情形 P2→情形 P4→情形 P3 对应的切分岔产生过程。

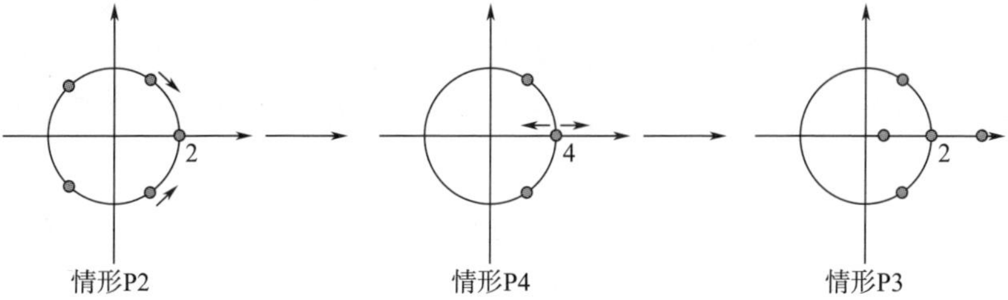

图 6-2b　情形 P2→情形 P4→情形 P3 对应的切分岔产生过程

6.5.4　Krein 碰撞与 Neimark-Sacker 分岔

下面的定理给出了不规则天体引力场中无质量质点周期轨道在参数变化下出现 Neimark-Sacker 分岔的一个条件。该分岔出现当且仅当 Krein 碰撞发生。

定理 5 考虑不规则天体引力场中无质量质点的运动，记 $Q_0 = (0, 0, 0, 0)$ 为周期轨道 $p \in S_p(T)$ 相对 Poincaré 截面 P 在时刻 t_0 的相截点。令 $Q_1 = g(Q_0)$ 是周期轨道 $p \in S_p(T)$ 在时间 t_0 之后首次与截面 P 相交的点，满足 $Q_1 = Q_0$。函数 $g(Q)$ 满足条件 $Q_0 = g(Q_0)$。周期轨道 $p \in S_p(T)$ 具有特征乘子形如 1、$e^{i\beta}[\beta \in (0, \pi)]$ 和 $e^{-i\beta}[\beta \in (0, \pi)]$，单位圆上非 1 的特征乘子的重数为 2；$\forall k \in \mathbf{N}$，$e^{ik\beta}[\beta \in (0, \pi)] \neq 1$。

令 $g(\mu, Q)$ 为一个以 μ 为参数的函数，满足条件：

1) $\begin{cases} g(\mu, Q_0) = g(Q_0) = Q_0 \\ g(0, Q) = g(Q) \end{cases}$；

2) $\left.\dfrac{\partial g(\mu, Q)}{\partial \mu}\right|_{\mu=0,\ Q=Q_0} \neq 0$；

3) $\left.\dfrac{\partial g(\mu, Q)}{\partial Q}\right|_{Q=Q_0} = (1+\mu)\boldsymbol{K}_{4\times4}$；其中 $\boldsymbol{K}_{4\times4} = \mathrm{diag}(e^{i\beta}, e^{i\beta}, e^{-i\beta}, e^{-i\beta})$ 是 4×4 对角矩阵，$\beta \in (0, \pi)$。

则有

1) 对于任意的 $(0, Q_1) \in G$，存在 $(\mu_1, 0) \in G$ 和一个函数 p 满足 $\mu_1 = p(Q_1)$ 并对应于一个周期轨道；对于任意的 $(\mu_1, 0) \in G$，存在 $(0, Q_1) \in G$ 和一个函数 p 满足 $\mu_1 = p(Q_1)$ 并对应于一个周期轨道。

2) 存在的一个关于 $(0, Q_0)$ 的开邻域，记为 G，满足对任意的 $(\mu, Q) \in G$，下面条件之一成立：a) 对应于一个不稳定的轨道；b) $g(\mu, Q)$ 对应于一个稳定的拟周期运动，拟周期轨道在 Poincaré 截面上的截点处于一个 2 维环面 T^2 上；c) $g(\mu, Q)$ 对应于一个不稳定的碰撞的拟周期轨道，拟周期轨道在 Poincaré 截面上的截点处于一个 1 维环面 T^1 上。

证明 定理条件意味着对应于轨道 $g(\mu, Q)$ 的单值矩阵的特征值和单值矩阵 $\boldsymbol{M}$ 的特征值不同，其中 $\boldsymbol{M}$ 是周期轨道 $p \in S_p(T)$ 的单值矩阵。

周期轨道是 Poincaré 截面 P 上的一个不动点。记 $\delta(\mu, Q)=g(\mu, Q)-Q$，则 $\delta(0, Q_0)=0$，$\delta(\mu, Q)=0$ 成立当且仅当 Q 是函数 $g(\mu, Q)$ 的不动点，并有

$$\frac{\partial \delta(0, Q_0)}{\partial \mu}=\left.\frac{\partial \delta(\mu, Q)}{\partial \mu}\right|_{\mu=0, Q=Q_0}=\left.\frac{\partial g(\mu, Q)}{\partial \mu}\right|_{\mu=0, Q=Q_0}\neq 0$$

使用隐函数定理，则存在一个关于 $(0, Q_0)$ 的开邻域，记为 G，存在定义于 G 上的函数 p 满足对于任意的 $(\mu, Q)\in G$，$\delta(\mu, Q)=0\Leftrightarrow\mu=p(Q)$。

此外，对于任意的 $(0, Q_1)\in G$，存在 $(\mu_1, 0)\in G$ 和一个函数 p 使得 $\mu_1=p(Q_1)$ 并对应于一个周期轨道；对于任意的 $(\mu_1, 0)\in G$，存在 $(0, Q_1)\in G$ 和一个函数 p 使得 $\mu_1=p(Q_1)$ 并对应于一个周期轨道。得到结论的第一部分。

考虑轨道在复平面上的 6 个特征乘子的拓扑类型。如果至少有 2 个特征乘子不在单位圆上，则 $g(\mu, Q)$ 对应于一个不稳定的轨道。如果所有的特征乘子都在单位圆上并且特征乘子具有形式 $(1, 1, e^{i\beta}, e^{i\beta}, e^{-i\beta}, e^{-i\beta})[\beta\in(0, \pi)]$，那么拟周期轨道在 Poincaré 截面的相截的点在一个 1 维的环面 T^1 上，$g(\mu, Q)$ 对应于一个不稳定的碰撞的拟周期轨道。此外，如果所有的特征乘子在单位圆上并且特征乘子具有形式 $(1, 1, e^{i\beta_1}, e^{i\beta_2}, e^{-i\beta_1}, e^{-i\beta_2})[\beta_1, \beta_2\in(0, \pi)]$，则拟周期轨道在 Poincaré 截面的相截的点在一个 2 维的环面 T^2 上，$g(\mu, Q)$ 对应于一个稳定的拟周期轨道。得到结论的第二部分。

评论 4　当特征乘子穿过单位圆上的点（不包括 1 与 −1）时，将发生 Krein 碰撞并导致 Neimark - Sacker 分岔的产生。例如对于情形 PK1 来说，Neimark - Sacker 分岔包括情形 P2→情形 PK1→情形 P1 和情形 P1→情形 PK1→情形 P2。图 6 - 2c 给出了情形 P2→情形 PK1→情形 P1 对应的 Neimark - Sacker 分岔产生过程。

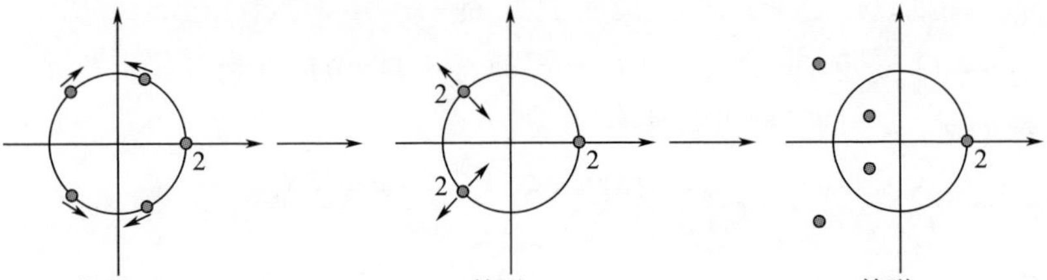

图 6-2c　情形 P2→情形 PK1→情形 P1 对应的 Krein 碰撞与 Neimark-Sacker 分岔产生过程

6.5.5　实鞍分岔

下面的定理给出了不规则天体引力场中无质量质点周期轨道在参数变化下出现实鞍分岔的一个条件。实鞍分岔附近，参数变化下可能有两种类型的运动，分别是实鞍运动和复鞍运动。

定理 6　考虑不规则天体引力场中无质量质点的运动，记 $Q_0=(0,\ 0,\ 0,\ 0)$ 为周期轨道 $p\in S_p(T)$ 相对 Poincaré 截面 P 在时刻 t_0 的相截点。令 $Q_1=g(Q_0)$ 是周期轨道 $p\in S_p(T)$ 在时间 t_0 之后首次与截面 P 相交的点，满足 $Q_1=Q_0$。函数 $g(Q)$ 满足条件 $Q_0=g(Q_0)$。周期轨道 $p\in S_p(T)$ 具有特征乘子形如 1，$\mathrm{sgn}(\alpha_j)\mathrm{e}^{\alpha_j}$ $[\alpha_j\in\mathbf{R},\ |\alpha_j|\in(0,\ 1),\ j=1]$ 和 $\mathrm{sgn}(\alpha_j)\mathrm{e}^{-\alpha_j}$ $[\alpha_j\in\mathbf{R},\ |\alpha_j|\in(0,\ 1),\ j=1]$，其中 $\mathrm{sgn}(\alpha)=\begin{cases}1 & (\text{if } \alpha>0)\\ -1 & (\text{if } \alpha<0)\end{cases}$ 且实轴上特征乘子的重数为 2。

令 $g(\mu,\ Q)$ 为一个以 μ 为参数的函数，满足条件：

1) $\begin{cases}g(\mu,\ Q_0)=g(Q_0)=Q_0\\ g(0,\ Q)=g(Q)\end{cases}$；

2) $\left.\dfrac{\partial g(\mu,\ Q)}{\partial \mu}\right|_{\mu=0,\ Q=Q_0}\neq 0$；

3) $\left.\dfrac{\partial g(\mu,\ Q)}{\partial Q}\right|_{Q=Q_0}=(1+\mu)\boldsymbol{K}_{4\times 4}$；　其中 $\boldsymbol{K}_{4\times 4}=$

$\mathrm{diag}[\mathrm{sgn}(\alpha_j)e^{\alpha j}, \mathrm{sgn}(\alpha_j)e^{\alpha j}, \mathrm{sgn}(\alpha_j)e^{-\alpha j}, \mathrm{sgn}(\alpha_j)e^{-\alpha j}]$是 4×4 对角矩阵，其中 $|\alpha_j|\in(0, 1)$。

则有

1) 对于任意的$(0, Q_1)\in G$，存在$(\mu_1, 0)\in G$和一个函数p满足$\mu_1=p(Q_1)$并对应于一个不稳定的周期轨道；对于任意的$(\mu_1, 0)\in G$，存在$(0, Q_1)\in G$和一个函数p满足$\mu_1=p(Q_1)$并对应于一个不稳定的周期轨道。

2) 存在的一个关于$(0, Q_0)$的开邻域，记为G，满足对任意的$(\mu, Q)\in G$，下面条件之一成立：a) 子流形的拓扑结构为$(\boldsymbol{S}, \Omega)\simeq \boldsymbol{W}^e(\boldsymbol{S})\oplus\widetilde{\boldsymbol{W}}^s(\boldsymbol{S})\oplus\widetilde{\boldsymbol{W}}^u(\boldsymbol{S})$，维数满足 $\dim\boldsymbol{W}^e(\boldsymbol{S})=\dim\widetilde{\boldsymbol{W}}^s(\boldsymbol{S})=\dim\widetilde{\boldsymbol{W}}^u(\boldsymbol{S})=2$；b) 子流形的拓扑结构为$(\boldsymbol{S}, \Omega)\simeq \boldsymbol{W}^e(\boldsymbol{S})\oplus\overline{\boldsymbol{W}}^s(\boldsymbol{S})\oplus\overline{\boldsymbol{W}}^u(\boldsymbol{S})$，维数满足 $\dim\boldsymbol{W}^e(\boldsymbol{S})=\dim\overline{\boldsymbol{W}}^s(\boldsymbol{S})=\dim\overline{\boldsymbol{W}}^u(\boldsymbol{S})=2$。

评论 5　当特征乘子穿过实轴上的点（不包括 1 与 −1）时，将导致实鞍分岔的产生。例如对于情形 PDRS1 来说，实鞍分岔包括情形 P1→情形 PDRS1→情形 P3 和情形 P3→情形 PDRS1→情形 P1。图 6-2d 给出了情形 P1→情形 PDRS1→ 情形 P3 对应的实鞍分岔产生过程。

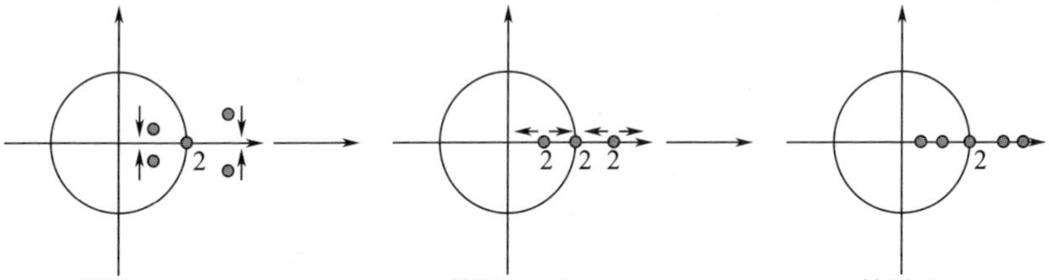

图 6-2d　情形 P1→情形 PDRS1→情形 P3 对应的实鞍分岔产生过程

6.6　小行星引力场中的大范围周期轨道应用与分析

本节将上述理论[2,16,17]应用到小行星（6489）Golevka 中。小行星的物理模型通过多项式模型[12,13]由雷达数据[14,15]建立。

6.6.1 小行星（6489）Golevka 引力场中的大范围周期轨道

图 6－3 和 6－4 给出了小行星（6489）Golevka 附近的 2 条周期轨道及其对应的拓扑分类。属于同一拓扑类型的周期轨道有无穷多条，取其中一条作为代表，研究其拓扑性质即可知道该类型的所有周期轨道的拓扑性质。图 6－3 的周期轨道属于情形 P4，而图 6－4 中的周期轨道属于情形 P5。从图中可见，两条轨道的几何外形类似，但却属于不同的拓扑情形，这说明属于不同拓扑类型的周期轨道可能具有类似的几何外形，周期轨道的拓扑性质是比其几何外形更本质的特性。周期轨道有无穷多种形状，然而其拓扑类型的数量

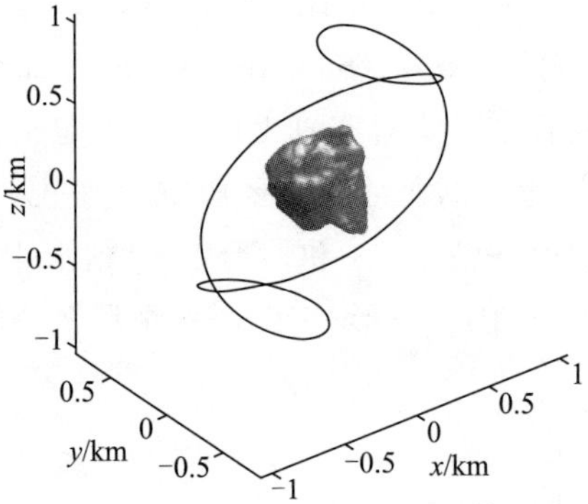

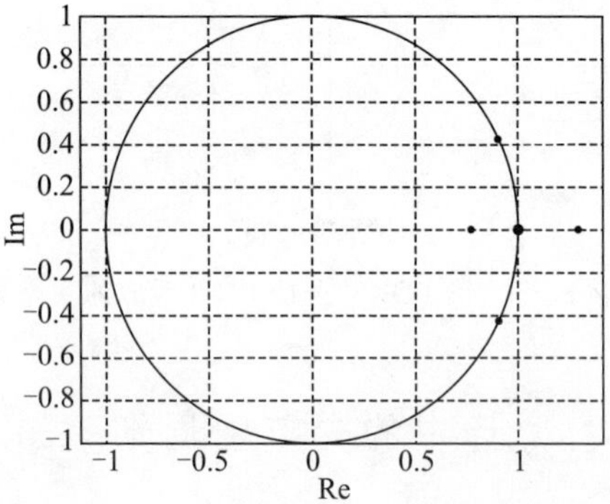

图 6－3 小行星（6489）Golevka 附近的一条属于情形 P4 的周期轨道及其对应的特征乘子

仅有 13 种，即 7 种纯周期情形，1 种周期兼碰撞情形，1 种周期兼退化实鞍情形和 4 种周期兼倍周期情形。此外，从（6489）Golevka 的北极来看，这 2 条周期轨道上的质点都旋转了 3 圈才返回。

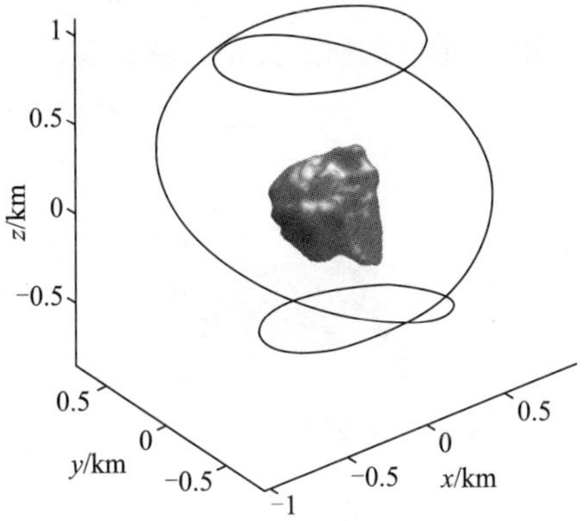

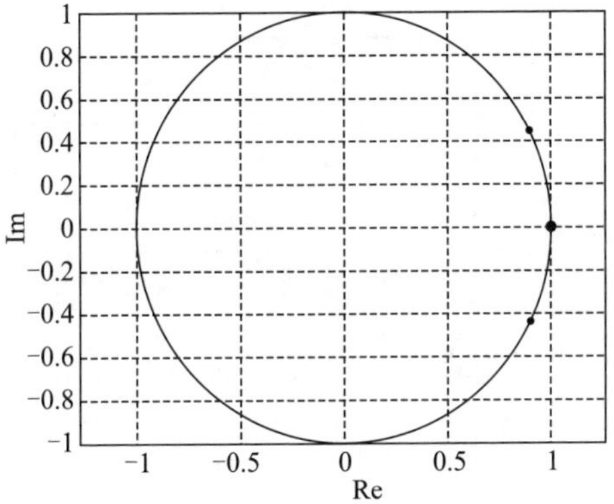

图 6－4　小行星（6489）Golevka 附近的一条属于情形 P5 的周期轨道及其对应的特征乘子

6.6.2　小行星（243）Ida 引力场中的大范围周期轨道

小行星（243）Ida[18-22] 的密度为 $2.6\ g \cdot cm^{-3}$[20]，其旋转周期为 4.63 h，而外形尺寸为 53.6 km×24.0 km×15.2 km。图 6－5 和 6－6 给出了小行星（243）Ida 附近的 2 条周期轨道及其对应的拓扑分类。

图 6-5 的周期轨道属于情形 P2，而图 6-6 中的周期轨道属于情形 P4。从图中可见，图 6-5 中的周期轨道是稳定的，而图 6-6 中的周期轨道是不稳定的。此外，图 6-3 和图 6-6 同属于情形 P4，但是处在单位圆上的非 1 的特征乘子的象限不同。此外，从（243）Ida 的北极来看，这 2 条周期轨道上的质点分别旋转 2 圈和 4 圈才返回。

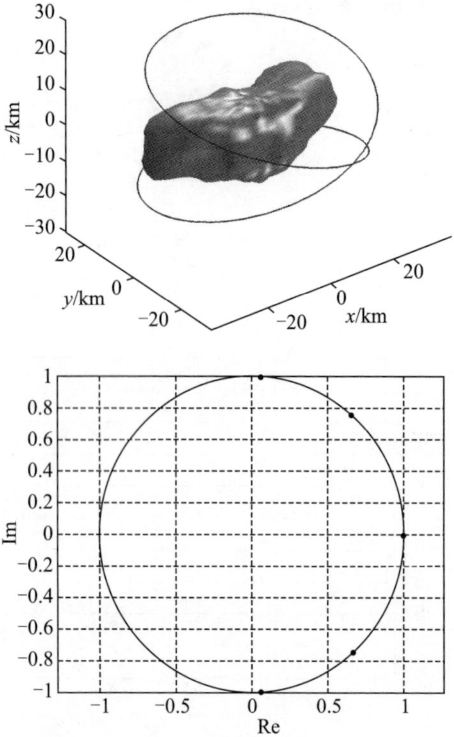

图 6-5　小行星（243）Ida 附近的一条属于情形 P2 的周期轨道及其对应的特征乘子

6.6.3　小行星（216）Kleopatra 引力场中的大范围周期轨道的分岔

小行星（216）Kleopatra 的密度取为 3.6 g · cm^{-3}[23]。计算并寻找该小行星引力场中大范围周期轨道的分岔。本节 Jacobi 积分的单位均为$10^3\ m^2s^{-2}$。

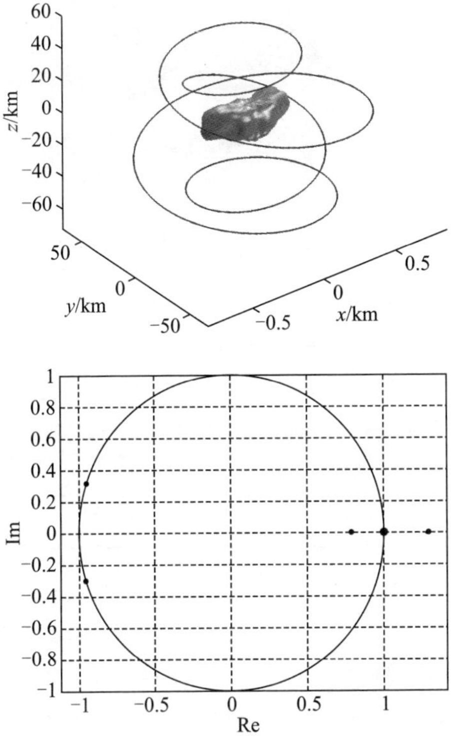

图 6－6　小行星（243）Ida 附近的一条属于情形 P4 的周期轨道及其对应的特征乘子

（1）小行星（216）Kleopatra 引力场中的大范围周期轨道的倍周期分岔

图 6－7 给出了小行星（216）Kleopatra 引力场中的大范围周期轨道在参数变化下的倍周期分岔，变化的参数为 Jacobi 积分。当参数变化时，周期轨道也发生变化，包括其位置、速度、特征乘子的取值，都发生变化。图中给出了延拓过程中的若干条周期轨道，对应的 Jacobi 积分从 0.3135 变为 1.0635。图 6－7b 给出了该周期轨道族在参数变化下的特征乘子的运动，对应为倍周期分岔，周期轨道的拓扑类型变化为情形 P3→情形 PPD3→情形 P4。

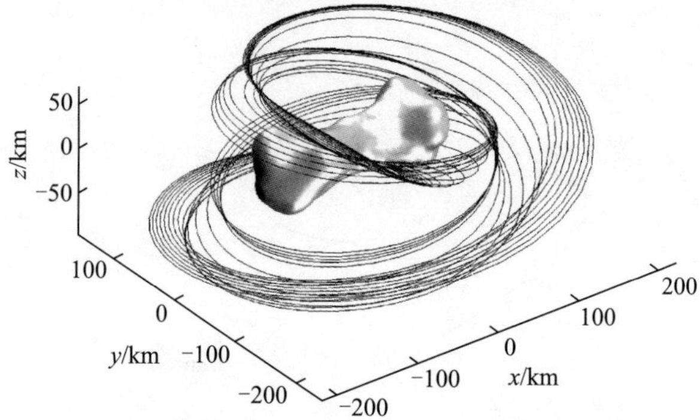

图 6-7a 小行星（216）Kleopatra 引力场中的大范围周期轨道在参数变化下的倍周期分岔附近延拓出的若干条周期轨道（参数 Jacobi 积分从 0.3135 变为 1.0635）

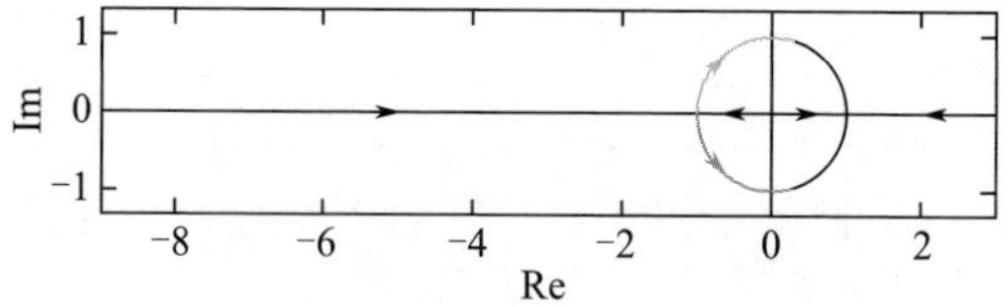

图 6-7b 该周期轨道族的倍周期分岔的特征乘子运动，对应的拓扑类型变化为情形 P3→情形 PPD3→情形 P4

（2）小行星（216）Kleopatra 引力场中的大范围周期轨道的切分岔

图 6-8 给出了小行星（216）Kleopatra 引力场中的大范围周期轨道在参数变化下的切分岔，以 Jacobi 积分为参数。当参数变化时，周期轨道的位置、速度、单值矩阵、特征乘子都发生变化。图中给出了延拓过程中的若干条周期轨道，对应的 Jacobi 积分从 1.0635 变为 1.5635。图 6-8b 给出了该周期轨道族在参数变化下的特征乘子的运动，对应为切分岔，周期轨道的拓扑类型变化为情形 P4→情形 P5→情形 P2。Jacobi 积分为 1.0635 的周期轨道属于拓扑类型 P4，而 Jacobi 积分为 1.5635 的两条周期轨道都属于拓扑类型 P2。事实上，前面的倍周期分岔例子中的轨道族和此处切分岔例子中的轨道族是同一个，我们把该周期轨道族中的各条周期轨道画在一起，如

图 6-9 所示，图 6-9 中，绿色周期轨道处发生了切分岔，属于情形 P5；青色周期轨道处发生了倍周期分岔，属于情形 PPD3。蓝色周期轨道是切分岔以前，属于情形 P2；红色周期轨道是介于绿色周期轨道和青色周期轨道之间的，也就是切分岔和倍周期分岔之间的轨道，属于情形 P4；紫色周期轨道是发生了倍周期分岔之后的，属于情形 P3。因此，该周期轨道族是双重分岔，包含了倍周期分岔和切分岔。

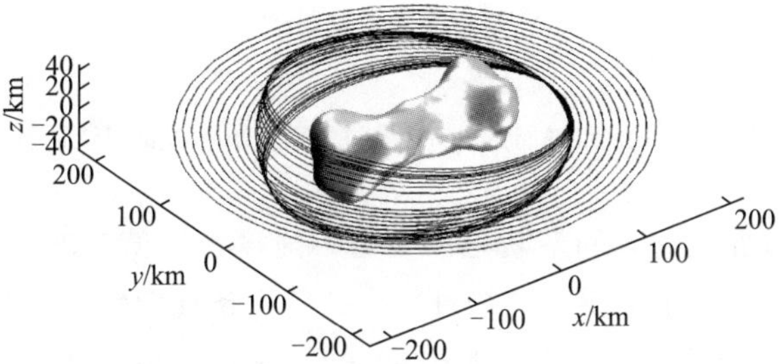

图 6-8a　小行星（216）Kleopatra 引力场中的大范围周期轨道在参数变化下的切分岔的若干条周期轨道（参数 Jacobi 积分从 1.0635 变为 1.5635）

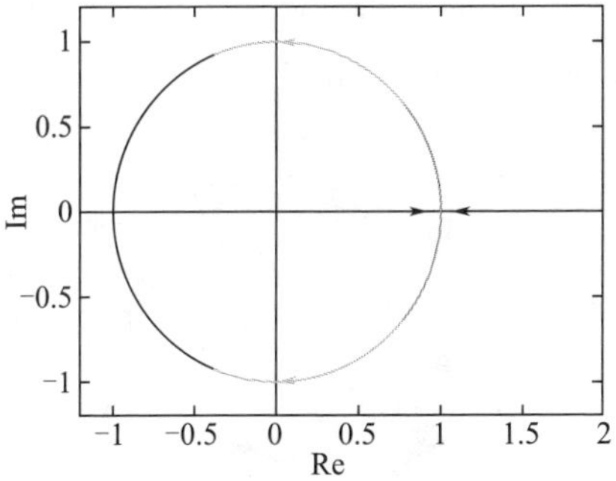

图 6-8b　该周期轨道族的切分岔的特征乘子运动，对应的拓扑类型变化为情形 P4→情形 P5→情形 P2

（3）小行星（216）Kleopatra 引力场中的大范围周期轨道的 Neimark-Sacker 分岔

图 6-10 给出了小行星（216）Kleopatra 引力场中的大范围周期轨道在参数变化下的 Neimark-Sacker 分岔，以 Jacobi 积分为参

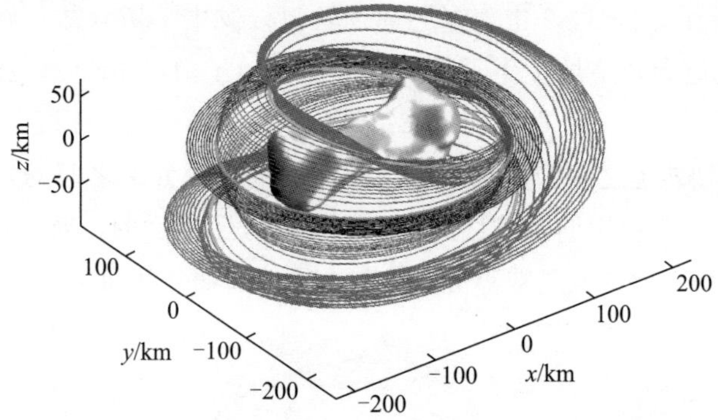

图 6－9　包含由切分岔和倍周期分岔组成的双重分岔的周期轨道族（见彩图）

数。当参数变化时，周期轨道的位置、速度、单值矩阵、特征乘子都发生变化。图中给出了延拓过程中的若干条周期轨道，对应的 Jacobi 积分从 0.8392569 变为 1.0392569。图 6－10b 给出了该周期轨道族在参数变化下的特征乘子的运动，对应为 Neimark－Sacker 分岔，周期轨道的拓扑类型变化为情形 P2→情形 PK1→情形 P1。Jacobi 积分为 0.8392569 的周期轨道属于拓扑类型 P2，而 Jacobi 积分为 1.0392569 的周期轨道属于拓扑类型 P1。

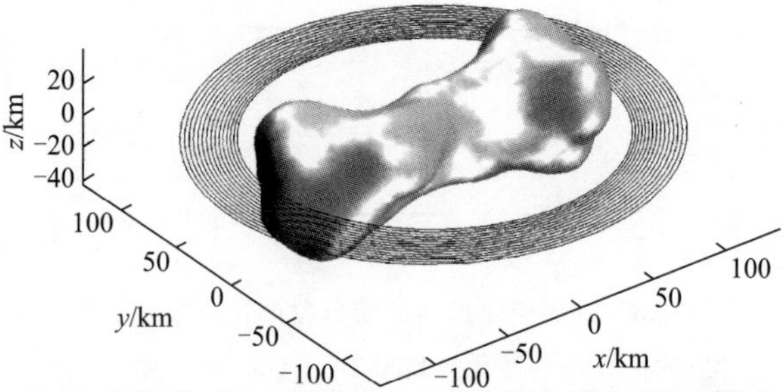

图 6－10a　小行星（216）Kleopatra 引力场中的大范围周期轨道在参数变化下的 Neimark－Sacker 分岔的 3 条周期轨道（参数 Jacobi 积分从 0.8392569 变为 1.0392569）

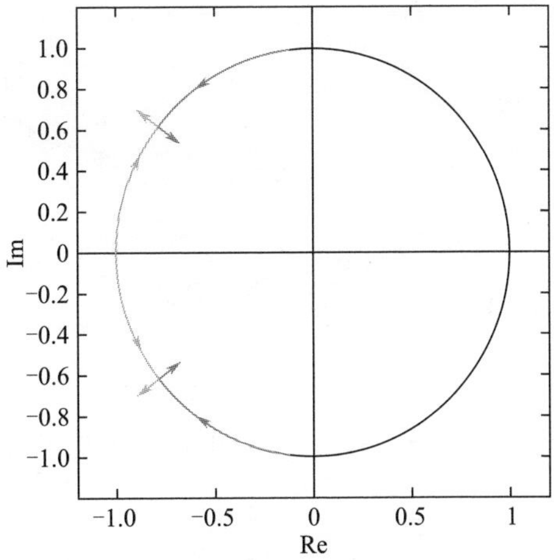

图 6-10b　该周期轨道族的 Neimark-Sacker 分岔的特征乘子运动，对应的拓扑类型变化为情形 P2→情形 PK1→情形 P1

(4) 小行星 (216) Kleopatra 引力场中的大范围周期轨道的实鞍分岔

图 6-11 给出了小行星 (216) Kleopatra 引力场中的大范围周期轨道在参数变化下的实鞍分岔，以 Jacobi 积分为参数。当参数变化时，周期轨道的位置、速度、单值矩阵、特征乘子都发生变化。图中给出了延拓过程中的若干条周期轨道，对应的 Jacobi 积分从 −1.880585变为−1.580585。图 6-11b 给出了该周期轨道族在参数变化下的特征乘子的运动，对应为实鞍分岔，周期轨道的拓扑类型变化为情形 P2→情形 PDRS1→情形 P1。Jacobi 积分为−1.680585 的周期轨道属于拓扑类型 P1，而 Jacobi 积分为−1.880585 的周期轨道属于拓扑类型 P2。

6.6.4　应用结果分析

对小行星 (6489) Golevka 和 (243) Ida 的引力场中大范围周期轨道的计算结果来看，可以得出如下结论：属于不同拓扑类型的周期轨道可能具有类似的几何外形，周期轨道的拓扑性质是比其几

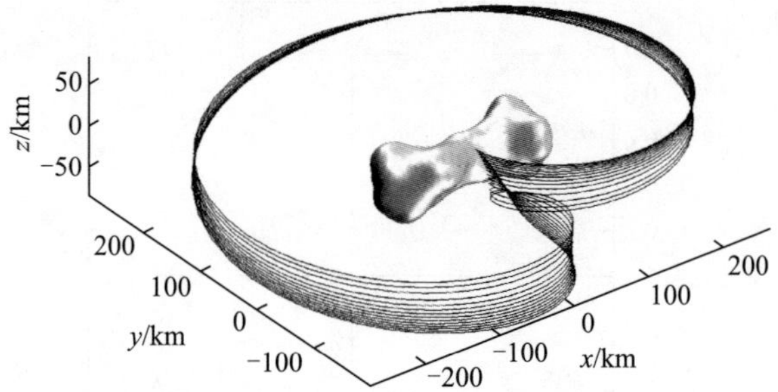

图 6-11a　小行星（216）Kleopatra 引力场中的大范围周期轨道在参数变化下的实鞍分岔的 4 条周期轨道（参数 Jacobi 积分从 −1.880585 变为 −1.580585）

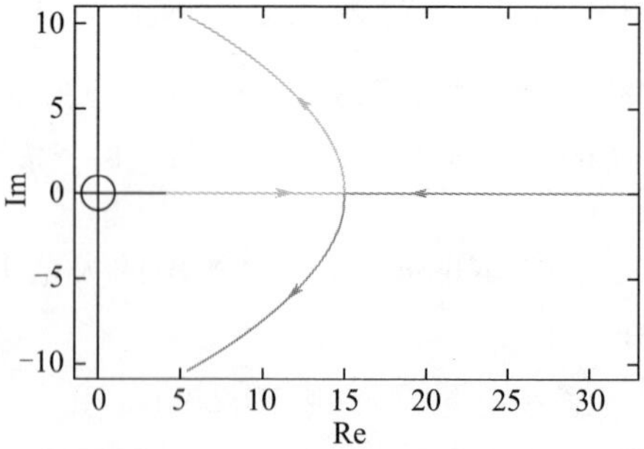

图 6-11b　该周期轨道族的 Neimark-Sacker 分岔的特征乘子运动，对应的拓扑类型变化为情形 P2→情形 PDRS1→情形 P1

何外形更本质的特性。强不规则天体引力场中的周期轨道上的质点，可能旋转多圈才返回，旋转的圈次和稳定性没有必然联系。同一个强不规则天体的引力场中，往往既存在稳定的周期轨道，又存在不稳定的周期轨道。

在三小行星系统（216）Kleopatra 的主天体引力场中发现了所有预言到的周期轨道在参数变化下延拓出来的周期轨道族的四种分岔类型，分别是倍周期分岔、切分岔、Neimark-Sacker 分岔和实鞍分岔。使用的延拓参数为 Jacobi 积分。四种分岔在经过分岔点的时候都是瞬间经过的，在分岔点的逗留时间为零。找到的这四种分岔出现的对应的 Jacobi 积分值，是切分岔的 Jacobi 积分最大，实鞍分岔的 Jacobi 积分最小。

6.7　小行星周期轨道多参数延拓，倍周期分岔与伪倍周期分岔

在周期轨道的延拓过程中[24,25]，周期轨道的拓扑类型可能发生变化，该过程中可能发生倍周期分岔（period - doubling bifurcation）。倍周期分岔发生当且仅当 2 或 4 个 Floquet 乘子在－1 处碰撞并离开原有的分布区域。原有分布区域包括：$+x$ 轴、$-x$ 轴、单位圆，以及不包括 x 轴和单位圆的其他区域共 4 部分。非退化情形的轨道的拓扑类型共有 7 种相异的类型。这些类型至少有 2 个 Floquet 乘子等于－1，并且这 7 种类型都是非碰撞、非退化实鞍的。这 7 种情形的乘子分布情况如表 6－2 的第一部分所示。

倍周期情形的周期轨道共有 5 种相异的拓扑类型。这 5 种类型的每一种都至少有 2 个 Floquet 乘子等于 1，两个 Floquet 乘子等于－1。这 5 种倍周期情形的周期轨道的乘子分布情况如表 6－2 所示，其余的类型的周期轨道也一并列在表 6－2 之中。倍周期分岔的转移路径如表 6－3 的第一部分所示。

表 6－2　周期轨道的拓扑类型

名称	情形	$+1$	-1	$+x$	$-x$	UC	CP
非退化情形	N1	2	0	0	0	0	4
	N2	2	0	0	0	4 个相异	0
	N3	2	0	4 个相异	0	0	0
	N4	2	0	2	2	0	0
	N5	2	0	0	4 个相异	0	0
	N6	2	0	2	0	2	0
	N7	2	0	0	2	2	0

续表

名称	情形	+1	−1	$+x$	$-x$	UC	CP
退化周期情形	DP1	4	0	0	0	2	0
	DP2	4	0	2	0	0	0
	DP3	4	0	0	2	0	0
	DP4	6	0	0	0	0	0
Krein 碰撞情形	K1	2	0	0	0	4，碰撞	0
退化实鞍情形	DR1	2	0	4，退化	0	0	0
	DR2	2	0	0	4，退化	0	0
倍周期情形	PD1	4	2	0	0	0	0
	PD2	2	4	0	0	0	0
	PD3	2	2	0	0	2	0
	PD4	2	2	2	0	0	0
	PD5	2	2	0	2	0	0

注：+1—Floquet 乘子等于+1 的个数；−1—Floquet 乘子等于−1 的个数；$+x$—Floquet 乘子在$+x$ 轴除±1 之外处的个数；$-x$—Floquet 乘子在$-x$ 轴除±1 之外的个数；UC—Floquet 乘子在单位圆除±1 之外上的个数；CP—Floquet 乘子在复平面除±1、x 轴和单位圆之外上的个数。

表 6-3 周期轨道族的分岔路径

名称	序号	路径
倍周期分岔	Ⅰ	情形 DP1→情形 PD1→情形 DP3
	Ⅱ	情形 PD3→情形 PD2→情形 PD5
	Ⅲ	情形 N1→情形 PD2→情形 N5
	Ⅳ	情形 N2→情形 PD3→情形 N7
	Ⅴ	情形 N4→情形 PD4→情形 N6
	Ⅵ	情形 N5→情形 PD5→情形 N7
切分岔	Ⅰ	情形 N2→情形 DP1→情形 N6
	Ⅱ	情形 N3→情形 DP2→情形 N6
	Ⅲ	情形 N4→情形 DP3→情形 N7
	Ⅳ	情形 DP1→情形 DP6→情形 DP2

续表

名称	序号	路径
Neimark - Sacker 分岔	Ⅰ	情形 N1→情形 PK1→情形 N2
实鞍分岔	Ⅰ	情形 N1→情形 DR1→情形 N3
	Ⅱ	情形 N1→情形 DR2→情形 N5

在周期轨道族的延拓过程中，周期与 Jacobi 积分可以作为 2 个延拓参数。如果只取一个参数进行延拓，则延拓过程中遇到折叠情况时数值方法无法继续进行下去[26]，可以变换延拓参数来解决这一问题。考虑周期轨道族的拓扑类型与分岔，可以分析周期轨道在多重参数延拓下的变化情况。

如果仅仅使用一个参数来进行周期轨道族的延拓，则延拓过程可能在该参数相对于周期轨道族的局部极值处停止。

延拓现象依赖于倍周期分岔、伪倍周期分岔，以及周期轨道族与参数之间的函数关系。选取广义能量即 Jacobi 为参数，计算参数单调递增时周期轨道的延拓情况。当参数单调递增时，延拓现象包括：

延拓现象 1（Continuation phenomenon I）　存在 Jacobi 积分的局部极值点，无分岔出现。数值延拓在该局部极值点处停止。采用 Jacobi 积分无法在该局部极值点使得延拓继续，然而存在另一个参数使得周期轨道族可以在该局部极值点处继续延拓下去。

延拓现象 2（Continuation phenomenon II）　存在 Jacobi 积分的局部极值点，有倍周期分岔出现。数值延拓在该局部极值点处产生另一族新的周期轨道，这族新的周期轨道的周期是原周期轨道族周期的 2 倍。

延拓现象 3（Continuation phenomenon III）　有倍周期分岔出现，在倍周期分岔出现的地方未达到 Jacobi 积分的局部极值点。数值延拓产生另一族新的周期轨道，这族新的周期轨道的周期是原周期轨道族周期的 2 倍。

延拓格式为

$$\boldsymbol{X}_{i+1}=\boldsymbol{X}_i+\varepsilon\cdot\delta\boldsymbol{X}_i \tag{6-13}$$

其中

$$\delta\boldsymbol{X}_i=\begin{pmatrix}\boldsymbol{\omega}\times(\boldsymbol{\omega}\times\boldsymbol{r}_i)+\nabla U\\ \boldsymbol{v}_i\end{pmatrix} \tag{6-14}$$

下标 i 表示第 i 次迭代，$\delta\boldsymbol{X}_i$ 表示梯度方向，步长因子 ε 的选择使得 $\boldsymbol{X}_{i+1}$ 为该梯度方向上的最优值。如果延拓过程中的周期轨道与小行星碰撞，则延拓终止。小行星（216）Kleopatra 的主星的外形比小行星（101955）Bennu 的外形更加不规则，而且 Kleopatra 有 2 个小月亮，因而针对 Kleopatra 引力场中周期轨道族的延拓比针对 Bennu 引力场中周期轨道族的延拓具有更大的科学价值，不仅可以帮助我们理解强不规则天体引力场中周期轨道族的延拓、分岔等内在机制，还有助于我们理解小月亮的长期稳定运动。因此作者选择（216）Kleopatra 的主星来进行周期轨道族的延拓。

图 6－12（a）给出了三小行星系统（216）Kleopatra 的主星引力场中周期轨道族延拓的结果，延拓过程中有倍周期分岔产生。图 6－12（b）给出了周期轨道族延拓过程中 Floquet 乘子的运动轨迹，Floquet 乘子的运动导致了周期轨道族中周期轨道的拓扑类型的变化。从图 6－12（b）可见，在周期轨道族的延拓过程中有倍周期分岔的产生。该周期轨道族的 Jacobi 积分变化区间为［－1160.454，－660.454］$\mathrm{m^2s^{-2}}$，该周期轨道族是共振的，周期轨道的周期同小行星自旋周期之比落在区间［2.0137，2.0408］内，这说明该周期轨道族是共振比为 2∶1 的共振轨道族。分岔类型属于倍周期分岔。周期轨道的拓扑类型从情形 N6 变为情形 PD4 再变为情形 N4：情形 N6→情形 PD4→情形 N4。参数变化下，周期轨道族的类型在情形 PD4 的逗留时间为零，即该周期轨道族中仅有一条周期轨道属于情形 PD4。从这一结果来看，周期轨道族可以是共振的，即有共振的周期轨道族存在，此外共振的周期轨道族可能存在倍周期分岔。由于周期比是固定的，采用周期进行延拓无法得到该族周期轨道。

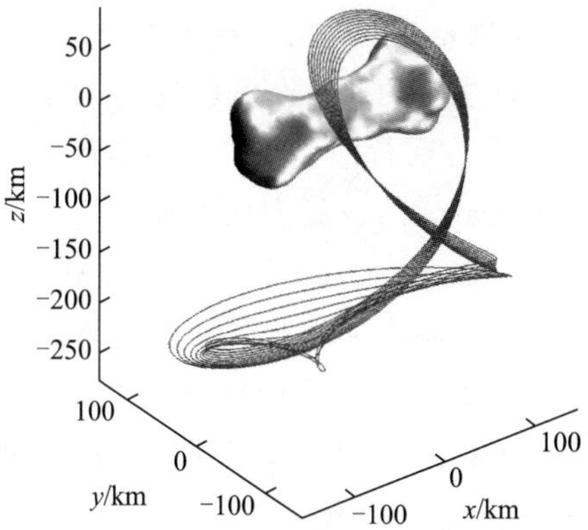

(a)

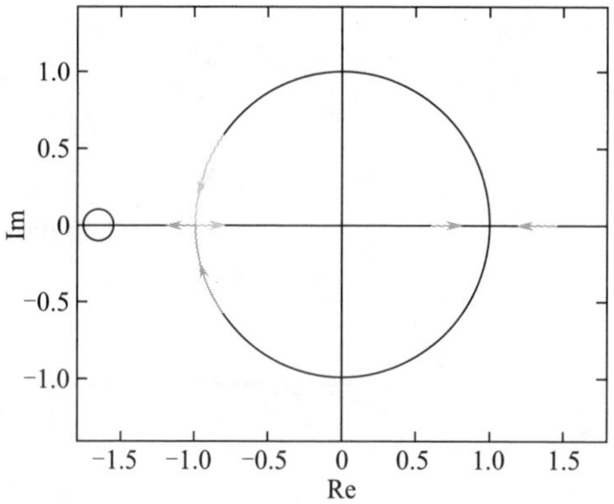

(b)

图 6－12　三小行星系统（216）Kleopatra 主星引力场中周期轨道的延拓与倍周期分岔的产生

图 6－13（a）给出了三小行星系统（216）Kleopatra 的主星引力场中另一个周期轨道族延拓的结果，延拓过程中有伪倍周期分岔产生。图 6－13（b）给出了这个周期轨道族延拓过程中 Floquet 乘子的运动轨迹，从 Floquet 乘子的运动轨迹可见周期轨道族中周期轨道的拓扑类型没有发生变化，乘子值经过－1 并相互穿过导致出现伪倍周期分岔。Jacobi 积分值的变化区间为［－2553.908，－2453.908］

$m^2 s^{-2}$，这个周期轨道族是非共振的。这个周期轨道族和三小行星系统（216）Kleopatra 的主星的赤道坐标系的 xy 平面接近重合，周期轨道族中质点运行方向是逆行的，即周期轨道族中的周期轨道的飞行方向同（216）Kleopatra 的自旋方向相反。这族周期轨道的周期的变化区间为［1.4110820，1.5637778］T_{216}，其中 $T_{216}=5.385$ h 为（216）Kleopatra 的自旋周期。此时周期轨道族中的各条周期轨道的拓扑类型从情形 N2 变为情形 PD3 再变为情形 N2：情形 N2→情形 PD3→情形 N2。这个周期轨道族表明存在稳定的周期轨道族使得 Floquet 乘子在－1 碰撞并相互穿过。

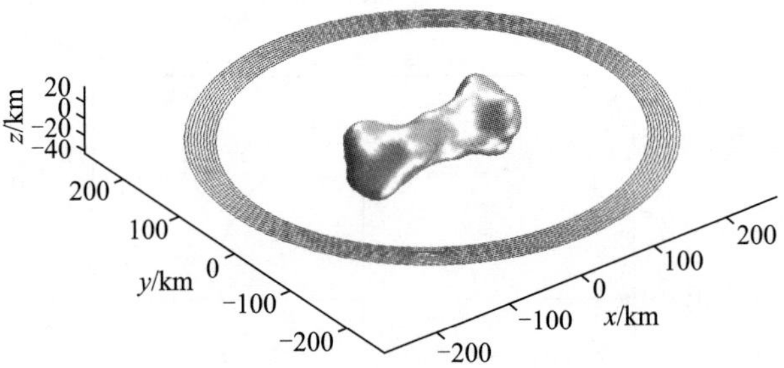

(a)

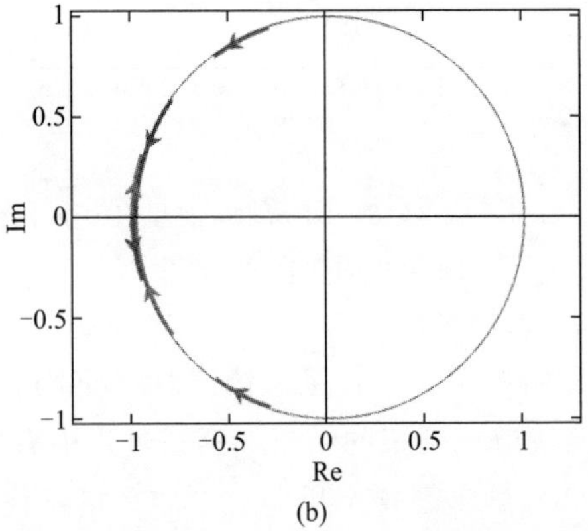

(b)

图 6－13　三小行星系统（216）Kleopatra 主星引力场中周期轨道的延拓与伪倍周期分岔的产生

上述研究在三小行星系统（216）Kleopatra 的引力场中发现了周期轨道族延拓过程中倍周期分岔和伪倍周期分岔同时存在。该研究同简单特殊体引力场中周期轨道族的延拓有显著不同，如有限长细直棒[27]、固体圆环[28]、均质立方体[29]和巨型环面[25]。简单特殊体引力场中周期轨道族的延拓可以帮助我们理解周期轨道族、周期轨道族的分岔和不规则小天体引力场中轨道的稳定性。然而，简单特殊体不是不规则小天体。本章中三小行星系统（216）Kleopatra 的主星被选为算例来研究其引力场中周期轨道族的延拓。较大的小月亮 Alexhelios（S/2008（216）1）相对主星的质量之比约为 0.0003。这 2 个小月亮 Alexhelios（S/2008（216）1）和 Cleoselene（S/2008（216）2）[23]相对于主星的轨道都是逆行的近圆的拟周期轨道。图 6-13 给出了这两个小月亮运动稳定性的一种解释：周期轨道族是逆行的、近圆的、周期的，同时也是稳定的。在延拓过程中，Floquet 乘子在−1 发生碰撞，然而 Floquet 乘子的碰撞并未导致倍周期分岔的产生，在碰撞后 Floquet 乘子相互穿过使得周期轨道族依然是稳定的。这意味着三小行星系统（216）Kleopatra 主星引力场中存在一个稳定域，该稳定域由近圆轨道、近零倾角的周期轨道或拟周期轨道组成，轨道的倾角为质点轨道同主星的赤道坐标系的 xy 平面的夹角。

6.8　小行星周期轨道族的多重分岔

仍然考虑三小行星系统（216）Kleopatra 的主星引力场中周期轨道族的延拓，分析其中周期轨道族的多重分岔问题。首先定义周期轨道的指标。对于一条周期轨道 p_k 来说，定义其指标[33]

$$\mathrm{ind}(p_k)=\prod_{j=1}^{6}\left[\ln\zeta_i(p_k)\right] \tag{6-15}$$

其中 $\zeta_j(p_k)$ 是该周期轨道的第 j 个 Floquet 乘子。则对于周期轨道的 4 种退化周期情形，有 $\mathrm{ind}(p_k)=0$。对于倍周期情形 PD1 有 $\mathrm{ind}(p_k)$

$=0$。对于两个普通拓扑情形 N6 和情形 N7 以及倍周期情形 PD4 和情形 PD5，有 $\mathrm{ind}(p_k)=-1$。对于其他拓扑类型，有 $\mathrm{ind}(p_k)=1$。如果 $\mathrm{ind}(p_k)=0$，则称该周期轨道 p_k 是退化的，否则称该周期轨道 p_k 是非退化的。

图 6-14 给出了该小行星附近周期轨道族的延拓过程中出现了双实鞍分岔和倍周期分岔的一种情形。使用此前介绍的延拓格式，可以延拓出成千上万条周期轨道，这里为了观察清楚只取其中若干

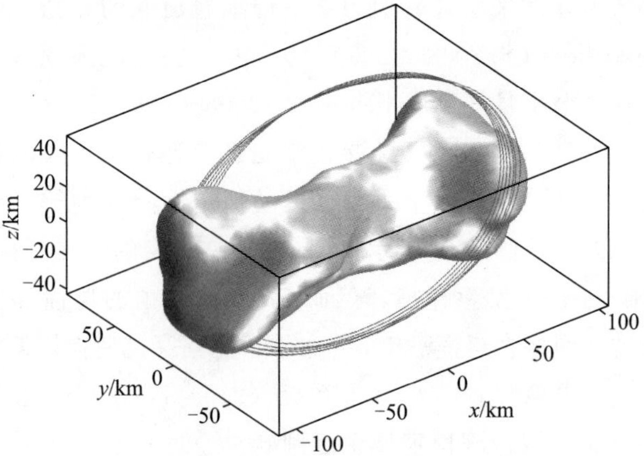

(a) 延拓出的周期轨道

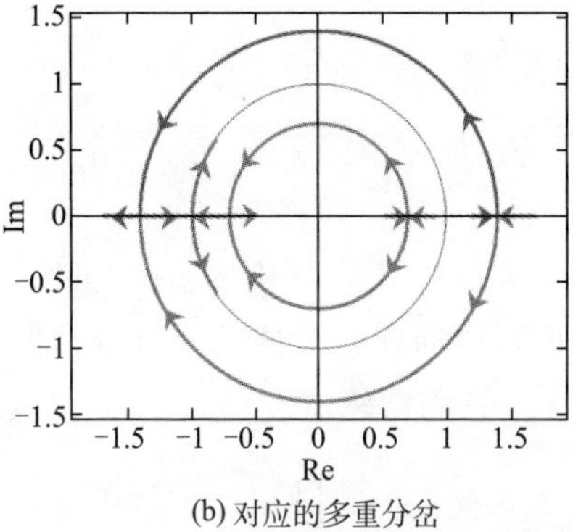

(b) 对应的多重分岔

图 6-14 小行星（216）Kleopatra 引力场中周期轨道延拓过程中的多重分岔：两个实鞍分岔和一个倍周期分岔（见彩图）

条。在延拓过程中，周期轨道族中各周期轨道的拓扑类型一共有 6 种不同的情形。在图 6－14（a）中画出了 6 条延拓过程中的具有不同拓扑类型的周期轨道，在图 6－14（b）中画出了对应的延拓过程中周期轨道 Floquet 乘子的运动轨迹。从图 6－14（b）可以看出，在此多重分岔中，两个 Floquet 乘子在单位圆外旋转而两个在单位圆内旋转。4 个 Floquet 乘子的旋转轨迹并非严格的圆形，这意味着在延拓过程中 Floquet 乘子的模会发生变化。该周期轨道族的周期与小行星的自旋周期之比非简单整数比，因此该周期轨道族是非共振的。在延拓过程中，周期轨道的周期从 2.4257h 到 2.3855h 变化。这些周期轨道的拓扑类型的变化为情形 N3→情形 DR1→情形 N1→情形 DR2→情形 N5→情形 PD5→情形 N7。延拓过程中有三次分岔的出现。周期轨道的指标从＋1 变为－1 再变为＋1。当周期轨道属于情形 PD5 时，指标为－1。

第一次分岔是实鞍分岔：情形 N3→情形 DR1→情形 N1。在第一次分岔前，周期轨道族中的周期轨道的拓扑类型属于情形 N3。在实轴上有 4 个 Floquet 乘子。在延拓过程中，两对 Floquet 乘子在实轴上相互逼近并碰撞，这使得周期轨道的拓扑类型变为情形 DR1。碰撞后 4 个 Floquet 乘子离开实轴进入复平面，此时周期轨道的拓扑类型属于情形 N1。继续进行延拓，则 4 个 Floquet 乘子在复平面上旋转 180°以迎来第二次分岔。此时如果观察周期轨道的 Poincaré 截面上的动力学行为，则 Floquet 乘子的旋转不仅意味着周期轨道在 Poincar 截面上的截点旋转 180°，而且周期轨道附近的轨道也旋转 180°使得这些轨道在 Poincar 截面的截点也旋转 180°。此外，周期轨道的子流形也旋转 180°。

第二次分岔仍然是实鞍分岔：情形 N1→情形 DR2→情形 N5。在 Floquet 乘子于复平面上旋转后，它们位于－x 的半平面，即这 4 个 Floquet 乘子的实部都小于零。在第二次分岔前，周期轨道的拓扑类型属于情形 N1，并且这 4 个 Floquet 乘子都位于复平面上。此时复平面上的两对 Floquet 乘子相互逼近并在实轴上碰撞，这使得周期轨道的拓扑类型变为情形 DR2。在碰撞后，4 个 Floquet 乘子仍然位于实轴上，其中两个 Floquet 乘子向－1 逼近，此时周期轨道的拓扑类型属于情形 N5。

第三次分岔是倍周期分岔：情形 N5→情形 PD5→情形 N7。分岔前，周期轨道的拓扑类型属于情形 N5。有 4 个 Floquet 乘子在实轴的 $-x$ 半轴上。两个 Floquet 乘子向－1 移动，其中 1 个 Floquet 乘子大于－1，另一个小于－1。当这两个 Floquet 乘子在－1 碰撞时，倍周期分岔出现，此时周期轨道的拓扑类型属于情形 PD5。碰撞后，在－1 点的两个 Floquet 乘子移动至单位圆上，此时周期轨道的拓扑类型变为情形 N7。

由于小行星（216）Kleopatra 的强不规则外形，该族周期轨道和圆环[28]、细直棒[30]引力场中的周期轨道的几何外形有着明显不同。Scheeres（2012）[31]计算了小行星（4179）Toutatis 附近的若干条共振周期轨道。然而，本节的周期轨道族是非共振的。从该周期轨道族的位置来看，似乎该周期轨道族是由小行星（216）Kleopatra 的中心平衡点所生成。但是中心平衡点的特征值是 ±0.001473i、±0.001175i和±0.0005663，这意味着中心平衡点可以生成 2 族周期轨道。通过特征值的数值，可以确定这两族周期轨道的周期分别约为 1.18475 h 和 1.48574 h。而本节的该族周期轨道中延拓出来的周期轨道的周期位于 2.4257 h 和 2.3855 h 之间，因此该周期轨道族并非从中心平衡点所生成。

从上面的结果可见，小天体引力场中单个周期轨道族中可能存在多重分岔。Floquet 乘子可以在复平面上旋转 180°使得周期轨道在 Poincaré 截面上的截点也旋转 180°。

6.9 不规则小行星引力场中的混沌运动

定义 Poincaré 截面（$y=0$）：$x-v_x$，其中 $v_x=\dot{x}$。给定轨道初值，当轨道与该截面相交时，便在截面上留下一点，从而得到了截

面 $x-v_x$ 上的相图[32]。以小行星（216）Kleopatra 为研究对象，给定轨道初值，计算该轨道在 Poincaré 截面上的投影。取长度单位为 $L=219.036080957821\text{km}$，时间单位为 $T=5.385\ \text{h}$，轨道的位置和速度都取在小行星固连坐标系中，轨道的初值为 $\boldsymbol{r}=[0.0,\ 1.260066372595,\ 0.0]^{\mathrm{T}}$，$\boldsymbol{v}=[5.748244579613,\ 0.0,\ 0.0]^{\mathrm{T}}$。图 6－15 在小行星（216）Kleopatra 固连坐标系中绘制了该轨道。图6－16 为小行星（216）Kleopatra 引力场中的一个 Poincaré 截面（$y=0$）：$x-v_x$，其中 $v_x=\dot{x}$。可见截面上存在孤岛、闭曲线、孤立点、禁区等。在孤岛区域，轨道可以到达；而在禁区，轨道永远无法到达。Poincaré 截面上闭曲线的存在说明小行星（216）Kleopatra 引力场中存在大范围拟周期轨道。孤立点的存在说明该小行星附近存在大范围的周期轨道。

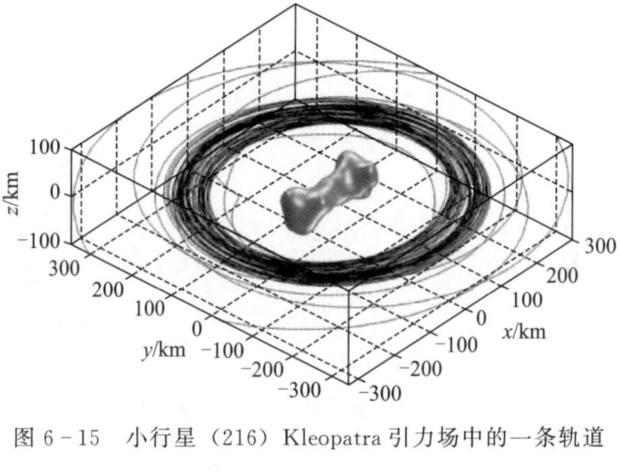

图 6－15　小行星（216）Kleopatra 引力场中的一条轨道

本节研究了强不规则小行星引力场中的混沌，通过计算小行星（216）Kleopatra 引力场中的 Poincaré 截面，发现 Poincaré 截面上存在孤岛、闭曲线、孤立点、禁区等，揭示了小行星（216）Kleopatra 引力场中运动存在混沌行为，混沌行为表面上来看下一个截面上的交点完全无序，但其内部并非完全混乱，而是存在着孤岛、闭曲线、孤立点、禁区等不同的区域。说明小行星（216）Kleopatra 乃至其他强不规则小行星引力场中存在着大范围的拟周期轨道。

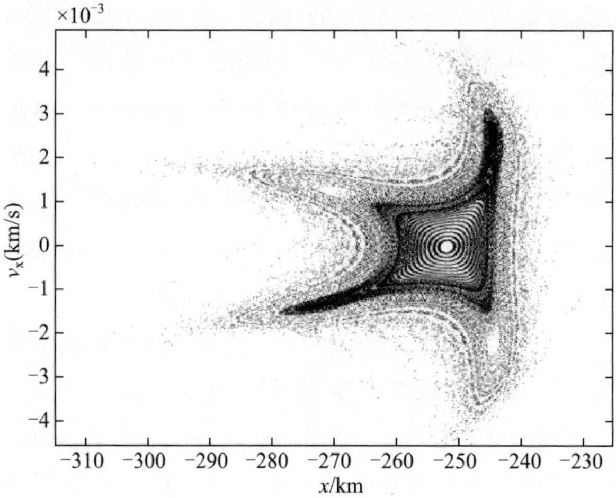

图 6-16 小行星（216）Kleopatra 引力场中的一个 Poincaré 截面（$y=0$）：$x-v_x$，其中 $v_x=\dot{x}$

6.10 本章小结

本章研究了旋转强不规则天体引力场中的大范围轨道，特别是其中的大范围周期轨道。发现特征乘子的不同分布决定了子流形、轨道类型以及相图上动力学行为的相异。给出了旋转强不规则天体引力场轨道的拓扑分类和稳定性；发现共有 34 种不同的拓扑类型，其中普通情形 6 种，碰撞情形 3 种，退化实鞍情形 3 种，纯周期情形 7 种，纯倍周期情形 7 种，周期兼碰撞情形 1 种，周期兼退化实鞍情形 1 种，倍周期兼碰撞情形 1 种，倍周期兼退化实鞍情形 1 种，以及周期兼倍周期情形 4 种。对于周期轨道来说，一共有 13 种不同的拓扑类型。给出了各种情形下子流形与子空间的结构与维数。最后将本章的相关理论结果应用到小行星（6489）Golevka 和（243）Ida 的大范围周期轨道的分析与计算中，从应用的角度进一步说明属于不同拓扑类型的周期轨道可能具有类似的几何外形，周期轨道的拓扑性质是比其几何外形更本质的特性。预言了参数变化下，延拓周期轨道形成的周期轨道族的全部可能的四种分岔类型，并在三小行星系统（216）Kleopatra 的主天体引力场中发现了周期轨道族的全部四种分岔类型，数值计算完全验证了理论预测。同时也说明三小行星系统（216）Kleopatra 引力场中的动力学行为异常复杂，预示着其中含有更深入的未被发现的动力学行为及其内在机制。

本章分析了小行星表面附近的周期轨道的动力学行为的若干内在机制。讨论了不规则小行星引力场，运动方程与有效势。研究了三小行星系统（216）Kleopatra 主星和近地小行星（101955）Bennu 表面附近的周期轨道。不规则小行星表面附近的运动与近球形天体表面附近的运动完全不同，例如由于有效势和轨道的复杂性，轨道与不规则小天体之间可能在小天体固连坐标系来看不发生碰撞，但是在惯性系来看，轨道穿过小天体初始时刻的外形位置，这种情况在近球形天体表面附近不会遇到。此外，质点相对不规则小天体的周期运动可以位于小天体的参考半径以内，而这在近球形天体引力场中也是不存在的。针对三小行星系统（216）Kleopatra 主星和近地小行星（101955）Bennu 表面附近的周期轨道的研究表明，同一个不规则小天体引力场中稳定的共振周期运动和不稳定的共振周期运动可能同时存在。

作者还分析了周期轨道族的多参数延拓，发现小行星引力场中周期轨道族延拓过程中可能存在 4 种不同的倍周期分岔和 4 种不同的伪倍周期分岔。数值计算结果表明，同一个小行星引力场中可以同时存在周期轨道族的倍周期分岔和伪倍周期分岔。作者在三小行星系统（216）Kleopatra 主星引力场中发现一个周期轨道族延拓过程中出现了伪倍周期分岔。这个周期轨道族是近圆的、稳定的，周期轨道族的所有周期轨道的轨迹和三小行星系统（216）Kleopatra 主星的赤道面接近重合，这意味着三小行星系统（216）Kleopatra 主星引力场中存在着一个稳定域，有助于帮助我们理解该三小行星系统两个小月亮的运动稳定性。此外，还发现了小行星引力场中的多重分岔行为，该多重分岔对应的分岔组合为 2 个实鞍分岔和一个倍周期分岔。延拓过程中，Floquet 乘子在复平面上旋转 180°，从而从右半平面到左半平面，这使得旋转后 Poincaré 截面上的周期轨道的截点也旋转了 180°。此外，三小行星系统（216）Kleopatra 主星引力场中的周期轨道族存在多重分岔，也存在混沌轨道。

参考文献

[1] Jiang Y, Baoyin H. Orbital Mechanics near a Rotating Asteroid [J]. Journal of Astrophysics and Astronomy, 2014, 35 (1): 17 - 38.

[2] Jiang Y, Yu Y, Baoyin H. Topological classifications and bifurcations of periodic orbits in the potential field of highly irregular - shaped celestial bodies [J]. Nonlinear Dynamics, 2015, 81 (1 - 2): 119 - 140.

[3] Scheeres D J. The dynamical evolution of uniformly rotating asteroids subject to YORP [J]. Icarus, 2007, 188 (2): 430 - 450.

[4] Taylor P A, Margot J L, Vokrouhlicky D, et al. Spin rate of asteroid (54509) 2000 PH5 increasing due to the YORP effect. [J]. Science, 2007, 316 (5822): 274 - 277.

[5] Bellerose J, Girard A, Scheeres D J. Dynamics and control of surface exploration robots on asteroids [J]. Lecture Notes in Control and Information Sciences, 2009, 381: 135 - 150.

[6] Tardivel S, Scheeres D J, Michel P, et al. Contact motion on surface of asteroid [J]. Journal of Spacecraft and Rockets, 2014, 51 (6): 1857 -1871.

[7] Oberc P. Electrostatic and rotational ejection of dust particles from a disintegrating cometary aggregate [J]. Planetaryand Space Science, 1997, 45 (2): 221 - 228.

[8] Jewitt D, Agarwal J, Li J, et al. Disintegrating asteroid P/2013 R3 [J]. Astrophysical Journal Letters, 2014, 784 (1): L8.

[9] Gov J N. Disruption of kilometer - sized asteroids by energetic collisions [J]. Nature, 1998, 393 (6684): 437 - 440.

[10] Scheeres D J, Ostro S J, Hudson R S, et al. Orbits close to asteroid 4769 Castalia [J]. Icarus, 1996, 121 (1): 67 - 87.

[11] Yu Y, Baoyin H. Generating families of 3D periodic orbits about asteroids

[J] . Monthly Notices of the Royal Astronomical Society, 2012, 427 (1): 872 - 881.

[12] Werner R A. The gravitational potential of a homogeneous polyhedron or don′t cut corners [J] . Celestial Mechanics and Dynamical Astronomy, 1994, 59 (3): 253 - 278.

[13] Werner R A, Scheeres D J. Exterior gravitation of a polyhedron derived and compared with harmonic and mascon gravitation representations of asteroid 4769 Castalia [J] . Celestial Mechanicsand Dynamical Astronomy, 1996, 65 (3): 313 - 344.

[14] Stooke, P. Small body shape models. EAR - A - 5 - DDR - STOOKE - SHAPE - MODELS - V1. 0. NASA Planetary Data System, (2002)

[15] Neese, C. Small Body Radar Shape Models V2. 0. EAR - A - 5 - DDR - RADARSHAPE - MODELS - V2. 0, NASA Planetary Data System, (2004)

[16] Jiang Y. Equilibrium points and periodic orbits in the vicinity of asteroids with an application to 216 Kleopatra [J] . Earth, Moon, and Planets, 2015, 115 (1 - 4): 31 - 44.

[17] Jiang Y, Baoyin H, Li H. Periodic motion near the surface of asteroids [J] . Astrophysics and Space Science, 2015, 360 (2): 1 - 10.

[18] Belton M J, Chapman C R, Veverka J, et al. First images of asteroid 243 ida. [J] . Science, 1994, 265 (5178): 1543 - 1547.

[19] Chapman C R, Veverka J, Thomas P C, et al. Discovery and physical properties of Dactyl, a satellite of asteroid 243 Ida [J] . Nature, 1995, 6525 (1995): 783 - 785.

[20] Helfenstein P, Veverka J, Thomas P C, et al. Galileo photometry of asteroid 243 Ida [J] . Icarus, 1996, 120 (1): 48 - 65.

[21] Geissler P, Petit J M, Durda D D, et al. Erosion andejecta reaccretion on 243 Ida and its moon [J] . Icarus, 1996, 120 (1): 140 - 157.

[22] Sullivan R, Greeley R, Pappalardo R, et al. Geology of 243 Ida [J] . Icarus, 1996, 120 (1): 119 - 139.

[23] Descamps P, Marchis F, Berthier J, et al. Triplicity and physical characteristics of Asteroid (216) Kleopatra [J] . Icarus, 2011, 211 (2),

1022 -1033.

[24] Hénon M. Exploration numérique du problème restreint. II. Masses égales, stabilité des orbites périodiques [J] . Ann. Astrophys. 1965, 28: 992 - 1007.

[25] Tresaco E, Elipe A, Riaguas A. Computation of families of periodic orbits and bifurcations around a massive annulus [J] . Astrophysicsand Space Science, 2012, 338 (338): 23 - 33.

[26] Doedel E J, Paffenroth R C, Keller H B, et al. Computation of periodic solutions of conservative systems with application to the 3 - Body problem [J] . International Journal of Bifurcation and Chaos, 2011, 13 (6): 1353 - 1381.

[27] Elipe A, Lara M. Asimple model for the chaotic motion around (433) Eros [J] . Journal of the Astronautical Sciences, 2004, 51 (4): 391 -404.

[28] Broucke R A, Sánchez A E. The dynamics of orbits in a potential field of a solid circular ring [J] . Regular and Chaotic Dynamics, 2005, 10 (2): 341 - 347.

[29] Liu X, Baoyin H, Ma X. Equilibria, periodic orbits around equilibria, and heteroclinic connections in the gravity field of a rotating homogeneous cube [J] . Astrophysicsand Space Science, 2011, 333 (2): 409 - 418.

[30] Palacian J F, Yanguas P, Gutierrez - Romero S. Approximating the invariant sets of a finite straight segment near its collinear equilibria [J] . SIAM Journal on Applied Dynamical Systems, 2006, 5 (1): 12 -29.

[31] Scheeres D J. Orbital mechanics about small bodies [J] . Acta Astronautica, 2012, 72: 21 - 14.

[32] Jiang Y, Baoyin H, Wang X, et al. Order and chaos near equilibrium points in the potential of rotating highly irregular - shaped celestial bodies [J] . Nonlinear Dynamics, 2016, 83 (1): 231 - 252.

[33] Jiang Y, Baoyin H. Periodic orbit families in the gravitational field of irregular-shaped bodies [J] . Astronomical Journal, 2016, 152 (5): 137.

第 7 章　参数变化下小行星平衡点的碰撞与湮灭

7.1　引言

小行星 YORP 效应（Yarkovsky - O'Keefe - Radzievskii - Paddack effect）[1-3]、小行星的碰撞与引力重构[4]、表面颗粒运动[5,6]、断裂与瓦解[7,8]等都会引起小行星引力场的变化。YORP 效应可以引起小行星转速的减小或增大，这与小行星绕日心运行的轨道、小行星的不规则几何外形以及转速空间指向有关[9]。例如，YORP 效应导致小行星 54509（2000 PH5）的转速以（2.0±0.2）$\times 10^{-4}$（°）/d^2 的加速度增大[2]，导致小行星（1620）Geographos 的转速以 1.15×10^{-8} rad/d^2 的加速度增大[10]。YORP 效应在百万年量级上改变小行星转速后，可能导致小行星的旋转解体并制造双小行星系统[8,11]。

数值实验表明 YORP 效应可以导致碎石堆状的小行星解体并形成小行星的小月亮[12]。此外，YORP 效应还能改变小行星的平衡点和平衡形状的特征，而这二者又和小行星的抗拉强度及结构密切相关[13,14]。

为了模拟小行星平衡点附近的运动以理解相关的动力学机制，相关学者考虑多种类型的简单特殊体。Elipe 和 Lara（2004）[15]以巨型细直棒模拟小行星 433 Eros 的引力场并计算了平衡点的位置。Placián et al.（2006）[16]进一步讨论了旋转细直棒引力场中共线平衡点的位置及其附近的运动。Liu et al.（2011）[17]等研究了旋转立方体引力场中平衡点的位置、线性稳定性及其附近的周期轨道。然而，简单特殊体毕竟和真实的小行星的几何外形、引力场等都有较大差距，为了真正研究小行星引力场中的平衡点，需要对小行星的不规则外形及其产生的引力场进行高精度的建模，在此基础上精确地计算平衡点的个数、位置、稳定性等。Jiang et al.（2014）[18]等对小行星平衡点进行了拓扑意义上的分类，并将其应用于 4 个小行星的平衡点位置及附近局部周期轨道族的初始计算。Wang et al.（2014）[19]等使用 Jiang et al.（2014）[18]的分类，计算了 23 个小天体，包括小行星、彗核、大行星的卫星的平衡点的位置及拓扑分类。Jiang（2015）[20]讨论了小行星平衡点的拓扑类型与平衡点附近周期轨道拓扑类型的对应关系。Chanut et al.（2015）[21]也使用不同的密度数据计算了小行星（216）Kleopatra 主星的平衡点并使用 Jiang et al.（2014）[18]的平衡点稳定性及拓扑分类结论分析了（216）Kleopatra 主星体内平衡点的稳定性。当小行星的参数变化时，平衡点的位置和稳定性也可能发生变化[14,18,22]。这些参数可能是旋转速度、几何形状、密度等，这些参数可能被 YORP 效应[2]、小天体与小行星的碰撞[4]、小行星表面颗粒运动[5]等改变。

7.2　小行星平衡点的守恒量

7.2.1　小行星引力场中的退化平衡点

平衡点的特征值具有形式 $\pm\alpha(\alpha\in\mathbf{R},\ \alpha\geqslant 0)$，$\pm\mathrm{i}\beta(\beta\in\mathbf{R},\ \beta>0)$ 和 $\pm\sigma\pm\mathrm{i}\tau(\sigma,\ \tau\in\mathbf{R},\ \sigma,\ \tau>0)$。而非退化非共振平衡点具有 5 种类型[18-20]，分别为情形 1：$\pm\mathrm{i}\beta_j(\beta_j\in\mathbf{R},\ \beta_j>0;\ j=1,\ 2,\ 3)$；情形 2：$\pm\alpha_j(\alpha_j\in\mathbf{R},\ \alpha_j>0,\ j=1)$ 和 $\pm\mathrm{i}\beta_j(\beta_j\in\mathbf{R},\ \beta_j>0;\ j=1,\ 2)$；情形 3：$\pm\alpha_j(\alpha_j\in\mathbf{R},\ \alpha_j>0,\ j=1,\ 2)$ 和 $\pm\mathrm{i}\beta_j(\beta_j\in\mathbf{R},\ \beta_j>0;\ j=1)$；情形 4a：$\pm\alpha_j(\alpha_j\in\mathbf{R},\ \alpha_j>0,\ j=1)$ 和 $\pm\sigma\pm\mathrm{i}\tau(\sigma,\ \tau\in\mathbf{R};\ \sigma,\ \tau>0)$；情形 4b：$\pm\alpha_j(\alpha_j\in\mathbf{R},\ \alpha_j>0,\ j=1,\ 2,\ 3)$；情形 5：$\pm\mathrm{i}\beta_j(\beta_j\in\mathbf{R},\ \beta_j>0;\ j=1)$ 和 $\pm\sigma\pm\mathrm{i}\tau(\sigma,\ \tau\in$

R；σ，$\tau>0$)。平衡点的拓扑类型是基于平衡点特征值在复平面上的分布的。而非退化非共振平衡点类型情形 1 具有 3 族周期轨道，非退化非共振平衡点类型情形 2 具有 2 族周期轨道，非退化非共振平衡点类型情形 3 和情形 5 具有 1 族周期轨道，非退化非共振平衡点类型情形 4 无周期轨道族。退化平衡点具有至少 2 个零特征值。图 7-1 给出了退化平衡点的拓扑分类。退化平衡点情形 D1 具有 2 族周期轨道，而退化平衡点情形 D2 和情形 D5 都只具有 1 族周期轨道，退化平衡点情形 D3、情形 D4、情形 D6 和情形 D7 无周期轨道族。针对 23 个有不规则精确几何外形及引力场数据的小行星的计算结果显示（Wang et al. 2014），所有的平衡都属于情形 1、情形 2 或情形 5。这 23 个小天体包括 15 个小行星、5 个大行星的大卫星以及 3 个彗核。对于小行星（243）Ida、（101955）Bennu，大行星的小卫星木卫五 J5 Amalthea 以及彗核 103P/Hartley 2 等，体外平衡点的拓扑类型只属于情形 2 或情形 5。而对于其他的小天体来说，包括小行星（4）Vesta、(2867) Steins，大行星的卫星海卫八 N8 Proteus、土卫九 S9 Phoebe，彗核 1P/Halley 等来说，体外平衡点的拓扑类型只属于情形 1 或情形 2。本章假定所有的小行星都是匀速自旋的。事实上，绝大多数小天体都是匀速自旋的；也有极少数小天体处于翻滚状态，例如小行星（4179）Toutatis。

7.2.2 守恒量

下面的定理[23-25]给出了关于所有相对平衡点满足的守恒量，该守恒量可以限制平衡点的个数和特征值。

定理 1 设旋转不规则天体引力场中有 N 个相对平衡点，记 E_i 为第 i 个平衡点，$\lambda_j(E_i)$ 为平衡点 E_i 的第 j 个特征值。则有 $\sum_{i=1}^{N}\left[\operatorname{sgn}\prod_{j=1}^{6}\lambda_j(E_i)\right]=\text{const}$。

证明 平衡点切空间上的相对平衡点的运动方程可以表示为

$$\boldsymbol{M}\ddot{\boldsymbol{\rho}}+\boldsymbol{G}\dot{\boldsymbol{\rho}}+(\nabla^2 V)\boldsymbol{\rho}=0 \tag{7-1}$$

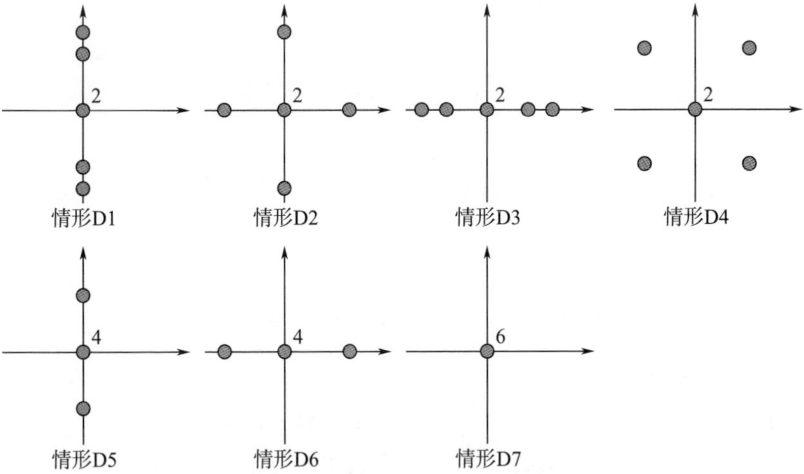

图 7-1　退化平衡点的拓扑类型

其中 $\boldsymbol{\rho}$ 为相对平衡点的位置，$\boldsymbol{M}$ 为 3×3 的单位矩阵，$\boldsymbol{G}=\begin{bmatrix}0 & -2\omega & 0\\ 2\omega & 0 & 0\\ 0 & 0 & 0\end{bmatrix}$，$\omega$ 为 $\boldsymbol{\omega}$ 的大小，$\nabla^2 V$ 为有效势的 Hessian 矩阵。记 $\dot{\boldsymbol{\rho}}=\boldsymbol{\chi}$ 和 $\boldsymbol{\Lambda}=\begin{bmatrix}\boldsymbol{\chi}\\ \boldsymbol{\rho}\end{bmatrix}$，将其代入方程（7-1）得到

$$\dot{\boldsymbol{\Lambda}}=\boldsymbol{g}(\boldsymbol{\Lambda})=\begin{pmatrix}\boldsymbol{0}_{3\times 3} & \boldsymbol{I}_{3\times 3}\\ -\boldsymbol{M}^{-1}(\nabla^2\boldsymbol{V}) & -\boldsymbol{M}^{-1}\boldsymbol{G}\end{pmatrix}\begin{bmatrix}\boldsymbol{\chi}\\ \boldsymbol{\rho}\end{bmatrix}=\boldsymbol{P\Lambda} \tag{7-2}$$

其中

$$\boldsymbol{P}=\begin{pmatrix}\boldsymbol{0}_{3\times 3} & \boldsymbol{I}_{3\times 3}\\ -\boldsymbol{M}^{-1}(\nabla^2 V) & -\boldsymbol{M}^{-1}\boldsymbol{G}\end{pmatrix} \tag{7-3}$$

构造函数 $f(\boldsymbol{r})=\nabla V$，则我们有 $\dfrac{\mathrm{d}f}{\mathrm{d}\boldsymbol{r}}=\nabla^2 V$ 和 $\det\boldsymbol{P}=\det(\nabla^2 V)$。

记 $\varXi$ 为开集使得所有平衡点都在其中，使用拓扑度理论于函数 $f(\boldsymbol{r})$，则得到

$$\sum_{i=1}^{N}\left[\operatorname{sgn}\prod_{j=1}^{6}\lambda_i(E_k)\right]=\deg[f,\ \varXi,\ (0,\ 0,\ 0)]=\mathrm{const} \tag{7-4}$$

此式可以重写为

$$\sum_{i=1}^{N}\left[\operatorname{sgn}\prod_{j=1}^{6}\lambda_{i}(E_{k})\right]=\sum_{i=1}^{N}\{\operatorname{sgn}[\det(\nabla^{2}V)]\}=\text{const} \quad (7-5)$$

由此定理，我们得出下面的推论。

推论 1 小行星引力场中的非退化相对平衡点的个数只能成对变化。

推论 2 考虑小行星引力场中的退化相对平衡点，在引力场参数变化下，一个退化相对平衡有以下 4 种可能之一：

1）消失；

2）变为 $k(k \in \mathbf{Z},\ k>0)$ 个退化相对平衡点；

3）变为 $2l(l \in \mathbf{Z},\ l>0)$ 个非退化相对平衡点；

4）变为 $k(k \in \mathbf{Z},\ k>0)$ 个退化相对平衡点和 $2l(l \in \mathbf{Z},\ l>0)$ 个非退化相对平衡点。

从平衡点的个数计算中，我们推出

推论 3 该守恒量的常数为 1，即 $\sum_{i=1}^{N}\left[\operatorname{sgn}\prod_{j=1}^{6}\lambda_{i}(E_{k})\right]=1$。因此，小行星引力场中的非退化相对平衡点的个数是奇数，可能为 1，3，5，7，9，…。在小行星的几何外形和旋转速度等参数变化下，非退化相对平衡点的个数只可能从一个奇数变为另一个奇数，而不会从一个奇数变为一个偶数。

定理 1 及其推论对于彗星也是成立的，例如彗星 1P/Halley、9P/Tempel1、67P、81P、103P/Hartley2 等。如果出现偶数个平衡点，则有奇数个平衡点是退化的，剩下的平衡点是非退化的，仍然满足非退化平衡点的个数是奇数的结论。

对于平面圆形限制性三体问题，传统的天体力学知识告诉我们有 5 个平衡点，事实上，把两个质点用无质量细长杆连接，则相当于一个匀速自旋的特殊的“小行星”。两个质点所处的位置处也是平衡点，因此平面圆形限制性三体问题的引力场中共有 7 个平衡点，也满足上述定理及其推论的结论。

7.2.3　小行星平衡点拓扑类型及分布

Elipe 和 Lara（2004）[15]发现了旋转巨型细直棒引力场中的 4 个相对平衡点；Scheeres et al.（2004）[26]发现了小行星（25143）Itokawa 引力场中的 4 个相对平衡点；此后，Scheeres（2006）[27]等发现了双小行星系统 1999 KW4 的主星引力场中的 4 个相对平衡点。Magri et al.（2011）[28]发现了近地连接双星 1996 HW_1 引力场中的 4 个相对平衡点，Scheeres（2012）[29]发现了小行星（1580）Betulia 引力场中的 6 个相对平衡点和彗星 67P/Churyumov－Gerasimenko 引力场中的 4 个相对平衡点，Jiang et al.（2014）[18]针对三个小行星（1620）Geographos、（4769）Castalia 和（6489）Golevka 进行计算，发现了每一个外部都有 4 个平衡点。以上的研究都是只发现了小天体引力场中的体外平衡点，未对体内平衡点进行搜寻计算。Wang et al.（2014）[19]计算了 23 个不规则小天体的体外及体内平衡点，包括小行星（4）Vesta、（216）Kleopatra、（243）Ida、（433）Eros、（951）Gaspra、（1620）Geographos、1996 HW_1、1998 KY_{26}、（2063）Bacchus、（2867）Steins、（4769）Castalia、（6489）Golevka、（25143）Itokawa、（52760）1998ML14、（101955）Bennu，大行星的不规则卫星木卫五 J5 Amalthea、火卫一 M1 Phobos、海卫八 N8 Proteus、土卫九 S9 Phoebe、土卫十六 S16 Prometheus，彗核 1P/Halley、9P/Tempel1 和 103P/Hartley2。Jiang et al.（2015）[23]进一步指出这 23 个小行星的相对平衡点都无零特征值，所以这些小行星都无退化平衡点。然而，存在旋转天体满足有奇数个平衡点，其中偶数个退化平衡点。也存在旋转天体满足有偶数个平衡点，其中奇数个平衡点是退化的。

7.3　平衡点的分岔与碰撞湮灭

记 P 为参数，P_0 为参数在分岔点的值。本章守恒量不仅可以限制平衡点的个数与特征值，还可以限制在引力场参数变化下平衡点的分岔类型。推论 4～推论 10 给出了小行星引力场中相对平衡点的部分可能的分岔。

推论 4 跨临界分岔（Transcritical bifurcation）：参数变化时，非退化平衡点的个数从 $2k+3(k \in \mathbf{Z}, k \geqslant 0)$ 变为 $2k+1(k \in \mathbf{Z}, k \geqslant 0)$，同时两个非退化平衡点分别属于情形 1 和情形 2 碰撞并变为一个退化平衡点，该退化平衡点的拓扑类型为情形 D1，此后参数继续变化，该退化平衡点变为 2 个非退化平衡点，其拓扑类型分别为情形 1 和情形 2：

$$\left.\begin{matrix}\text{情形 1}\\\text{情形 2}\end{matrix}\right\}\Rightarrow\text{情形 D1}\Rightarrow\left\{\begin{matrix}\text{情形 1}\\\text{情形 2}\end{matrix}\right.$$

推论 5 拟跨临界分岔（Quasi - Transcritical bifurcation）：参数变化时，非退化平衡点的个数从 $2k+3(k \in \mathbf{Z}, k \geqslant 0)$ 变为 $2k+1(k \in \mathbf{Z}, k \geqslant 0)$，同时两个非退化平衡点分别属于情形 2 和情形 5 碰撞并变为一个退化平衡点，该退化平衡点的拓扑类型为情形 D5，此后参数继续变化，该退化平衡点变为 2 个非退化平衡点，其拓扑类型分别为情形 2 和情形 5：

$$\left.\begin{matrix}\text{情形 2}\\\text{情形 5}\end{matrix}\right\}\Rightarrow\text{情形 D5}\Rightarrow\left\{\begin{matrix}\text{情形 2}\\\text{情形 5}\end{matrix}\right.$$

推论 6 鞍结分岔（Saddle - Node bifurcation）：参数变化时，非退化平衡点的个数从 $2k+3(k \in \mathbf{Z}, k \geqslant 0)$ 变为 $2k+1(k \in \mathbf{Z}, k \geqslant 0)$，同时两个非退化平衡点分别属于情形 1 和情形 2 碰撞并变为一个退化平衡点，该退化平衡点的拓扑类型为情形 D1，此后参数继续变化，该退化平衡点消失：

$$\left.\begin{matrix}\text{情形 1}\\\text{情形 2}\end{matrix}\right\}\Rightarrow\text{情形 D1}\Rightarrow\text{Disappear}$$

此外，参数变化时，非退化平衡点的个数也可从 $2k+1(k \in \mathbf{Z}, k \geqslant 0)$ 变为 $2k+3(k \in \mathbf{Z}, k \geqslant 0)$，此时一个退化平衡点产生，该退化平衡点的拓扑类型为情形 D1，参数继续变化，该退化平衡点变为

2 个非退化平衡点，两个非退化平衡点分别属于情形 1 和情形 2：

$$\text{Disappear}\Rightarrow\text{情形 D1}\Rightarrow\left.\begin{matrix}\text{情形 1}\\\text{情形 2}\end{matrix}\right\}$$

假定参数增加时鞍结分岔发生，从推论 6 可见，拓扑类型情形 1 和情形 2 的两个平衡点发生碰撞湮灭。从此种情况来看，当 $P<P_0$ 时候，两个非退化平衡点分别属于情形 1 和情形 2 逐步接近；当 $P=P_0$ 时候，这 2 个非退化平衡点碰撞为一个属于情形 D1 的退化平衡点；当 $P>P_0$ 时候，这个属于情形 D1 的退化平衡点消失。

推论 7　鞍鞍分岔（Saddle - Saddle bifurcation）：参数变化时，非退化平衡点的个数从 $2k+3(k\in\mathbf{Z},\ k\geqslant 0)$ 变为 $2k+1(k\in\mathbf{Z},\ K\geqslant 0)$，同时两个非退化平衡点分别属于情形 2 和情形 5 碰撞并变为一个退化平衡点，该退化平衡点的拓扑类型为情形 D5，此后参数继续变化，该退化平衡点消失：

$$\left.\begin{matrix}\text{情形 2}\\\text{情形 5}\end{matrix}\right\}\Rightarrow\text{情形 D5}\Rightarrow\text{Disappear}$$

此外，参数变化时，非退化平衡点的个数也可从 $2k+1(k\in\mathbf{Z},\ k\geqslant 0)$ 变为 $2k+3(k\in\mathbf{Z},\ k\geqslant 0)$，此时一个退化平衡点产生，该退化平衡点的拓扑类型为情形 D5，参数继续变化，该退化平衡点变为 2 个非退化平衡点，两个非退化平衡点分别属于情形 2 和情形 5：

$$\text{Disappear}\Rightarrow\text{情形 D5}\Rightarrow\left.\begin{matrix}\text{情形 2}\\\text{情形 5}\end{matrix}\right\}$$

推论 8　双鞍结分岔（Binary Saddle - Node bifurcation）：参数变化时，退化平衡点的个数从 $2k+3(k\in\mathbf{Z},\ k\geqslant 0)$ 变为 $2k+1(k\in\mathbf{Z},\ k\geqslant 0)$，同时以下两种情况之一发生：

1）4 个非退化平衡，2 个属于情形 1 而另外 2 个属于情形 2。一个属于情形 1 的非退化平衡和另外一个属于情形 2 的非退化平衡碰撞并变为 1 个属于情形 D1 的退化平衡点，然后再变为一个属于情形 1 的非退化平衡点。同时另外 2 个非退化平衡点分别属于情形 1 和情形 2 碰撞并变为情形 D1，然后再变为一个情形 2 的非退化平衡点。

这个过程是 2 次碰撞同时发生，2 次变为非退化平衡也同时发生：

$$\left.\begin{aligned}&\left.\begin{matrix}\text{情形 1}\\\text{情形 2}\end{matrix}\right\}\Rightarrow\text{情形 D1}\Rightarrow\text{情形 1}\\&\left.\begin{matrix}\text{情形 1}\\\text{情形 2}\end{matrix}\right\}\Rightarrow\text{情形 D1}\Rightarrow\text{情形 2}\end{aligned}\right\}$$

2）4 个非退化平衡，2 个属于情形 2 而另外 2 个属于情形 5。一个属于情形 2 的非退化平衡和另外一个属于情形 5 的非退化平衡碰撞并变为 1 个属于情形 D5 的退化平衡点，然后再变为一个属于情形 2 的非退化平衡点。同时另外 2 个非退化平衡点分别属于情形 2 和情形 5 碰撞并变为情形 D5，然后再变为一个情形 5 的非退化平衡点。这个过程也是 2 次碰撞同时发生，2 次变为非退化平衡也同时发生：

$$\left.\begin{aligned}&\left.\begin{matrix}\text{情形 2}\\\text{情形 5}\end{matrix}\right\}\Rightarrow\text{情形 D5}\Rightarrow\text{情形 2}\\&\left.\begin{matrix}\text{情形 2}\\\text{情形 5}\end{matrix}\right\}\Rightarrow\text{情形 D5}\Rightarrow\text{情形 5}\end{aligned}\right\}$$

推论 9 超临界树枝分岔（Supercritical Pitchfork bifurcation）：参数变化时，退化平衡点的个数从 $2k+3(k\in\mathbf{Z},\ k\geqslant 0)$ 变为 $2k+1(k\in\mathbf{Z},\ k\geqslant 0)$，同时，3 个非退化平衡点，2 个属于情形 1 而另一个属于情形 2，在分岔点发生三重碰撞并变为一个属于情形 1 的非退化平衡点。此外，退化平衡点的个数也可以从 $2k+1(k\in\mathbf{Z},\ k\geqslant 0)$ 变为 $2k+3(k\in\mathbf{Z},\ k\geqslant 0)$，同时，1 个属于情形 1 的非退化平衡点，变为 3 个非退化平衡点，2 个属于情形 1 而另一个属于情形 2：

$$\left.\begin{matrix}\text{情形 1}\\\text{情形 2}\\\text{情形 1}\end{matrix}\right\}\Leftrightarrow\text{情形 1}$$

推论 10 亚临界树枝分岔（Subcritical Pitchfork bifurcation）：参数变化时，退化平衡点的个数从 $2k+3(k\in\mathbf{Z},\ k\geqslant 0)$ 变为 $2k+1(k\in\mathbf{Z},\ k\geqslant 0)$，同时以下两种情况之一发生：

1）三个非退化平衡点，2 个属于情形 2 而另一个属于情形 1，于分岔点三重碰撞并变为一个属于情形 2 的非退化平衡点：

$$\left.\begin{array}{l}\text{情形 }2\\ \text{情形 }1\\ \text{情形 }2\end{array}\right\}\Leftrightarrow\text{情形 }2$$

2）三个非退化平衡点，分别属于情形 1、情形 2、情形 5，于分岔点三重碰撞并变为一个属于情形 5 的非退化平衡点：

$$\left.\begin{array}{l}\text{情形 }1\\ \text{情形 }2\\ \text{情形 }5\end{array}\right\}\Leftrightarrow\text{情形 }5$$

此外，我们知道，非退化平衡点的三重碰撞并湮灭化为乌有是不可能的，因为三个非退化平衡点碰撞并全部消失，会导致非退化平衡点的个数变为偶数，与前述结论矛盾。上述所有过程，非退化平衡点的个数都可以从 $2k+1(k \in \mathbf{Z}, k \geqslant 0)$ 变为 $2k+3(k \in \mathbf{Z}, k \geqslant 0)$。

考虑主带三小行星系统（216）Kleopatra，应用以上结果来计算参数变化下该小行星系统主星引力场中平衡点的碰撞与湮灭。密度取为 $3.6\ \mathrm{g \cdot cm^{-3}}$，大小和几何外形数据同此前使用的一样。小行星（216）Kleopatra 的主星有 7 个相对平衡点[14,18,19]，所有这 7 个相对平衡点都是非退化的[23,24]，其中 4 个外部平衡点都是不稳定的[18]，3 个内部平衡点有 2 个稳定 1 个不稳定[19]。图 7-2 给出了小行星（216）Kleopatra[30-34]赤道面内的有效势，从图中可清晰地看到赤道面的有效势有 7 个临界点，可以帮助我们理解小行星（216）Kleopatra 引力场中 7 个平衡点及其稳定性。

令旋转速度 ω 为参数，则旋转速度变化时，小行星（216）Kleopatra 的相对平衡点的个数将发生变化。如果 $1.0\omega_0 \leqslant \omega \leqslant 4.270773\omega_0$，其中 $\omega_0=\dfrac{2\pi}{5.385}h^{-1}$，令旋转速度逐渐增大，结果表明 $\omega=1.944586\omega_0$、$\omega=2.03694\omega_0$ 和 $\omega=4.270773\omega_0$ 是分岔点。在这三个分岔点上，2 个平衡点碰撞并相互湮灭。图 7-3 给出了旋转速

度 ω 从 $1.0\omega_0$ 变为 $\omega=4.270773\omega_0$ 的过程中，平衡点的个数及其位置。当旋转速度值大于 $4.270773\omega_0$ 的时候，平衡点的个数、拓扑类型、稳定性以及惯性指数都和旋转速度等于 $4.270773\omega_0$ 的时候相同。表 7-1 给出了旋转速度作为参数，旋转速度在变化下，小行星（216）Kleopatra 平衡点的位置。表 7-2 给出了旋转速度变化下，平衡点的拓扑类型及稳定性。

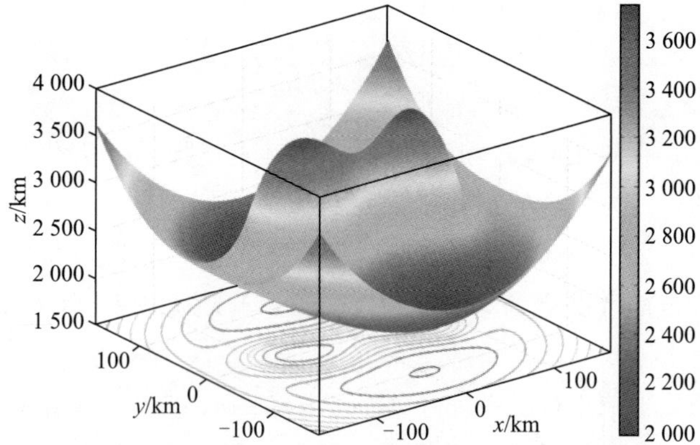

图 7-2　小行星（216）Kleopatra 赤道面内的有效势，单位为 $m^2 \cdot s^{-2}$

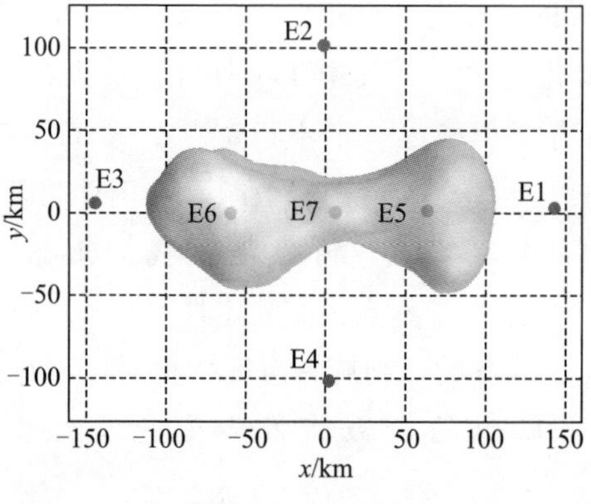

(a)　$\omega=1.0\omega_0$

图 7-3　旋转速度 ω 从 $1.0\omega_0$ 变为 $\omega=4.270773\omega_0$ 的过程中，平衡点的个数及其位置

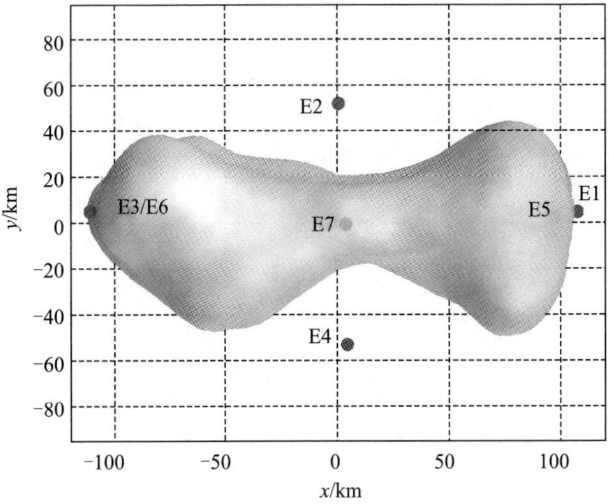

（b） $\omega=1.944586\omega_0$

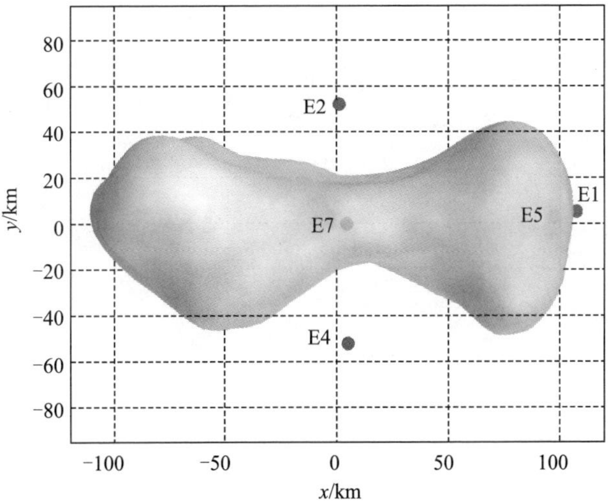

（c） $\omega=1.944587\omega_0$

图 7-3 旋转速度 ω 从 $1.0\omega_0$ 变为 $\omega=4.270773\omega_0$ 的过程中，平衡点的个数及其位置（续一）

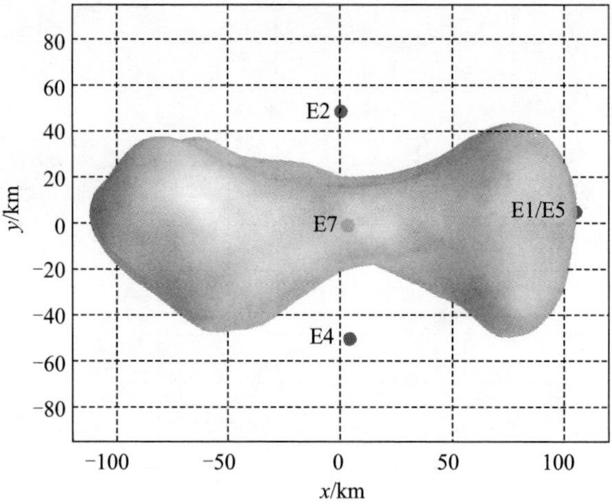

(d)　$\omega=2.03694\omega_0$

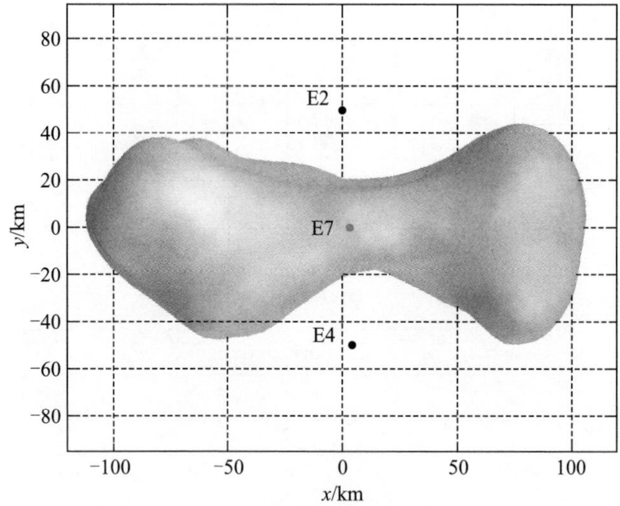

(e)　$\omega=2.03695\omega_0$

图 7-3　旋转速度 ω 从 $1.0\omega_0$ 变为 $\omega=4.270773\omega_0$ 的过程中，平衡点的个数及其位置（续二）

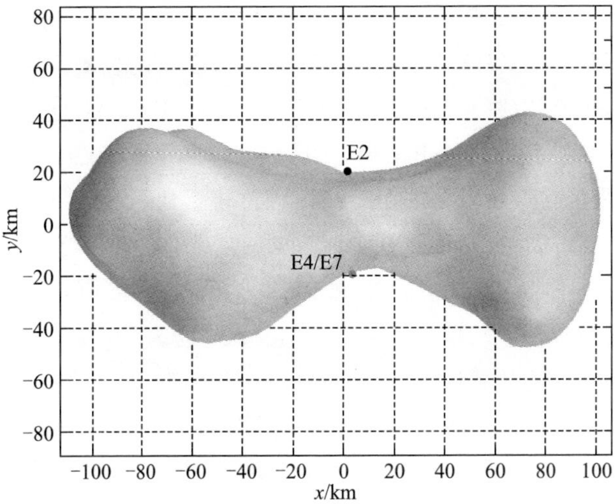

(f)　$\omega=4.270772\omega_0$

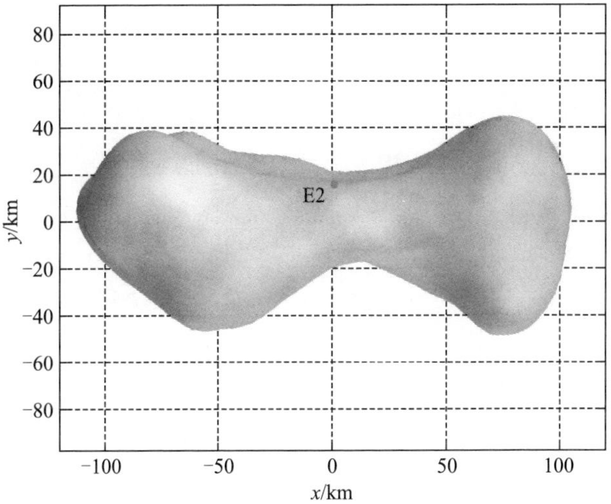

(g)　$\omega=4.270773\omega_0$

图 7-3　旋转速度 ω 从 $1.0\omega_0$ 变为 $\omega=4.270773\omega_0$ 的过程中，平衡点的个数及其位置（续三）

开始时，旋转速度为 $\omega=1.0\omega_0$，有 7 个平衡点。当转速从 $\omega=1.0\omega_0$ 变为 $\omega=1.944586\omega_0$ 的过程中，平衡点的位置发生变化，平衡点 E3 和 E6 碰撞并且变为一个退化平衡点 E3/E6，该退化平衡点 E3/E6 的拓扑类型为情形 D1。在这个过程中，平衡点 E2 和 E4 向内移动，平衡点 E1 和 E5 也在逐渐接近。转速从 $\omega=1.944586\omega_0$ 变为 $\omega=1.944587\omega_0$ 的时候，退化平衡点 E3/E6 消失，只剩下 5 个平衡点，分别为 E1、E2、E4、E5 和 E7。平衡点 E3 和 E6 碰撞并湮灭的分岔为鞍结分岔。转速从 $\omega=1.944587\omega_0$ 变为 $\omega=2.03694\omega_0$ 的过程中，平衡点的位置继续发生变化，平衡点 E1 和 E5 碰撞并变为一个退化平衡点 E1/E5，该退化平衡点 E1/E5 的拓扑类型为情形 D1。转速从 $\omega=2.03694\omega_0$ 变为 $\omega=2.03695\omega_0$，则退化平衡点 E1/E5 消失。此时只有剩下 3 个平衡点，分别为 E2、E4 和 E7。平衡点 E1 和 E5 碰撞并相互湮灭的分岔仍然是鞍结分岔。令转速从 $\omega=2.03695\omega_0$ 变为 $\omega=4.270772\omega_0$，则剩余三个平衡点的位置继续发生变化，平衡点 E4 和 E7 碰撞并变为 1 个退化平衡点 E4/E7，该退化平衡点 E4/E7 的拓扑类型为情形 D5。当转速从 $\omega=4.270772\omega_0$ 变为 $\omega=4.270773\omega_0$ 的过程中，退化平衡点 E4/E7 消失，此时只剩下一个平衡点 E2。平衡点 E4/E7 碰撞湮灭的分岔为鞍鞍分岔。从图 7－3（g）可见，当 $\omega=4.270773\omega_0$ 的时候，只有一个平衡点 E2，E2 同初始时候的中心平衡点 E7 不同，在转速变化下，初始时刻中心平衡点 E7 发生了碰撞湮灭，由此前的体外平衡点 E2 进入体内，成为最终遗留下来的唯一的一个平衡点。

从表 7－1 和表 7－2 可见，转速变化下所有的平衡点的位置都发生变化。整个转速变化过程中，只有三类非退化平衡点，分别为情形 1、情形 2 和情形 5；只有两类退化平衡点，分别为情形 D1 和情形 D5。从图 7－3（a）和表 7－1 可见，当 $\omega=1.0\omega_0$ 的时候，（216）Kleopatra 的外部有 4 个非退化平衡点，而内部有 3 个非退化平衡点。平衡点的位置具有某种意义上的对称特性，所有的平衡点都在（216）Kleopatra 的本体固连坐标系的 x 轴和 y 轴附近，并且两两之间同质心相对。同质心相对的平衡点具有相同的拓扑类型，其中 E1 和 E3 相对、E2 和 E4 相对、E5 和 E6 相对。这是由于（216）Kleopatra 的连接双星结构左右两块大小接近相等。这种对称特性在转速满足 $1.0\omega_0 \leqslant \omega \leqslant 1.944586\omega_0$ 的时候仍然保持，而在 $1.944586\omega_0 < \omega < 2.03694\omega_0$ 的时候丧失。当 $1.944586\omega_0 < \omega < 2.03695\omega_0$ 的时候，只有 y 轴附近的平衡点 E2 和 E4 具有相同的拓扑类型，从而保持着对称特性。当 $\omega \geqslant 2.03695\omega_0$ 时，对称特性不再保持。

在表 7-2 中，给出了平衡点的线性稳定性、拓扑类型、平衡点处有效势的 Hessian 矩阵正定与否以及平衡点处有效势的 Hessian 矩阵的惯性指数。当 $\omega = 1.0\omega_0$ 时，平衡点 E5 和 E6 是线性稳定的，这两个平衡点处的有效势的 Hessian 矩阵正定，并且 Hessian 矩阵的正惯性指数为 3。当 $\omega = 4.270772\omega$ 的时候，只有 2 个平衡点，分别是退化平衡点 E4/E7 和非退化平衡点 E2，平衡点 E2 是线性稳定的，但平衡点 E2 处的有效势的 Hessian 矩阵非正定，Hessian 矩阵的正/负惯性指数分别为 1 和 2。这说明平衡点 E2 是不稳定的，虽然它是线性稳定的。当 $\omega \geqslant 4.270773\omega_0$ 的时候，只剩下一个平衡点 E2 是非退化的，平衡点 E2 是线性稳定的但也是不稳定的，它的有效势的 Hessian 矩阵非正定。

表 7-1　转速变化下小行星（216）Kleopatra 的平衡点位置

ω	平衡点	x/km	y/km	z/km
$\omega = 1.0\omega_0$	E1	142.8529	2.44128	1.18154
	E2	−1.16386	100.740	−0.545911
	E3	−144.684	5.18876	−0.272475
	E4	2.22996	−102.103	0.271873
	E5	63.4441	0.827510	−0.694539
	E6	−59.5426	−0.969171	−0.191990
	E7	6.21921	−0.198684	−0.308407

续表

ω	平衡点	x/km	y/km	z/km
$\omega=1.944586\omega_0$	E1	107.364	4.94478	3.92404
	E2	0.205470	52.1013	−1.36327
	E3/E6	−111.610	5.10818	−3.95857
	E4	4.11958	−52.7590	0.601498
	E5	97.3692	2.95336	2.67332
	E7	3.52509	−0.376938	−0.209140
$\omega=1.944587\omega_0$	E1	107.364	4.94478	3.92404
	E2	0.205470	52.1013	−1.36328
	E4	4.11959	−52.7591	0.601498
	E5	97.3692	2.95337	2.67332
	E7	3.52509	−0.376939	−0.209140
$\omega=2.03694\omega_0$	E1/E5	105.630	5.54863	4.40158
	E2	0.310281	49.4763	−1.43647
	E4	4.17061	−49.9763	0.638675
	E7	3.33339	−0.398195	−0.202037
$\omega=2.03695\omega_0$	E2	0.310282	49.4763	−1.43648
	E4	4.17062	−49.9764	0.638676
	E7	3.33339	−0.398196	−0.202037
$\omega=4.270772\omega_0$	E2	1.09452	16.4117	−2.66997
	E4/E7	3.11753	−18.3502	2.60562
$\omega=4.270773\omega_0$	E2	1.09452	16.4116	−2.66995

表 7-2　转速变化下，小行星（216）Kleopatra 平衡点的拓扑类型与稳定性

ω	平衡点	拓扑类型	稳定性	$\nabla^2 V$	惯性指数
$\omega=1.0\omega_0$	E1	2	U	N	2/1
	E2	5	U	N	1/2
	E3	2	U	N	2/1
	E4	5	U	N	1/2
	E5	1	LS	P	3/0
	E6	1	LS	P	3/0
	E7	2	U	N	2/1
$\omega=1.944586\omega_0$	E1	2	U	N	2/1
	E2	5	U	N	1/2
	E3/E6	D1	D	N	2/0
	E4	5	U	N	1/2
	E5	1	LS	P	3/0
	E7	2	U	N	2/1
$\omega=1.944587\omega_0$	E1	2	U	N	2/1
	E2	5	U	N	1/2
	E4	5	U	N	1/2
	E5	1	LS	P	3/0
	E7	2	U	N	2/1
$\omega=2.03694\omega_0$	E1/E5	D1	D	N	2/0
	E2	5	U	N	1/2
	E4	5	U	N	1/2
	E7	2	U	N	2/1
$\omega=2.03695\omega_0$	E2	5	U	N	1/2
	E4	5	U	N	1/2
	E7	2	U	N	2/1

续表

ω	平衡点	拓扑类型	稳定性	$\nabla^2 V$	惯性指数
$\omega=4.270772\omega_0$	E2	1	LS	N	1/2
	E4/E7	D5	D	N	2/0
$\omega=4.270773\omega_0$	E2	1	LS	N	1/2

注：LS—线性稳定（linearly stable）；U—不稳定（unstable）；D—退化（degenerate）；P—正定（positive definite）；N—非正定（non - positive definite）；有效势Hessian矩阵的惯性指数（Index of inertia）—正/负惯性指数（positive/negative index of inertia）。

7.4 本章小结

本章介绍了小行星参数变化下平衡点的碰撞与湮灭。其中关于小行星所有相对平衡点满足的守恒量可以限制平衡点的数量和特征值。非退化平衡点的个数不可能为偶数，只能为奇数。此外，守恒量还可以限制平衡点的分岔类型。非退化平衡点的三重碰撞湮灭不存在。本章还介绍了多种类型的平衡点之间的分岔，包括鞍结分岔、鞍鞍分岔、跨临界分岔、超临界树枝分岔、亚临界树枝分岔等。以小行星旋转速度为参数，则在转速变化下小行星的平衡点会发生碰撞并相互湮灭的现象。其逆过程也存在，即退化平衡点凭空产生，然后衍生出 2 个非退化平衡点。在三小行星系统（216）Kleopatra的主星引力场中，转速变化时会出现平衡点的鞍结分岔和鞍鞍分岔。

参 考 文 献

[1] Chesley S R，Chamberlin A B. Direct detection of the Yarkovsky effect by radar ranging to asteroid 6489 Golevka ［J］. Science，2003，302 (5651)：1739 - 1742.

[2] Taylor P A，Margot J L，Vokrouhlicky D，et al. Spin rate of asteroid (54509) 2000 PH5 increasing due to the YORP effect. ［J］. Science，2007，316 (5822)：274 - 277.

[3] Lupishko D，Tielieusova I. Influence of the YORP effect on rotation rates of near - Earth asteroids ［J］. Meteoritics and Planetary Science，2013，49 (1)：80 - 85.

[4] Couzinet B，Pholsena M，And J Y，et al. Collisions and gravitational re-accumulation：forming asteroid families and satellites ［J］. Science，2001，294 (5547)：1696 - 1700.

[5] Richardson J E，Melosh H J，Greenberg R. Impact - induced seismic activity on asteroid 433 Eros：a surface modification process ［J］. Science，2004，306 (5701)：1526 - 1529.

[6] Campins H，Hargrove K，Pinillaalonso N，et al. Water ice and organics on the surface of the asteroid 24 Themis ［J］. Nature，2010，464 (7293)：1320 - 1321.

[7] Gov J N. Disruption of kilometer - sized asteroids by energetic collisions ［J］. Nature，1998，393 (6684)：437 - 440.

[8] Nesvorny D，Jr B W，Dones L，et al. The recent breakup of an asteroid in the main - belt region ［J］. Nature，2002，417 (6890)：720 - 771.

[9] Rubincam D P. Radiative Spin - up and Spin - down of Small Asteroids ［J］. Icarus，2000，148 (1)：2 - 11.

[10] Durech J，Vokrouhlicky D，Kaasalainen M，et al. Detection of the YORP effect in asteroid (1620) Geographos ［J］. Astronomy and Astrophysics，2008，489 (2)：L25 - L28.

[11] Walsh K J, Richardson D C, Michel P. Rotational breakup as the origin of small binary asteroids [J]. Nature, 2008, 454 (7201): 188-191.

[12] Walsh K J, Richardson D C, Michel P. Spin - up of rubble - pile asteroids: Disruption, satellite formation, and equilibrium shapes [J]. Icarus, 2012, 220 (2): 514-529.

[13] Richardson D C, Elankumaran P, Sanderson R E. Numerical experiments with rubble piles: equilibrium shapes and spins [J]. Icarus, 2005, 173 (2): 349-361.

[14] Hirabayashi M, Scheeres D J. Analysis of Asteroid (216) Kleopatra using dynamical and structural constraints [J]. Astrophysical Journal, 2014, 780 (2): 386-406.

[15] Elipe A, Lara M. A simple model for the chaotic motion around (433) Eros [J]. Journal of the Astronautical Sciences, 2004, 51 (4): 391-404.

[16] Palacian J F, Yanguas P, Gutierrezromero S. Approximating the Invariant Sets of a Finite Straight Segment near Its Collinear Equilibria [J]. SIAM Journal on Applied Dynamical Systems, 2006, 5 (1): 12-29.

[17] Liu X, Baoyin H, Ma X. Equilibria, periodic orbits around equilibria, and heteroclinic connections in the gravity field of a rotating homogeneous cube [J]. Astrophysics and Space Science, 2011, 333 (2): 409-418.

[18] Jiang Y, Baoyin H, Li J, et al. Orbits and manifolds near the equilibrium points around a rotating asteroid [J]. Astrophysics and Space Science, 2014, 349 (1): 83-106.

[19] Wang X, Jiang Y, Gong S. Analysis of the Potential Field and Equilibrium Points of Irregular - shaped Minor Celestial Bodies [J]. Astrophysics and Space Science, 2014, 353 (1): 105-121.

[20] Jiang Y. Equilibrium points and periodic orbits in the vicinity of asteroids with an application to 216 Kleopatra [J]. Earth, Moon, and Planets, 2015, 115 (1-4): 31-44.

[21] Chanut G G T, Winter C O, Amarante A, et al. 3D plausible orbital stability close to asteroid (216) Kleopatra [J]. Monthly Notices of the Royal Astronomical Society, 2015, 452 (2): 1316-1327.

[22] Romanov V A, Doedel E J. Periodic orbits associated with the libration points of the homogeneous rotating gravitating triaxial ellipsoid [J]. In-

ternational Journal of Bifurcation and Chaos，2012，22 (10)：1230035.

[23] Jiang Y，Baoyin H，Li H. Collision and Annihilation of Relative Equilibrium Points Around Asteroids with a Changing Parameter [J] . Monthly Notices of the Royal Astronomical Society，2015，452 (4)：3924 - 3931.

[24] Jiang Y，Baoyin H，Wang X，et al. Order and chaos near equilibrium points in the potential of rotating highly irregular - shaped celestial bodies [J] . Nonlinear Dynamics，2016，83 (1)：231 - 252.

[25] Jiang Y，Baoyin H，Li H. Periodic motion near the surface of asteroids [J] . Astrophysics and Space Science，2015，360 (2)：62.

[26] Scheeres D J，Broschart S，Ostro S J，Benner L. The dynamical environment about asteroid 25143 Itokawa：target of the Hayabusa mission [C] . Proceedings of the AIAA/AAS Astrodynamics Specialist Conference and Exhibit. 2004.

[27] Scheeres D J，Fahnestock E G，Ostro S J，et al. Dynamical configuration of binary near - Earth asteroid (66391) 1999 KW4 [J] . Science，2006，314 (5803)：1280 - 1283.

[28] Magri C，Howell E S，Nolan M C，et al. Radar and photometric observations and shape modeling of contact binary near - Earth Asteroid (8567) 1996 HW1 [J] . Icarus，2011，214 (1)：210 - 227.

[29] Scheeres D J. Orbital mechanics about small bodies [J] . Acta Astronautica，2012，72：21 - 34.

[30] Descamps P，Marchis F，Berthier J，et al. Triplicity and physical characteristics of Asteroid (216) Kleopatra [J] . Icarus，2011，211 (2)：1022 -1033.

[31] Jiang Y，Yu Y，Baoyin H. Topological classifications and bifurcations of periodic orbits in the potential field of highly irregular - shaped celestial bodies [J] . Nonlinear Dynamics，2015，81 (1 - 2)：119 - 140.

[32] Ostro S J，Hudson R S，Nolan M C，et al. Radar observations of asteroid 216 kleopatra [J] . Science，2000，288 (5467)：836 - 839.

[33] Neese C. Small Body Radar Shape Models V2. 0. EAR - A - 6. DDR - RADARSHAPE - MODELS - V2. 0，NASA Planetary Data System，2004.

[34] Stooke P. Small body shape models. EAR - A - 6. DDR - STOOKE - SHAPE - MODELS - V1. 0. NASA Planetary Data System，2002.

第8章　双小行星系统探测器动力学

8.1　引言

自第一个双小行星系统（243）Ida 和 Dactyl 于 1993 年发现以来[1]，已经发现了数百个双小行星系统[2]。大约 16%的大于 200 m 大小的近地小行星可能是双小行星系统[3]。双小行星系统的发现使得双小行星系统的动力学研究成为轨道力学中的重要的课题之一。双小行星系统的动力学研究可以帮助我们理解双小行星系统的运动与演化、太阳系形成早期的小天体系统的形成过程，还可以帮助指导针对双小行星系统的深空探测任务的设计。

Maciejewski（1995）[4]介绍了引力全二体问题（Full two - body problem）的动力学模型与相对平衡，给出了全二体问题的引力势能、引力以及引力合力矩。Koon et al.（2004）[5]讨论了双小行星系统的动力学方程，使用几何力学的方法得到了系统约化相空间的表述。双小行星系统的动力学方程也可以通过李群变分与积分的方法来表示[6,7]。Scheeres（2002）[8]分析了引力全二体问题的稳定条件，而 Hill 不稳定情形则通过三轴椭球模型来初步模拟[9]。

本章主要研究双小行星系统的动力学行为，包括大尺度比双小行星系统的动力学简化与平衡状态，一般双小行星系统的动力学、相对平衡满足的条件与规律，双小行星系统主星地形地貌等。

8.2　大尺度比双小行星系统简化模型与动力学分析

大尺度比双小行星系统的动力学可以使用球形限制性全二体问

题来初步模拟[10]。本章考虑大尺度比双小行星系统的引力场中的动力学机制，包括动力学方程、系统有效势、零速度面、系统有效势的临界点以及双小行星系统的拟周期运动。

8.2.1　动力学方程、有效势与轨道稳定性

大尺度比双小行星系统的动力学可以通过一个强不规则形的天体和一个在其赤道面内运动的球形天体初步模拟[11]。其中强不规则形的天体的大小远大于球形天体的大小。该双小行星系统[11]的相对于惯性空间的动能为

$$T=\frac{1}{2}m\dot{\boldsymbol{r}}\cdot\dot{\boldsymbol{r}}+\frac{1}{2}M\dot{\boldsymbol{R}}\cdot\dot{\boldsymbol{R}}+\frac{1}{2}I_{zz}\dot{\theta}^2 \tag{8-1}$$

其中 M 是双小行星系统中大天体的质量，m 是系统中球形小天体的质量，$\boldsymbol{R}$ 是惯性中心指向大天体质心的位置矢量，$\boldsymbol{r}$ 是惯性中心指向小天体质心的位置矢量，z 轴垂直于系统的运动平面，I_{zz} 是大天体的惯量矩在 z 轴的分量，θ 是大天体相对于惯性空间的旋转角度。

定义运动的固定坐标系为：原点为双小行星系统的质心，x 轴指向小天体的质心，y 轴在运动平面内和 x 轴垂直，z 轴指向运动平面法向并和 x、y 轴成右手系。令 $\tilde{\boldsymbol{q}}=\boldsymbol{r}-\boldsymbol{R}$，则双小行星系统相对于动坐标系的共有动能为

$$T=\frac{mM}{2(m+M)}(\dot{\tilde{\boldsymbol{q}}}+\boldsymbol{\Omega}\times\tilde{\boldsymbol{q}})\cdot(\dot{\tilde{\boldsymbol{q}}}+\boldsymbol{\Omega}\times\tilde{\boldsymbol{q}})+\frac{1}{2}I_{zz}\dot{\theta}^2 \tag{8-2}$$

系统的 Lagrange 函数相对于动坐标系可以表示为

$$L=\frac{mM}{2(m+M)}(\dot{\tilde{\boldsymbol{q}}}+\boldsymbol{\Omega}\times\tilde{\boldsymbol{q}})\cdot(\dot{\tilde{\boldsymbol{q}}}+\boldsymbol{\Omega}\times\tilde{\boldsymbol{q}})+\frac{1}{2}I_{zz}\dot{\theta}^2-U(\tilde{\boldsymbol{q}},\ \theta) \tag{8-3}$$

广义动量为

$$\boldsymbol{P}=\begin{bmatrix}\dfrac{mM(\dot{\tilde{\boldsymbol{q}}}+\boldsymbol{\Omega}\times\tilde{\boldsymbol{q}})}{(m+M)}\\ I_{zz}\dot{\theta}\end{bmatrix} \tag{8-4}$$

广义坐标为

$$\boldsymbol{Q}=\begin{bmatrix}\tilde{\boldsymbol{q}}\\ \theta\end{bmatrix} \tag{8-5}$$

此时

$$\frac{\partial L}{\partial \dot{\boldsymbol{Q}}}=\begin{bmatrix}\dfrac{mM}{(m+M)}(\dot{\tilde{\boldsymbol{q}}}+\boldsymbol{\Omega}\times\tilde{\boldsymbol{q}})\\ I_{zz}\dot{\theta}\end{bmatrix} \tag{8-6}$$

$$\frac{\partial L}{\partial \boldsymbol{Q}}=\begin{bmatrix}\dfrac{mM}{(m+M)}(\dot{\tilde{\boldsymbol{q}}}+\boldsymbol{\Omega}\times\tilde{\boldsymbol{q}})\times\boldsymbol{\Omega}-\dfrac{\partial U(\tilde{\boldsymbol{q}},\theta)}{\partial \tilde{\boldsymbol{q}}}\\ 0\end{bmatrix} \tag{8-7}$$

定义系统的共有有效势为

$$V(\tilde{\boldsymbol{q}},\theta)=U(\tilde{\boldsymbol{q}},\theta)-\frac{mM}{2(m+M)}(\boldsymbol{\Omega}\times\tilde{\boldsymbol{q}})\cdot(\boldsymbol{\Omega}\times\tilde{\boldsymbol{q}})+\frac{1}{2}I_{zz}\dot{\theta}^2 \tag{8-8}$$

因此系统的共有 Jacobi 积分可以通过下式表示

$$H=V(\tilde{\boldsymbol{q}},\theta)+\frac{mM}{2(m+M)}\dot{\tilde{\boldsymbol{q}}}\cdot\dot{\tilde{\boldsymbol{q}}} \tag{8-9}$$

该大尺度比双小行星系统的共有的零速度面通过下式确定

$$V(\tilde{\boldsymbol{q}},\theta)=H \tag{8-10}$$

方程 $V(\tilde{\boldsymbol{q}},\theta)=H$ 蕴含着相对速度 $\dot{\boldsymbol{Q}}$ 为零，即广义坐标的导数为零。整个流形被零速度面分为两个区域，其中不等式 $V(\tilde{\boldsymbol{q}},\theta)>H$ 确定了系统运动的禁区，而不等式 $V(\tilde{\boldsymbol{q}},\theta)\leqslant H$ 确定了系统运动的可行区域。

双小行星系统的动力学方程可以表示为

$$\begin{cases}\dfrac{mM}{(m+M)}[\ddot{\tilde{\boldsymbol{q}}}+2\boldsymbol{\Omega}\times\dot{\tilde{\boldsymbol{q}}}+\dot{\boldsymbol{\Omega}}\times\tilde{\boldsymbol{q}}]+\dfrac{\partial V(\tilde{\boldsymbol{q}},\theta)}{\partial \tilde{\boldsymbol{q}}}=0\\ I_{zz}\dot{\theta}^2+\dfrac{\partial V(\tilde{\boldsymbol{q}},\theta)}{\partial \theta}=0\end{cases} \tag{8-11}$$

上面的动力学方程考虑了大尺度比的双小行星系统为一个较大的不规则外形的小天体和另外一个较小的球形均质小天体组成的系统，相互之间有引力的影响，只考虑较大的天体的姿态，而不考虑球形天体的姿态。认为球形天体相对较大天体的运动在较大天体自旋运动的赤道面内，该假定对于大部分大尺度比双小行星系统来说也是合理的，因为大多数大尺度比双小行星系统的小月亮的轨道倾角都接近零。

事实上，上面的动力学方程也可以简化成不考虑较小的球形均质小天体的引力的系统，那就是第 3 章所介绍的考虑无质量质点在强不规则外形的天体引力场中的动力学[12,13]。当小行星的小月亮（asteroidal moonlet）对系统无影响时，$\tilde{\boldsymbol{q}}=\boldsymbol{r}$，小行星的小月亮相对于动坐标系的动能为

$$T_m=\frac{m}{2}(\dot{\tilde{\boldsymbol{q}}}+\boldsymbol{\omega}\times\tilde{\boldsymbol{q}})\cdot(\dot{\tilde{\boldsymbol{q}}}+\boldsymbol{\omega}\times\tilde{\boldsymbol{q}}) \tag{8-12}$$

小月亮相对于较大小行星的引力场的有效势为

$$V(\tilde{\boldsymbol{q}})=-\frac{1}{2}(\boldsymbol{\omega}\times\tilde{\boldsymbol{q}})\cdot(\boldsymbol{\omega}\times\tilde{\boldsymbol{q}})+U(\tilde{\boldsymbol{q}}) \tag{8-13}$$

小月亮的 Jacobi 积分为

$$H=\frac{1}{2}\dot{\tilde{\boldsymbol{q}}}\cdot\dot{\tilde{\boldsymbol{q}}}+V(\tilde{\boldsymbol{q}}) \tag{8-14}$$

因此，此时系统的相对平衡与第 3 章、第 5 章所介绍的系统的相对平衡[13-17]是一致的。图 8－1 和图 8－2 给出了大尺度比双小行星系统（243）Ida 的主星引力场中的平衡点与有效势。

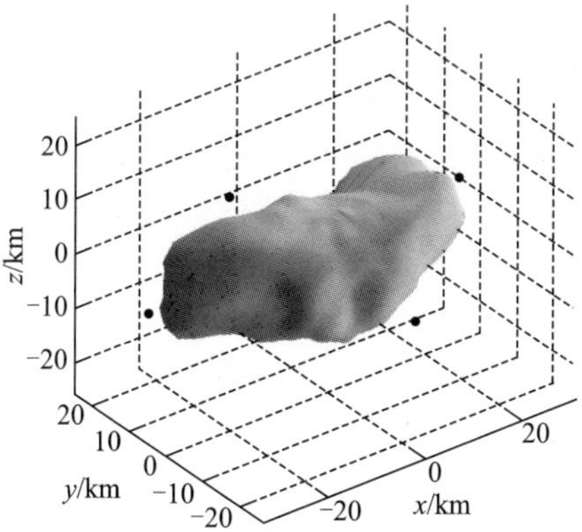

图 8－1　大尺度比双小行星系统（243）Ida 的主天体的相对平衡点与不规则形状

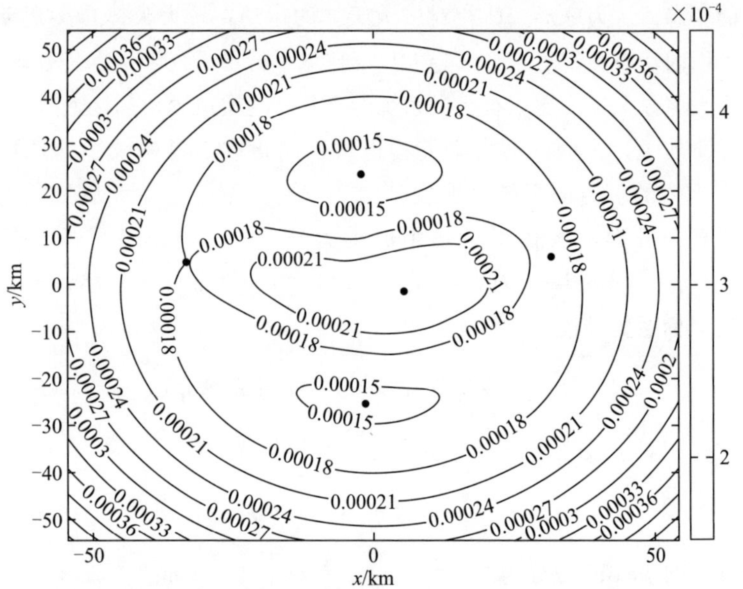

图 8-2 大尺度比双小行星系统（243）Ida 的主天体的相对平衡点和有效势（$km^2 s^{-2}$）

8.2.2 相对平衡

考虑有效势 $V(\boldsymbol{q},\theta)$ 的临界点。假定系统的质量单位和时间单位分别满足条件 $\dfrac{mM}{(m+M)}=1$ 和 $G(m+M)=1$。

记 $\boldsymbol{Q}=\begin{bmatrix}\boldsymbol{q}\\ \theta\end{bmatrix}=[x\quad y\quad z\quad \theta]^{\mathrm{T}}$ 和 $\boldsymbol{Q}_C=[x_C\quad y_C\quad z_C\quad \theta_C]^{\mathrm{T}}$ 为临界点的坐标。记

$$\begin{aligned}\xi&=x-x_C\\ \eta&=y-y_C\qquad V_{xy}=\left(\frac{\partial^2 V(\boldsymbol{q},\theta)}{\partial x\,\partial y}\right)\\ \zeta&=z-z_C\\ \tau&=\theta-\theta_C\end{aligned}\tag{8-15}$$

同样地，定义 V_{xx}，V_{xz}，$V_{x\theta}$，…。将上述方程代入双小行星系统的动力学方程中，则系统的相对平衡状态的线性化运动方程为

$$\begin{cases}\ddot{\xi}-2\Omega_z\dot{\eta}+2\Omega_y\dot{\zeta}+\dot{\Omega}_y\zeta-\dot{\Omega}_z\eta+V_{xx}\xi+V_{xy}\eta+V_{xz}\zeta+V_{x\theta}\tau=0\\ \ddot{\eta}-2\Omega_x\dot{\zeta}+2\Omega_z\dot{\xi}+\dot{\Omega}_z\xi-\dot{\Omega}_x\zeta+V_{xy}\xi+V_{yy}\eta+V_{yz}\zeta+V_{y\theta}\tau=0\\ \ddot{\zeta}-2\Omega_y\dot{\xi}+2\Omega_x\dot{\eta}+\dot{\Omega}_x\eta-\dot{\Omega}_y\xi+V_{xz}\xi+V_{yz}\eta+V_{zz}\zeta+V_{z\theta}\tau=0\\ I_{zz}\ddot{\tau}+V_{x\theta}\xi+V_{y\theta}\eta+V_{z\theta}\zeta+V_{\theta\theta}\tau=0\end{cases} \tag{8-16}$$

$$\begin{pmatrix}D^2+V_{xx} & -2\Omega_z D-\dot{\Omega}_z+V_{xy} & 2\Omega_y D+\dot{\Omega}_y+V_{xz} & V_{x\theta}\\ 2\Omega_z D+\dot{\Omega}_z+V_{xy} & D^2+V_{yy} & -2\Omega_x D-\dot{\Omega}_x+V_{yz} & V_{y\theta}\\ -2\Omega_y D-\dot{\Omega}_y+V_{xz} & 2\Omega_x D+\dot{\Omega}_x+V_{yz} & D^2+V_{zz} & V_{z\theta}\\ V_{x\theta} & V_{y\theta} & V_{z\theta} & I_{zz}D^2+V_{\theta\theta}\end{pmatrix}\begin{pmatrix}\xi\\ \eta\\ \zeta\\ \tau\end{pmatrix}=0 \tag{8-17}$$

该相对平衡状态的特征方程为

$$\begin{vmatrix}\lambda^2+V_{xx} & -2\Omega_z\lambda-\dot{\Omega}_z+V_{xy} & 2\Omega_y\lambda+\dot{\Omega}_y+V_{xz} & V_{x\theta}\\ 2\Omega_z\lambda+\dot{\Omega}_z+V_{xy} & \lambda^2+V_{yy} & -2\Omega_x\lambda-\dot{\Omega}_x+V_{yz} & V_{y\theta}\\ -2\Omega_y\lambda-\dot{\Omega}_y+V_{xz} & 2\Omega_x\lambda+\dot{\Omega}_x+V_{yz} & \lambda^2+V_{zz} & V_{z\theta}\\ V_{x\theta} & V_{y\theta} & V_{z\theta} & I_{zz}\lambda^2+V_{\theta\theta}\end{vmatrix}=0 \tag{8-18}$$

特征方程的特征值具有形式$\pm\alpha_j$($\alpha\in\mathbf{R}$，$\alpha\geqslant 0$；$j=1$，2，3，4)，$\pm \mathrm{i}\beta_j$($\beta\in\mathbf{R}$，$\beta>0$；$j=1$，2，3，4) 和$\pm\sigma_j\pm \mathrm{i}\tau_j$($\sigma_j$，$\tau_j\in\mathbf{R}$；$\sigma_j$，$\tau_j>0$；$j=1$，2)，该相对平衡状态有 8 个特征值。

令

$$\boldsymbol{X}=[\xi\quad\eta\quad\zeta\quad\tau\quad]^{\mathrm{T}},\quad \boldsymbol{A}=\begin{pmatrix}1&0&0&0\\0&1&0&0\\0&0&1&0\\0&0&0&I_{zz}\end{pmatrix}$$

$$\boldsymbol{B}=\begin{pmatrix}0&-2\Omega_z&0&0\\2\Omega_z&0&0&0\\0&0&0&0\\0&0&0&0\end{pmatrix},\quad \boldsymbol{C}=\begin{pmatrix}V_{xx}&V_{xy}&V_{xz}&V_{x\theta}\\V_{xy}&V_{yy}&V_{yz}&V_{y\theta}\\V_{xz}&V_{yz}&V_{zz}&V_{z\theta}\\V_{x\theta}&V_{y\theta}&V_{z\theta}&V_{\theta\theta}\end{pmatrix}$$

则特征方程可以表示为

$$\boldsymbol{A}\ddot{\boldsymbol{X}}+\boldsymbol{B}\dot{\boldsymbol{X}}+\boldsymbol{C}\boldsymbol{X}=0 \tag{8-19}$$

考虑到 $\boldsymbol{A}$、$\boldsymbol{B}$ 和 $\boldsymbol{C}$ 满足条件 $\boldsymbol{A}^{\mathrm{T}}=\boldsymbol{A}>0$，$\boldsymbol{B}^{\mathrm{T}}=-\boldsymbol{B}$ 和 $\boldsymbol{C}^{\mathrm{T}}=\boldsymbol{C}$。定义 Lyapunov 函数为

$$V_{\mathrm{Lyap}}=\frac{1}{2}(\dot{\boldsymbol{X}}^{\mathrm{T}}\boldsymbol{A}\dot{\boldsymbol{X}}+\boldsymbol{X}^{\mathrm{T}}\boldsymbol{C}\boldsymbol{X}) \tag{8-20}$$

因此

$$\dot{V}_{\mathrm{Lyap}}=\dot{\boldsymbol{X}}^{\mathrm{T}}(\boldsymbol{A}\ddot{\boldsymbol{X}}+\boldsymbol{C}\boldsymbol{X})=0$$

考虑到 $\boldsymbol{A}$ 和 $\boldsymbol{C}$ 的正定性，可以显然地得出 $V_{\mathrm{Lyap}}=\frac{1}{2}(\dot{\boldsymbol{X}}^{\mathrm{T}}\boldsymbol{A}\dot{\boldsymbol{X}}+\boldsymbol{X}^{\mathrm{T}}\boldsymbol{C}\boldsymbol{X})>0$，因此如果矩阵 $\boldsymbol{C}$ 在平衡状态上是正定的，则平衡状态是线性稳定的。因此有下面的推论。

推论 1　对于大尺度比双小行星系统的相对平衡，如果矩阵 $\boldsymbol{C}$ 在平衡状态上是正定的，则该平衡状态是线性稳定的。

推论 2　大尺度比双小行星系统的非退化的相对平衡状态有如下情形：

情形 1　特征值相异并具有形式 $\pm \mathrm{i}\beta_j(\beta_j\in\mathbf{R},\ \beta_j>0;\ j=1,2,3,4)$；

情形 2　特征值具有形式 $\pm\alpha_j(\alpha_j\in\mathbf{R},\ \alpha_j>0,\ j=1)$ 和 $\pm \mathrm{i}\beta_j(\beta_j\in\mathbf{R},\ \beta_j>0;\ j=1,2,3)$，此外纯虚特征值两两相异；

情形 3　特征值具有形式 $\pm\alpha_j(\alpha_j\in\mathbf{R},\ \alpha_j>0;\ j=1,2)$ 和 $\pm \mathrm{i}\beta_j(\beta_j\in\mathbf{R},\ \beta_j>0,\ j=1,2)$，此外纯虚特征值两两相异；

情形 4　特征值具有形式 $\pm\alpha_j(\alpha_j\in\mathbf{R},\ \alpha_j>0;\ j=1,2,3)$ 和 $\pm \mathrm{i}\beta_j(\beta_j\in\mathbf{R},\ \beta_j>0,\ j=1)$；

情形 5　特征值具有形式 $\pm\alpha_j(\alpha_j\in\mathbf{R},\ \alpha_j>0;\ j=1,2,3,4)$；

情形 6　特征值具有形式 $\pm \mathrm{i}\beta_j(\beta_j\in\mathbf{R},\ \beta_j>0,\ j=1,2)$ 和 $\pm\sigma_j\pm \mathrm{i}\tau_j(\sigma_j,\tau_j\in\mathbf{R};\ \sigma_j,\tau_j>0,\ j=1)$；

情形 7　特征值具有形式 $\pm\alpha_j(\alpha_j\in\mathbf{R},\ \alpha_j>0;\ j=1)$，$\pm \mathrm{i}\beta_j(\beta_j\in\mathbf{R},\ \beta_j>0,\ j=1)$ 和 $\pm\sigma_j\pm \mathrm{i}\tau_j(\sigma_j,\tau_j\in\mathbf{R};\ \sigma_j,\tau_j>0,\ j=1)$；

情形 8　特征值具有形式 $\pm\alpha_j(\alpha_j \in \mathbf{R}, \alpha_j > 0; j=1, 2)$ 和 $\pm\sigma_j \pm \mathrm{i}\tau_j(\sigma_j, \tau_j \in \mathbf{R}; \sigma_j, \tau_j > 0, j=1)$；

情形 9　特征值具有形式 $\pm\sigma_j \pm \mathrm{i}\tau_j(\sigma_j, \tau_j \in \mathbf{R}; \sigma_j, \tau_j > 0; j=1, 2)$；

情形 10　特征值具有形式 $\pm \mathrm{i}\beta_j(\beta_j \in \mathbf{R}, \beta_1=\beta_2=\beta_3 > 0; j=1, 2, 3, 4)$；

情形 11　特征值具有形式 $\pm \mathrm{i}\beta_j(\beta_j \in \mathbf{R}, \beta_j > 0, \beta_1=\beta_2=\beta_3 \neq \beta_4; j=1, 2, 3, 4)$；

情形 12　特征值具有形式 $\pm \mathrm{i}\beta_j(\beta_j \in \mathbf{R}, \beta_j > 0, \beta_1=\beta_2 \neq \beta_3, \beta_4; \beta_3 \neq \beta_4; j=1, 2, 3, 4)$；

情形 13　特征值具有形式 $\pm \mathrm{i}\beta_j(\beta_j \in \mathbf{R}, \beta_j > 0, \beta_1=\beta_2, \beta_3=\beta_4, \beta_1 \neq \beta_3; j=1, 2, 3, 4)$；

情形 14　特征值具有形式 $\pm\alpha_j(\alpha_j \in \mathbf{R}, \alpha_j > 0; j=1)$ 和 $\pm \mathrm{i}\beta_j(\beta_j \in \mathbf{R}, \beta_j > 0, \beta_1=\beta_2=\beta_3; j=1, 2, 3)$；

情形 15　特征值具有形式 $\pm\alpha_j(\alpha_j \in \mathbf{R}, \alpha_j > 0; j=1)$ 和 $\pm \mathrm{i}\beta_j(\beta_j \in \mathbf{R}, \beta_j > 0, \beta_1=\beta_2 \neq \beta_3; j=1, 2, 3)$；

情形 16　特征值具有形式 $\pm\alpha_j(\alpha_j \in \mathbf{R}, \alpha_j > 0; j=1, 2)$ 和 $\pm \mathrm{i}\beta_j(\beta_j \in \mathbf{R}, \beta_j > 0, \beta_1=\beta_2; j=1, 2)$；

情形 17　特征值具有形式 $\pm\sigma_j \pm \mathrm{i}\tau_j(\sigma_j, \tau_j \in \mathbf{R}; \sigma_j, \tau_j > 0, j=1)$ 和 $\pm \mathrm{i}\beta_j(\beta_j \in \mathbf{R}, \beta_j > 0, \beta_1=\beta_2; j=1, 2)$。

对于情形 1，平衡状态有 4 对纯虚特征值，且该平衡状态是线性稳定的。大尺度比同步双小行星系统的所谓的平衡状态实际上是处于一个在平衡状态附近的拟周期运动的状态。该拟周期运动状态的运动轨迹可以表示为

$$\begin{bmatrix} \xi \\ \eta \\ \zeta \\ \tau \end{bmatrix} = \boldsymbol{C}_{4\times 8}[\cos\beta_1 t \ \sin\beta_1 t \ \cos\beta_2 t \ \sin\beta_2 t \ \cos\beta_3 t \ \sin\beta_3 t \ \cos\beta_4 t \ \sin\beta_4 t)^{\mathrm{T}} \tag{8-21}$$

其中 $\boldsymbol{C}_{4\times8}$ 是 4×8 的实矩阵。

8.2.3 若干双小行星系统主星的地形地貌

本节分析双小行星系统[18]的主星的地形地貌，包括（243）Ida、（1089）Tama、（1862）Apollo。图 8－3～图 8－5 分别给出了这三个双小行星系统的主星的地形地貌。其中子图表示的依次为：不规则外形、地形高度、表面引力、表面有效势。从图中可见，这些双小行星系统的主星都具有不规则外形，表面地形高度差异巨大。从三个主星的表面引力的对比来看，（243）Ida 的表面引力变化情况同（1089）Tama 和（1862）Apollo 明显不同。（1862）Apollo 的表面有效势同（243）Ida 和（1089）Tama 明显不同，这是由于不规则外形的差异和自旋速度的差异造成的。

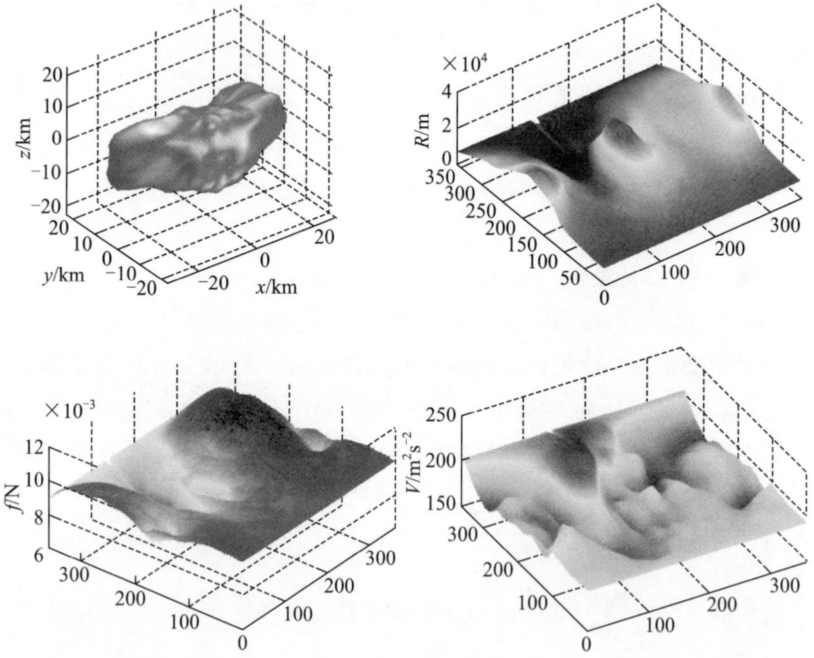

图 8－3　双小行星系统（243）Ida 表面形状、地形地貌与表面引力环境

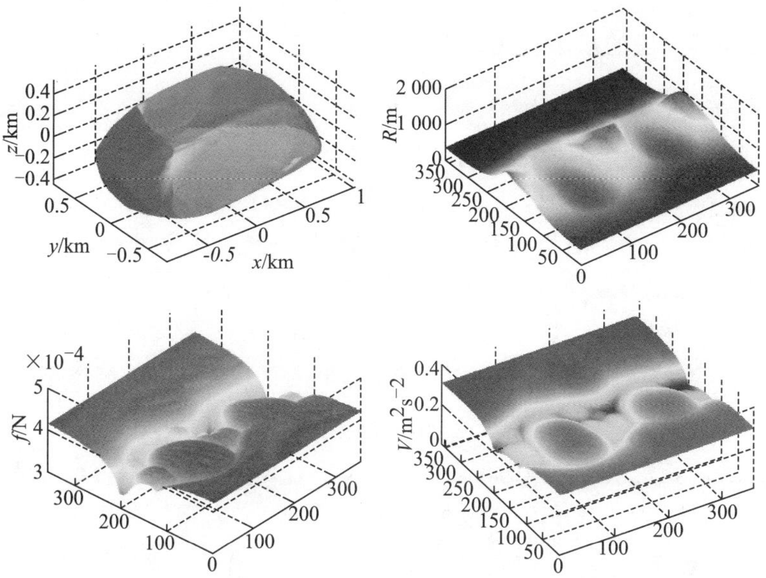

图 8－4　双小行星系统（1089）Tama 表面形状、地形地貌与表面引力环境

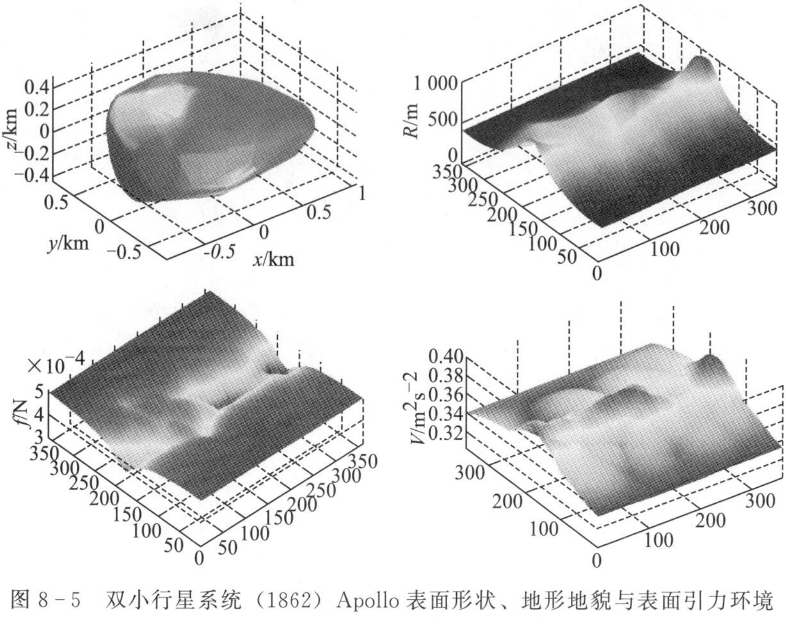

图 8－5　双小行星系统（1862）Apollo 表面形状、地形地貌与表面引力环境

8.2.4 一般的双小行星系统动力学方程

考虑双小行星系统的动力学模型，由 2 个不规则天体的不规则几何外形及其产生的引力场之间的相互影响，考虑轨道和姿态的相互耦合。记小行星为$\beta_l(l=1, 2)$为第 l 个小行星，G 为引力常数，$\boldsymbol{r}_l$ 为小行星β_l 的质心相对于惯性空间的位置矢量，$\boldsymbol{D}_l$ 为小行星β_l 上的质量元 $\mathrm{d}m(\boldsymbol{D}_l)$ 相对于该小行星的位置矢量，$\rho(\boldsymbol{D}_l)$ 为质量元 $\mathrm{d}m(\boldsymbol{D}_l)$ 的密度，满足 $\mathrm{d}m(\boldsymbol{D}_l)=\rho(\boldsymbol{D}_l)\mathrm{d}V(\boldsymbol{D}_l)$，此处 $\mathrm{d}V(\boldsymbol{D}_l)$ 为体积元，$\boldsymbol{A}_l$ 为小行星β_l 的主惯量坐标系相对于惯性空间的姿态矩阵，$\boldsymbol{p}_l=m_l\dot{\boldsymbol{r}}_l$ 为小行星做平动运动的动量矢量，$\boldsymbol{q}_l=\boldsymbol{A}_l\boldsymbol{D}_l+\boldsymbol{r}_l$ 为质量元 $\mathrm{d}m(\boldsymbol{D}_l)$ 相对惯性空间的位置矢量，$\boldsymbol{K}_l=\boldsymbol{r}_l\times\boldsymbol{p}_l+\boldsymbol{A}_l\boldsymbol{I}_l\boldsymbol{\Phi}_l$ 为小行星β_l 的角动量，$\boldsymbol{G}_l=\boldsymbol{I}_l\boldsymbol{\Phi}_l$，任取矢量 $\boldsymbol{v}=[v_x, v_y, v_z]^{\mathrm{T}}$，使用 $\hat{\boldsymbol{v}}$ 记矩阵

$$\hat{\boldsymbol{v}}=\begin{pmatrix}0 & -v_z & v_y\\ v_z & 0 & -v_x\\ -v_y & v_x & 0\end{pmatrix}\tag{8-22}$$

于是双小行星系统的总的引力势能可以表示为

$$\begin{aligned}U&=-\int_{\beta_1}\int_{\beta_2}\frac{G\rho(\boldsymbol{D}_1)\rho(\boldsymbol{D}_2)\mathrm{d}V(\boldsymbol{D}_2)\mathrm{d}V(\boldsymbol{D}_1)}{\|\boldsymbol{q}_1-\boldsymbol{q}_2\|}\\&=-\int_{\beta_1}\int_{\beta_2}\frac{G\rho(\boldsymbol{D}_1)\rho(\boldsymbol{D}_2)\mathrm{d}V(\boldsymbol{D}_2)\mathrm{d}V(\boldsymbol{D}_1)}{\|\boldsymbol{A}_1\boldsymbol{D}_1-\boldsymbol{A}_2\boldsymbol{D}_2+\boldsymbol{r}_1-\boldsymbol{r}_2\|}\end{aligned}\tag{8-23}$$

双小行星系统的总动能为

$$T=\frac{1}{2}(m_1\|\dot{\boldsymbol{r}}_1\|^2+m_2\|\dot{\boldsymbol{r}}_2\|^2+\langle\boldsymbol{\Phi}_1, \boldsymbol{I}_1\boldsymbol{\Phi}_1\rangle+\langle\boldsymbol{\Phi}_2, \boldsymbol{I}_2\boldsymbol{\Phi}_2\rangle)\tag{8-24}$$

其中 m_k 为β_k 的质量。

因此，系统的总能量为

$$\begin{aligned}H=T+U=&\frac{1}{2}(m_1\|\dot{\boldsymbol{r}}_1\|^2+m_2\|\dot{\boldsymbol{r}}_2\|^2+\langle\boldsymbol{\Phi}_1, \boldsymbol{I}_1\boldsymbol{\Phi}_1\rangle+\langle\boldsymbol{\Phi}_2, \boldsymbol{I}_2\boldsymbol{\Phi}_2\rangle)\\&-\int_{\beta_1}\int_{\beta_2}[G\rho(\boldsymbol{D}_1)\rho(\boldsymbol{D}_2)]\frac{\mathrm{d}V(\boldsymbol{D}_2)\mathrm{d}V(\boldsymbol{D}_1)}{\|\boldsymbol{A}_1\boldsymbol{D}_1-\boldsymbol{A}_2\boldsymbol{D}_2+\boldsymbol{r}_1-\boldsymbol{r}_2\|}\end{aligned}\tag{8-25}$$

作用在 β_k 上的总的引力合外力为

$$\boldsymbol{f}^k = -G\sum_{j=1,\ j\neq k}^{2}\int_{\beta_k}\int_{\beta_j}\frac{(\boldsymbol{A}_k\boldsymbol{D}_k - \boldsymbol{A}_j\boldsymbol{D}_j + \boldsymbol{r}_k - \boldsymbol{r}_j)}{\|\boldsymbol{A}_k\boldsymbol{D}_k - \boldsymbol{A}_j\boldsymbol{D}_j + \boldsymbol{r}_k - \boldsymbol{r}_j\|^3}\rho(\boldsymbol{D}_k)\rho(\boldsymbol{D}_j)\mathrm{d}V(\boldsymbol{D}_j)\mathrm{d}V(\boldsymbol{D}_k) \tag{8-26}$$

相对于惯性空间，作用在 β_k 上的总的引力合力矩为

$$\boldsymbol{n}^k = G\sum_{j=1,\ j\neq k}^{2}\int_{\beta_k}\int_{\beta_j}\frac{(\boldsymbol{A}_k\boldsymbol{D}_k + \boldsymbol{r}_k)\times(\boldsymbol{A}_j\boldsymbol{D}_j + \boldsymbol{r}_j)}{\|\boldsymbol{A}_k\boldsymbol{D}_k - \boldsymbol{A}_j\boldsymbol{D}_j + \boldsymbol{r}_k - \boldsymbol{r}_j\|^3}\rho(\boldsymbol{D}_k)\rho(\boldsymbol{D}_j)\mathrm{d}V(\boldsymbol{D}_j)\mathrm{d}V(\boldsymbol{D}_k) \tag{8-27}$$

因此，双小行星系统的动力学方程表示在惯性空间为

$$\begin{cases}\dot{\boldsymbol{p}}_k = \boldsymbol{f}^k \\ \dot{\boldsymbol{r}}_k = \dfrac{\boldsymbol{p}_k}{m_k} \\ \dot{\boldsymbol{K}}_k = \boldsymbol{n}^k \\ \dot{\boldsymbol{A}}_k = \hat{\boldsymbol{\psi}}_k\boldsymbol{A}_k\end{cases},\quad k=1,\ 2 \tag{8-28}$$

其中 $\boldsymbol{\psi}_k = \boldsymbol{A}_k\boldsymbol{I}_k^{-1}\boldsymbol{A}_k^{\mathrm{T}}(\boldsymbol{K}_k - \boldsymbol{r}_k\times\boldsymbol{p}_k)$，这里 $\hat{\boldsymbol{\psi}}_k$ 通过方程（8-22）计算。该双小行星系统有三个守恒量，是上述方程的首次积分

$$H = T + U_g,\ \boldsymbol{p} = \sum_{k=1}^{2}\boldsymbol{p}_k,\ \boldsymbol{K} = \sum_{k=1}^{2}\boldsymbol{K}_k \tag{8-29}$$

这三个守恒量分别为能量积分、平动动量积分和角动量积分。这里我们得到了引力全二体问题的动力学方程，即考虑两个不规则天体各自的不规则外形、质量瘤、缝隙、孔洞等以及它们之间的引力势能相互耦合并作用于二者的轨道与姿态之上的情况。

8.3　同步双小行星系统

已知的同步双小行星系统包括（809）Lundia、（854）Frostia、（1089）Tama、（4492）Debussy 和 1313 Berna 等[19-24]。这些系统均处于相对平衡状态，而这种平衡属于双星轨道和姿态引力锁定的情况。为了研究同步双小行星系统的平衡以及自旋-轨道锁定的双小行

星系统的动力学内在机制，本节分析双小行星系统的平衡状态。

8.3.1 相对运动

本节中，系统的动力学方程表示在第 2 个天体 β_2 的固连坐标系中，记 $\boldsymbol{r}_{kj}=\boldsymbol{r}_k-\boldsymbol{r}_j$，$\boldsymbol{R}_{k2}=\boldsymbol{A}_2^{\mathrm{T}}r_{k2}=\boldsymbol{A}_2^{\mathrm{T}}(\boldsymbol{r}_k-\boldsymbol{r}_2)$，$\boldsymbol{P}_{k2}=\boldsymbol{A}_2^{\mathrm{T}}\boldsymbol{p}_{k2}=m_k\boldsymbol{A}_2^{\mathrm{T}}(\dot{\boldsymbol{r}}_k-\dot{\boldsymbol{r}}_2)$，$\boldsymbol{A}_{k2}=\boldsymbol{A}_k^{\mathrm{T}}\boldsymbol{A}_2$，$\boldsymbol{\Gamma}_{k2}=\boldsymbol{A}_{k2}^{\mathrm{T}}\boldsymbol{G}_k$，$\boldsymbol{\Gamma}_2=\boldsymbol{G}_2$，$\boldsymbol{R}_{kj}=\boldsymbol{A}_j^{\mathrm{T}}\boldsymbol{r}_{kj}$，则

$$\boldsymbol{G}_k=\boldsymbol{A}_k^{\mathrm{T}}\boldsymbol{g}_k=\boldsymbol{I}_k\boldsymbol{\Phi}_k \tag{8-30}$$

由于 $\boldsymbol{r}_{k2}=\boldsymbol{r}_k-\boldsymbol{r}_2$ 和 $\boldsymbol{r}_{k2}=\boldsymbol{r}_k-\boldsymbol{r}_2$，因此我们有

$$\boldsymbol{r}_{kj}=\boldsymbol{r}_{k2}-\boldsymbol{r}_{j2} \tag{8-31}$$

此外

$$\boldsymbol{R}_{k2}-\boldsymbol{R}_{j2}=\boldsymbol{A}_2^{\mathrm{T}}\boldsymbol{r}_{k2}-\boldsymbol{A}_2^{\mathrm{T}}\boldsymbol{r}_{j2}=\boldsymbol{A}_2^{\mathrm{T}}\boldsymbol{r}_{kj}=\boldsymbol{A}_2^{\mathrm{T}}(\boldsymbol{r}_k-\boldsymbol{r}_j) \tag{8-32}$$

总引力势能可以表示在 β_2 的固连坐标系中，为

$$U_g=-\int_{\beta_1}\int_{\beta_2}\frac{G\rho_g(\boldsymbol{D}_1)\rho_g(\boldsymbol{D}_2)\mathrm{d}V(\boldsymbol{D}_2)\mathrm{d}V(\boldsymbol{D}_1)}{\boldsymbol{A}_2^{\mathrm{T}}\boldsymbol{A}_1\boldsymbol{D}_1-\boldsymbol{D}_2+\boldsymbol{R}_{k2}} \tag{8-33}$$

记 $U=U_g$，则在 β_2 的固连坐标系表示的系统的动力学方程为

$$\begin{cases}\dot{\boldsymbol{P}}_{12}=\boldsymbol{P}_{12}\times\boldsymbol{\Phi}_2-\dfrac{\partial U}{\partial \boldsymbol{R}_{12}}\\ \dot{\boldsymbol{R}}_{12}=\boldsymbol{R}_{12}\times\boldsymbol{\Phi}_2+\dfrac{\boldsymbol{P}_{12}}{m_1}\\ \dot{\boldsymbol{\Gamma}}_1=\boldsymbol{\Gamma}_1\times\boldsymbol{\Phi}_2+\boldsymbol{\mu}_1,\quad \dot{\boldsymbol{\Gamma}}_2=\boldsymbol{\Gamma}_2\times\boldsymbol{\Phi}_2+\boldsymbol{\mu}_2\\ \dot{\boldsymbol{A}}_{12}=\boldsymbol{A}_{12}\widehat{\boldsymbol{\Phi}}_2-\widehat{\boldsymbol{\Phi}}_1\boldsymbol{A}_{12},\quad \dot{\boldsymbol{A}}_2=\boldsymbol{A}_2\widehat{\boldsymbol{\Phi}}_2\end{cases} \tag{8-34}$$

其中 $\boldsymbol{\Phi}_2=\boldsymbol{I}_2^{-1}\boldsymbol{\Gamma}_2$，$\boldsymbol{\Phi}_1=\boldsymbol{I}_1^{-1}\boldsymbol{A}_{12}\boldsymbol{\Gamma}_1$。

力矩

$$\begin{cases}\boldsymbol{\mu}^1=\boldsymbol{\mu}_g^1\\ \boldsymbol{\mu}^2=\boldsymbol{\mu}_g^2\end{cases} \tag{8-35}$$

其中

$$\boldsymbol{\mu}_g^1=-G\int_{\beta_1}\int_{\beta_2}\boldsymbol{A}_2^{\mathrm{T}}\boldsymbol{A}_1\boldsymbol{D}_1\times\frac{(\boldsymbol{A}_2^{\mathrm{T}}\boldsymbol{A}_1\boldsymbol{D}_1-\boldsymbol{D}_2+\boldsymbol{R}_{12})}{\|\boldsymbol{A}_2^{\mathrm{T}}\boldsymbol{A}_1\boldsymbol{D}_1-\boldsymbol{D}_2+\boldsymbol{R}_{12}\|^3}$$

$$\rho_g(\boldsymbol{D}_1)\rho_g(\boldsymbol{D}_2)\mathrm{d}V(\boldsymbol{D}_2)\mathrm{d}V(\boldsymbol{D}_1) \tag{8-36}$$

和

$$\boldsymbol{\mu}_g^2 = G\int_{\beta 1}\int_{\beta 2}\boldsymbol{D}_2 \times \frac{(\boldsymbol{A}_2^{\mathrm{T}}\boldsymbol{A}_1\boldsymbol{D}_1 - \boldsymbol{D}_2 + \boldsymbol{R}_{12})}{\|\boldsymbol{A}_2^{\mathrm{T}}\boldsymbol{A}_1\boldsymbol{D}_1 - \boldsymbol{D}_2 + \boldsymbol{R}_{12}\|^3}$$

$$\rho_g(\boldsymbol{D}_1)\rho_g(\boldsymbol{D}_2)\mathrm{d}V(\boldsymbol{D}_2)\mathrm{d}V(\boldsymbol{D}_1) \tag{8-37}$$

8.3.2 相对平衡

系统各天体均处于相对平衡，则系统任意两两天体都相对静止不动。从本章方程（8－34）可知系统各天体相对平衡满足下面的方程

$$\begin{cases} \boldsymbol{f}_{\boldsymbol{P}1} \triangleq \boldsymbol{P}_{12} \times \boldsymbol{\Phi}_2 - \dfrac{\partial U}{\partial \boldsymbol{R}_{12}} = 0 \\ \boldsymbol{f}_{\boldsymbol{R}1} \triangleq \boldsymbol{R}_{12} \times \boldsymbol{\Phi}_2 + \dfrac{\boldsymbol{P}_{12}}{m_1} = 0 \\ \boldsymbol{f}_{\boldsymbol{A}1} \triangleq \boldsymbol{A}_{12}\widehat{\boldsymbol{\Phi}}_2 - \widehat{\boldsymbol{\Phi}}_1\boldsymbol{A}_{in} = 0 \\ \boldsymbol{f}_{\boldsymbol{\Gamma}1} \triangleq \boldsymbol{\Gamma}_1 \times \boldsymbol{\Phi}_2 + \boldsymbol{\mu}_1 = 0 \\ \boldsymbol{f}_{\boldsymbol{\Gamma}2} \triangleq \boldsymbol{\Gamma}_2 \times \boldsymbol{\Phi}_2 + \boldsymbol{\mu}_2 = 0 \end{cases} \tag{8-38}$$

由于是相对平衡，故 $\dot{\boldsymbol{A}}_2 = \boldsymbol{A}_2\widehat{\boldsymbol{\Phi}}_2 = 0$ 自然成立。式（8－38）一共有 15 个方程，因此该相对平衡状态一共有 15 个特征值。

记

$$\begin{cases} \boldsymbol{X} = [\boldsymbol{P}_1,\ \boldsymbol{R}_1,\ \boldsymbol{A}_1,\ \boldsymbol{\Gamma}_1] \\ \boldsymbol{f} = [\boldsymbol{f}_{\boldsymbol{P}1},\ \boldsymbol{f}_{\boldsymbol{R}1},\ \boldsymbol{f}_{\boldsymbol{A}1},\ \boldsymbol{f}_{\boldsymbol{\Gamma}1}] \end{cases} \tag{8-39}$$

$$\begin{cases} \delta\boldsymbol{P}_1 = \boldsymbol{P}_1(t) - \boldsymbol{P}_1(t_0) \\ \delta\boldsymbol{R}_1 = \boldsymbol{R}_1(t) - \boldsymbol{R}_1(t_0) \\ \delta\boldsymbol{A}_1 = \boldsymbol{A}_1(t) - \boldsymbol{A}_1(t_0) \\ \delta\boldsymbol{\Gamma}_j = \boldsymbol{\Gamma}_j(t) - \boldsymbol{\Gamma}_j(t_0),\ (j=1,\ 2) \end{cases} \tag{8-40}$$

$$\nabla \boldsymbol{f}_{\boldsymbol{P}1} = \frac{\partial \boldsymbol{f}_{\boldsymbol{P}1}}{\partial \boldsymbol{X}},\ \nabla \boldsymbol{f}_{\boldsymbol{R}1} = \frac{\partial \boldsymbol{f}_{\boldsymbol{R}1}}{\partial \boldsymbol{X}},\ \nabla \boldsymbol{f}_{\boldsymbol{A}1} = \frac{\partial \boldsymbol{f}_{\boldsymbol{A}1}}{\partial \boldsymbol{X}}$$

$$\nabla \boldsymbol{f}_{\boldsymbol{\Gamma}j} = \frac{\partial \boldsymbol{f}_{\boldsymbol{\Gamma}j}}{\partial \boldsymbol{X}},\ (j=1,\ 2) \tag{8-41}$$

和

$$\nabla \boldsymbol{f} = [\nabla \boldsymbol{f}_{\boldsymbol{P}_1}, \nabla \boldsymbol{f}_{\boldsymbol{R}_1}, \nabla \boldsymbol{f}_{\boldsymbol{A}_1}, \nabla \boldsymbol{f}_{\boldsymbol{\Gamma}_1}, \nabla \boldsymbol{f}_{\boldsymbol{\Gamma}_2}] \tag{8-42}$$

则$\nabla \boldsymbol{f}$ 的特征值由$\nabla \boldsymbol{f}_{\boldsymbol{P}_1}$，$\nabla \boldsymbol{f}_{\boldsymbol{R}_1}$，$\nabla \boldsymbol{f}_{\boldsymbol{A}_1}$ 和$\nabla \boldsymbol{f}_{\boldsymbol{\Gamma}_j}$ $(j=1, 2)$ 的特征值组成，记$\nabla \boldsymbol{f}$ 的特征值分别为λ_1，…，λ_{15}。动力学方程(8－38) 可以在其平衡附近线性化，得到

$$\begin{cases} \delta\dot{\boldsymbol{P}}_1 = \nabla \boldsymbol{f}_{\boldsymbol{P}_1} \cdot \delta\boldsymbol{P}_1 \\ \delta\dot{\boldsymbol{R}}_1 = \nabla \boldsymbol{f}_{\boldsymbol{R}_1} \cdot \delta\boldsymbol{R}_1 \\ \delta\dot{\boldsymbol{A}}_1 = \nabla \boldsymbol{f}_{\boldsymbol{A}_1} \cdot \delta\boldsymbol{A}_1 \\ \delta\dot{\boldsymbol{\Gamma}}_j = \nabla \boldsymbol{f}_{\boldsymbol{\Gamma}_j} \cdot \delta\boldsymbol{\Gamma}_j, \ (j=1, 2) \end{cases} \tag{8-43}$$

记相对平衡状态的个数为 J，第 j 个相对平衡记为 E_j。对于函数 $\boldsymbol{f}$ 使用拓扑度理论，则得到

$$\sum_{j=1}^{J}\left[\operatorname{sgn}\prod_{k=1}^{15}\lambda_k(E_j)\right] = \sum_{j=1}^{J}[\operatorname{sgndet}(\nabla \boldsymbol{f})] = \deg(\boldsymbol{f}, \Xi, 0) = \text{const} \tag{8-44}$$

其中 Ξ 是函数 $\boldsymbol{f}$ 的定义域，deg（·）是拓扑度，sgn（·）是符号函数。一个平衡称为是非退化的当且仅当它的所有特征值都非零。从方程（8－44）可知，系统的非退化平衡成对变化，即非退化平衡状态的个数可能的增减量只能是 2、4、6 等偶数。当系统的参数变化时，一个退化平衡状态只可能衍生出偶数个非退化平衡状态，不可能衍生出奇数个非退化平衡状态。偶数个非退化平衡状态可以湮灭成一个退化平衡状态进而消失，奇数个非退化平衡状态不可能湮灭成一个退化平衡状态。

事实上，在参数变化下，退化平衡状态有 4 种可能的变化情形：1）相互湮灭；2）消失然后衍生出 $\alpha(\alpha \in \mathbf{Z}, \alpha > 0)$ 个新的退化平衡状态，其中 $\mathbf{Z}$ 表示整数集合；3）消失然后衍生出 $2\beta(\beta \in \mathbf{Z}, \beta > 0)$ 个非退化平衡状态；4）消失然后衍生出 $\alpha(\alpha \in \mathbf{Z}, \alpha > 0)$ 个退化平衡状态和 $2\beta(\beta \in \mathbf{Z}, \beta > 0)$ 个非退化平衡状态。对于一个平衡状态 E_j 来说，记 $\operatorname{ind}(E_j) \triangleq \operatorname{sgn}\prod_{k=1}^{15}\lambda_k(E_j)$，则如果平衡状态是退化

的，则 $\mathrm{ind}(E_j)=0$；否则 $\mathrm{ind}(E_j)=\pm 1$。

8.4　双小行星系统的主星

本节讨论 8 个双小行星系统的主星的物理特性与引力场环境。这 8 个双小行星系统包括小行星（22）Kalliope、（41）Daphne、（107）Camilla、（121）Hermione、（243）Ida、（283）Emma、（624）Hektor、（1089）Tama 和（1333）Cevenola。图 8－6 至

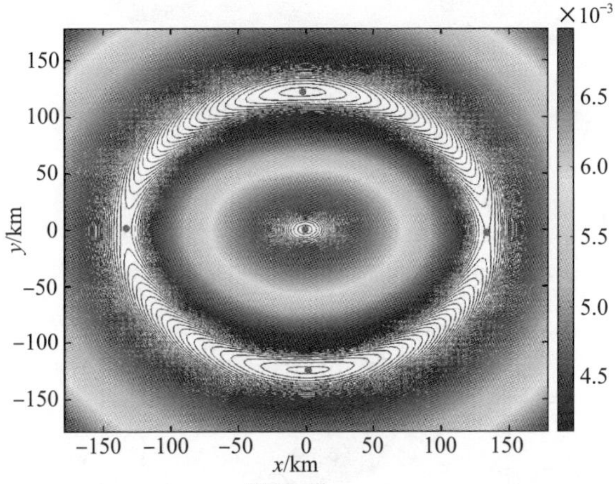

(22)Kalliope

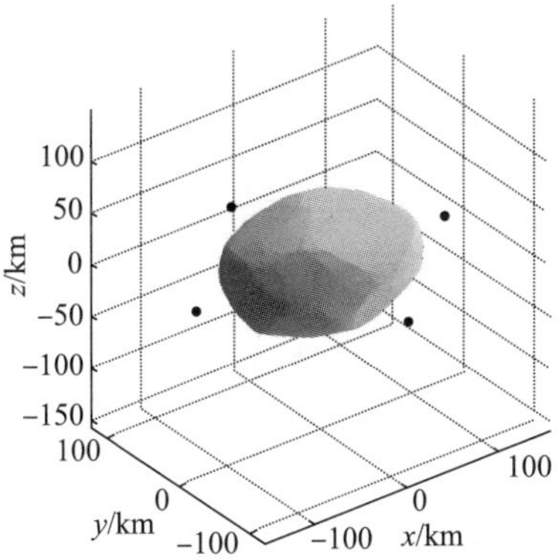

(22)Kalliope

图 8－6　双小行星系统（22）Kalliope 的主星的有效势、几何外形与平衡点的位置

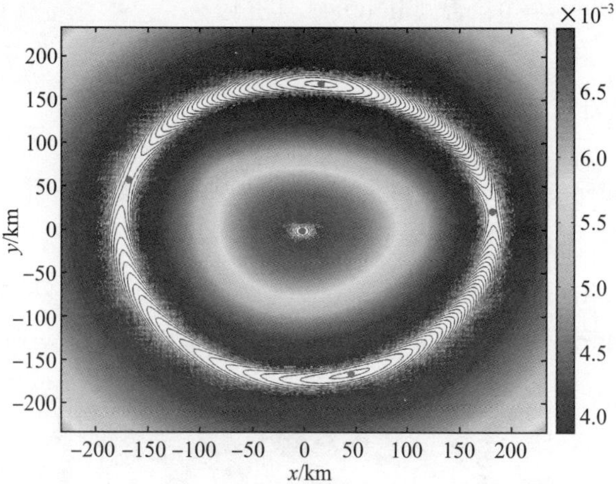

(41)Daphne

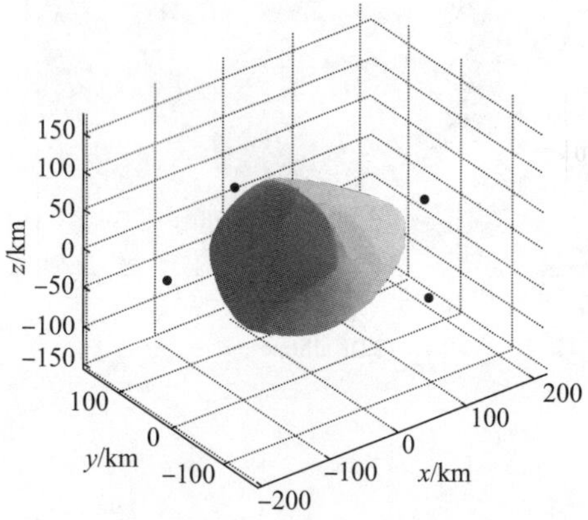

(41)Daphne

图 8-7　双小行星系统（41）Daphne 的主星的有效势、几何外形与平衡点的位置

图 8-14 分别给出了这些双小行星系统的主星的 xy 平面有效势与平衡点在 xy 平面投影，以及几何外形与平衡点的位置，其中有效势的单位为$km^2 \cdot s^{-2}$。表 8-1 给出了这些平衡点在主星本体坐标系的位置坐标。表 8-2 给出了计算采用的基本物理量。可见（22）Kalliope、

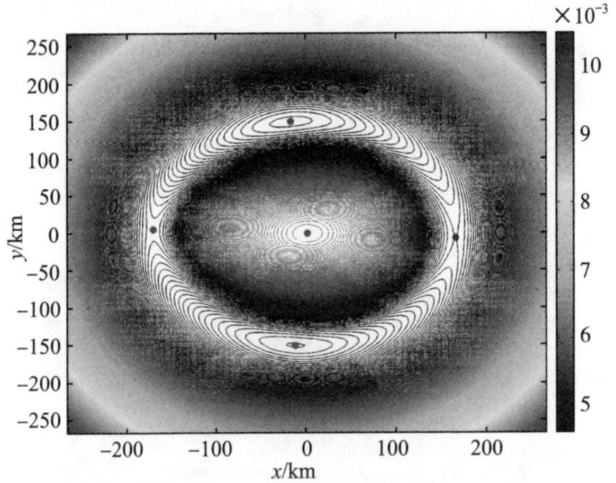

(107)Camilla

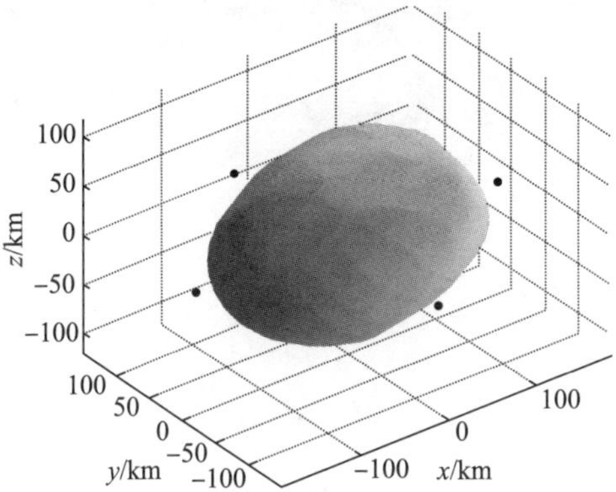

(107)Camilla

图 8-8　双小行星系统（107）Camilla 的主星的有效势、几何外形与平衡点的位置

（41）Daphne、（107）Camilla、（243）Ida、（283）Emma、（624）Hektor、（1089）Tama 和（1333）Cevenola 这 8 个双小行星系统的主星的每一个都有 5 个平衡点，其中 1 个在小行星体内，4 个在体外。并且这些平衡点都是面外的平衡点，也就是说这些平衡点都在小行星的自旋运动的赤道平面外。这和限制性三体问题、本书前述的匀速自

旋的立方体和椭球体等不同。从数值相对大小的角度来看，这些平衡点的位置的 z 轴分量不可忽略。以（41）Daphne 为例，它的体外平衡点的 z 轴分量与 x 轴和 y 轴分量的比值的最大值为 0.026；以（243）Ida 为例，它的体外平衡点的 z 轴分量与 x 轴和 y 轴分量的比值的最大值为 0.0326。

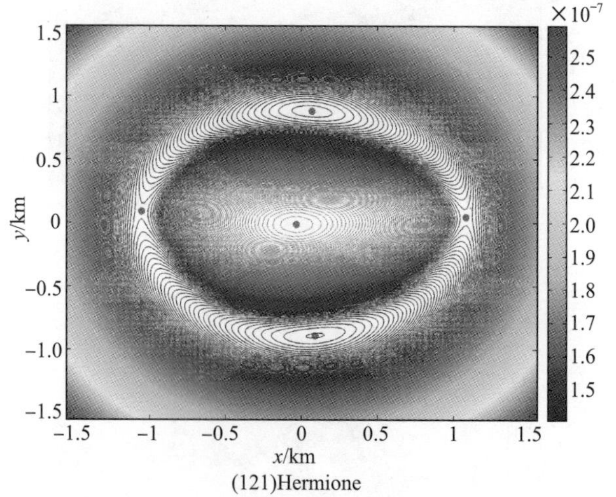

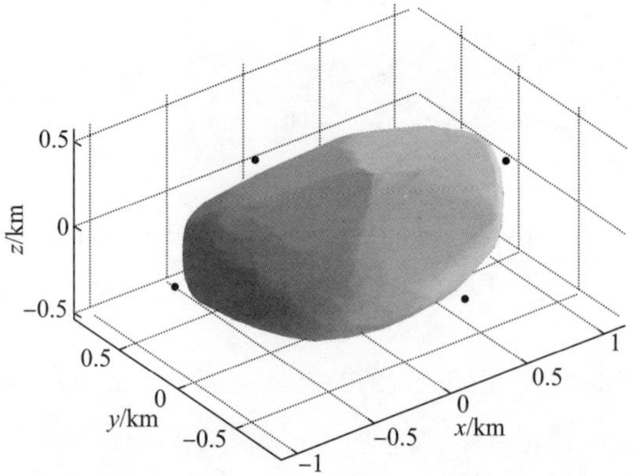

图 8-9　双小行星系统（121）Hermione 的主星的有效势、几何外形与平衡点的位置

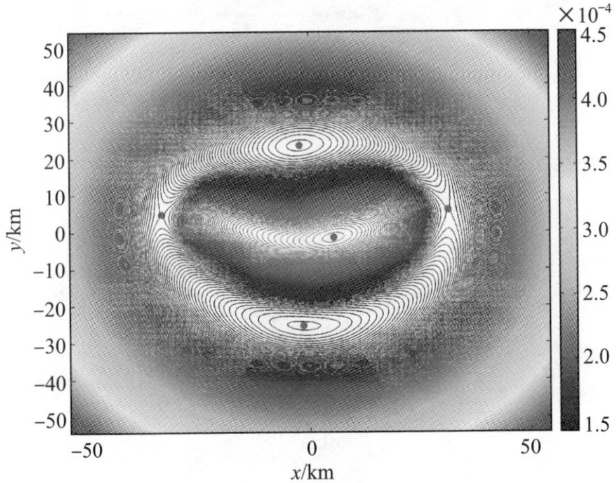

(243)Ida

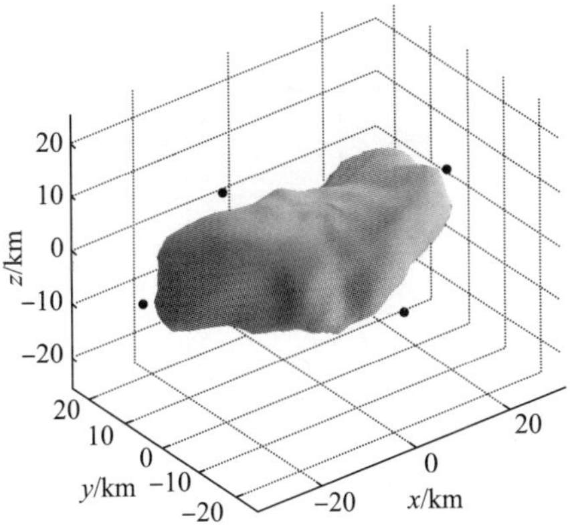

(243)Ida

图 8－10　双小行星系统（243）Ida 的主星的有效势、几何外形与平衡点的位置

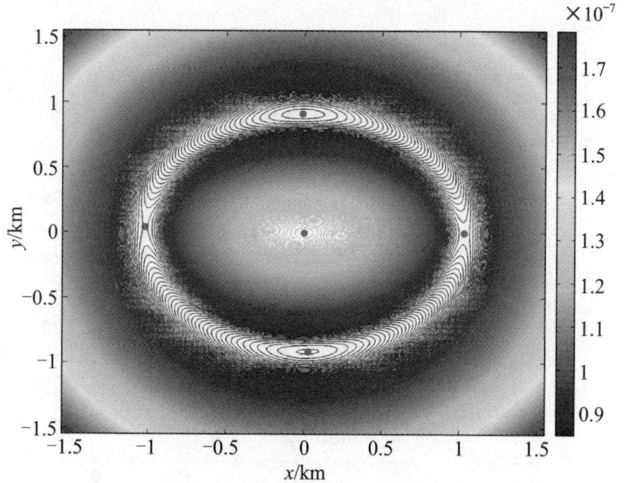

(283)Emma

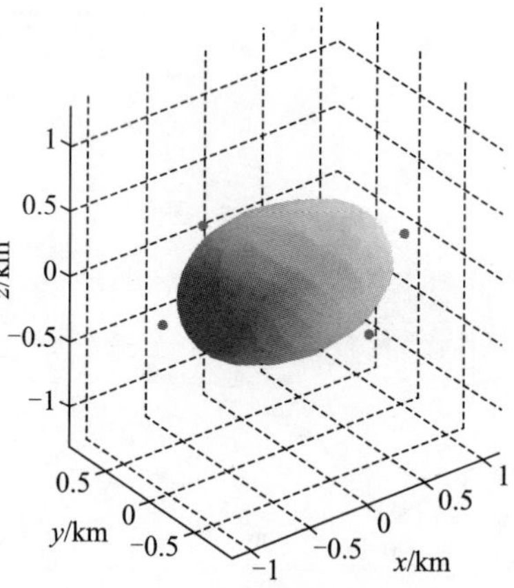

(283)Emma

图 8－11　双小行星系统（283）Emma 的主星的有效势、几何外形与平衡点的位置

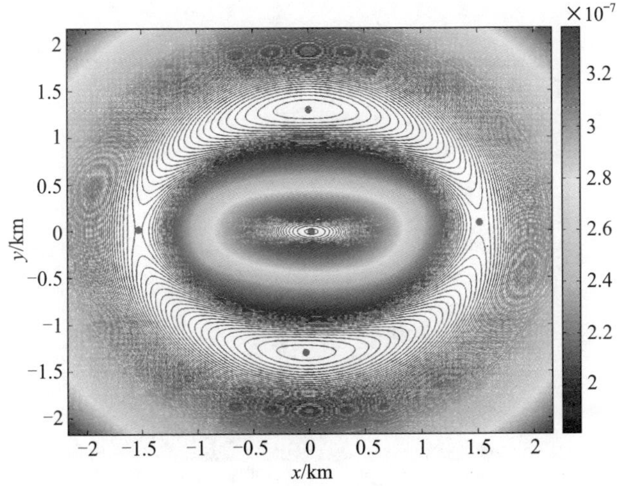

(624)Hektor

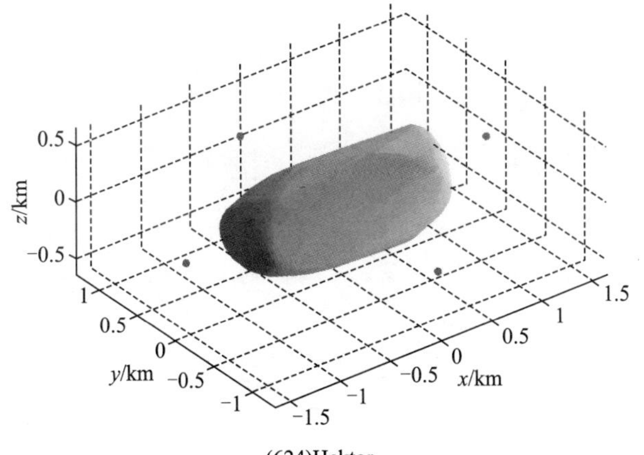

(624)Hektor

图 8-12　双小行星系统（624）Hektor 的主星的有效势、几何外形与平衡点的位置

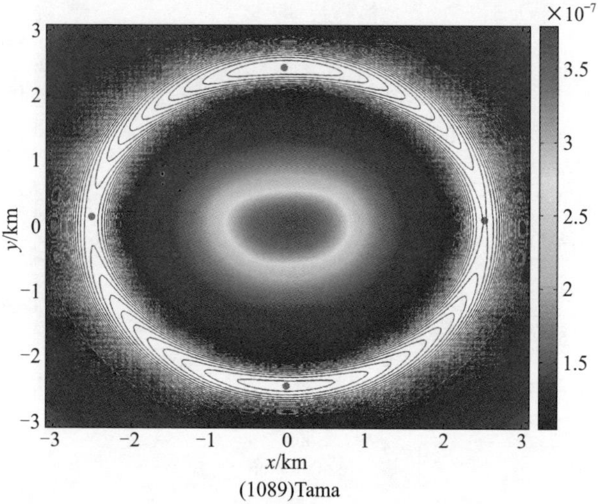

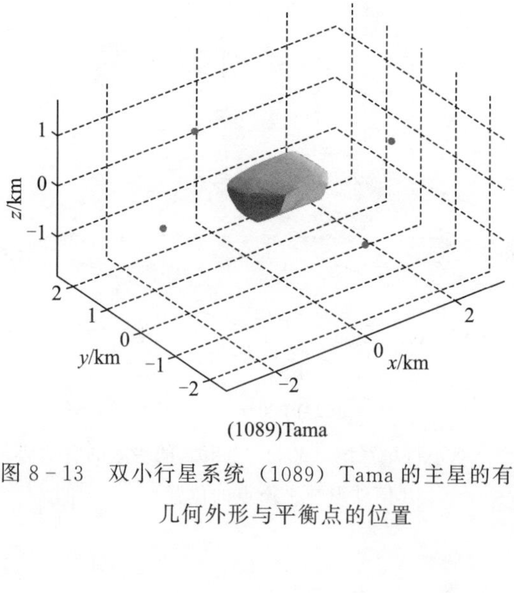

图 8 - 13　双小行星系统（1089）Tama 的主星的有效势、几何外形与平衡点的位置

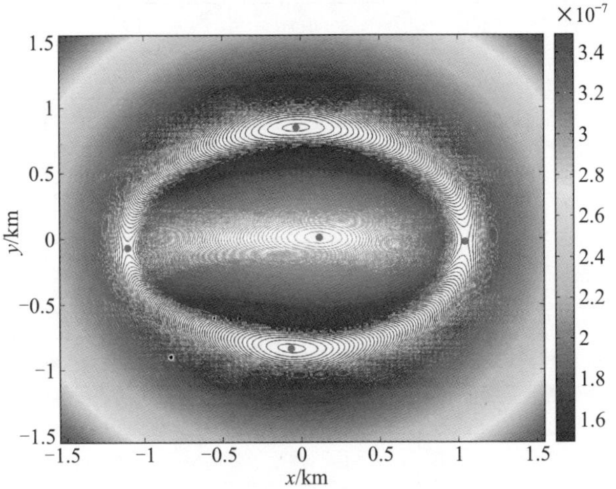

(1333)Cevenola

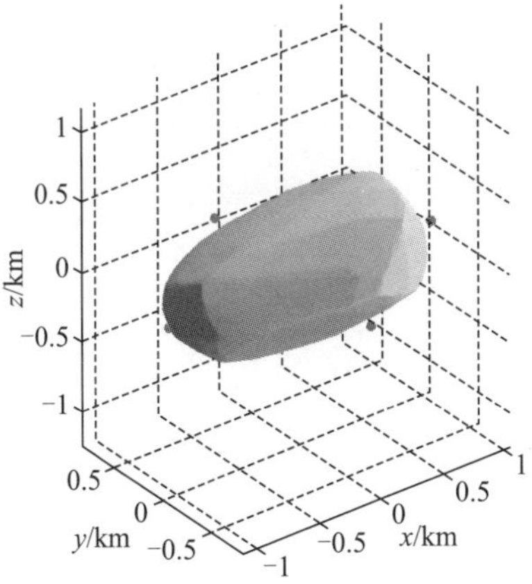

(1333)Cevenola

图 8-14　双小行星系统（1333）Cevenola 的主星的有效势、几何外形与平衡点的位置

表 8-1　双小行星系统的主星的相对平衡点的位置

名称	平衡点	x/km	y/km	z/km
(22) Kalliope	E1	133.617	−2.27372	0.945616
	E2	−2.68949	122.435	0.454721
	E3	−132.810	1.88359	1.30749
	E4	1.44546	−123.805	0.471773
	E5	−1.05406	0.661291	−0.746006
(41) Daphne	E1	181.315	21.7786	−4.16092
	E2	16.2432	168.463	1.47127
	E3	−168.611	57.7149	−4.37813
	E4	45.1892	−165.687	1.26311
	E5	−1.99899	−0.989693	1.33615
(107) Camilla	E1	165.954	−6.73222	−1.17629
	E2	−16.5984	148.628	0.757983
	E3	−170.162	5.64091	0.448543
	E4	−11.8474	−149.622	0.209541
	E5	1.98568	−0.0897504	−0.0835334
(243) Ida	E1	31.3969	5.96274	0.0340299
	E2	−2.16095	23.5734	0.0975084
	E3	−33.3563	4.85067	−1.08844
	E4	−1.41502	−25.4128	−0.378479
	E5	5.43176	−1.41369	−0.144237
(283) Emma	E1	1.02831	−0.00156371	0.0000502265
	E2	−0.0133479	0.912110	0.00154221
	E3	−1.02106	0.0418475	−0.00688898
	E4	0.0254512	−0.913872	0.00239092
	E5	−0.00310886	−0.00180615	0.00114714

续表

名称	平衡点	x/km	y/km	z/km
(624) Hektor	E1	1.51883	0.0849373	0.00587014
	E2	−0.00161827	1.29870	−0.00461023
	E3	−1.52994	0.0166306	0.000447414
	E4	−0.0314642	−1.30242	−0.00601781
	E5	0.0213020	−0.00969565	−0.000792624
(1089) Tama	E1	2.51473	0.102401	−0.00253924
	E2	−0.0525833	2.44507	0.00393473
	E3	−2.51639	0.144340	−0.00211828
	E4	−0.0168739	−2.44964	0.00471681
	E5	0.0160382	−0.0121492	−0.00409436
(1333) Cevenola	E1	1.04257	−0.0230936	−0.00123660
	E2	−0.0306416	0.848583	0.00457562
	E3	−1.10818	−0.0687645	0.0184384
	E4	−0.0652500	−0.835695	0.00934736
	E5	0.114512	0.00746534	−0.00220405

表 8-2　双小行星系统的主星的基本物理性质

序号	名称	体密度/(g/cm^3)	旋转周期/h
1	(22) Kalliope	3.35	4.148
2	(41) Daphne	1.95	5.9
3	(107) Camilla	1.4	4.84393
4	(243) Ida	2.6	4.63
5	(283) Emma	0.81	6.888
6	(624) Hektor	2.43	6.921
7	(1089) Tama	2.52	16.4448
8	(1333) Cevenola	1.4	4.88

8.5 本章小结

本章介绍了双小行星系统的动力学，包括大尺度比双小行星系统的动力学的简化建模、简化形式表示的共有的有效势与相对平衡状态的特性。通过定义简化的大尺度比双小行星系统的共有的有效势来分析相对平衡的条件和特征方程，给出了相对平衡满足的特征方程推导，并在此基础上分析了相对平衡的特征值分布，给出了以共有的有效势表示的零速度面。在一般的双小行星系统的动力学建模方面，给出了一般的双小行星系统的动力学建模方法，推导了其首次积分，介绍了一般的双小行星系统的相对平衡之间的相互湮灭规律。在双小行星系统表面地形地貌的建模方面也进行了若干研究，计算了双小行星系统（243）Ida、（1089）Tama 和（1862）Apollo 的表面地形地貌、表面引力和表面有效势。

参考文献

[1] Belton M J S, Chapman C R, Thomas P C, et al. Bulk density of asteroid 243 Ida from the orbit of its satellite Dactyl [J]. Nature, 1995, 374 (6525): 785-788.

[2] Taylor P A, Margot J L. Binary asteroid systems: Tidal end states and estimates of material properties [J]. Icarus, 2011, 212 (2): 661-676.

[3] Margot J L, Nolan M C, Benner L A, et al. Binary asteroids in the near-Earth object population [J]. Science, 2002, 296 (5572): 1445-1448.

[4] Maciejewski A J. Reduction, relative equilibria and potential in the two rigid bodies problem [J]. Celestial Mechanics and Dynamical Astronomy, 1995, 63 (63): 1-28.

[5] Koon W S, Marsden J E, Ross S D, et al. Geometric mechanics and the dynamics of asteroid pairs [J]. Annals of the New York Academy of Sciences, 2004, 1017 (1): 11-38.

[6] Koon W S, Marsden J E, Ross S D, et al. Geometric mechanics and the dynamics of asteroid pairs [J]. Dynamical Systems, 2004, 1017 (1): 11-38.

[7] Lee T, Leok M, Mcclamroch N H. Lie group variational integrators for the full body problem in orbital mechanics [J]. Celestial Mechanics and Dynamical Astronomy, 2007, 98 (2): 121-144.

[8] Scheeres D J. Stability in the full two-body problem [J]. Celestial Mechanics and Dynamical Astronomy, 2002, 83 (1-4): 155-169.

[9] Scheeres D J. Bounds on rotation periods of disrupted binaries in the full 2-body problem [J]. Celestial Mechanics and Dynamical Astronomy, 2004, 89 (2): 127-140.

[10] Bellerose J, Scheeres D J. Energy and stability in the Full Two Body Problem [J]. Celestial Mechanics and Dynamical Astronomy, 2008, 100 (100): 63-91.

[11] Gabern F, Koon W S, Marsden J E. Spacecraft dynamics near a binary asteroid [J]. Discrete and Continuous Dynamical Systems, 2005, 2005

(Suppl): 297 - 306.

[12] Jiang Y, Baoyin H. Orbital mechanics near a rotating asteroid [J]. Journal of Astrophysics and Astronomy, 2014, 35 (1): 17 - 38.

[13] Jiang Y, Baoyin H, Li J, et al. Orbits and manifolds near the equilibrium points around a rotating asteroid [J]. Astrophysics and Space Science, 2014, 349 (1): 83 - 106.

[14] Jiang Y. Equilibrium points and periodic orbits in the vicinity of asteroids with an application to 216 Kleopatra [J]. Earth, Moon, and Planets, 2015, 115 (1 - 4): 31 - 44.

[15] Jiang Y, Baoyin H, Li H. Collision and annihilation of relative equilibrium points around asteroids with a changing parameter [J]. Monthly Notices of the Royal Astronomical Society, 2015, 452 (4): 3924 - 3931.

[16] Jiang Y, Baoyin H, Li H. Periodic motion near the surface of asteroids [J]. Astrophysics and Space Science, 2015, 360 (2): 1 - 10.

[17] Jiang Y, Baoyin H, Wang X, et al. Order and chaos near equilibrium points in the potential of rotating highly irregular - shaped celestial bodies. Nonlinear Dynamics, 2016, 83 (1): 231 - 252.

[18] Stooke, P., Small Body Shape Models. EAR - A - 5 - DDR - STOOKE - SHAPE - MODELS - V1.0. NASA Planetary Data System, 2002.

[19] Behrend R, Bernasconi L, Roy R, et al. Four new binary minor planets: (854) Frostia, (1089) Tama, (1313) Berna, (4492) Debussy [J]. Astronomy and Astrophysics, 2006, 446 (3): 1177 - 1184.

[20] Descamps P. Equilibrium figures of inhomogeneous synchronous binary asteroids [J]. Icarus, 2010, 207 (2): 758 - 768.

[21] Jacobson S A, Scheeres D J. Long - term stable equilibria for synchronous binary asteroids [J]. Astrophysical Journal Letters, 2011, 736 (1): L19.

[22] Vera J A. Dynamics of a triaxial gyrostat at a Lagrangian equilibrium of a binary asteroid [J]. Astrophysics and Space Science, 2009, 323 (4): 375 - 382.

[23] Vera J A. Eulerian equilibria of a triaxial gyrostat in the three body problem: rotational Poisson dynamics in Eulerian equilibria [J]. Acta Astronautica, 2009, 65 (5 - 6): 755 - 765.

[24] Jiang Y, Zhang Y, Baoyin H, et al. Dynamical configurations of celestial systems comprised of multiple irregular bodies [J]. Astrophysics and Space Science. 2016, 361 (9): 306.

第 9 章　多小行星系统探测器动力学

9.1　引言

在研究了单小行星探测器动力学和双小行星系统探测器动力学之后，自然地希望把研究对象扩充到多小行星系统，研究多小行星系统中的动力学行为及探测器动力学内在机制。目前发现的太阳系中的多小行星系统都是由不规则小天体组成的[1,2]，六体系统（134340）Pluto - Charon 除了 Pluto 和 Charon 是达到流体静力学平衡形状的近球形之外，其他 4 个小天体都是不规则的[3]。虽然六体系统（134340）Pluto - Charon 中的 Pluto 和 Charon 都是矮行星，本章还是按照处理一般不规则多小行星系统的方法来处理该六体系统，只是由于 Pluto 和 Charon 相互锁定，在具体表示轨道参数的坐标系时本章采用的处理方法和其他三小行星系统有所不同。多小行星系统的非线性动力学行为研究不仅要考虑每个系统中每个天体的轨道，还要考虑它们的形状和姿态[4]。例如，Brozovic et al. (2011)[5]分析了近地三小行星系统 1994 CC 的运动，指出内卫星的轨道运动和姿态运动是同步的（synchronous），这表明该卫星相对主体是自旋轨道锁定（spin - orbit locked）的。

自从 2004 年首次发现三小行星系统（45）Eugenia[6-8]和（87）Sylvia[9-11]以来，已经发现了 11 个三小行星系统。三小行星系统（2577）Litva[12]、（3749）Balam[13]和（47171）1999TC36[14-15]的尺度基本在同一量级上。这些三小行星系统的日心轨道半长轴从小到大依次为：（136617）1994CC[5,16,17]：1.63778AU，（2577）Litva[12]：1.904439611 AU，（153591）2001SN263[17-19]：1.986951527 AU，

(3749) Balam[4,13]：2.236702937 AU，(93) Minerva[20-21]：2.754124319 AU，(45) Eugenia[6-8]：2.720342369 AU，(216) Kleopatra[22]：2.796815213 AU，(130) Elektra[23]：3.123238626 AU，(87) Sylvia[9-11]：3.481808398 AU，(47171) 1999TC36[14,15]：39.4715 AU，(136108) Haumea[24,25]：43.1660 AU。目前没有关于多小行星系统的多面体模型，对于双小行星系统来说，其不规则形状和引力场可以用 Werner 和 Scheeres (2005)[26] 提出的双多面体模型来计算[26,27]。而离散元方法则不仅可以应用于双小行星系统[28-33]，也可以用来模拟三个或三个以上天体组成的多小行星系统。因此，本文使用离散元方法来对多小行星系统进行动力学建模与计算。多不规则天体组成的系统既包含轨道运动，又包含姿态运动，而且系统中每个天体都受到其他天体对它的引力合力和引力合力矩的作用。这种考虑 n 个引力体均为不规则形并且两两之间的轨道影响与姿态影响均考虑的问题称为引力全 N 体问题或引力完整 N 体问题。

在多小行星系统的稳定性研究方面，Frouard 和 Compère (2012)[10] 研究了三小行星系统 (87) Sylvia 的两个小月亮 (moonlets) 的不稳定域。Winter et al. (2009)[34]通过考虑系统主星 (primary body) 的 J2 项摄动、太阳引力等研究了大尺度比三小行星系统 (87) Sylvia 的两个小月亮的运动稳定性，研究表明小月亮处于长期共振 (secular resonance) 状态，它们的轨道节点相互锁定。Jiang et al. (2015)[35]通过考虑主星的精确不规则模型研究了三小行星系统 (216) Kleopatra 引力场中的两个小月亮的稳定域，发现存在一个由逆行、近赤道面、近圆的轨道组成的区域，该区域内所有的轨道都是稳定的，不会经由分岔变为不稳定。Araujo et al. (2012)[18]讨论了三小行星系统 (153591) 2001 SN263 内部区域的长期项稳定性，指出小月亮附近存在稳定域。

大尺度比的双小行星系统 (high size ratio binary - asteroid systems) 的相对平衡可以用一个不规则体和一个小球来模拟[36]。相对平衡可能是 Lagrange 平衡或非 Lagrange 平衡[37]。双小行星系统的

Lagrange 平衡[38]与 Euler 平衡[39]的稳定性的充分必要条件可以通过几何力学的方法来给出。Vera 和 Vigueras（2006）[40]研究了由 n 个球形刚体组成的系统中的陀螺的动力学，建立了 4 体问题中的陀螺的若干 Lagrange 平衡与 Euler 平衡。Scheeres（2012）[41]给出了引力 N 体问题的最小能量构形。大尺度比三小行星系统（216）Kleopatra 的主星有 7 个相对平衡点[42-47]，这些平衡点是无质量质点相对于主星体固连坐标系的平衡点。倘若主星体的参数发生变化，则平衡点的个数、位置、稳定性与拓扑类型都会发生变化[35,45,46]。

本章考虑了多不规则体组成的系统的势场中的动力学行为，导出一般的全多体系统的引力势能、静电势能、磁势能的表达式，推导了每个天体所受的总的引力合外力、总静电力、总磁力及各力对应的力矩的表达式，给出了系统相对惯性空间的动力学方程和相对系统主天体固连坐标系的动力学方程并建立了系统的三个守恒量。

此外，本章进一步分析了系统的相对平衡，推导了平衡条件与平衡的稳定性。发现由 n 个天体组成的系统的相对平衡条件包含 $12n-9$ 个方程。相关结果应用于计算 5 个三小行星系统（45）Eugenia、（87）Sylvia、（93）Minerva、（216）Kleopatra 和（136617）1994CC 以及全六体系统（134340）Pluto－Charon 的动力学构形中。结果显示，每个三小行星系统的小月亮的半长轴的振幅均较大。除了（93）Minerva 以外，所有三小行星系统的小月亮以及全六体系统（134340）Pluto－Charon 的小月亮的倾角都较小。三小行星系统（93）Minerva 的小月亮 Aegis 和 Gorgoneion 的倾角分别为 43.77°和 50.35°。在（134340）Pluto－Charon 系统中，Pluto 和 Charon 是引力锁定并保持恒定的表面指向对方；本章发现 Pluto 和 Charon 的轨道角速度和姿态角速度并非常数，而是存在周期性的变化，Pluto 的姿态角速度的周期大于 Charon 的姿态角速度的周期。

9.2　动力学方程

考虑由 n 个不规则天体组成的天体系统，这 n 个不规则天体的不规则几何外形及其产生的势场、势场之间的相互作用、轨道、姿态相互耦合均考虑，在建模时，考虑 n 个不规则天体的引力势、静电势、磁矢势，以及它们之间的相互作用的一般情况。记 $\beta_l(l=i, j)$ 为第 l 个天体，G 为引力常数，$\boldsymbol{r}_l$ 为 β_l 的质心相对于惯性空间的位置矢量，$\boldsymbol{D}_l$ 为质量元 $\mathrm{d}m(\boldsymbol{D}_l)$ 相对于 β_l 的位置矢量，$\rho_g(\boldsymbol{D}_l)$ 为质量元的密度，其中 $\mathrm{d}m(\boldsymbol{D}_l)=\rho_g(\boldsymbol{D}_l)\mathrm{d}V(\boldsymbol{D}_l)$，$\mathrm{d}V(\boldsymbol{D}_l)$ 为体积元，$\boldsymbol{A}_l$ 为 β_l 的主惯量坐标系相对惯性空间的姿态矩阵，$\boldsymbol{p}_l=m_l\dot{\boldsymbol{r}}_l$ 为平动的动量矢量，$\boldsymbol{q}_l=\boldsymbol{A}_l\boldsymbol{D}_l+\boldsymbol{r}_l$ 为质量元 $\mathrm{d}m(\boldsymbol{D}_l)$ 相对于惯性空间的位置矢量，$\boldsymbol{K}_l=\boldsymbol{r}_l\times\boldsymbol{p}_l+\boldsymbol{A}_l\boldsymbol{I}_l\boldsymbol{\Phi}_l$ 为 β_l 的角动量，$\boldsymbol{G}_l=\boldsymbol{I}_l\boldsymbol{\Phi}_l$，$\varepsilon_0$ 为真空介电常数，μ_0 为真空磁导率，$\rho_{se}(\boldsymbol{D}_l)$ 为 β_l 的电荷密度，$J(\boldsymbol{D}_l)$ 为 β_l 的电流密度，对于矢量 $\boldsymbol{v}=[v_x, v_y, v_z]^{\mathrm{T}}$，使用 $\hat{\boldsymbol{v}}$ 记矩阵

$$\hat{\boldsymbol{v}}=\begin{pmatrix} 0 & -v_z & v_y \\ v_z & 0 & -v_x \\ -v_y & v_x & 0 \end{pmatrix} \tag{9-1}$$

则系统的总的引力势能可以表示为

$$\begin{aligned} U_g &= -\sum_{k=1}^{n-1}\sum_{j=k+1}^{n}\int_{\beta_k}\int_{\beta_j}\frac{G\rho_g(\boldsymbol{D}_k)\rho_g(\boldsymbol{D}_j)\mathrm{d}V(\boldsymbol{D}_j)\mathrm{d}V(\boldsymbol{D}_k)}{\|\boldsymbol{q}_k-\boldsymbol{q}_j\|} \\ &= -\sum_{k=1}^{n-1}\sum_{j=k+1}^{n}\int_{\beta_k}\int_{\beta_j}\frac{G\rho_g(\boldsymbol{D}_k)\rho_g(\boldsymbol{D}_j)\mathrm{d}V(\boldsymbol{D}_j)\mathrm{d}V(\boldsymbol{D}_k)}{\|\boldsymbol{A}_k\boldsymbol{D}_k-\boldsymbol{A}_j\boldsymbol{D}_j+\boldsymbol{r}_k-\boldsymbol{r}_j\|} \end{aligned} \tag{9-2}$$

总静电势能可以表示为

$$U_{se}=-\sum_{k=1}^{n-1}\sum_{j=k+1}^{n}\frac{1}{4\pi\varepsilon_0}\int_{\beta_k}\int_{\beta_j}\frac{\rho_{se}(\boldsymbol{D}_k)\rho_{se}(\boldsymbol{D}_j)\mathrm{d}V(\boldsymbol{D}_j)\mathrm{d}V(\boldsymbol{D}_k)}{\|\boldsymbol{A}_k\boldsymbol{D}_k-\boldsymbol{A}_j\boldsymbol{D}_j+\boldsymbol{r}_k-\boldsymbol{r}_j\|} \tag{9-3}$$

总磁势能可以表示为

$$U_m=-\sum_{k=1}^{n-1}\sum_{j=k+1}^{n}\frac{\mu_0}{4\pi}\int_{\beta_k}\int_{\beta_j}\frac{J(\boldsymbol{D}_k)\cdot J(\boldsymbol{D}_j)\mathrm{d}V(\boldsymbol{D}_j)\mathrm{d}V(\boldsymbol{D}_k)}{\|\boldsymbol{A}_k\boldsymbol{D}_k-\boldsymbol{A}_j\boldsymbol{D}_j+\boldsymbol{r}_k-\boldsymbol{r}_j\|} \tag{9-4}$$

系统的总动能为

$$T=\frac{1}{2}\sum_{k=1}^{n}(m_k\|\dot{\boldsymbol{r}}_k\|^2+\langle\boldsymbol{\Phi}_k,\ \boldsymbol{I}_k\boldsymbol{\Phi}_k\rangle) \tag{9-5}$$

其中 m_k 为 β_k 的质量。

因此，系统的总能量为

$$H=T+U_g+U_{se}+U_m=\frac{1}{2}\sum_{k=1}^{n}(m_k\|\dot{\boldsymbol{r}}_k\|^2+\langle\boldsymbol{\Phi}_k,\ \boldsymbol{I}_k\boldsymbol{\Phi}_k\rangle)-\sum_{k=1}^{n-1}\sum_{j=k+1}^{n}\int_{\beta_k}\int_{\beta_j}\left[G\rho_g(\boldsymbol{D}_k)\rho_g(\boldsymbol{D}_j)+\frac{1}{4\pi\varepsilon_0}\rho_{se}(\boldsymbol{D}_k)\rho_{se}(\boldsymbol{D}_j)+\frac{\mu_0}{4\pi}J(\boldsymbol{D}_k)\cdot J(\boldsymbol{D}_j)\right]\frac{\mathrm{d}V(\boldsymbol{D}_j)\mathrm{d}V(\boldsymbol{D}_k)}{\|\boldsymbol{A}_k\boldsymbol{D}_k-\boldsymbol{A}_j\boldsymbol{D}_j+\boldsymbol{r}_k-\boldsymbol{r}_j\|} \tag{9-6}$$

作用在 β_k 上的总的引力合外力为

$$\boldsymbol{f}_g^k=-G\sum_{j=1,\ j\neq k}^{n}\int_{\beta_k}\int_{\beta_j}\frac{(\boldsymbol{A}_k\boldsymbol{D}_k-\boldsymbol{A}_j\boldsymbol{D}_j+\boldsymbol{r}_k-\boldsymbol{r}_j)}{\|\boldsymbol{A}_k\boldsymbol{D}_k-\boldsymbol{A}_j\boldsymbol{D}_j+\boldsymbol{r}_k-\boldsymbol{r}_j\|^3}\rho_g(\boldsymbol{D}_k)\rho_g(\boldsymbol{D}_j)\mathrm{d}V(\boldsymbol{D}_j)\mathrm{d}V(\boldsymbol{D}_k) \tag{9-7}$$

作用在 β_k 上的总的静电力合外力为

$$\boldsymbol{f}_{se}^k=-\frac{1}{4\pi\varepsilon_0}\sum_{j=1,\ j\neq k}^{n}\int_{\beta_k}\int_{\beta_j}\frac{(\boldsymbol{A}_k\boldsymbol{D}_k-\boldsymbol{A}_j\boldsymbol{D}_j+\boldsymbol{r}_k-\boldsymbol{r}_j)}{\|\boldsymbol{A}_k\boldsymbol{D}_k-\boldsymbol{A}_j\boldsymbol{D}_j+\boldsymbol{r}_k-\boldsymbol{r}_j\|^3}\rho_{se}(\boldsymbol{D}_k)\rho_{se}(\boldsymbol{D}_j)\mathrm{d}V(\boldsymbol{D}_j)\mathrm{d}V(\boldsymbol{D}_k) \tag{9-8}$$

作用在 β_k 上的总的磁力合外力为

$$\boldsymbol{f}_m^k=-\frac{\mu_0}{4\pi}\sum_{j=1,\ j\neq k}^{n}\int_{\beta_k}\int_{\beta_j}\frac{(\boldsymbol{A}_k\boldsymbol{D}_k-\boldsymbol{A}_j\boldsymbol{D}_j+\boldsymbol{r}_k-\boldsymbol{r}_j)}{\|\boldsymbol{A}_k\boldsymbol{D}_k-\boldsymbol{A}_j\boldsymbol{D}_j+\boldsymbol{r}_k-\boldsymbol{r}_j\|^3}J(\boldsymbol{D}_k)\cdot J(\boldsymbol{D}_j)\mathrm{d}V(\boldsymbol{D}_j)\mathrm{d}V(\boldsymbol{D}_k) \tag{9-9}$$

相对于惯性空间，作用在 β_k 上的总的引力合力矩为

$$\boldsymbol{n}_g^k=G\sum_{j=1,\ j\neq k}^{n}\int_{\beta_k}\int_{\beta_j}\frac{(\boldsymbol{A}_k\boldsymbol{D}_k+\boldsymbol{r}_k)\times(\boldsymbol{A}_j\boldsymbol{D}_j+\boldsymbol{r}_j)}{\|\boldsymbol{A}_k\boldsymbol{D}_k-\boldsymbol{A}_j\boldsymbol{D}_j+\boldsymbol{r}_k-\boldsymbol{r}_j\|^3}\rho_g(\boldsymbol{D}_k)\rho_g(\boldsymbol{D}_j)\mathrm{d}V(\boldsymbol{D}_j)\mathrm{d}V(\boldsymbol{D}_k) \tag{9-10}$$

相对于惯性空间，作用在 β_k 上的总的静电力合力矩为

$$\boldsymbol{n}_{se}^k=\frac{1}{4\pi\varepsilon_0}\sum_{j=1,\ j\neq k}^{n}\int_{\beta_k}\int_{\beta_j}\frac{(\boldsymbol{A}_k\boldsymbol{D}_k+\boldsymbol{r}_k)\times(\boldsymbol{A}_j\boldsymbol{D}_j+\boldsymbol{r}_j)}{\|\boldsymbol{A}_k\boldsymbol{D}_k-\boldsymbol{A}_j\boldsymbol{D}_j+\boldsymbol{r}_k-\boldsymbol{r}_j\|^3}\rho_{se}(\boldsymbol{D}_k)\rho_{se}(\boldsymbol{D}_j)\mathrm{d}V(\boldsymbol{D}_j)\mathrm{d}V(\boldsymbol{D}_k) \tag{9-11}$$

相对于惯性空间，作用在 β_k 上的总的磁力合力矩为

$$\boldsymbol{n}_m^k = \frac{\mu_0}{4\pi} \sum_{j=1,\ j\neq k}^{n} \int_{\beta k} \int_{\beta j} \frac{(\boldsymbol{A}_k \boldsymbol{D}_k + \boldsymbol{r}_k) \times (\boldsymbol{A}_j \boldsymbol{D}_j + \boldsymbol{r}_j)}{\| \boldsymbol{A}_k \boldsymbol{D}_k - \boldsymbol{A}_j \boldsymbol{D}_j + \boldsymbol{r}_k - \boldsymbol{r}_j \|^3} J(\boldsymbol{D}_k) \cdot J(\boldsymbol{D}_j) \mathrm{d}V(\boldsymbol{D}_j) \mathrm{d}V(\boldsymbol{D}_k) \tag{9-12}$$

因此，系统在惯性空间的动力学方程为

$$\begin{cases} \dot{\boldsymbol{p}}_k = \boldsymbol{f}_g^k + \boldsymbol{f}_{se}^k + \boldsymbol{f}_m^k \\ \dot{\boldsymbol{r}}_k = \dfrac{\boldsymbol{p}_k}{m_k} \\ \dot{\boldsymbol{K}}_k = \boldsymbol{n}_g^k + \boldsymbol{n}_{se}^k + \boldsymbol{n}_m^k \\ \dot{\boldsymbol{A}}_k = \widehat{\boldsymbol{\psi}}_k \boldsymbol{A}_k \end{cases}, \quad k = 1, 2, \cdots, n \tag{9-13}$$

其中 $\boldsymbol{\psi}_k = \boldsymbol{A}_k I_k^{-1} \boldsymbol{A}_k^{\mathrm{T}} (\boldsymbol{K}_k - \boldsymbol{r}_k \times \boldsymbol{p}_k)$，$\widehat{\boldsymbol{\psi}}_k$ 通过方程(9-1)计算。运动依赖于位置矢量 $\boldsymbol{r}_k$，平动动量矢量 $\boldsymbol{p}_k = m_k \dot{\boldsymbol{r}}_k$，角动量 $\boldsymbol{K}_k$ 和姿态矩阵 $\boldsymbol{A}_k$。系统内部各不规则天体之间的相互作用包括引力、静电力、磁力，形成一个全多体引力电动动力学系统[48-50]。如果在上式中去掉静电力和磁力，就是引力全N体问题(或称引力完整N体问题)的动力学方程。

动力学系统有三个守恒量，是方程的首次积分

$$H = T + U_g + U_{se} + U_m, \ \boldsymbol{p} = \sum_{k=1}^{n} \boldsymbol{p}_k, \ \boldsymbol{K} = \sum_{k=1}^{n} \boldsymbol{K}_k \tag{9-14}$$

这三个守恒量包括 Jacobi 积分即能量积分，平动动量积分和角动量积分。

9.3 相对运动与平衡

目前太阳系已经发现若干同步双小行星系统，如 809 Lundia、854 Frostia、1089 Tama、4492 Debussy 和 1313 Berna 等[51-53]。这些系统处于相对平衡状态，而这种平衡属于双星轨道和姿态引力锁定的情况。而矮行星（134340）Pluto 系统即冥王星系统，作为一个跨海王星天体，有 5 个已知的自然卫星，分别是 Charon、Nix、Hydra、Kerberos 和 Styx[54]。Charon 的中文名称为卡戎，于 1978 年被

发现，Nix 和 Hydra 于 2005 年被发现，Kerberos 于 2011 年被发现，Styx 于 2012 年被发现。冥王星与卡戎是引力锁定的，二者总是以相同的一面对着对方，两星的轨道角速度和姿态角速度共四个量，这四个量均相同[55,56]。卡戎相对于冥王星的轨道是近圆轨道[56]。为了研究多个不规则天体组成的系统的平衡状态，包括同步双小行星系统的平衡、全多体系统中的部分天体引力相互锁定、全多体系统中的部分天体引力自锁、自旋-轨道锁定等各种类型的平衡现象的内在机制，我们首先推导相对运动的动力学方程，然后分析部分引力锁定以及自旋-轨道锁定多小行星系统的特性。

9.3.1　相对运动

本节中，系统的动力学方程表示在第 n 个天体 β_n 的固连坐标系中，记 $\boldsymbol{r}_{kj}=\boldsymbol{r}_k-\boldsymbol{r}_j$，$\boldsymbol{R}_{kn}=\boldsymbol{A}_n^{\mathrm{T}}\boldsymbol{r}_{kn}=\boldsymbol{A}_n^{\mathrm{T}}(\boldsymbol{r}_k-\boldsymbol{r}_n)$，$\boldsymbol{P}_{kn}=\boldsymbol{A}_n^{\mathrm{T}}\boldsymbol{p}_{kn}=m_k\boldsymbol{A}_n^{\mathrm{T}}(\dot{\boldsymbol{r}}_k-\dot{\boldsymbol{r}}_n)$，$\boldsymbol{A}_{kn}=\boldsymbol{A}_k^{\mathrm{T}}\boldsymbol{A}_n$，$\boldsymbol{\Gamma}_{kn}=\boldsymbol{A}_{kn}^{\mathrm{T}}\boldsymbol{G}_k$，$\boldsymbol{\Gamma}_n=\boldsymbol{G}_n$，$\boldsymbol{R}_{kj}=\boldsymbol{A}_j^{\mathrm{T}}\boldsymbol{r}_{kj}$，则

$$\boldsymbol{G}_k=\boldsymbol{A}_k^{\mathrm{T}}\boldsymbol{g}_k=\boldsymbol{I}_k\boldsymbol{\Phi}_k \tag{9-15}$$

由于 $\boldsymbol{r}_{kn}=\boldsymbol{r}_k-\boldsymbol{r}_n$ 和 $\boldsymbol{r}_{kn}=\boldsymbol{r}_k-\boldsymbol{r}_n$，因此我们有

$$\boldsymbol{r}_{kj}=\boldsymbol{r}_{kn}-\boldsymbol{r}_{jn} \tag{9-16}$$

此外

$$\boldsymbol{R}_{kn}-\boldsymbol{R}_{jn}=\boldsymbol{A}_n^{\mathrm{T}}\boldsymbol{r}_{kn}-\boldsymbol{A}_n^{\mathrm{T}}\boldsymbol{r}_{jn}=\boldsymbol{A}_n^{\mathrm{T}}\boldsymbol{r}_{kj}=\boldsymbol{A}_n^{\mathrm{T}}(\boldsymbol{r}_k-\boldsymbol{r}_j) \tag{9-17}$$

总引力势能、总静电势能、总磁势能都可以表示在 β_n 的固连坐标系中，为

$$\begin{cases}U_g=-\displaystyle\sum_{k=1}^{n-1}\sum_{j=k+1}^{n}\int_{\beta_k}\int_{\beta_j}\frac{G\rho_g(\boldsymbol{D}_k)\rho_g(\boldsymbol{D}_j)\mathrm{d}V(\boldsymbol{D}_j)\mathrm{d}V(\boldsymbol{D}_k)}{\|\boldsymbol{A}_n^{\mathrm{T}}\boldsymbol{A}_k\boldsymbol{D}_k-\boldsymbol{A}_n^{\mathrm{T}}\boldsymbol{A}_j\boldsymbol{D}_j+\boldsymbol{R}_{kn}-\boldsymbol{R}_{jn}\|}\\ U_{se}=-\displaystyle\sum_{k=1}^{n-1}\sum_{j=k+1}^{n}\frac{1}{4\pi\varepsilon_0}\int_{\beta_k}\int_{\beta_j}\frac{\rho_{se}(\boldsymbol{D}_k)\rho_{se}(\boldsymbol{D}_j)\mathrm{d}V(\boldsymbol{D}_j)\mathrm{d}V(\boldsymbol{D}_k)}{\|\boldsymbol{A}_n^{\mathrm{T}}\boldsymbol{A}_k\boldsymbol{D}_k-\boldsymbol{A}_n^{\mathrm{T}}\boldsymbol{A}_j\boldsymbol{D}_j+\boldsymbol{R}_{kn}-\boldsymbol{R}_{jn}\|}\\ U_m=-\displaystyle\sum_{k=1}^{n-1}\sum_{j=k+1}^{n}\frac{\mu_0}{4\pi}\int_{\beta_k}\int_{\beta_j}\frac{J(\boldsymbol{D}_k)\cdot J(\boldsymbol{D}_j)\mathrm{d}V(\boldsymbol{D}_j)\mathrm{d}V(\boldsymbol{D}_k)}{\|\boldsymbol{A}_n^{\mathrm{T}}\boldsymbol{A}_k\boldsymbol{D}_k-\boldsymbol{A}_n^{\mathrm{T}}\boldsymbol{A}_j\boldsymbol{D}_j+\boldsymbol{R}_{kn}-\boldsymbol{R}_{jn}\|}\end{cases} \tag{9-18}$$

记$U=U_g+U_{se}+U_m$，则在β_n的固连坐标系表示的系统的动力学方程为

$$\begin{cases}\dot{\boldsymbol{P}}_{kn}=\boldsymbol{P}_{kn}\times\boldsymbol{\Phi}_n-\dfrac{\partial U}{\partial \boldsymbol{R}_{kn}}\\ \dot{\boldsymbol{R}}_{kn}=\boldsymbol{R}_{kn}\times\boldsymbol{\Phi}_n+\dfrac{\boldsymbol{P}_{kn}}{m_k}\\ \dot{\boldsymbol{\Gamma}}_k=\boldsymbol{\Gamma}_k\times\boldsymbol{\Phi}_n+\boldsymbol{\mu}_k,\quad \dot{\boldsymbol{\Gamma}}_n=\boldsymbol{\Gamma}_n\times\boldsymbol{\Phi}_n+\boldsymbol{\mu}_n\\ \dot{\boldsymbol{A}}_{kn}=\boldsymbol{A}_{kn}\widehat{\boldsymbol{\Phi}}_n-\widehat{\boldsymbol{\Phi}}_k\boldsymbol{A}_{kn},\quad \dot{\boldsymbol{A}}_n=\boldsymbol{A}_n\widehat{\boldsymbol{\Phi}}_n\end{cases}\tag{9-19}$$

其中$k=1,2,\cdots,n-1$，$\boldsymbol{\Phi}_n=\boldsymbol{I}_n^{-1}\boldsymbol{\Gamma}_n$，$\boldsymbol{\Phi}_k=\boldsymbol{I}_k^{-1}\boldsymbol{A}_{kn}\boldsymbol{\Gamma}_k$。

力矩

$$\begin{cases}\boldsymbol{\mu}^k=\boldsymbol{\mu}_g^k+\boldsymbol{\mu}_e^k+\boldsymbol{\mu}_m^k,\quad k=1,2,\cdots,n-1\\ \boldsymbol{\mu}^n=\boldsymbol{\mu}_g^n+\boldsymbol{\mu}_{se}^n+\boldsymbol{\mu}_m^n\end{cases}\tag{9-20}$$

其中

$$\begin{cases}\boldsymbol{\mu}_g^k=-G\displaystyle\sum_{k=1}^{n-1}\sum_{j=k+1}^{n}\int_{\beta_k}\int_{\beta_j}\boldsymbol{A}_n^{\mathrm{T}}\boldsymbol{A}_k\boldsymbol{D}_k\\ \qquad\times\dfrac{(\boldsymbol{A}_n^{\mathrm{T}}\boldsymbol{A}_k\boldsymbol{D}_k-\boldsymbol{A}_n^{\mathrm{T}}\boldsymbol{A}_j\boldsymbol{D}_j+\boldsymbol{R}_{kn}-\boldsymbol{R}_{jn})}{\|\boldsymbol{A}_n^{\mathrm{T}}\boldsymbol{A}_k\boldsymbol{D}_k-\boldsymbol{A}_n^{\mathrm{T}}\boldsymbol{A}_j\boldsymbol{D}_j+\boldsymbol{R}_{kn}-\boldsymbol{R}_{jn}\|^3}\\ \qquad\rho_g(\boldsymbol{D}_k)\rho_g(\boldsymbol{D}_j)\mathrm{d}V(\boldsymbol{D}_j)\mathrm{d}V(\boldsymbol{D}_k)\\ \boldsymbol{\mu}_{se}^k=-\dfrac{1}{4\pi\varepsilon_0}\displaystyle\sum_{k=1}^{n-1}\sum_{j=k+1}^{n}\int_{\beta_k}\int_{\beta_j}\boldsymbol{A}_n^{\mathrm{T}}\boldsymbol{A}_k\boldsymbol{D}_k\\ \qquad\times\dfrac{(\boldsymbol{A}_n^{\mathrm{T}}\boldsymbol{A}_k\boldsymbol{D}_k-\boldsymbol{A}_n^{\mathrm{T}}\boldsymbol{A}_j\boldsymbol{D}_j+\boldsymbol{R}_{kn}-\boldsymbol{R}_{jn})}{\|\boldsymbol{A}_n^{\mathrm{T}}\boldsymbol{A}_k\boldsymbol{D}_k-\boldsymbol{A}_n^{\mathrm{T}}\boldsymbol{A}_j\boldsymbol{D}_j+\boldsymbol{R}_{kn}-\boldsymbol{R}_{jn}\|^3}\\ \qquad\rho_{se}(\boldsymbol{D}_k)\rho_{se}(\boldsymbol{D}_j)\mathrm{d}V(\boldsymbol{D}_j)\mathrm{d}V(\boldsymbol{D}_k)\\ \boldsymbol{\mu}_m^k=-\dfrac{\mu_0}{4\pi}\displaystyle\sum_{k=1}^{n-1}\sum_{j=k+1}^{n}\int_{\beta_k}\int_{\beta_j}\boldsymbol{A}_n^{\mathrm{T}}\boldsymbol{A}_k\boldsymbol{D}_k\\ \qquad\times\dfrac{(\boldsymbol{A}_n^{\mathrm{T}}\boldsymbol{A}_k\boldsymbol{D}_k-\boldsymbol{A}_n^{\mathrm{T}}\boldsymbol{A}_j\boldsymbol{D}_j+\boldsymbol{R}_{kn}-\boldsymbol{R}_{jn})}{\|\boldsymbol{A}_n^{\mathrm{T}}\boldsymbol{A}_k\boldsymbol{D}_k-\boldsymbol{A}_n^{\mathrm{T}}\boldsymbol{A}_j\boldsymbol{D}_j+\boldsymbol{R}_{kn}-\boldsymbol{R}_{jn}\|^3}\\ \qquad J(\boldsymbol{D}_k)\cdot J(\boldsymbol{D}_j)\mathrm{d}V(\boldsymbol{D}_j)\mathrm{d}V(\boldsymbol{D}_k)\end{cases}\tag{9-21}$$

和

$$\begin{cases}\boldsymbol{\mu}_g^n = G\sum_{k=1}^{n-1}\sum_{j=k+1}^{n}\int_{\beta_k}\int_{\beta_j}\boldsymbol{D}_n\times\dfrac{(\boldsymbol{A}_n^{\mathrm{T}}\boldsymbol{A}_k\boldsymbol{D}_k-\boldsymbol{D}_n+\boldsymbol{R}_{kn})}{\|\boldsymbol{A}_n^{\mathrm{T}}\boldsymbol{A}_k\boldsymbol{D}_k-\boldsymbol{D}_n+\boldsymbol{R}_{kn}\|^3} \\ \qquad\rho_g(\boldsymbol{D}_k)\rho_g(\boldsymbol{D}_j)\mathrm{d}V(\boldsymbol{D}_j)\mathrm{d}V(\boldsymbol{D}_k) \\ \boldsymbol{\mu}_{se}^n = \dfrac{1}{4\pi\varepsilon_0}\sum_{k=1}^{n-1}\sum_{j=k+1}^{n}\int_{\beta_k}\int_{\beta_j}\boldsymbol{D}_n\times\dfrac{(\boldsymbol{A}_n^{\mathrm{T}}\boldsymbol{A}_k\boldsymbol{D}_k-\boldsymbol{D}_n+\boldsymbol{R}_{kn})}{\|\boldsymbol{A}_n^{\mathrm{T}}\boldsymbol{A}_k\boldsymbol{D}_k-\boldsymbol{D}_n+\boldsymbol{R}_{kn}\|^3} \\ \qquad\rho_{se}(\boldsymbol{D}_k)\rho_{se}(\boldsymbol{D}_j)\mathrm{d}V(\boldsymbol{D}_j)\mathrm{d}V(\boldsymbol{D}_k) \\ \boldsymbol{\mu}_m^n = \dfrac{\mu_0}{4\pi}\sum_{k=1}^{n-1}\sum_{j=k+1}^{n}\int_{\beta_k}\int_{\beta_j}\boldsymbol{D}_n\times\dfrac{(\boldsymbol{A}_n^{\mathrm{T}}\boldsymbol{A}_k\boldsymbol{D}_k-\boldsymbol{D}_n+\boldsymbol{R}_{kn})}{\|\boldsymbol{A}_n^{\mathrm{T}}\boldsymbol{A}_k\boldsymbol{D}_k-\boldsymbol{D}_n+\boldsymbol{R}_{kn}\|^3} \\ \qquad J(\boldsymbol{D}_k)\cdot J(\boldsymbol{D}_j)\mathrm{d}V(\boldsymbol{D}_j)\mathrm{d}V(\boldsymbol{D}_k)\end{cases} \tag{9-22}$$

9.3.2 相对平衡

系统各天体均处于相对平衡，则系统任意两两天体都相对静止不动。从本章式（9－19）可知系统各天体相对平衡满足下面的方程

$$\begin{cases}\boldsymbol{f}_{\boldsymbol{P}_k} \triangleq \boldsymbol{P}_{kn}\times\boldsymbol{\Phi}_n-\dfrac{\partial U}{\partial \boldsymbol{R}_{kn}}=0 \\ \boldsymbol{f}_{\boldsymbol{R}_k} \triangleq \boldsymbol{R}_{kn}\times\boldsymbol{\Phi}_n+\dfrac{\boldsymbol{P}_{kn}}{m_k}=0 \\ \boldsymbol{f}_{\boldsymbol{A}_k} \triangleq \boldsymbol{A}_{kn}\widehat{\boldsymbol{\Phi}}_n-\widehat{\boldsymbol{\Phi}}_k\boldsymbol{A}_{kn}=0 \\ \boldsymbol{f}_{\boldsymbol{\Gamma}_k} \triangleq \boldsymbol{\Gamma}_k\times\boldsymbol{\Phi}_n+\boldsymbol{\mu}_k=0 \\ \boldsymbol{f}_{\boldsymbol{\Gamma}_n} \triangleq \boldsymbol{\Gamma}_n\times\boldsymbol{\Phi}_n+\boldsymbol{\mu}_n=0\end{cases} \tag{9-23}$$

其中 $k=1, 2, \cdots, n-1$。由于是相对平衡，故 $\dot{\boldsymbol{A}}_n=\boldsymbol{A}_n\widehat{\boldsymbol{\Phi}}_n=0$ 自然成立。式（9－23）一共有 $12n-9$ 个方程，因此该相对平衡状态一共有 $12n-9$ 个特征值。

记

$$\begin{cases}\boldsymbol{X}=[\boldsymbol{P}_1, \cdots, \boldsymbol{P}_{n-1}, \boldsymbol{R}_1, \cdots, \boldsymbol{R}_{n-1}, \boldsymbol{A}_1, \cdots, \boldsymbol{A}_{n-1}, \boldsymbol{\Gamma}_1, \cdots, \boldsymbol{\Gamma}_n] \\ \boldsymbol{f}=[\boldsymbol{f}_{\boldsymbol{P}_1}, \cdots, \boldsymbol{f}_{\boldsymbol{P}_{n-1}}, \boldsymbol{f}_{\boldsymbol{R}_1}, \cdots, \boldsymbol{f}_{\boldsymbol{R}_{n-1}}, \boldsymbol{f}_{\boldsymbol{A}_1}, \cdots, \boldsymbol{f}_{\boldsymbol{A}_{n-1}}, \boldsymbol{f}_{\boldsymbol{\Gamma}_1}, \cdots, \boldsymbol{f}_{\boldsymbol{\Gamma}_n}]\end{cases} \tag{9-24}$$

$$\begin{cases}\delta\boldsymbol{P}_k=\boldsymbol{P}_k(t)-\boldsymbol{P}_k(t_0),\ (k=1,\ \cdots,\ n-1)\\ \delta\boldsymbol{R}_k=\boldsymbol{R}_k(t)-\boldsymbol{R}_k(t_0),\ (k=1,\ \cdots,\ n-1)\\ \delta\boldsymbol{A}_k=\boldsymbol{A}_k(t)-\boldsymbol{A}_k(t_0),\ (k=1,\ \cdots,\ n-1)\\ \delta\boldsymbol{\Gamma}_j=\boldsymbol{\Gamma}_j(t)-\boldsymbol{\Gamma}_j(t_0),\ (j=1,\ \cdots,\ n)\end{cases} \tag{9-25}$$

$$\nabla \boldsymbol{f}_{\boldsymbol{P}_k}=\frac{\partial \boldsymbol{f}_{\boldsymbol{P}_k}}{\partial \boldsymbol{X}},\ \nabla \boldsymbol{f}_{\boldsymbol{R}_k}=\frac{\partial \boldsymbol{f}_{\boldsymbol{R}_k}}{\partial \boldsymbol{X}},\ \nabla \boldsymbol{f}_{\boldsymbol{A}_k}=\frac{\partial \boldsymbol{f}_{\boldsymbol{A}_k}}{\partial \boldsymbol{X}},\ \nabla \boldsymbol{f}_{\boldsymbol{\Gamma}_j}=\frac{\partial \boldsymbol{f}_{\boldsymbol{\Gamma}_j}}{\partial \boldsymbol{X}},$$

$$(k=1,\ \cdots,\ n-1;\ j=1,\ \cdots,\ n), \tag{9-26}$$

和

$$\begin{aligned}\nabla \boldsymbol{f}=[&\nabla \boldsymbol{f}_{\boldsymbol{P}_1},\ \cdots,\ \nabla \boldsymbol{f}_{\boldsymbol{P}_{n-1}},\ \nabla \boldsymbol{f}_{\boldsymbol{R}_1},\ \cdots,\ \nabla \boldsymbol{f}_{\boldsymbol{R}_{n-1}},\\ &\nabla \boldsymbol{f}_{\boldsymbol{A}_1},\ \cdots,\ \nabla \boldsymbol{f}_{\boldsymbol{A}_{n-1}},\ \nabla \boldsymbol{f}_{\boldsymbol{\Gamma}_1},\ \cdots,\ \nabla \boldsymbol{f}_{\boldsymbol{\Gamma}_n}]\end{aligned} \tag{9-27}$$

则$\nabla \boldsymbol{f}$的特征值由$\nabla \boldsymbol{f}_{\boldsymbol{P}_k}$，$\nabla \boldsymbol{f}_{\boldsymbol{R}_k}$，$\nabla \boldsymbol{f}_{\boldsymbol{A}_k}$和$\nabla \boldsymbol{f}_{\boldsymbol{\Gamma}_j}(k=1,\ \cdots,\ n-1;\ j=1,\ \cdots,\ n)$的特征值组成，记$\nabla \boldsymbol{f}$的特征值分别为$\lambda_1$，…，$\lambda_k(k=12n-9)$。动力学方程（9-23）可以在其平衡附近线性化，得到

$$\begin{cases}\delta\dot{\boldsymbol{P}}_k=\nabla \boldsymbol{f}_{\boldsymbol{P}_k}\cdot\delta\boldsymbol{P}_k,\ (k=1,\ \cdots,\ n-1)\\ \delta\dot{\boldsymbol{R}}_k=\nabla \boldsymbol{f}_{\boldsymbol{R}_k}\cdot\delta\boldsymbol{R}_k,\ (k=1,\ \cdots,\ n-1)\\ \delta\dot{\boldsymbol{A}}_k=\nabla \boldsymbol{f}_{\boldsymbol{A}_k}\cdot\delta\boldsymbol{A}_k,\ (k=1,\ \cdots,\ n-1)\\ \delta\dot{\boldsymbol{\Gamma}}_j=\nabla \boldsymbol{f}_{\boldsymbol{\Gamma}_j}\cdot\delta\boldsymbol{\Gamma}_j,\ (j=1,\ \cdots,\ n)\end{cases} \tag{9-28}$$

记相对平衡状态的个数为J，第j个相对平衡记为E_j。对于函数f使用拓扑度理论，则得到

$$\sum_{j=1}^{J}\left[\operatorname{sgn}\prod_{k=1}^{12n-9}\lambda_k(E_j)\right]=\sum_{j=1}^{J}[\operatorname{sgn}\det(\nabla \boldsymbol{f})]=\deg(\boldsymbol{f},\ \Xi,\ 0)=\text{const} \tag{9-29}$$

其中Ξ是函数$\boldsymbol{f}$的定义域，deg(·)是拓扑度，sgn(·)是符号函数。一个平衡称为是非退化的当且仅当它的所有特征值都非零。从方程（9-29）可知，系统的非退化平衡成对变化，即非退化平衡状态的个数可能的增减量只能是2、4、6等偶数。当系统的参数变化时，一个退化平衡状态只可能衍生出偶数个非退化平衡状态，不可能衍生出奇数个非退化平衡状态。偶数个非退化平衡状态可以湮灭成一个退化平衡状态进而消失，奇数个非退化平衡状态不可能湮灭成一

个退化平衡状态。

事实上，在参数变化下，退化平衡状态有 4 种可能的变化情形：1）相互湮灭；2）消失然后衍生出 $\alpha(\alpha \in \mathbf{Z},\ \alpha>0)$ 个新的退化平衡状态，其中 $\mathbf{Z}$ 表示整数集合；3）消失然后衍生出 $2\beta(\beta \in \mathbf{Z},\ \beta>0)$ 个非退化平衡状态；4）消失然后衍生出 $\alpha(\alpha \in \mathbf{Z},\ \alpha>0)$ 个退化平衡状态和 $2\beta(\beta \in \mathbf{Z},\ \beta>0)$ 个非退化平衡状态。对于一个平衡状态 E_j 来说，记 $\operatorname{ind}(E_j) \triangleq \operatorname{sgn}\prod_{k=1}^{12n-9}\lambda_k(E_j)$，则如果平衡状态是退化的，则 $\operatorname{ind}(E_j)=0$；否则 $\operatorname{ind}(E_j)=\pm 1$。

对于太阳系的多小行星系统来说，此前的文献研究表明，系统内部相互作用静电势能和磁势能可以完全忽略，只需考虑相互作用的引力势能即可高精度地描述系统的运动状态[4]。因此，对于太阳系的多小行星系统来说，认为 $U=U_g$，$\boldsymbol{\mu}^k=\boldsymbol{\mu}_g^k(k=1,\ 2,\ \cdots,\ n-1)$ 和 $\boldsymbol{\mu}^n=\boldsymbol{\mu}_g^n$ 是成立的。

9.3.3　多不规则天体系统的部分引力锁定

考虑引力多不规则天体系统的部分天体引力锁定情形的内在机制。有的天体系统是部分引力锁定的，正如此前提到的冥王星系统，一共 6 个天体，其中 2 个天体冥王星和卡戎引力锁定，其他的 4 个天体则非引力锁定[3,54]，因此冥王星系统是一个部分引力锁定的系统。下面分析其平衡状态对应的方程。假定 $n_1(n_1<n)$ 个天体是引力锁定的，第 n 个天体 β_n 是在这 n_1 个引力锁定的天体中任意选取的一个，其余引力锁定的天体分别用下标 1，2，…，n_1-1 标记。则相对平衡满足

$$\begin{cases} \boldsymbol{f}_{\boldsymbol{P}_k} \triangleq \boldsymbol{P}_{kn} \times \boldsymbol{\Phi}_n - \dfrac{\partial U}{\partial \boldsymbol{R}_{kn}} = 0 \\ \boldsymbol{f}_{\boldsymbol{R}_k} \triangleq \boldsymbol{R}_{kn} \times \boldsymbol{\Phi}_n + \dfrac{\boldsymbol{P}_{kn}}{m_k} = 0 \\ \boldsymbol{f}_{\boldsymbol{A}_k} \triangleq \boldsymbol{A}_{kn}\widehat{\boldsymbol{\Phi}}_n - \widehat{\boldsymbol{\Phi}}_k\boldsymbol{A}_{kn} = 0 \\ \boldsymbol{f}_{\boldsymbol{\Gamma}_k} \triangleq \boldsymbol{\Gamma}_k \times \boldsymbol{\Phi}_n + \boldsymbol{\mu}_k = 0 \\ \boldsymbol{f}_{\boldsymbol{\Gamma}_n} \triangleq \boldsymbol{\Gamma}_n \times \boldsymbol{\Phi}_n + \boldsymbol{\mu}_n = 0 \end{cases} \quad k=1,\ 2,\ \cdots,\ n_1-1 \tag{9-30}$$

此种情形，方程组（9-30）有 $12n_1-9$ 个方程，因此相对平衡有 $12n_1-9$ 个特征值。太阳系中部分引力锁定的天体系统的运动状态是稳定的部分引力锁定的相对平衡附近的运动，类似于第5章的情况。

对应于方程（9-29）的公式为 $\sum_{j=1}^{J}\left[\operatorname{sgn}\prod_{k=1}^{12n_1-9}\lambda_k(E_j)\right]=\text{const}$。我们可以得出类似于上一节的结论，即部分引力锁定的系统的非退化平衡成对变化。系统参数变化时，一个部分引力锁定退化平衡状态只可能衍生出偶数个非退化平衡状态，不可能衍生出奇数个非退化平衡状态。同样地，偶数个非退化平衡状态可以湮灭成一个退化平衡状态进而消失，而奇数个非退化平衡状态不可能湮灭成一个退化平衡状态。在参数变化下，部分引力锁定的系统的退化平衡状态也有4种可能的变化情形，此处就不一一列举了。对于一个引力多不规则天体系统组成的全多体问题来说，稳定的部分引力锁定状态中，相互锁定的天体的轨道和姿态角速度不是常数，而是周期或者拟周期的运动甚至混沌的运动。此外，这种稳定的部分引力锁定的系统往往是在非锁定的天体和锁定的天体距离较远，且非锁定的天体对锁定的天体引力相对较小的情况下产生。

9.3.4　多不规则天体系统的自旋-轨道锁定

本节考虑多不规则天体系统的自旋-轨道锁定的内在机制，其中一个或者多个不规则天体相对其他天体呈现同步的自转与公转，即自转角速度和公转角速度相同。例如，近地三小行星系统（136617）1994 CC 由一个主天体和2个小月亮组成[5]，只有内小月亮是自旋-轨道锁定的。假定第 n 个小行星 β_n 是系统中的最大的小行星，有 $n_2(n_2<n)$ 个小行星处于自旋-轨道锁定状态，这些自旋-轨道锁定的小行星的下标分别记为1，2，…，n_2。则我们有下面的表达式

$$\begin{cases} \boldsymbol{f}_{\boldsymbol{P}_k} \triangleq \boldsymbol{P}_{kn} \times \boldsymbol{\Phi}_n - \dfrac{\partial U}{\partial \boldsymbol{R}_{kn}} = 0 \\ \boldsymbol{f}_{\boldsymbol{R}_k} \triangleq \boldsymbol{R}_{kn} \times \boldsymbol{\Phi}_n + \dfrac{\boldsymbol{P}_{kn}}{m_k} = 0 \\ \boldsymbol{f}_{\boldsymbol{A}_k} \triangleq \boldsymbol{A}_{kn} \widehat{\boldsymbol{\Phi}}_n - \widehat{\boldsymbol{\Phi}}_k \boldsymbol{A}_{kn} = 0 \\ \boldsymbol{f}_{\boldsymbol{\Gamma}_k} \triangleq \boldsymbol{\Gamma}_k \times \boldsymbol{\Phi}_n + \boldsymbol{\mu}_k = 0 \end{cases} \quad k = 1, 2, \cdots, n_2 \tag{9-31}$$

此种情形，方程组（9-31）有 $12n_2$ 个方程，因此自旋-轨道锁定有 $12n_2$ 个特征值。即对于一个有一个小月亮处于自旋-轨道锁定的三小行星系统来说，这种自旋-轨道锁定有 12 个方程，即有 12 个特征值。自旋-轨道锁定的小月亮处于平衡状态附近的周期或者拟周期或者混沌运动，而非完全静止不动。

9.3.5　大尺度比三小行星系统轨道参数的非线性变化

对于大尺度比的三小行星系统来说，小月亮相对于系统中最大小行星（以下称主星）的轨道参数的非线性变化可以从理论上进行一定程度的初步估计。记 a 为半长轴，e 为偏心率，i 为轨道倾角，Ω 为升交点经度，ω 为近心点幅角，M 为平近点角，m 为小月亮质量，$p = a(1-e^2)$，$\eta = \sqrt{\dfrac{Gm}{a^3}}$，$J_2$ 为主星非球形引力势的二阶项系数，R 为主星的平均半径。以下标 M_1 和 M_2 分别标记两个小月亮的轨道参数。则主星非球形 J_2 项引起小月亮的升交点经度[57] 变化为

$$\frac{\mathrm{d}\Omega_{M_k}}{\mathrm{d}t} = -\frac{3}{2} J_2 \left(\frac{R}{p_{M_k}}\right)^2 \eta_{M_k} \cos i_{M_k} \tag{9-32}$$

上述方程表明不同小月亮的升交点经度变化不同，这种变化同它们各自的轨道半长轴、偏心率以及倾角有关。当 $i_{M_1} = i_{M_2}$ 时候，内小月亮的升交点经度的变化速度一定会快于外小月亮的升交点经度的变化速度。

使用倾角的摄动方程[58]

$$\frac{\mathrm{d}i}{\mathrm{d}t} = -\frac{1}{i\eta a^2} \frac{\partial U_p}{\partial \Omega} \tag{9-33}$$

经过推导可以得到下面主星非球形引力引起的小月亮轨道倾角变化方程

$$\begin{cases}\dfrac{\mathrm{d}i_{M_1}}{\mathrm{d}t}=\dfrac{3}{8}n_{M_1}\sigma_{M_1}\left(\dfrac{\eta_{M_2}}{\eta_{M_1}}\right)^2\sin(\Omega_{M_1}-\Omega_{M_2})\\ \quad[2\cos(\Omega_{M_1}-\Omega_{M_2})\sin i_{M_1}+\sin 2i_{M_2}\cos i_{M_1}\\ \quad-2\cos^2 i_{M_2}\sin i_{M_1}\cos(\Omega_{M_1}-\Omega_{M_2})]\\ \dfrac{\mathrm{d}i_{M_2}}{\mathrm{d}t}=\dfrac{3}{8}n_{M_2}\sigma_{M_2}\left(\dfrac{\eta_{M_1}}{\eta_{M_2}}\right)^2\sin(\Omega_{M_2}-\Omega_{M_1})\\ \quad[2\cos(\Omega_{M_2}-\Omega_{M_1})\sin i_{M_2}+\sin 2i_{M_1}\cos i_{M_2}\\ \quad-2\cos^2 i_{M_1}\sin i_{M_2}\cos(\Omega_{M_2}-\Omega_{M_1})]\end{cases} \tag{9-34}$$

其中 U_p 是摄动势函数，m_{primary} 为主星质量，$\sigma_{M_1}=\dfrac{m_{M_1}}{m_{M_1}+m_{\text{primary}}}$，$\sigma_{M_2}=\dfrac{m_{M_2}}{m_{M_2}+m_{\text{primary}}}$。方程（9－34）表明大尺度比三小行星系统的两个小月亮的倾角发生变化，虽然天体力学中固有的结论认为 J_2 项对倾角无长期影响，那是二体问题受摄运动的结论。此处，主星非球形引力 J_2 项通过两个小月亮的相互作用，进而引起小月亮各自倾角的长期变化。

9.4 五个三小行星系统的动力学构形

本节通过引力全 N 体问题的数值模拟来计算三小行星系统的动力学构形，给出其轨道姿态运动的相关结论。动力学构形通过方程（9－19）计算，考虑引力势，不考虑静电势和磁势。计算的 5 个三小行星系统包括（45）Eugenia、（87）Sylvia、（93）Minerva、（216）Kleopatra 和（136617）1994CC。

9.4.1 数值方法

为了精确地研究多小行星系统的轨道与旋转运动动力学行为，

数值计算方法应当计算多个不规则天体的外形引起的两两之间的共有引力势。本章中，使用大量小球体来填充系统中的每个具有不规则外形的天体，藉此来精确地计算任意两个不规则天体上任意两点之间的引力，如图 9-1 所示。这种模型的优点是显著的，可以用它来描述每个天体内部的质量瘤、空隙、松散、甚至多孔特性，在研究直径 0.1～100 km 范围大小的松散和多孔特性的碎石堆小行星的结构动力学中取得了巨大成功（Richardson et al. 2002[59]），也被应用于研究小行星的碰撞与解体过程中[60,61]。本书此前的章节中计算不规则小天体的引力与几何外形使用的是多面体模型，目前天文观测数据给出的小天体的引力与几何外形也都是基于多面体模型的。然而，虽然多面体模型在针对单个小行星的引力与几何外形的计算中相对于其他模型有显著的优势，但对于双小行星系统、三小行星系统等来说，由于涉及到共有引力势的计算，采用多面体模型尚无良好的解决办法。此前有学者研究双不规则小行星系统的引力场计算，提出了双多面体模型来计算自势，而用级数展开来计算共有势，仅仅展开到 3 阶，计算量已经极大，此外由于舍去了共有势的高阶项，这种方法的误差较大。本节采用的方法称为离散元方法，也称颗粒法，此方法由于相互之间的引力和扭矩可以在不同天体上的点之间显式地求和计算，因此建模的时候很容易扩展天体的数量。如果多小行星系统的某一个小行星质量较小，为了对比存在该质量较小的小行星与否对系统整体动力学构形的影响，可以去掉该小行星进行研究，然后同增加该小行星之后的计算结果进行对比。Richardson (1995)[62]详细地介绍了这种方法。简言之，每个主体的动态行为由刚体的运动方程来描述。小行星的质心运动服从牛顿方程，使用蛙跳算法积分，而旋转由刚体欧拉方程导出并且通过高阶时间自适应 Runge-Kutta 方法求解，各个小行星的姿态由四元数来计算。

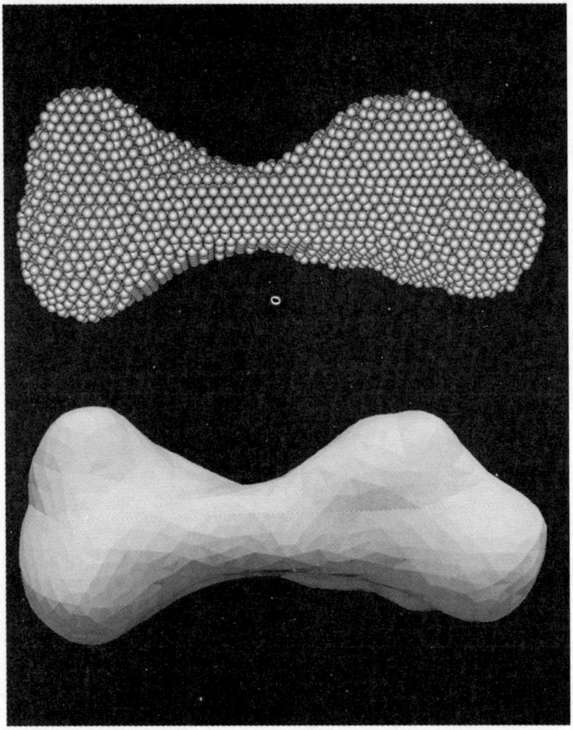

图 9－1 使用由球体组成的高分辨率模型填充不规则天体的图示
（三小行星系统（216）Kleopatra 的主星为例）

9.4.2 初值

目前发现的太阳系的 9 个三小行星系统中，有 5 个有小月亮的较为完整的数据。这 5 个三小行星系统按照主星从大到小的顺序排列，分别为（87）Sylvia[11,63]主星半径 286 km，（45）Eugenia[2,6,7]主星半径 206.14 km，（93）Minerva[20,21]主星半径 141.6 km，（216）Kleopatra[22]主星半径 135 km 以及（136617）1994 CC[5,16,17]主星半径 0.62 km。在这些三小行星系统中，只有（45）Eugenia、（87）Sylvia、（93）Minerva 和（216）Kleopatra 的主星采用了精确的不规则外形与引力模型[64]，而（136617）1994CC 的主星采用的是椭球体模型。表 9－1 给出了动力学构形计算所使用的初值，从中可见，(45) Eugenia、(87) Sylvia、(93) Minerva 和 (216) Kleopatra 是大尺度比的三小行星系统，而 (136617) 1994CC 不是。本章的计算中，对于 (45) Eugenia、(87) Sylvia、(93) Minerva 和 (216) Kleopatra 这 4 个三小行星系统的主星，采用离散元模型填充主星的多面体模型得到精确的几何外形并计算其与系统中其他两个小行星之间的共有势、轨道姿态耦合。

表 9－1　动力学构形计算的初值

(a)　主星

三小行星系统名称	质量/kg	体密度/(g·cm^{-3})	自旋周期/h	黄道 EME2000 系指向 (λ，β)
(45) Eugenia[a1,a2,a3]	5.62887×10^{18}	1.1	5.699	(122.0，−19.2)
(87) Sylvia[b1,b2]	1.478×10^{19}	1.29	5.18364	(70.0，69.0)
(93) Minerva[c]	3.35×10^{18}	1.75	5.981767	(11.0，25.0)
(216) Kleopatra[d]	4.64×10^{18}	3.6	5.385	(76.0，16.0)
(136617) 1994CC[e1,e2,e3]	2.66×10^{11}	2.1	2.3886	(71.144，67.486)

(b)　主星尺寸与小月亮尺寸

三小行星系统名称	大小/km	Moonlet 1		Moonlet 2	
		名字	大小/km	名字	大小/km
(45) Eugenia[a1,a2,a3]	304×220×146	Princesse	5	Petit-Prince	7
(87) Sylvia[b1,b2]	385×262×232	Romulus	10.8	Remus	10.6
(93) Minerva[c]	141.6	Aegis	3.6	Gorgoneion	3.2
(216) Kleopatra[d]	217×94×81	Alexhelios	8.9	Cleoselene	6.9
(136617) 1994CC[e1,e2,e3]	0.69×0.67×0.64	Beta	0.113	Gamma	0.08

注：[a1] Beauvalet et al. (2011)[7]；[a2] Beauvalet and Marchis (2014)[2]；[a3] Marchis et al. (2010)[6]；[b1] Berthier et al. (2014)[11]；[b2] Fang et al. (2012)[63]；[c] Marchis et al. (2013)[21]；[d] Descamps et al. (2011)[22]；[e1] Brozović et al. (2010)[16]；[e2] Brozović et al. (2011)[5]；[e3] Fang et al. (2011)[17]。

(c)　三小行星系统 (45) Eugenia[a 3] 的较小的小行星的初始位置与速度

小行星	R/km	V/ (m/s)
Princesse	[198.698　−341.315　−519.467]	[−20.0509259　−11.580208　−0.2673796]
Petit-Prince	[772.798　548.518　664.893]	[11.7339120　0.1368715　−13.734375]

(d)　三小行星系统 (87) Eugenia[b1] 的较小的小行星的初始位置与速度

轨道参数	Romulus	Remus
半长轴：a/km	1357	706.5
偏心率：e	0.005566	0.02721
倾角：i/ (°)	8.293	7.824
升交点经度：Ω/ (°)	92.6	94.8
近心点幅角：ω/ (°)	61.06	357.0
平近点角：M/ (°)	197.0	261.0

(e)　三小行星系统 (93) Minerva[c] 的较小的小行星的初始位置与速度

轨道参数	Aegis	Gorgoneion
半长轴：a/km	623.5	375.0
偏心率：e	0	0.05
倾角：i/ (°)	89.0	91.4
升交点经度：Ω/ (°)	126.0	132.6
近心点幅角：ω/ (°)	82.0	347.5
平近点角：M/ (°)	0.0	0.0

(f)　三小行星系统 (216) Kleopatra[d] 的较小的小行星的初始位置与速度

轨道参数	Alexhelios	Cleoselene
半长轴：a/km	678.0	454.0
偏心率：e	0	0
倾角：i/ (°)	51.0	49.0
升交点经度：Ω/ (°)	166.0	160.0
近心点幅角：ω/ (°)	0	0
平近点角：M/ (°)	0	0

(g)　三小行星系统（136617）1994CC[e3] 的较小的小行星的初始位置与速度

轨道参数	Beta	Gama
半长轴：a/km	1.729	6.13
偏心率：e	0.002	0.192
倾角：i/（°）	83.376	71.709
升交点经度：Ω/（°）	59.209	48.479
近心点幅角：ω/（°）	130.98	96.229
平近点角：M/（°）	233.699	6.07

9.4.3　三小行星系统（45）Eugenia 的动力学构形

图 9－2 给出了三小行星系统（45）Eugenia 的动力学构形，小月亮的轨道参数表示在主星质心赤道惯性坐标系中。赤道平面为主星自旋运动的瞬时赤道平面。z 轴与主星自旋轴平行，xy 平面与主星自旋运动的赤道面重合。外小月亮 Princesse 的半长轴变化范围为 1164.05 km 至 1164.7 km，振幅为 0.65 km。内小月亮 Petit－Prince 的半长轴变化范围为 610.2 km 至 612.6 km，振幅为 2.4 km。Princesse 的偏心率小于 Petit－Prince 的偏心率。两个小月亮 Princesse 和 Petit－Prince 的倾角都呈现出周期性的运动，区间分别为［9.125°，9.18°］和［18.145°，18.302°］。小月亮 Princesse 的升交点经度 Ω 的变化率小于 Petit－Prince 的升交点经度 Ω 的变化率。

9.4.4　三小行星系统（87）Sylvia 的动力学构形

图 9－3 给出了三小行星系统（87）Sylvia 的动力学构形。外小月亮 Romulus 的半长轴变化范围为 1351.32km 至 1352.25 km，振幅为 0.93 km。内小月亮 Remus 的半长轴变化范围为 682.7 km 至 685.2km，振幅为 2.5 km。Romulus 的偏心率小于 Remus 的偏心率。两个小月亮 Romulus 和 Remus 的倾角都非常小，区间分别为［0.2982°，0.3008°］和［0.3533°，0.3601°］。两个小月亮 Romulus 和 Remus 的轨道面和主星的赤道面接近重合。

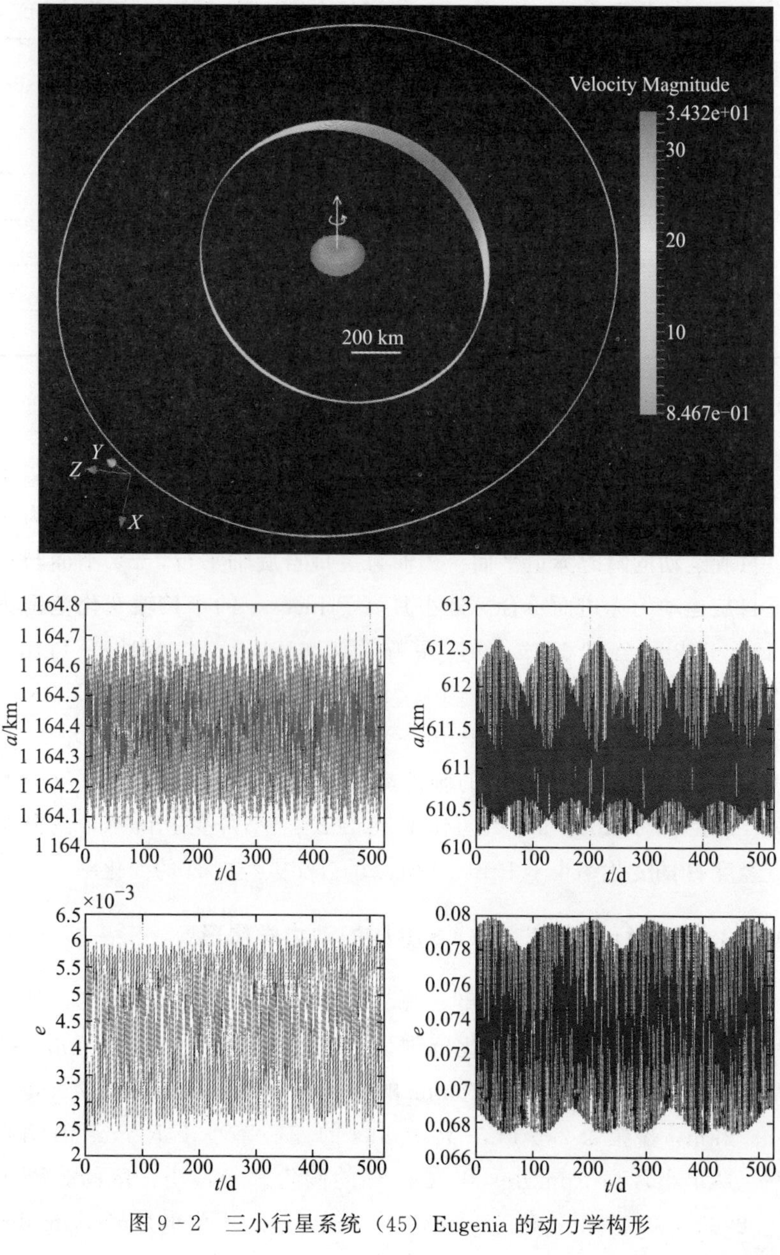

图 9-2　三小行星系统（45）Eugenia 的动力学构形

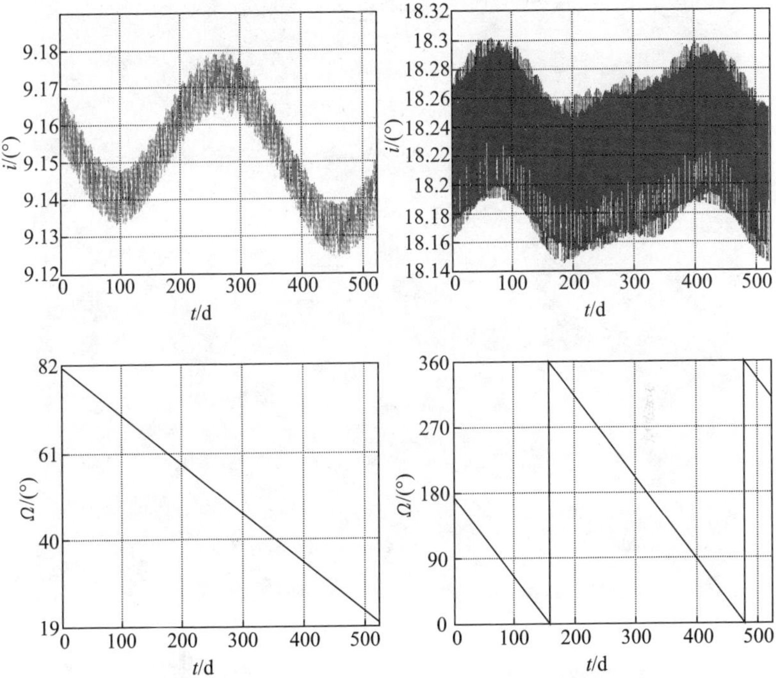

图 9－2　三小行星系统（45）Eugenia 的动力学构形（续）

黑暗背景的图显示了两个小月亮 Princesse 和 Petit－Prince 的轨道，彩条表示速度大小。下面的两列图分别显示 Princesse（左）和 Petit－Prince（右）的半长轴、偏心率、倾角以及升交点经度

9.4.5　三小行星系统（93）Minerva 的动力学构形

图 9－4 给出了三小行星系统（93）Minerva 的动力学构形。外小月亮 Aegis 的半长轴变化范围为 622.65km 至 623.8km，振幅为 1.15 km。内小月亮 Gorgoneion 的半长轴变化范围为 373.25 km 至 376.1km，振幅为 2.85km。两个小月亮 Aegis 和 Gorgoneion 的倾角在所有的三小行星系统里是最大的，变化区间分别为［43.74°，43.81°］和［50.27°，50.465°］。两个小月亮 Romulus 和 Remus 的轨道面和主星的赤道面接近重合。

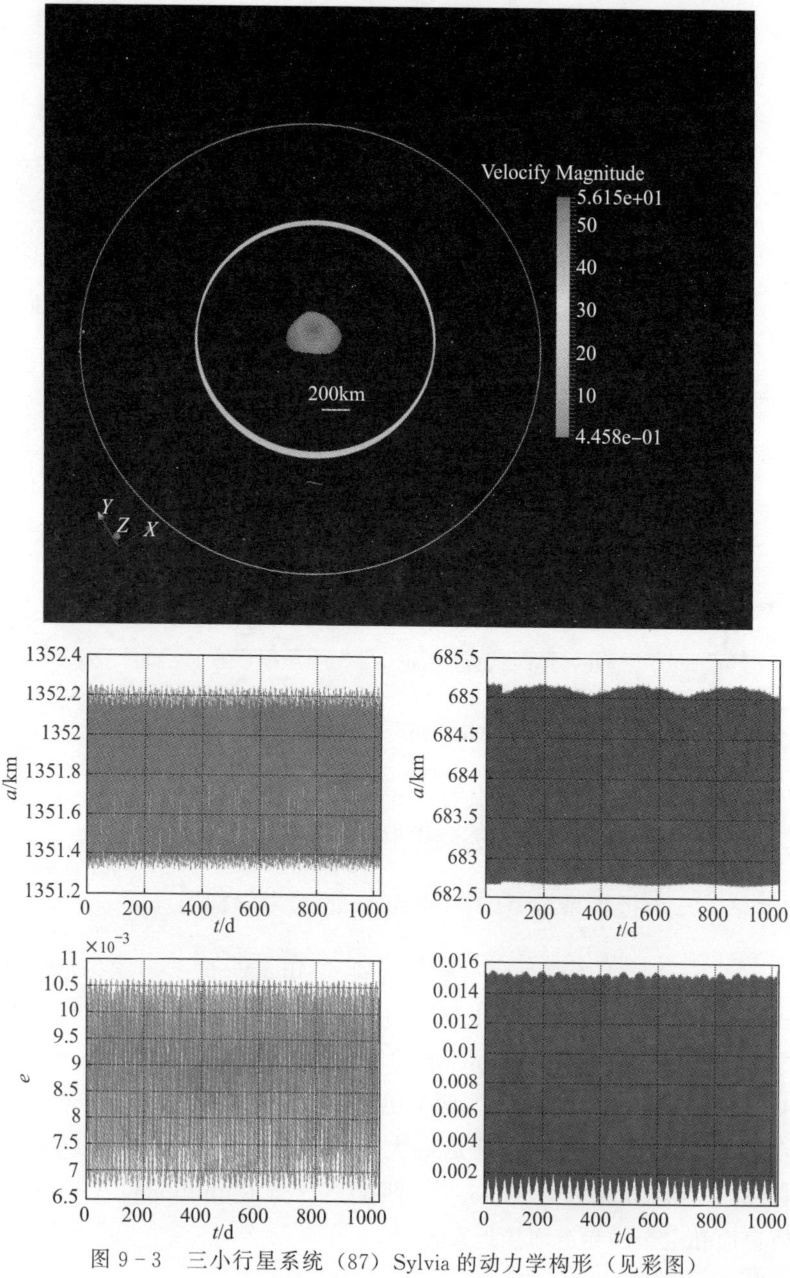

图 9-3　三小行星系统（87）Sylvia 的动力学构形（见彩图）

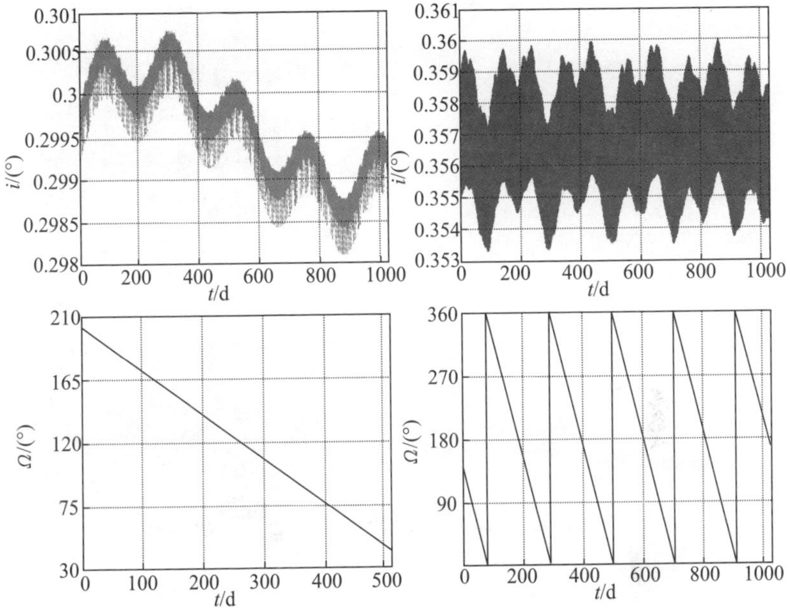

图 9 - 3　三小行星系统（87）Sylvia 的动力学构形（续）

黑暗背景的图显示了两个小月亮 Romulus 和 Remus 的轨道，彩条表示速度大小。下面的两列图分别显示 Romulus（左）和 Remus（右）的半长轴、偏心率、倾角以及升交点经度

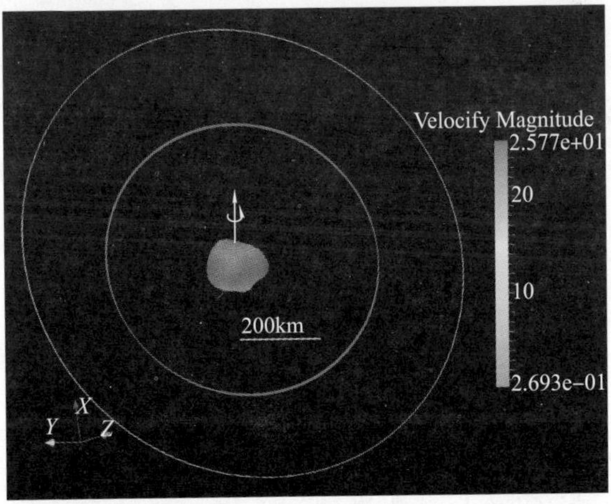

图 9 - 4　三小行星系统（93）Minerva 的动力学构形（见彩图）

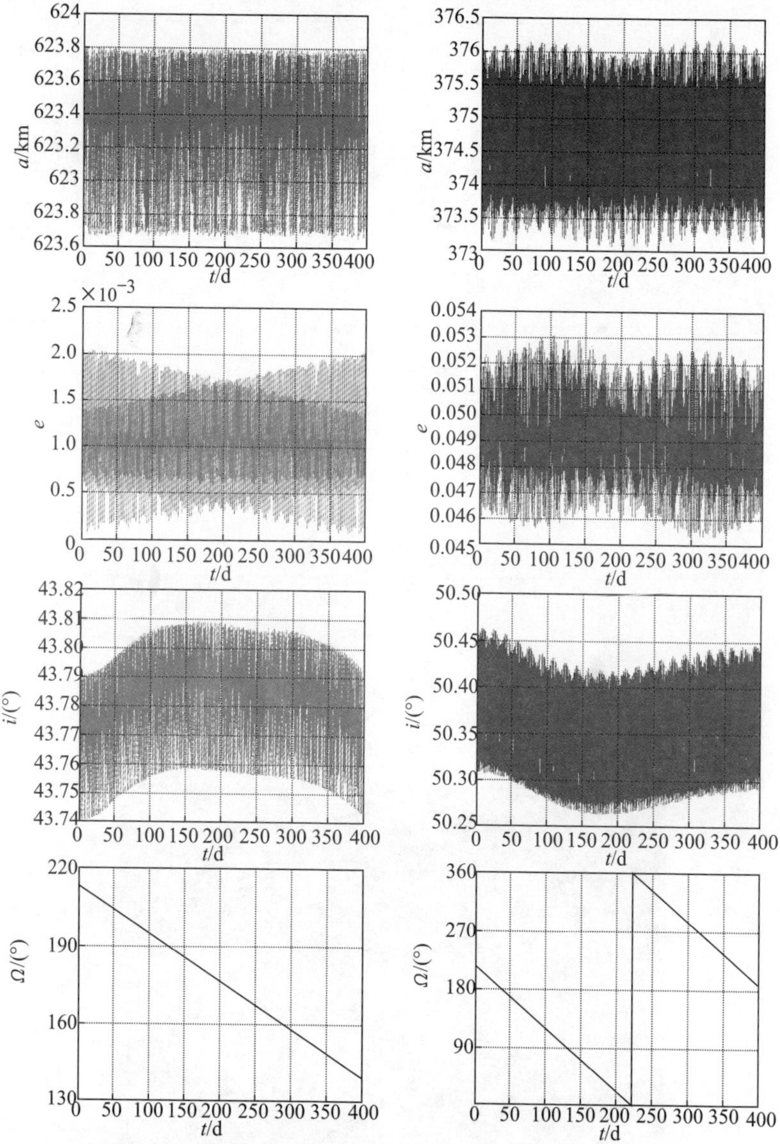

图 9 - 4　三小行星系统（93）Minerva 的动力学构形（续）

黑暗背景的图显示了两个小月亮 Aegis（Minerva Ⅰ）和 Gorgoneion（Minerva Ⅱ）的轨道，彩条表示速度大小。下面的两列图分别显示 Aegis（Minerva Ⅰ）（左）和 Gorgoneion（Minerva Ⅱ）（右）的半长轴、偏心率、倾角以及升交点经度

9.4.6　三小行星系统（216）Kleopatra 的动力学构形

图 9－5 给出了三小行星系统（216）Kleopatra 的动力学构形。外小月亮 Alexhelios 的半长轴变化范围为 677.5 km 至 680.2 km，振幅为 2.7 km。内小月亮 Cleoselene 的半长轴变化范围为 453.2 km 至 459.8 km，振幅为 6.6 km。两个小月亮 Alexhelios 和 Cleoselene

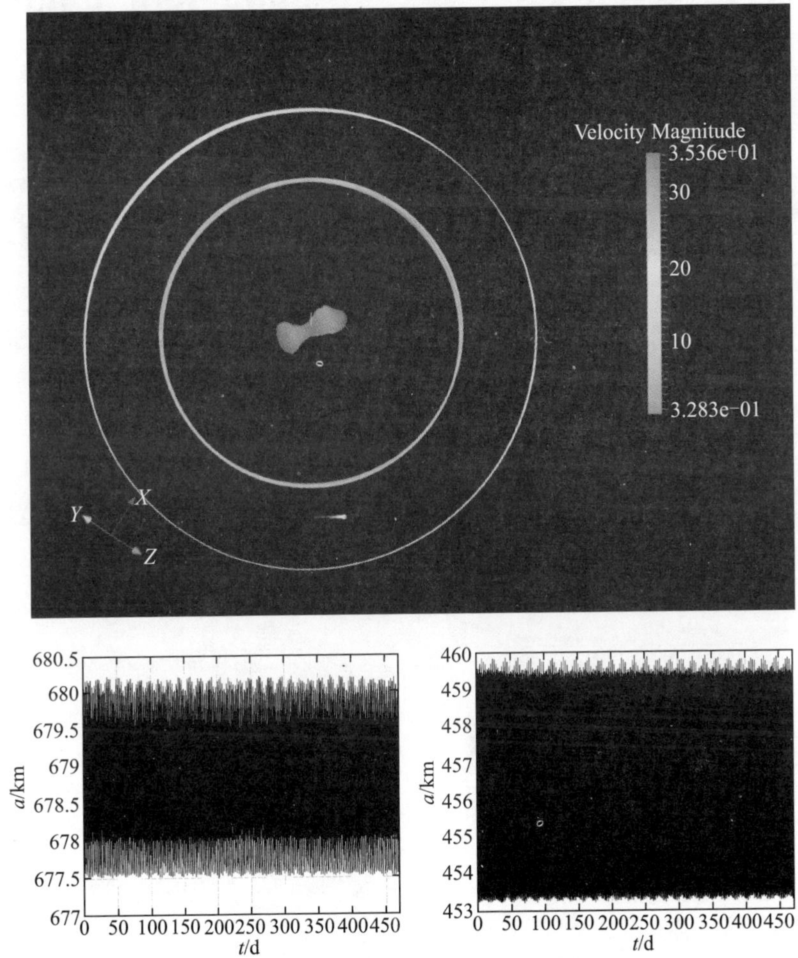

图 9－5　三小行星系统（216）Kleopatra 的动力学构形（见彩图）

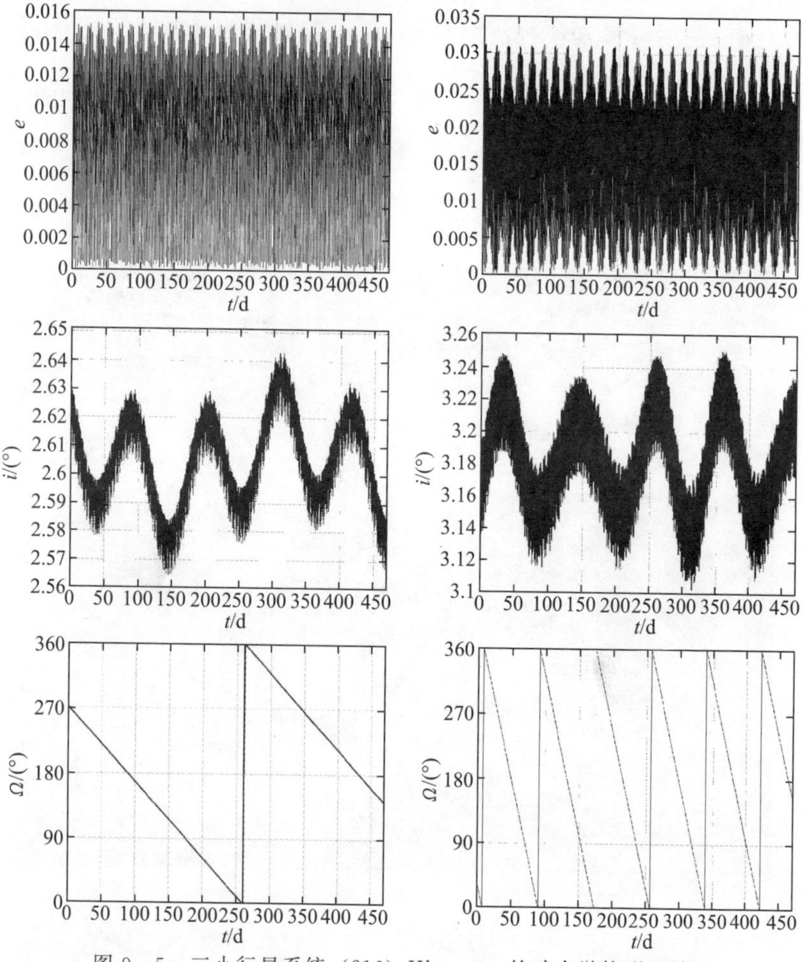

图 9-5　三小行星系统（216）Kleopatra 的动力学构形（续）

黑暗背景的图显示了两个小月亮 Alexhelios 和 Cleoselene 的轨道，彩条表示速度大小。下面的两列图分别显示 Alexhelios（左）和 Cleoselene（右）的半长轴、偏心率、倾角以及升交点经度

的倾角在所有的三小行星系统里是最大的，变化区间分别为［2.565°，2.643°］和［3.11°，3.25°］。两个小月亮 Alexhelios 和 Cleoselene 的轨道面和主星的赤道面接近重合，内小月亮的倾角比外小月亮的倾角略大。

9.4.7 三小行星系统（136617）1994CC 的动力学构形

图 9-6 给出了三小行星系统（136617）1994CC 的动力学构形。外小月亮 Gama 的半长轴变化范围为 5.97 km 至 6.36km，振幅为 0.39km。内小月亮 Beta 的半长轴变化范围为 1.72895km 至 1.7301km，振幅为 0.00115km。两个小月亮 Gama 和 Beta 的倾角在所有的三小行星系统里是最大的，变化区间分别为［2.565°，2.643°］和［3.11°，3.25°］。三小行星系统（136617）1994CC 不是大尺度比的三小行星系统，该系统的各组成部分的大小基本在一个数量级上。内小月亮 Beta 的倾角接近零，而其升交点经度 Ω 的振幅明显较大。

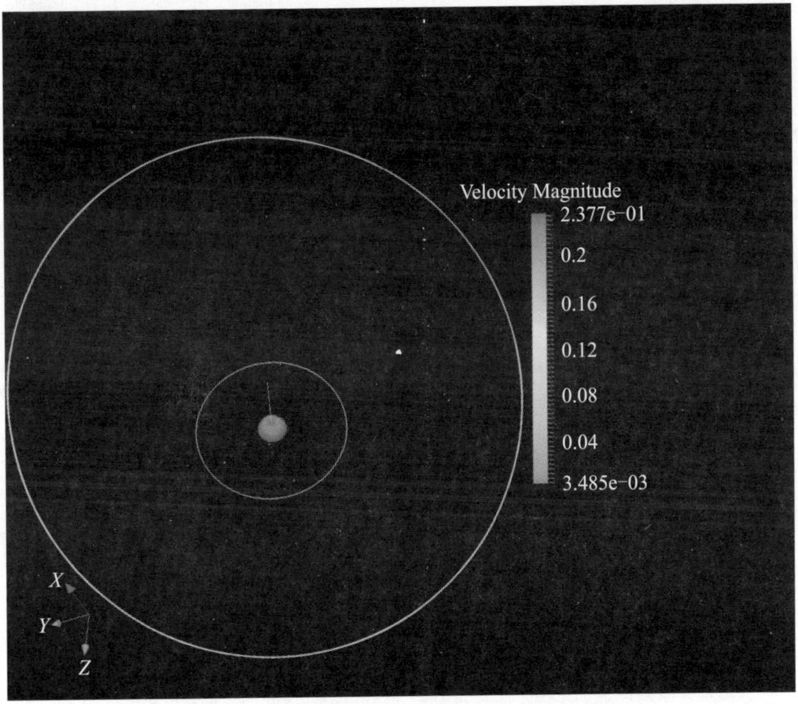

图 9-6　三小行星系统（136617）1994CC 的动力学构形

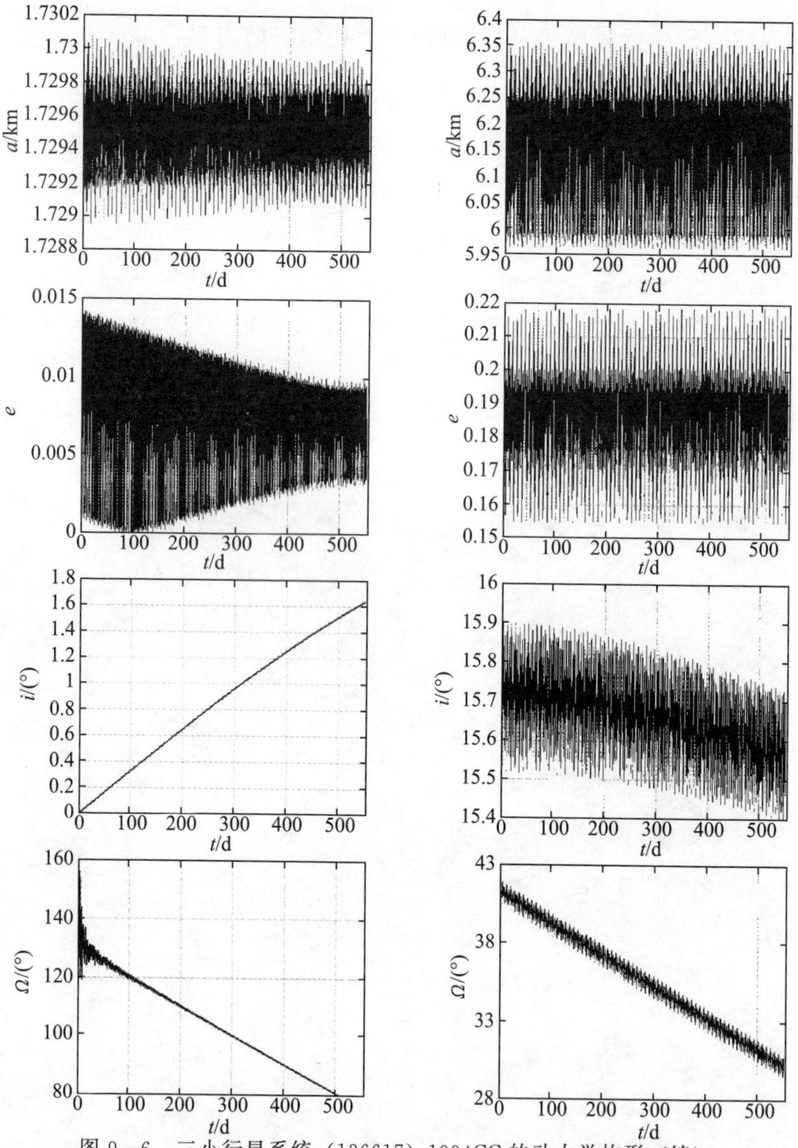

图 9-6　三小行星系统（136617）1994CC 的动力学构形（续）

黑暗背景的图显示了两个小月亮 Beta 和 Gama 的轨道，彩条表示速度大小。

下面的两列图分别显示 Beta（左）和 Gama（右）的半长轴、偏心率、

倾角以及升交点经度

9.5　全六体系统（134340）Pluto - Charon 的动力学构形

对于（134340）Pluto 系统来说，卡戎的轨道参数表示在冥王星质心赤道系中，赤道平面为冥王星自旋运动的平面。而由于冥王星和卡戎锁定，如果将其他 4 个小月亮的轨道参数表示在冥王星质心赤道系中，会由于卡戎的影响而带来分析上的一些困难，因此我们将其他 4 个小月亮的轨道参数表示在六体系统的公共质心惯性系中。图 9 - 7 给出了使用表 9 - 2 的初值计算的全六体系统（134340）Pluto 的动力学构形，结果表明，冥王星和卡戎二者是引力锁定的，和此前的观测结果相吻合。此外冥王星和卡戎的姿态都存在一定的漂移。图 9 - 8 给出了冥王星和卡戎的轨道和姿态角速度的变化。从图 9 - 8 可见，冥王星和卡戎的姿态角速度大小都不是常数，都有一定的周期性变化。冥王星和卡戎的轨道角速度具有相同的周期，并且瞬时大小几乎一致，而冥王星的姿态角速度的周期大于卡戎的姿态角速度的周期，卡戎的姿态角速度的周期大于冥王星和卡戎的轨道角速度的周期。此外，其他 4 个小月亮的运动引起冥王星和卡戎的引力锁定姿态的扰动。

卡戎的偏心率大小位于区间［0.01096°，0.01223°］内，因此，卡戎相对冥王星的轨道不是严格的圆轨道。Styx、Nix、Kerberos 和 Hydra 的偏心率所在区间分别为［0.0，0.05］、［0.0，0.03］、［0.0，0.025］和［0.0，0.015］。Styx 的倾角的周期是 91.25 天，Hydra 的倾角的周期是 19.2 天，而 Kerberos 的倾角的周期大于其他 3 个小月亮的倾角的周期。4 个小月亮 Styx、Nix、Kerberos 和 Hydra 的轨道面和引力锁定的冥王星-卡戎系统的轨道平面接近重合。

表 9-2　全六体系统（134340）Pluto-Charon 动力学构形计算的初始条件

(a)　六体系统（134340）Pluto-Charon[f1,f2] 的质量

	Pluto	Charon	Nix	Hydra	Kerberos	Styx
质量/kg	1.305e+22	1.52e+21	4.0e+17	8.0e+17	2.4e+16	5.25e+15
黄道 EME2000 系指向 $(\lambda, \beta)/(°)$	(132.993, −6.163)	(132.993, −6.163)	——	——	——	——

(b)　（134340）Pluto-Charon[f1] 的初始位置与速度

天体	R/km	V/（m/s)
Charon	[1297.17438478526 3752.60226174718 17011.90583845352]	[0.1453959508510873 0.1297771902069882 −0.0397230039699411]
Nix	[−30572.84277725838 −26535.81343448966 12311.29089587663]	[0.0232883188913688 0.0427977975396927 0.1464990283534413]
Hydra	[9024.34878023784 15210.73701650077 45591.75735722126]	[0.1004334400015913 0.0865524814427462 −0.0479498746416020]
Kerberos	[23564.20702505210 28380.03995076242 44578.02582182780]	[0.0792537025667567 0.0630220099842493 −0.0817084451068904]
Styx	[−43331.32611324427 −43628.45759453865 −20506.54193573317]	[−0.0374001037580065 −0.0184905610710285 0.1157937282701088]

注：[f1] Brozović et al.（2015)[54]；[f2] Showalter and Hamilton (2015)[3]。

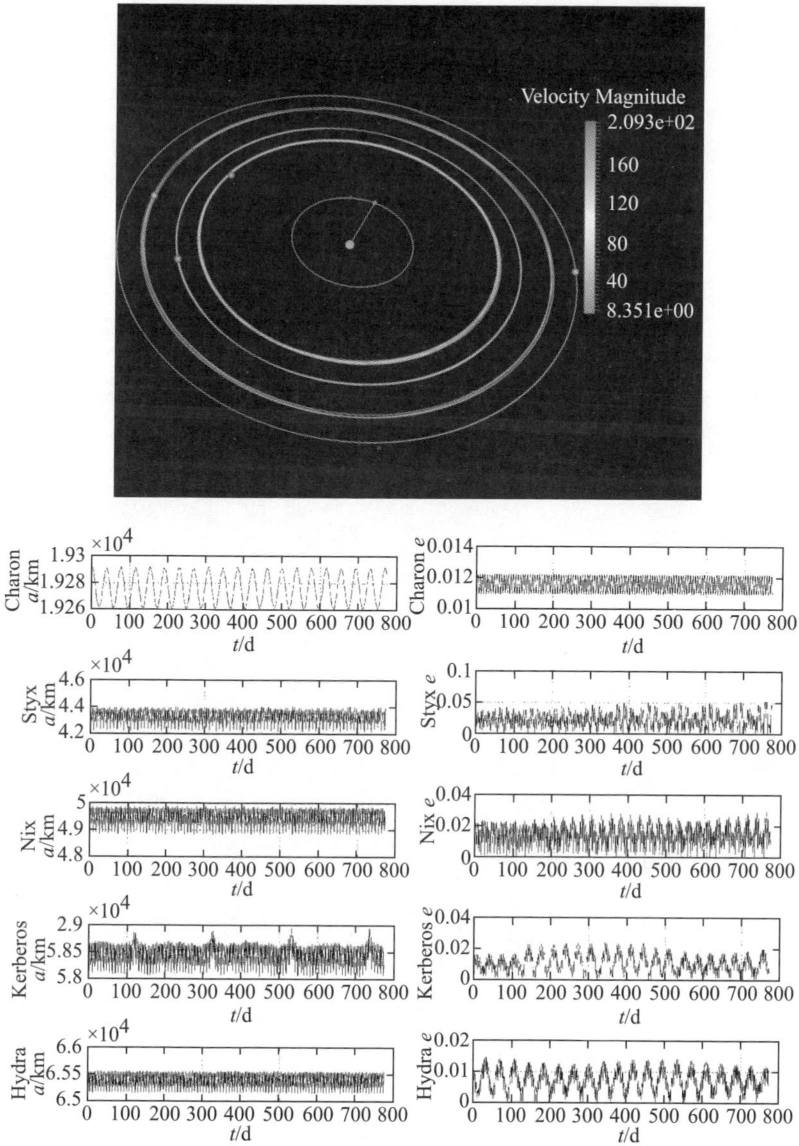

图 9-7　全六体系统（134340）Pluto-Charon 的动力学计算：Charon、Styx、Nix、Kerberos 和 Hydra 的半长轴、偏心率、倾角、升交点经度（见彩图）

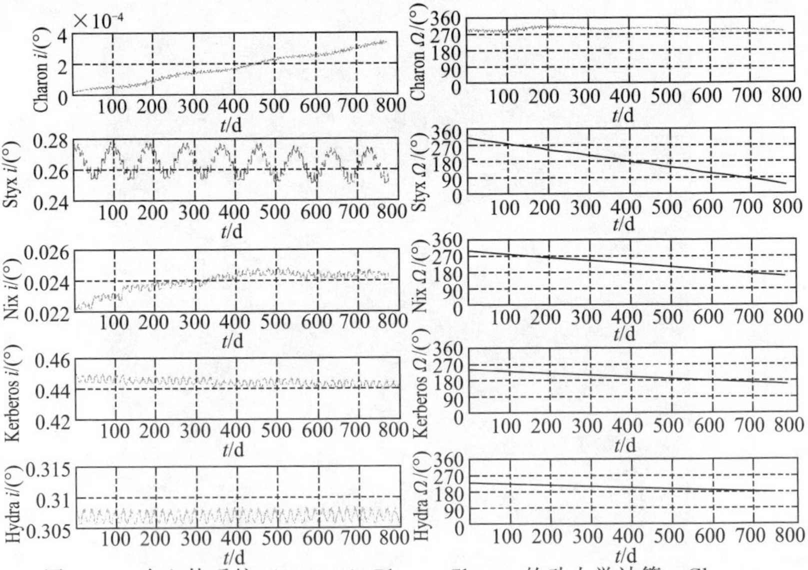

图 9-7　全六体系统（134340）Pluto-Charon 的动力学计算：Charon、Styx、Nix、Kerberos 和 Hydra 的半长轴、偏心率、倾角、升交点经度（续）

其中 Charon 的轨道参数表示在 Pluto 的质心坐标系中，

而其他 4 个小月亮的轨道参数则表示在全六体系统质心惯性系中

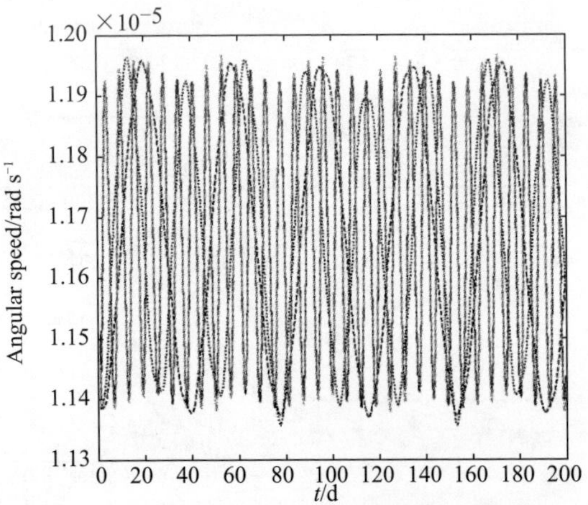

图 9-8　Pluto 和 Charon 的角速度（见彩图）

红线表示 Pluto 的姿态角速度，蓝色表示 Charon 的姿态角速度，

绿线表示 Pluto 的轨道角速度，品红色表示 Charon 的轨道角速度

9.6 应用结果总结分析

本节对 9.4 节和 9.5 节的应用结果进行总结与对比分析。对于大尺度比三小行星系统（45）Eugenia、（87）Sylvia、（93）Minerva 和（216）Kleopatra 的小月亮以及六体系统 Pluto - Charon 的 4 个小月亮来说，内部小月亮的升交点经度的变化速度都大于外部小月亮的升交点经度的变化速度。在研究的 5 个三小行星系统（45）Eugenia、（87）Sylvia、（93）Minerva、（216）Kleopatra 和（136617）1994CC 以及六体系统 Pluto - Charon 的所有小月亮中，除了（93）Minerva 之外，其余的小月亮的瞬时轨道表示在主小行星的自旋赤道系中（Pluto - Charon 的小月亮表示在质心惯性系中），都具有小倾角。而（93）Minerva 的小月亮 Aegis 和 Gorgoneion 的倾角的取值区间分别为 [43.74°，43.8°] 和 [50.27°，50.46°]。（87）Sylvia 的两个小月亮和 Pluto - Charon 系统的 4 个小月亮的倾角最小，都小于 0.5°。（216）Kleopatra 的 2 个小月亮 Alexhelios 和 Cleoselene 的倾角分别是 0.078°和 0.14°。（45）Eugenia 的 2 个小月亮 Princesse 和 Petit - Prince 的倾角分别是 0.055°和 0.157°。对于 4 个大尺度比的三小行星系统（45）Eugenia、（87）Sylvia、（93）Minerva 和（216）Kleopatra 来说，外部小月亮的倾角小于内部小月亮的倾角。而三小行星系统（136617）1994CC 的三个小行星的尺度在同一个量级上，以最大的小行星为参考，则该系统的外部小行星的倾角大于内部小行星的倾角。

9.7 三小行星系统的主星

本节讨论 5 个三小行星系统的主星的物理特性与引力场环境。这 5 个三小行星系统包括小行星（45）Eugenia、（87）Sylvia、（93）Minerva、（130）Elektra 和（216）Kleopatra，图 9 - 9～图 9 - 13 分

别给出了这些双小行星系统的主星的 xy 平面有效势与平衡点在 xy 平面投影，以及几何外形与平衡点的位置，其中有效势的单位为 $km^2 \cdot s^{-2}$。表 9-3 给出了这些平衡点在主星本体坐标系的位置坐标。表 9-4 给出了计算采用的基本物理量。可见（45）Eugenia、（87）Sylvia、（93）Minerva、（130）Elektra 和（216）Kleopatra 这 5 个三小行星系统的主星除（216）Kleopatra 外都有 5 个平衡点，其中 1 个在小行星体内，4 个在体外。（216）Kleopatra 有 7 个平衡点，

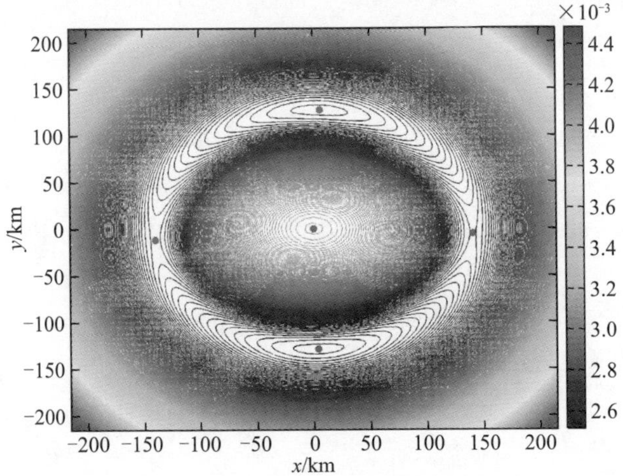

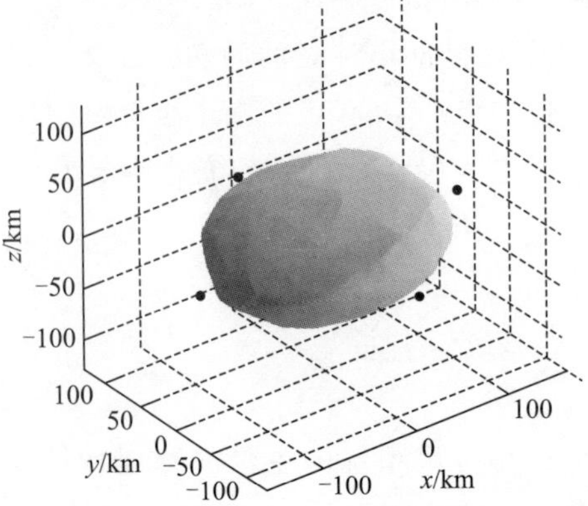

图 9-9　三小行星系统（45）Eugenia 的主星的有效势、几何外形与平衡点的位置（见彩图）

其中 3 个在小行星体内，4 个在体外。这些平衡点都是面外的平衡点，也就是说这些平衡点都在小行星的自旋运动的赤道平面外。从数值相对大小的角度来看，这些平衡点的位置的 z 轴分量均不可忽略。以（45）Eugenia 为例，它的体外平衡点 E1 的 z 轴分量与 x 轴分量的比值为 0.014；以（216）Kleopatra 为例，它的体内平衡点 E5 的 z 轴分量与 x 轴分量的比值为 0.011。

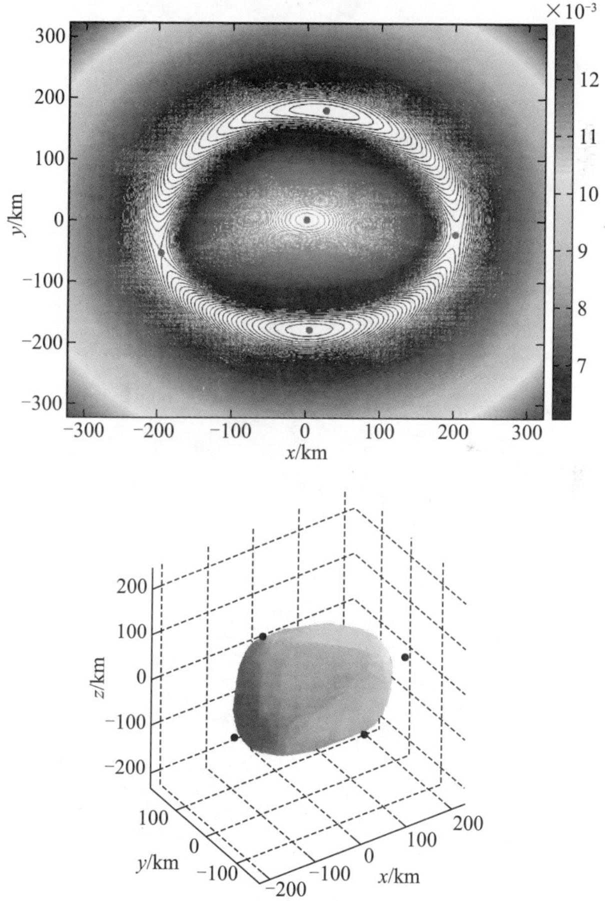

图 9－10　三小行星系统（87）Sylvia 的主星的有效势、几何外形与平衡点的位置

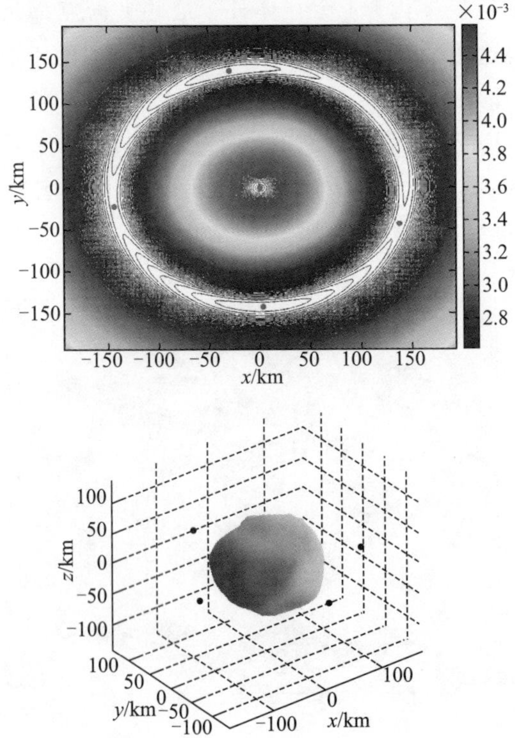

图 9-11　三小行星系统（93）Minerva 的主星的有效势、几何外形与平衡点的位置（见彩图）

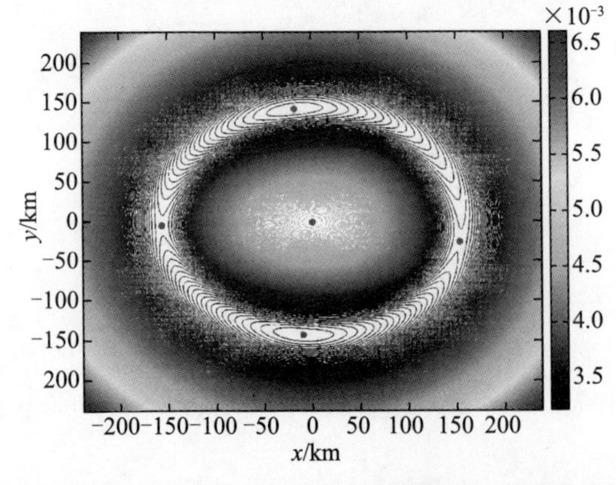

图 9-12　三小行星系统（130）Elektra 的主星的有效势、几何外形与平衡点的位置

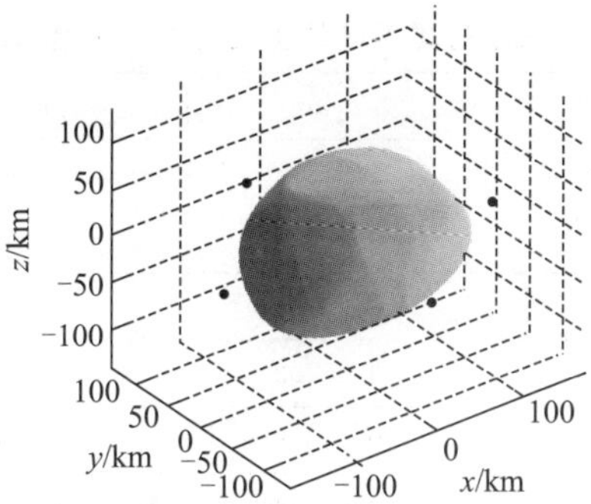

图 9－12　三小行星系统（130）Elektra 的主星的有效势、几何外形与平衡点的位置（续）

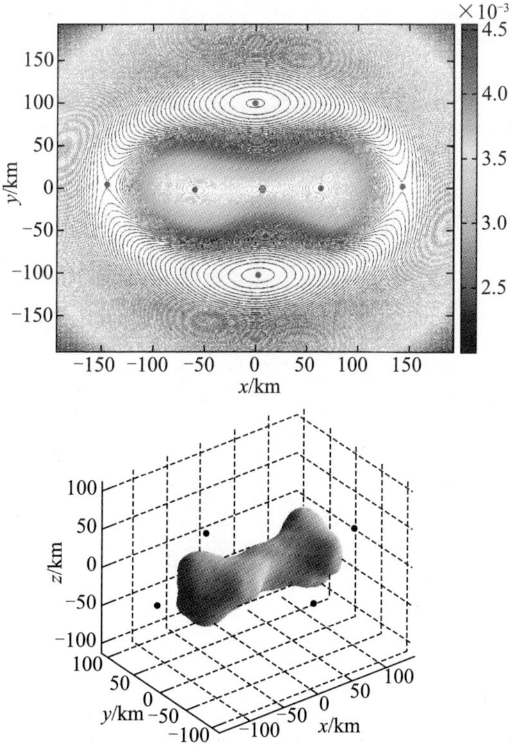

图 9－13　三小行星系统（216）Kleopatra 的主星的有效势、几何外形与平衡点的位置（见彩图）

表 9-3 三小行星系统的主星的相对平衡点的位置

名称	平衡点	x/km	y/km	z/km
(45) Eugenia	E1	140.359	−4.35472	−1.96323
	E2	5.82722	127.884	−0.871845
	E3	−139.847	−10.9377	0.0935186
	E4	3.27782	−128.015	0.125191
	E5	−0.0234456	1.00172	0.192504
(87) Sylvia	E1	200.624	−21.3727	1.38419
	E2	25.0093	180.444	−1.48014
	E3	−196.373	−52.2599	−0.879738
	E4	4.01271	−177.557	−0.123833
	E5	−0.00784819	2.61810	0.0820591
(93) Minerva	E1	137.474	−43.3760	0.00490795
	E2	−28.8961	139.567	−0.603413
	E3	−143.761	−21.9291	0.383381
	E4	2.99019	−142.085	0.236572
	E5	0.523426	−0.000110976	−0.0672364
(130) Elektra	E1	153.111	−25.4979	−1.34084
	E2	−17.7070	142.153	0.229787
	E3	−156.746	−4.16950	−1.97537
	E4	−9.94442	−142.129	0.582654
	E5	0.546009	0.0334973	0.286127
(216) Kleopatra	E1	142.852	2.44129	1.18154
	E2	−1.16383	100.740	−0.545312
	E3	−144.684	5.18829	−0.272463
	E4	2.22985	−102.102	0.271694
	E5	63.4440	0.827465	−0.694572
	E6	−59.5425	−0.969157	−0.191917
	E7	6.21924	−0.198678	−0.308403

表 9-4　小行星基本物理性质

序号	名称	体密度/（g/cm^3）	旋转周期/h
1	（45） Eugenia	1.1	5.699
2	（87） Sylvia	1.2	5.183642
3	（93） Minerva	1.9	5.982
4	（130） Elektra	1.3	5.52247
5	（216） Kleopatra	4.27	5.385

9.8　本章小结

本章给出了由 n 个不规则天体组成的包含相互作用引力势、静电势和磁矢势的引力电动全多体问题的各种势、力以及力矩的表达式。给出了引力全 N 体问题的动力学方程。使用力和力矩写出了系统相对惯性空间的动力学方程和相对其中任意一个天体固连坐标系的动力学方程。系统存在 Jacobi 积分和另外 2 个守恒量。系统的平衡状态包括完全相对平衡、部分引力锁定、自旋-轨道锁定等。给出了平衡状态满足的方程组并分析了平衡状态对应的条件和稳定性。

介绍了将引力全多体问题（引力全 N 体问题）的动力学方程应用到 5 个三小行星系统（45） Eugenia、（87） Sylvia、（93） Minerva、（216） Kleopatra 和（136617） 1994CC 以及一个冥王星-卡戎 6 体系统的动力学构形的计算过程及其结果。三小行星系统（93） Minerva 的 2 个小月亮相对主小行星的赤道平面的倾角是最大的，分别为 43.77°和 50.35°。冥王星和卡戎的轨道角速度和姿态角速度的计算结果证实了观测结果的正确性，同时也表明引力锁定的双星系统的轨道角速度和姿态角速度并非完全不变，而是存在周期性的变化。冥王星和卡戎的轨道角速度和姿态角速度都在一个常数附近周期性变化。冥王星和卡戎的轨道角速度具有相同的周期，并且瞬时大小几乎一致，而冥王星的姿态角速度的周期大于卡戎的姿态角速度的周期，卡戎的姿态角速度的周期大于冥王星和卡戎的轨道角速度的周期。

参考文献

[1] Lagerros J S V. Thermal physics of asteroids. III. Irregular shapes and albedo variegations [J]. Astronomy and Astrophysics, 1997, 325 (325): 1226 - 1236.

[2] Beauvalet L, Marchis F. Multiple asteroid systems (45) Eugenia and (87) Sylvia: Sensitivity to external and internal perturbations [J]. Icarus, 2014, 241: 13 - 25.

[3] Showalter M R, Hamilton D P. Resonant interactions and chaotic rotation of Pluto's small moons [J]. Nature, 2015, 522 (7554): 45 - 49.

[4] Marchis F, Enriquez J E, Emery J P, et al. Multiple asteroid systems: Dimensions and thermal properties from Spitzer Space Telescope and ground - based observations [J]. Icarus, 2012, 221 (2): 1130 - 1161.

[5] Brozović M, Benner L A M, Taylor P A, et al. Radar and optical observations and physical modeling of triple near - Earth Asteroid (136617) 1994 CC [J]. Icarus, 2011, 216 (1): 241 - 256.

[6] Marchis F. A dynamical solution of the triple asteroid system (45) Eugenia [J]. Icarus, 2010, 210 (2): 635 - 643.

[7] Beauvalet L, Marchis F, Lainey V, et al. A new dynamical solution of (45) Eugenia' s satellites [C]. EPSC - DPS Joint Meeting. 6, 728 -729.

[8] Beauvalet L, Lainey V, Arlot J E, et al. Constraining multiple systems with GAIA [J]. Planetary and Space Science, 2012, 73 (1): 62 - 65.

[9] Marchis F, Descamps P, Hestroffer D, et al. Discovery of the triple asteroidal system 87 Sylvia [J]. Nature, 2005, 436 (7052): 822 - 824.

[10] Frouard J, Compère A. Instability zones for satellites of asteroids: The example of the (87) Sylvia system [J]. Icarus, 2012, 220 (1): 149 -161.

[11] Berthier J, Vachier F, Marchis F, et al. Physical and dynamical properties of the main belt triple Asteroid (87) Sylvia [J]. Icarus, 2014, 239 (1): 118 - 130.

[12] Sanchez J A, Michelsen R, Reddy V, et al. Surface composition and taxonomic classification of a group of near - Earth and Mars - crossing aster-

oids. Icarus，2013，225：131－140.

［13］ Vokrouhlicky D. （3749） Balam：A very young multiple asteroid system ［J］. Astrophysical Journal，2009，706 （1）：37－40.

［14］ Stansberry J A，Grundy W M，Margot J L，et al. The albedo，size，and density of binary Kuiper belt object （47171） 1999 TC36 ［J］. Astrophysical Journal，2006，643 （1）：556 -- 566.

［15］ Grundy W. M. （47171） 1999 TC36，A transneptunian triple ［J］. Icarus，2010，207 （2）：978－991.

［16］ Brozovic M，Benner L A M，Nolan M C，et al. Radar Images and Shape Model of a Triple Asteroid （136617） 1994CC ［J］. American Astronomical Society，2010，42：1080.

［17］ Fang J，Margot J L，Brozovic M，et al. Orbits of near－Earth asteroid triples 2001 SN263 and 1994 CC：Properties，origin，and evolution ［J］. Astronomical Journal，2010，141 （5）：205－211.

［18］ Araujo R A N，Winter O C，Prado A F B A，et al. Stability regions around the components of the triple system 2001 SN263 ［J］. Monthly Notices of the Royal Astronomical Society，2012，423 （4）：3058－3073.

［19］ Sarli B，Winter O，Paglione P，et al. Strategies for exploring the triple system 2001SN263－target of the aster mission ［C］. 39th COSPAR scientific assembly，2012，Mysore，India，1680.

［20］ Marchis F，Descamps P，Dalba P，et al. A detailed picture of the （93） Minerva triple system ［C］ 2011，EPSC－DPS Joint Meeting. 1，653－654.

［21］ Marchis F，Vachier F，Ďcurech J，et al. Characteristics and large bulk density of the C－type main－belt triple asteroid （93） Minerva ［J］. Icarus，2013，224 （1）：178－191.

［22］ Descamps P，Marchis F，Berthier J，et al. Triplicity and physical characteristics of Asteroid （216） Kleopatra ［J］. Icarus，2011，211 （2）：1022－1033.

［23］ Marchis F，Kaasalainen M，Hom E F Y，et al. Shape，size and multiplicity of main－belt asteroids：I. Keck Adaptive Optics survey ［J］. Icarus，2006，185 （1）：39－63.

［24］ Pinilla－Alonso N，Brunetto R，Licandro J，et al. The surface of （136108） Haumea （2003 EL61），the largest carbon－depleted object in the trans－Neptunian belt ［J］. Astronomy and Astrophysics，2009，496 （2）：547－556.

［25］ Dumas C，Carry B，Hestroffer D，et al. High－contrast observations of

136108 Haumea. A crystalline water - ice multiple system [J] . Astronomy and Astrophysics, 2011, 528 (7): 1265 - 1279.

[26] Werner R A, Scheeres D J. Mutual potential of homogeneous polyhedra [J] . Celestial Mechanics and Dynamical Astronomy, 2005, 91 (3 - 4): 337 - 349.

[27] Hirabayashi M, Scheeres D J. Recursive computation of mutual potential between two polyhedra [J] . Celestial Mechanics and Dynamical Astronomy, 2013, 117 (3): 245 - 262.

[28] Mindlin R D, Deresiewica H. Elastic spheres in contact under varying oblique forces [J] . Journal of Applied Mechanics, 1953, 20: 327 - 344.

[29] Ghaboussi J, Barbosa R. Three - dimensional discrete element method for granular materials [J] . International Journal for Numerical and Analytical Methods in Geomechanics, 1990, 14 (7): 451 - 472.

[30] Mishra B K, Rajamani R K. The discrete element method for the simulation of ball mills [J] . Applied Mathematical Modelling, 1992, 16 (16): 598 - 604.

[31] Richardson D C, Bottke W F, Love S G. Tidal distortion and disruption of earth - crossing asteroids [J] . Icarus, 1998, 134 (1): 47 - 76.

[32] Walsh K J, Richardson D C. Binary near - earth asteroid formation: rubble pile model of tidal disruptions [J] . Icarus, 2006, 180 (1): 201 -216.

[33] Richardson D C, Michel P, Walsh K J, et al. Numerical simulations of asteroids modelled as gravitational aggregates with cohesion [J] . Planetary and Space Science, 2009, 57 (2): 183 - 192.

[34] Winter O C, Boldrin L A G, Vieira N E, et al. On the stability of the satellites of asteroid 87 Sylvia [J] . Monthly Notices of the Royal Astronomical Society, 2009, 395 (1): 218 - 227.

[35] Jiang Y, Baoyin H, Li H. Periodic motion near the surface of asteroids [J] . Astrophysics and Space Science, 2015, 360 (2): 63.

[36] Scheeres D J. Relative equilibria for general gravity fields in the sphere - restricted full 2 - body problem [J] . Celestial Mechanics and Dynamical Astronomy, 2006, 94 (3): 317 - 349.

[37] Maciejewski A J. Reduction, relative equilibria and potential in the two rigid bodies problem [J] . Celestial Mechanics and Dynamical Astronomy, 1995, 63 (63): 1 - 28.

[38] Vera J A. Dynamics of a triaxial gyrostat at a Lagrangian equilibrium of a

binary asteroid [J] . Astrophysics and Space Science, 2009, 323 (4): 375 - 382.

[39] Vera J A. Eulerian equilibria of a triaxial gyrostat in the three body problem: rotational Poisson dynamics in Eulerian equilibria [J] . Acta Astronautica, 2009, 65 (5 - 6): 755 - 765.

[40] Vera J A, Vigueras A. Hamiltonian dynamics of a gyrostat in the n - body problem: relative equilibria [J] . Celestial Mechanics and Dynamical Astronomy, 2006, 94 (3): 289 - 315.

[41] Scheeres D J. Minimum energy configurations in the N - body problem and the celestial mechanics of granular systems [J] . Celestial Mechanics and Dynamical Astronomy, 2011, 113 (113): 291 - 320.

[42] Jiang Y, Baoyin H, Li J, et al. Orbits and manifolds near the equilibrium points around a rotating asteroid [J] . Astrophysics and Space Science, 2014, 349 (1): 83 - 106.

[43] Jiang Y, Zhang Y, Baoyin H, et al. Dynamical configurations of celestial systems comprised of multiple irregular bodies [J] . Astrophysics and Space Science. 2016, 361 (9): 306.

[44] Jiang Y. Equilibrium points and periodic orbits in the vicinity of asteroids with an application to 216 Kleopatra [J] . Earth, Moon, and Planets, 2015, 115 (1 - 4): 31 - 44.

[45] Jiang Y, Yu Y, Baoyin H. Topological classifications and bifurcations of periodic orbits in the potential field of highly irregular - shaped celestial bodies [J] . Nonlinear Dynamics, 2015, 81 (1 - 2): 119 - 140.

[46] Jiang Y, Baoyin H, Li H. Collision and Annihilation of Relative Equilibrium Points Around Asteroids with a Changing Parameter [J] . Monthly Notices of the Royal Astronomical Society, 2015, 452 (4): 3924 - 3931.

[47] Jiang Y, Baoyin H, Wang X, et al. Order and chaos near equilibrium points in the potential of rotating highly irregular - shaped celestial bodies [J] . Nonlinear Dynamics, 2016, 83 (1), 231 - 252.

[48] Matthews L S, Hyde T W. Gravitoelectrodynamics in Saturn's F ring: encounters with prometheus and pandora [J] . Journal of Physics A, 2003, 36 (22): 6207 - 6214.

[49] Fahnestock E G, Scheeres D J. Simulation of the full two rigid body problem using polyhedral mutual potential and potential derivatives approach [J] . Celestial Mechanics and Dynamical Astronomy, 2006, 96 (3 - 4): 317 - 339.

[50] Matos C J D. Electromagnetic dark energy and gravitoelectrodynamics of

superconductors [J] . Physica C Superconductivity, 2007, 468 (3): 210 - 213.

[51] Behrend R, Bernasconi L, Roy R, et al. Four new binary minor planets: (854) Frostia, (1089) Tama, (1313) Berna, (4492) Debussy [J] . Astronomy and Astrophysics, 2006, 446 (3): 1177 - 1184.

[52] Descamps P. Equilibrium figures of inhomogeneous synchronous binary asteroids [J] . Icarus, 2010, 207 (2): 758 - 768.

[53] Jacobson S A, Scheeres D J. Long - term stable equilibria for synchronous binary asteroids [J] . Astrophysical Journal Letters, 2011, 736 (1): L19.

[54] Brozović M, Showalter M R, Jacobson R A, et al. The orbits and masses of satellites of Pluto [J] . Icarus, 2015, 246: 317 - 329.

[55] Man H L, Peale S J. On the orbits and masses of the satellites of the Pluto - Charon system [J] . Icarus, 2006, 184 (2): 573 - 583.

[56] Buie M W, Tholen D J, Grundy W M. The orbit of Charon is circular [J] . Astronomical Journal, 2012, 144 (1): 2966 - 2976.

[57] Kozai Y. The motion of a close earth satellite [J] . Astronomical Journal, 1959, 64 (8): 367 - 377.

[58] Sidi M J. Spacecraft dynamics and control [M] . Cambridge University Press. Page 45, 1997.

[59] Richardson D C, Leinhardt Z M, Melosh H J, et al. Gravitational aggregates: Evidence and evolution [M] . Asteroids III, 2002, 1, 501 - 515.

[60] Matthews L S, Hyde T W. Effects of the charge - dipole interaction on the coagulation of fractal aggregates [J] . IEEE Transactions on Plasma Science, 2004, 32 (2): 586 - 593.

[61] Michel P, Richardson D C. Collision and gravitational reaccumulation: Possible formation mechanism of the asteroid Itokawa [J] . Astronomy and Astrophysics, 2013, 554 (2): 705 - 714.

[62] Richardson D C. A self - consistent numerical treatment of fractal aggregate dynamics [J] . Icarus, 1999, 115 (2): 320 - 335.

[63] Fang J, Margot J L, Rojo P. Orbits, masses, and evolution of main belt triple (87) Sylvia [J] . Astronomical Journal, 2012, 144 (2): 648 -659.

[64] Neese C E, Small Body Radar Shape Models V2. 0. EAR - A - 5 - DDR - RADARSHAPE - MODELS - V2. 0, NASA Planetary Data System. 2004.

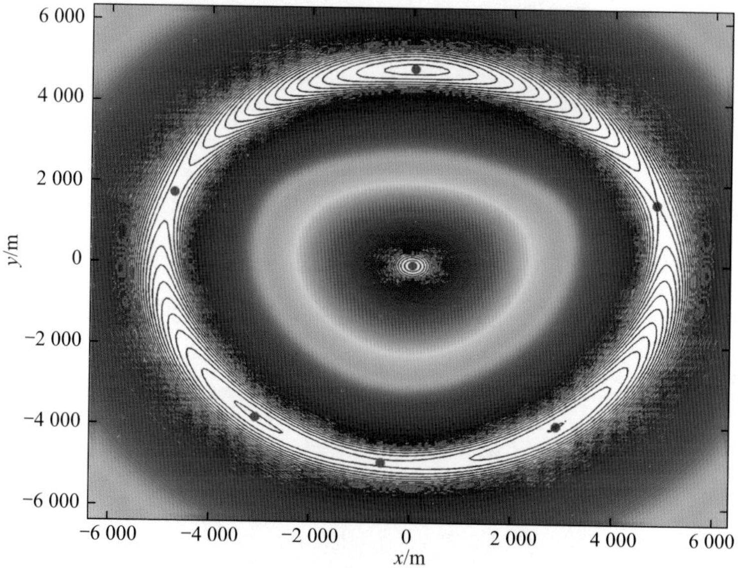

图 3-5 小行星(1580)Betulia 的有效势与平衡点(P83)

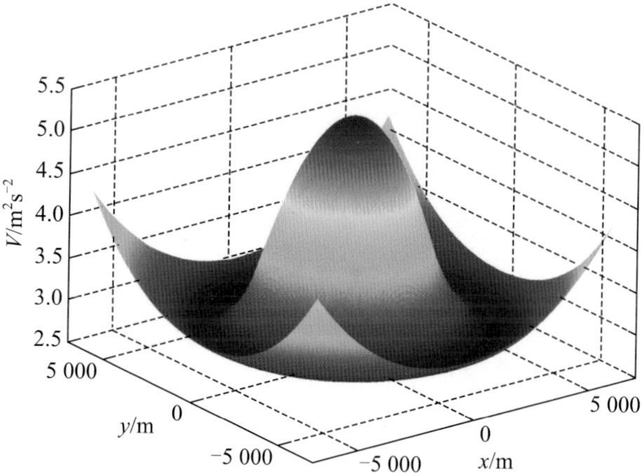

图 3-6 小行星(1580)Betulia 的有效势大小、内外部结构、各平面投影,有效势的单位为 m^2 s^{-2}(P83)

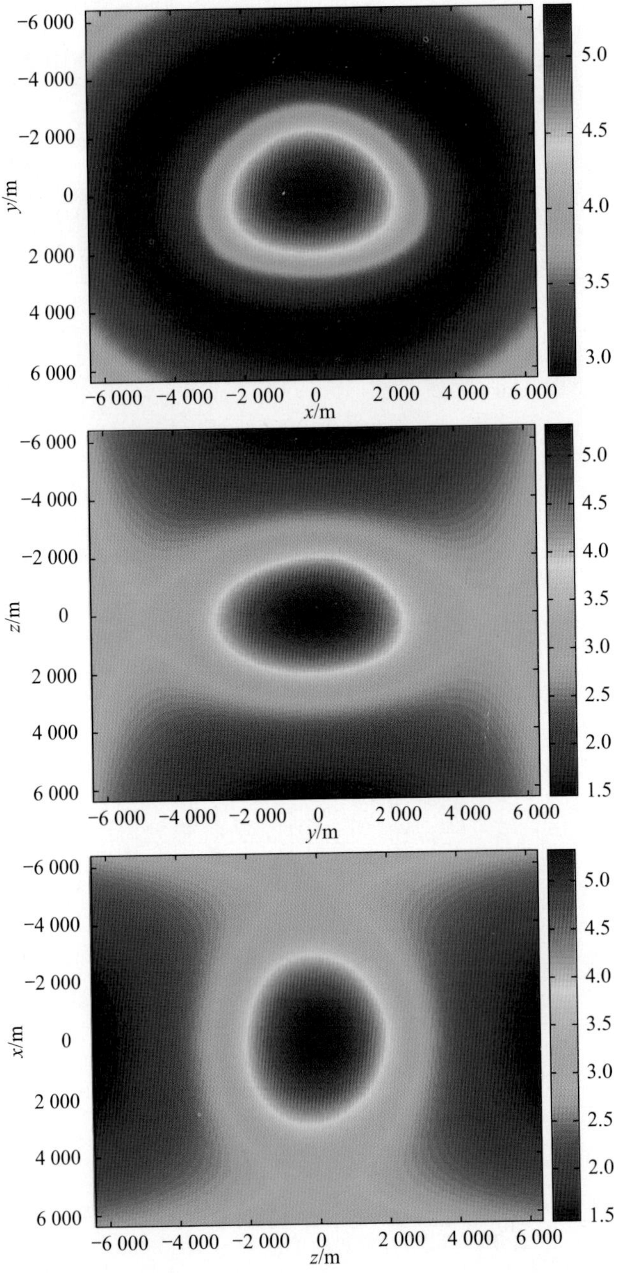

图 3－6　小行星(1580)Betulia 的有效势大小、内外部结构、各平面投影，有效势的单位为 $m^2\ s^{-2}$(续，P84、P85)

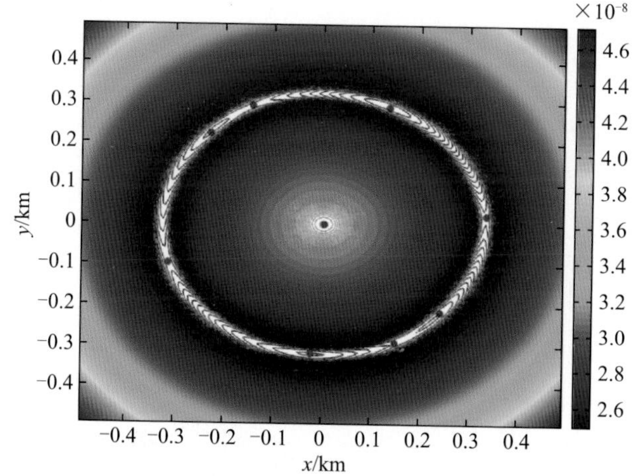

(101955)Bennu

图 5－2　一般的小行星的平衡点位置在 xy 平面的投影和 xy 平面内的有效势以及平衡点和本体位置关系(续十,P201)

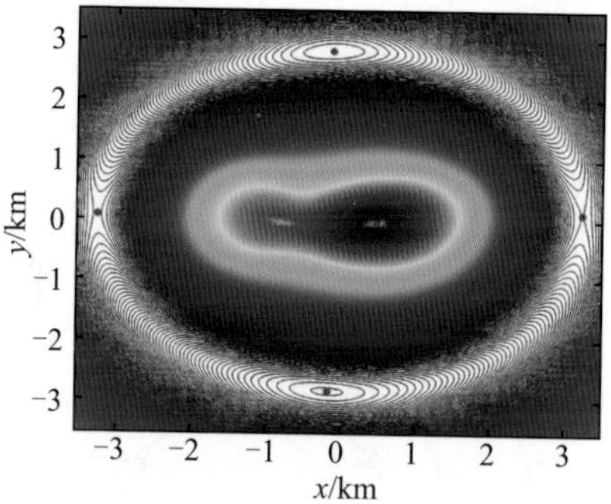

1996 HW_1

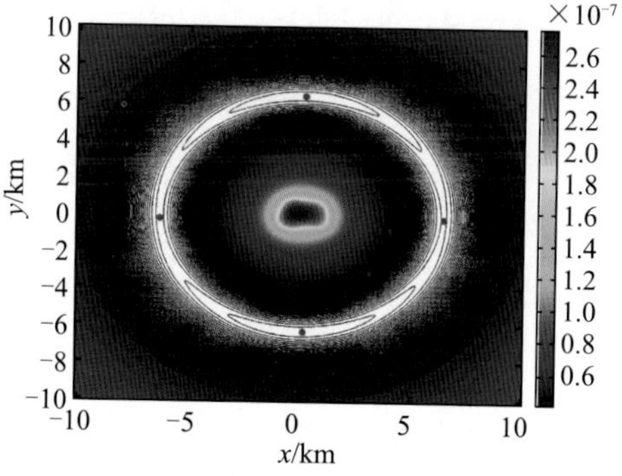

(4486)Mithra

图 5－3　连接双小行星的平衡点位置在 xy 平面的投影和 xy 平面内的有效势以及平衡点和本体位置关系(P203、P205)

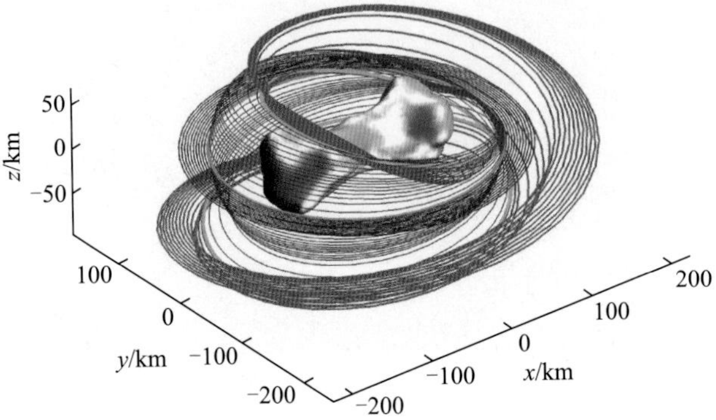

图 6 - 9　包含由切分岔和倍周期分岔组成的双重分岔的周期轨道族(P284)

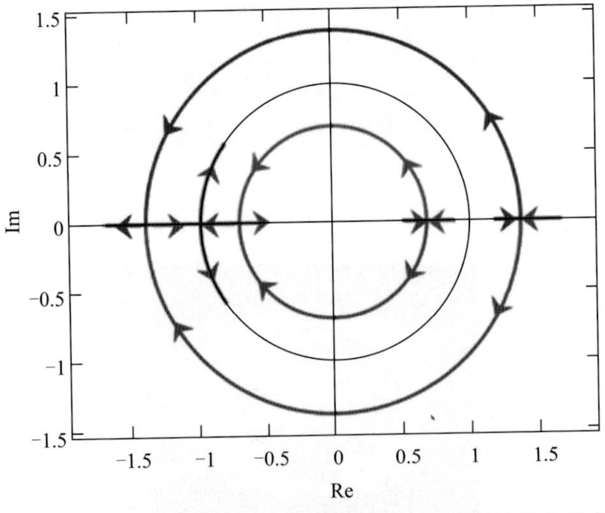

图 6 - 14　小行星(216)Kleopatra 引力场中周期轨道延拓过程中的多重分岔：
两个实鞍分岔和一个倍周期分岔(P294)

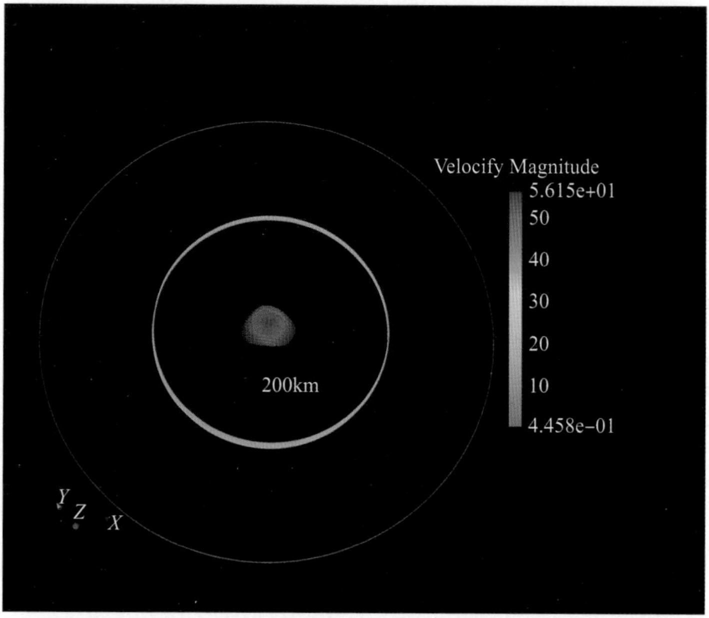

图 9-3　三小行星系统(87)Sylvia 的动力学构形(P376)

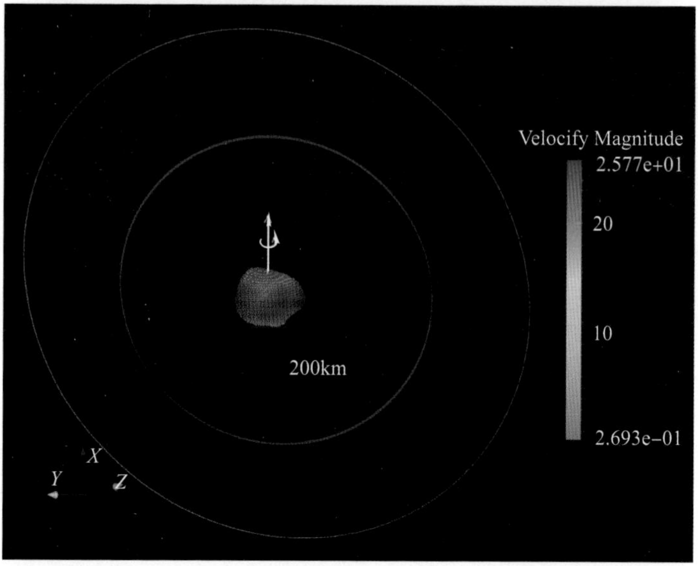

图 9-4　三小行星系统(93)Minerva 的动力学构形(P377)

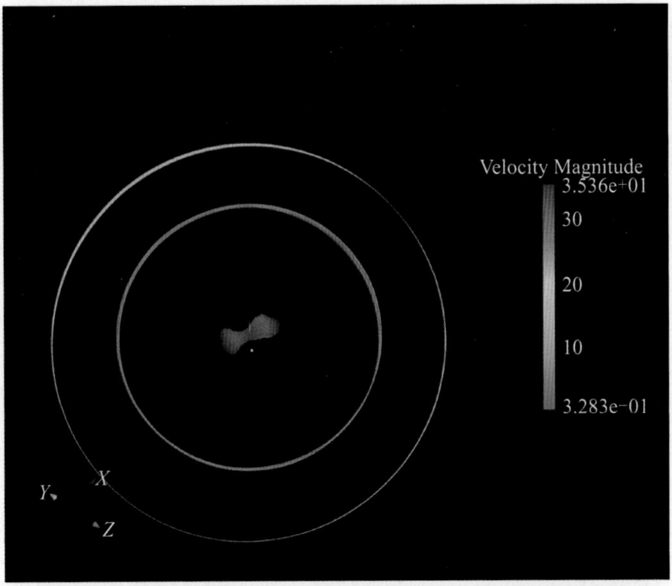

图 9-5　三小行星系统(216)Kleopatra 的动力学构形(P379)

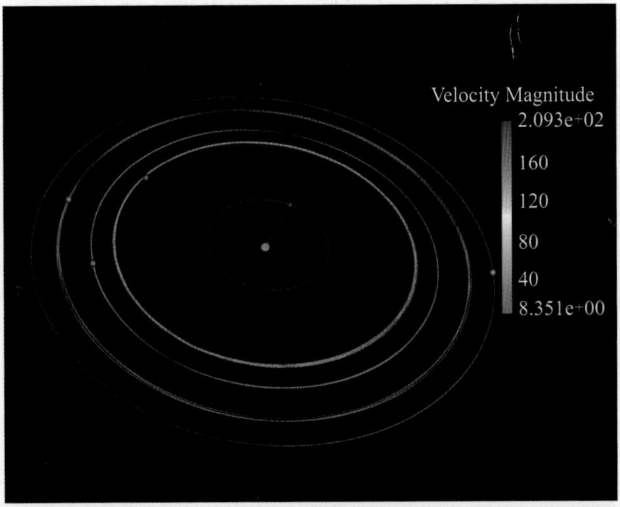

图 9-7　全六体系统(134340)Pluto-Charon 的动力学计算:Charon、Styx、Nix、Kerberos 和 Hydra 的半长轴、偏心率、倾角、升交点经度(P385)

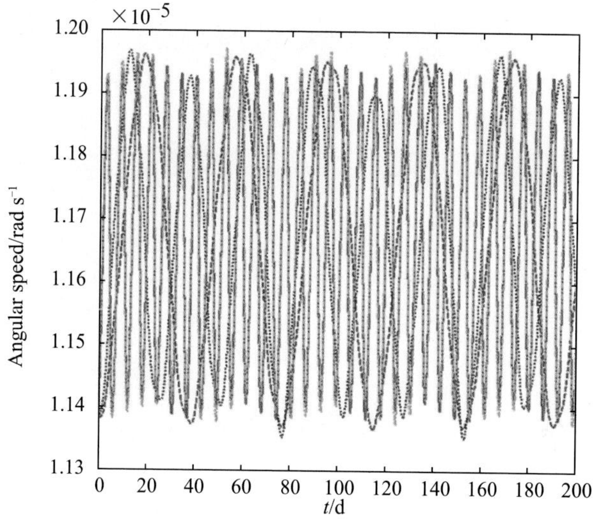

图 9－8　Pluto 和 Charon 的角速度(P386)

红线表示 Pluto 的姿态角速度，蓝色表示 Charon 的姿态角速度，
绿线表示 Pluto 的轨道角速度，品红色表示 Charon 的轨道角速度

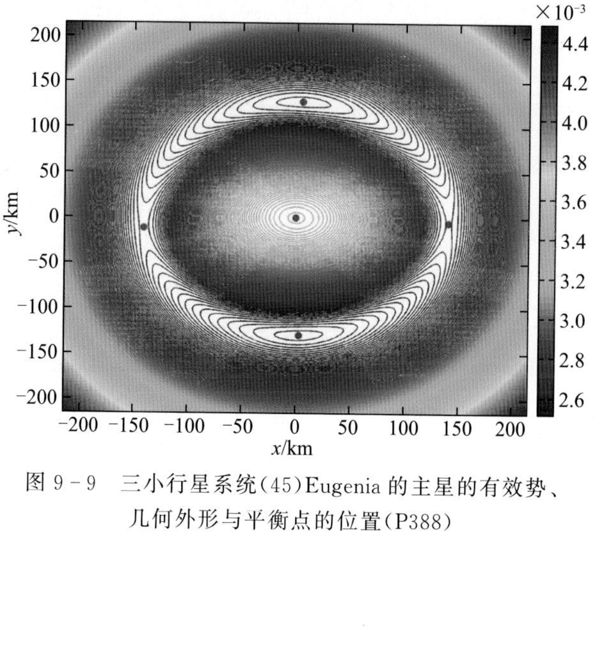

图 9－9　三小行星系统(45)Eugenia 的主星的有效势、
几何外形与平衡点的位置(P388)

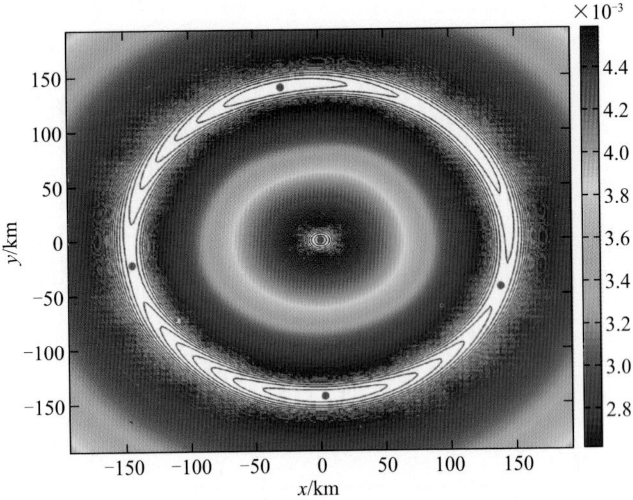

图 9-11　三小行星系统(93)Minerva 的主星的有效势、几何外形与平衡点的位置(P390)

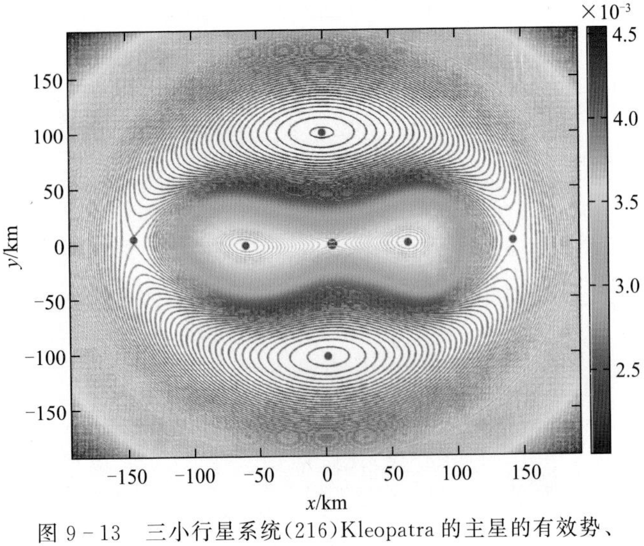

图 9-13　三小行星系统(216)Kleopatra 的主星的有效势、几何外形与平衡点的位置(P391)